普通高等教育 电气工程 系列教材
自动化

单片机原理
C51 编程及 Proteus 仿真

主　编　金宁治
副主编　李　然
参　编　于　乐　耿　新
主　审　周永勤

机 械 工 业 出 版 社

本书以 STC89C52RC 单片机为代表机型，全面系统地介绍 STC89 系列单片机的硬件结构与原理、编程方法及其应用技术。采用 C51 编程语言、Proteus 仿真平台，对单片机片上资源、外围接口应用案例进行分析、设计与验证。

本书共分 10 章，第 1 章介绍单片机的组成结构、基本概念、主要特点、应用领域及其主流产品；第 2 章介绍单片机的硬件结构及原理；第 3~5 章介绍单片机的编程语言、程序设计方法及其开发流程；第 6 章介绍单片机的中断系统、定时/计数器、串行口等片上资源的原理及应用；第 7~9 章介绍单片机系统的并行总线扩展、并行总线接口、串行总线接口的硬/软件综合设计方法；第 10 章结合典型案例阐述单片机应用系统的设计思想。

本书案例设计丰富，配套有 PPT 电子课件、课后习题答案、Proteus 仿真模型、C51 源代码等资源，既可作为高校电气工程及其自动化、电子科学与技术、计算机科学与技术、电子信息工程、通信工程、测控技术与仪器等各类工科专业的教材，又可作为工程技术人员开发单片机应用系统及处理相关复杂工程问题的参考设计资料。

图书在版编目（CIP）数据

单片机原理：C51 编程及 Proteus 仿真/金宁治主编. —北京：机械工业出版社，2022.5

普通高等教育电气工程自动化系列教材

ISBN 978-7-111-70283-2

Ⅰ.①单⋯　Ⅱ.①金⋯　Ⅲ.①单片微型计算机-高等学校-教材

Ⅳ.①TP368.1

中国版本图书馆 CIP 数据核字（2022）第 036320 号

机械工业出版社（北京市百万庄大街22号　邮政编码100037）
策划编辑：王雅新　　　　　　责任编辑：王雅新　王　荣
责任校对：郑　婕　王明欣　封面设计：张　静
责任印制：郜　敏
北京富资园科技发展有限公司印刷
2022 年 6 月第 1 版第 1 次印刷
184mm×260mm · 22.25 印张 · 623 千字
标准书号：ISBN 978-7-111-70283-2
定价：65.00 元

电话服务　　　　　　　　　网络服务
客服电话：010-88361066　　机 工 官 网：www.cmpbook.com
　　　　　010-88379833　　机 工 官 博：weibo.com/cmp1952
　　　　　010-68326294　　金 书 网：www.golden-book.com
封底无防伪标均为盗版　　机工教育服务网：www.cmpedu.com

前 言

PREFACE

    单片机的出现是计算机技术发展史上的一个重要里程碑。单片机是嵌入式的芯片级微型计算机，适合嵌入各种工业测控系统中，这使得微型计算机从海量存储与高速复杂计算进入智能化控制领域。由于它具有良好的控制性能和灵活的嵌入品质，以单片机为核心的嵌入式控制器，目前广泛应用于工业自动化控制、智能仪器仪表、消费类电子产品、办公自动化设备、汽车电子、网络和通信设备、医用设备、智能武器装备等各个领域，并具有广阔的应用前景。

    "单片机原理及应用"课程是高校电气工程及其自动化、电子科学与技术、计算机科学与技术、电子信息工程、通信工程、测控技术与仪器等各类工科专业的重要课程。单片机是各类电气与电子系统中最普遍的应用手段，在课程设计、毕业设计、电子设计竞赛等许多实践教学环节，都要用到单片机。单片机基础知识、技能的学习内容，蕴含着数学、物理、自动化、计算机、电子信息等多个学科知识之间的联系，而且，单片机的内涵及其应用范围是随时代发展而不断变化的。学习"单片机原理及应用"课程，有利于多方面教学内容的整合和学生综合视野的形成。

    本书全体编者均具有"单片机原理及应用"课程的多年教学经验与感悟，课程的教学大纲、培养目标、知识体系结构、教学活动设计、案例设计等经历了多次调整与改进。在此基础上，本书在单片机选型、编程语言采用、仿真案例设计等方面进行了积极有效的探索与改革。全书选用 STC89C52RC 单片机为典型机型，采用 C51 编程语言、Proteus 仿真平台，对单片机片上资源、外围接口应用案例进行分析、设计与验证，旨在培养学生分析与解决问题的能力，启发学生的创新性思维，培养学生独立思考、独立自学的能力，从而提高学生在单片机应用系统设计方面的基本技能和综合设计能力。

    全书共分 10 章，各章的主要内容简述如下：

    第 1 章介绍微型计算机的结构组成、应用形态及其编程语言，以及单片机的基本概念、主要特点、应用领域、主流产品及其发展趋势，重点介绍 STC89 系列的功能特性与资源配置；第 2 章介绍单片机的硬件结构及原理，包括 CPU、存储器、并行 I/O 口以及时钟与复位、低功耗模式、最小应用系统等；第 3 章介绍单片机的寻址方式、汇编指令及其典型程序实例；第 4 章介绍单片机 C 语言的基本语法及其程序设计方法，包含标准 C 语言中基本数据类型、运算符与表达式、选择/循环流程控制语句以及数组、函数等基本概念与使用方法，还包含 C51 语言中扩展数据类型、存储类型、绝对地址访问、中断服务函数等专有问题；第 5 章详细介绍 Keil C51 集成开发环境、Proteus 硬件仿真工具的开发流程；第 6 章介绍单片机的中断系统、定时/计数器、串行口等片上资源的原理及应用，重点介绍中断系统的基本概念、运行机制及其典型仿真案例，定时/计数器的工作方式、寄存器设置与编程方法及其典型仿真案例；第 7 章介绍单片机系统并行扩展的原理及设计方法，包含并行扩展总线结构、外设地址分配、存储器扩展、并行 I/O 口扩展等；第 8 章介绍单片机系统外围接口技术，包含 A/D 接口、D/A 接口、显示接口、按键接口的硬/软件综合设计方法及其典型仿真案例；第 9 章介绍单总线、SPI、I²C 等串行总线接口的工作原理及其使用方法；第 10 章阐述单片机应用系统的组成结构与设计方法，以及结合

Proteus 仿真开发板介绍若干典型应用案例的设计思想。

本书具有如下特色与创新之处：

1. 选用 STC89 系列单片机

传统的单片机教材与教学内容通常围绕 Intel 公司 MCS-51 系列单片机展开，然而该系列单片机的存储器容量低、I/O 口数量少、片上资源不足，已经无法完全满足当今教学与设计的实际需求。本书选用目前在教学与实际设计中广泛应用的 STC89 系列单片机。STC89 系列单片机不仅在基本硬件资源、指令系统上与 MCS-51 系列兼容，而且具有充足的程序空间（4~64KB）、数据空间（512/1280B）、I/O 口（增加 P4 口）与更加丰富的片上资源（4 个外部中断源、4 个中断优先级、3 个 16 位定时/计数器、增强型 UART、看门狗定时器等），还支持 ISP（在系统编程）/ IAP（在应用编程）、双倍速模式（6 时钟/机器周期）、低功耗电源管理模式等。

2. 采用 C51 编程语言

传统的单片机教材与教学内容通常采用汇编语言，然而对于初次接触单片机的学生来说，汇编语言晦涩难懂，编程技巧要求高，且必须对单片机硬件有相当深入的了解，这就同时增加了教与学的难度，教学效果欠佳。本书采用更易被学生理解接受、开发设计灵活的 C51 高级语言，重点介绍 C51 语法知识与程序设计方法，并采用 C51 语言进行单片机应用程序设计与开发。同时考虑到汇编语言的学习是深入理解与掌握单片机硬/软件相关基础概念的必由之路，特意保留并简要介绍汇编语言的寻址方式、指令系统及其常用程序实例。

3. 仿真案例演练与课堂教学相结合

在传统的单片机教学中，理论教学与实践教学脱节，理论教学照本宣科，实践教学侧重演示，教学过程枯燥乏味，导致学生学习的积极性不高，也无法充分理解与掌握单片机系统的实际开发流程。课程组各位老师长期从事单片机的理论、实践教学工作，具有多年丰富的单片机教学与研发经验，已开发了若干 Proteus 仿真设计案例，并初步应用于课堂教学及课程设计环节中。因此，本书中 STC89 系列单片机硬件结构、片上资源、外围接口的结构原理及其应用案例等教学内容，全部围绕 C51 编程的 Proteus 仿真模型展开。在理论教学课堂上，老师边讲边演示预先开发的仿真案例，学生边学边验证，做到边学边做，教与学实时互动，理论与实践相结合，从而显著提高教学效果。

金宁治担任本书主编，负责全书的组织与统稿。第 1~3 章由金宁治撰写；第 4~5 章由李然撰写；第 6~7 章由于乐撰写；第 8~9 章由耿新撰写；第 10 章由金宁治、于乐、耿新共同撰写。周永勤教授担任主审，完成了全书整体架构与目录确定，并提出了很多宝贵的修改意见；周凯教授完成了全书的审稿、校对；赵鹏舒为第 10 章的撰写提供了许多资料及指导；周凯、赵鹏舒、王晨光参与了电子课件的制作等。

特别感谢哈尔滨理工大学电气与电子工程学院为本书的撰写提供了政策和资金上的支持，特别感谢教学主管院长陶大军教授和电力电子系主任于德亮博士给予了持续的大力的帮助。

由于编者学识有限，书中疏漏与不足之处在所难免，敬请读者批评指正，主编联系邮箱：sharon0716@ 126. com。

本书配套有 PPT 电子讲义、课后习题答案、仿真案例等资源，欢迎选用本书作教材的师生登录机械工业出版社教育服务网：www. cmpedu. com 下载。

编　　者

目 录

CONTENTS

第1章
绪　　论

1946 年 2 月 15 日，世界上第一台通用电子数字计算机 ENIAC 在美国研制成功。它是一台又大又笨重的机器，由 1.8 万个电子管组成，体重达 30 多吨，占地有两三间教室一般大。它当时的运算速度为每秒 5000 次加法运算。它的问世标志着计算机时代的到来，开创了计算机科学技术的新纪元，对人类的生产和生活方式产生了巨大的影响。

针对研制工作中发现的许多不足之处，匈牙利裔美籍数学家冯·诺依曼于 1946 年 6 月进一步提出了"程序存储"和"二进制运算"的思想，构建了"计算机由运算器、控制器、存储器、输入设备和输出设备组成"这一计算机的经典结构，如图 1-1 所示。

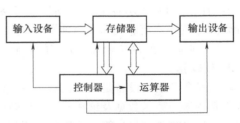

图 1-1　计算机的经典结构

计算机的发展，经历了电子管计算机、晶体管计算机、小规模集成电路计算机、大规模集成电路计算机和超大规模集成电路计算机五个时代。但是，计算机的结构至今仍然没有完全突破冯·诺依曼提出的计算机经典框架结构。

1.1　微型计算机的基本概念

1.1.1　微型计算机的结构与组成

微型计算机由微处理器（Central Processing Unit，CPU）、存储器、I/O 接口这三个必要的功能部件组成，各个功能部件之间通过地址总线（AB）、数据总线（DB）和控制总线（CB）连接成为统一有机的整体，如图 1-2 所示。

1. 微处理器（CPU）

微处理器（CPU）是单片机的控制和指挥中心，它决定单片机的指令系统及主要功能，也被称为中央处理器。CPU 主要由运算器和控制器两大部分组成：运算器用来进行各种算术运算和逻辑运算；控制器根据预先编写的程序，指挥和控制计算机的其他部件协调工作，以完成程序所规定的任务。

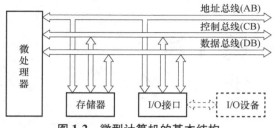

图 1-2　微型计算机的基本结构

2. 存储器

存储器用来存放原始数据、运算结果及程序代码等。存储器是单片机的主要功能部件，通常可以分为两大类：

1）程序存储器：ROM（Read Only Memory，只读存储器）是一种写入信息后不易改写的存储器。断电后，ROM 中的信息保留"记忆"。因此，ROM 一般用来存放程序、原始数据或表格数据，在单片机应用系统中通常被称作程序存储器。

2）数据存储器：RAM（Random Access Memory，随机存取存储器）能在 CPU 运行时随时进行数据的读/写，但在断电后它所存储的信息会"失忆"。所以，在单片机应用系统中，RAM 通常用于暂存运行期间的中间结果或用作堆栈，又被称作数据存储器。

存储器由许多存储单元组成。每个存储单元可存放一个 8 位二进制信息，它的内容可以是数据或指令。每个存储单元都有一个编号，称为存储单元地址。就像学校的教学楼里有很多教室，每个教室都有一个教室号一样。

存储器中所能存放的信息量称为存储容量。存储容量的单位一般用字节数或二进制位（bit）数来表示。一个 8 位二进制数称为一个字节（Byte），简写为 B。如果用字节表示存储容量，则

$$1KB = 2^{10}B = 1024B \tag{1-1}$$

$$1MB = 1024KB = 2^{20}B \tag{1-2}$$

若用位（bit）表示容量，则 1KB = 1024×8 位。存储器的最大容量由存储单元地址的位数（即地址码的位数）决定。例如，地址码是 20 位，则最多有 $2^{12} = 4K$ 个不同编码，它们可以分别表示 4K 个单元地址，故 20 位地址码允许的存储器最大容量只能到 4KB。

3. I/O 接口

输入设备和输出设备是人和机器联系的桥梁，一般统称为外部设备（简称外设）或 I/O 设备。输入设备用来把原始数据及编写好的程序转换为机器能直接识别的二进制信息输入到计算机内部；输出设备用来把计算机计算、处理的结果以人或其他部件容易接受的形式输出至外部。常用的输入设备有键盘、扫描仪等，输出设备有显示器、打印机等。

由于 I/O 设备的多样性和复杂性，特别是它们的速度相差非常悬殊，因此 I/O 设备不能直接和 CPU 相连，而是必须通过 I/O 接口进行锁存、缓冲、变换、隔离等，因此 I/O 接口是保证信息在外设与 CPU 之间有效可靠传送的必要功能部件。

综上所述，微型计算机的基本原理可以概括为存储程序和程序控制。在使用计算机之前，程序员先把让计算机完成的任务分解成一个个简单的操作，每一个简单操作用一条命令（指令）来描述，再将编好的指令序列（程序）及所需原始数据由输入设备输入计算机，并存放在存储器中，即存储程序；计算机工作时，逐一从存储器取出指令到控制器分析、译码并产生控制信号，控制相应部件完成每条指令规定的操作，即程序控制。

4. 系统总线

在微型计算机中，CPU 通过系统总线与其他各个部件连接为统一的整体。总线是一组信息传

输线，根据传输信息的类型不同可分为三种：数据总线（DB）、地址总线（AB）和控制总线（CB）。

1）数据总线（DB）：数据总线用来在各个部件之间传送数据信息，为双向总线。一般微机所承载的二进制数据信息的位数与其数据总线的宽度是一致的。例如，数据总线的宽度为 8 位（即有 8 根数据传输线），则表示微机可以一次同时传送 8 位二进制信息（一个字节），或者可以同时并行处理 8 位二进制信息。

2）地址总线（AB）：地址总线用来传送由 CPU 发出的指向存储单元或外设的地址信息，为单向总线。地址总线的宽度决定了可以传送的地址码的位数，而地址码的位数又决定了存储器的存储容量。如果地址码为 16 位，则存储器的最大存储空间为 64KB（2^{16}B）。

3）控制总线（CB）：控制总线用来传送控制信息，它可以是 CPU 发向其他部件的控制信号线，也可以是其他部件送到 CPU 的状态信号线。

结合所述系统总线的功能，微型计算机的基本工作原理可以理解为：①CPU 通过地址总线（AB）向要访问的对象（存储单元或者 I/O 接口）发出地址；②对应地址单元将其所存储的数据或者端口的状态通过数据总线（DB）读入 CPU，或者 CPU 将待发送的数据通过数据总线（DB）写入相应的地址单元；③在此过程中发送地址、读/写数据的控制命令或者被访问对象的状态信息由控制总线（CB）承载。

1.1.2　微型计算机的应用形态——单片机

微型计算机具有系统机、单板机、单片机三种应用形态。

1. 系统机

系统机是将 CPU、存储器、I/O 接口电路等多个电路板组装在一块主机板上，再通过总线和其他多块外设适配板卡连接至硬盘驱动器、光驱、键盘、显示器等外设，各种适配板卡插在主机的扩展槽上并与电源、硬盘驱动器、光驱等安装在同一机箱内，再配上操作系统及各种应用软件，这样就构成了一台完整的微型计算机系统，简称为系统机或者多板机。目前广泛应用的个人计算机（PC）就是典型的系统机。如果将系统机的机箱进行加固处理，底板设计成无CPU 的小底板结构，利用底板的扩展槽插入主机板及各种测试板，就构成一台工业控制计算机（工控机）。

2. 单板机

单板机就是将微型计算机的各个部分都组装在一块印制电路板（PCB）上，包括 CPU、存储器、I/O 接口，还有简单的发光二极管（LED）显示器、小键盘、插座等其他外设，再配上 ROM内固化的小规模监控程序，这样就构成了一台单板微型计算机，简称单板机。单板机的 I/O 设备简单，软件资源少，早期主要用于微型计算机原理的教学及简单的测控系统。

3. 单片机

单片机（Single Chip Microcomputer，SCM）是微型计算机的一个重要分支，它是一种集成电路芯片，采用超大规模集成电路技术把具有数据处理能力的微处理器（CPU）、程序存储器（ROM）、数据存储器（RAM）、I/O 接口和中断系统、定时/计数器等功能模块集成到一块硅片上而构成的一个微小而完善的芯片级微型计算机系统。

单片机面向对象设计，突出控制功能，在片内集成了许多外围电路及外设接口，突破了传统意义上的计算机结构。单片机的出现是计算机技术发展史上的一个重要里程碑，它使计算机从海量存储与高速复杂计算进入智能化控制领域。从此，计算机技术的两个重要领域——通用计算机领域和嵌入式计算机领域都获得了极其重大的发展。由于单片机通常处于应用系统的核心地位，并嵌入到其应用系统中，如今国际上大都采用微控制器（Microcontroller Unit，MCU）或者嵌入式控制器（Embedded Microcontroller Unit，EMCU）来代替"单片机"一词，但在国内"单片机"这一称呼已经约定俗成，仍在继续沿用。

单片机按照硬件结构、指令系统及其用途可以分为以下几类：

1）按照存储器的结构，单片机分为两种架构：①冯·诺依曼（Von Neumann）或普林斯顿（Princeton）架构；②哈佛（Harvard）架构。前者将程序和数据合用为一个存储空间，共用数据总线；后者将数据和程序存储在不同的区域，采用不同的寻址和不同的总线。

2）按数据总线的宽度，单片机分为 8 位机、16 位机、32 位机。8 位机是目前品种最为丰富、应用最为广泛的单片机，也是我国单片机市场的主流产品，如 AVR 系列、PIC 系列以及所有 51 内核的单片机都是 8 位；16 位机已经得到非常普遍的应用和推广，如飞思卡尔 HCS12（X）系列、TI 公司 MSP430 系列；32 位单片机在满足高速数字处理方面发挥重要作用，主要用于移动通信、网络技术、多媒体技术等高科技领域，如 STM32 系列单片机。

3）按指令系统，单片机也分成两种架构：复杂指令集（CISC）架构和精简指令集（RISC）架构。CISC 架构的特色是指令多样性和变长度，易于实现复杂任务，如 51 内核单片机；相反，RISC 架构的特色是指令少而简单，指令的长度都一样，以便实现流水线指令操作，如 PIC 系列单片机等。

4）按用途分，单片机可以分为通用型单片机和专用型单片机。专用型单片机是指专为某种特定用途而设计的单片机，其特点是集成度高、封装小、成本低；通用型单片机的用途很广泛，使用不同的接口电路及编制不同的应用程序就可以完成不同的功能，通常所说的单片机都是通用型单片机。

1.1.3 微型计算机的程序设计语言

单片机是面向嵌入式应用的芯片级微型计算机，适合嵌入各种测控系统中。除了单片机芯片，必须外加各种接口电路、外设等硬件以及适当的软件系统，才能构成一个完整的单片机应用系统。在单片机软件的开发过程中，必要使用微型计算机的程序设计语言。目前，微型计算机的程序设计语言总体上可以分为三大种类：机器语言、汇编语言和高级语言。

1. 机器语言

机器语言是一种直接面向机器、唯一能被计算机直接识别和执行的计算机语言。它是一串由"0"和"1"组成的二进制代码。用机器语言编写的源程序称为目标程序（*.obj）。

目标程序的执行速度快，占用内存少，运行效率高，但它不易理解和记忆，编写、阅读、修改和调试都很麻烦。现在已经很少有人使用机器语言编写程序。然而，采用其他任何语言编写的源程序最后都要转换成机器语言的目标程序，才能被计算机识别和执行。

【例 1-1】 51 内核单片机的一条机器指令为

`1110 1000B`

其中指令的高 5 位为操作码，表示指令规定的操作；低 3 位 000 代表工作寄存器 R0 的编码。该指令的功能是将当前工作寄存器 R0 中的数据传送到累加器 A 中。

2. 汇编语言

汇编语言是用助记符表示指令的语言，目的是使指令便于书写、识别和记忆。用汇编语言编写的程序称为汇编源程序（*.asm）。计算机不能直接识别在汇编语言中出现的字母、数字和符号等，故汇编源程序必须经过上位机软件系统中汇编器的"汇编"之后，才能转换为能够被计算机执行的目标程序。

汇编语言是常用的单片机程序设计语言，这种语言及其指令系统具有如下特点：

1）汇编语言实质上是机器语言的符号表示，即汇编指令和机器指令一一对应，故这种计算机语言也是面向机器的语言,如汇编指令可以直接访问和控制存储器、I/O 接口等硬件设备。因此,用汇编语言编写的程序要比与其等效的高级语言程序,具有更高的目标代码转换效率,占用内存资源少,运行速度快。

2) 虽然引入了简单的指令助记符,但是无论对于初学者,还是对于开发人员而言,汇编语言在使用上仍然比高级语言困难得多;它依旧是面向机器的语言,这就要求开发者不但要对单片机的硬件结构及其指令系统有相当深入的了解,而且要精通一定的汇编程序设计技巧,因而这种编程语言适用于不太复杂的单片机应用程序设计;汇编语言还缺乏良好的通用性和可移植性,这是因为不同厂家不同系列的单片机都有自己的汇编指令系统,而它们的汇编指令往往无法通用,互不兼容。

【例 1-2】　51 内核单片机的一条汇编指令为

```
MOV  A,40H        ;将 40H 单元的内容传送至累加器 A 中
```

其中助记符 MOV 规定了指令执行数据传送操作;40H 提供了源操作数所在内部 RAM 单元的地址,A 提供了目的操作数所代表寄存器的名称;";"后面的注释部分注解了该指令执行的具体内容。

3. 高级语言

高级语言是一种独立于机器、面向过程或对象的语言。它是参照数学语言以人类的自然语言为基础而设计的语言。当今最流行的高级语言主要有 C、Java、Python、C++、C#、Visual Basic、JavaScript、PHP、R、SQL 等。高级语言基本脱离了计算机的种类型号及硬件结构,它的表达方式接近于数学公式和人类的日常会话,所使用的指令都尽量采用人们易于接受的单词、语句、数学符号和表达式,故高级语言在程序流程控制、复杂数据运算及控制算法描述等方面具有突出的优势。

C 语言是当今应用最为广泛、影响最为深远的主流高级编程语言之一。用 C 语言编写的 C 源程序(*.c)可读性强,易学易理解,编程效率高,尤其具备汇编源程序所不具备的良好通用性和可移植性;同时它还支持结构化程序设计及其自动化集成开发工具/环境,这使得程序员能够集中时间和精力去从事对于他们来说更为重要的创造性劳动,从而显著提高了程序的质量和工作的效率。然而,C 源程序同样必须转换成机器语言的代码,才能被计算机识别和执行,故较之等效的汇编语言程序,C 语言程序编译生成的代码在转换效率和执行速度上具有明显的劣势。综上所述,高级语言程序、汇编语言源程序与机器语言程序之间的转换关系如图 1-3 所示。

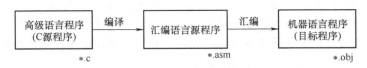

图 1-3　程序设计语言之间的转换关系

随着单片机制造技术和编译器性能的不断提高,近年来新推出的单片机产品都内置了较大容量的 Flash 程序存储器,这在一定程度上弥补了 C 语言程序在代码长度和运行效率方面的缺陷,从而加速促进了 C 语言在单片机应用系统开发领域的推广与普及。面向单片机的 C 语言在 20 世纪 90 年代趋于成熟。至今主流单片机产品系列都推出了自己的 C 编译器,尤其是 C51 语言已经成了 51 内核单片机的通用编程语言。用户可以利用 C51 语言和 Keil C51 软件开发工具/环境,实现高效快捷的 51 单片机应用程序开发,如编辑、编译、调试以及烧写等。

【例 1-3】　一条标准的 C 语句为

```
var3=var1+var2;
```

该指令表示将两个变量 var1、var2 相加并赋值给第三个变量 var3。

1.2 单片机的特点与应用领域

1.2.1 单片机的特点

1. 集成度高，易于扩展

单片机采用了高集成度的设计和制造技术，使得它的体积非常小巧，因而单片机可以方便灵活地嵌入各种应用场合中。以 MCS-51 系列的代表机型 8051 为例，其内部包含了 4KB ROM、128B RAM、4 个 8 位并行口、1 个全双工串行口、2 个 16 位定时/计数器等。又如 STC89 系列的代表机型 STC89C51RC，其内部包含了 4KB Flash ROM、512B RAM、35/39 个 I/O 口、1 个全双工串行口、3 个 16 位定时/计数器等。

受集成度的限制，片内存储器的容量较小，I/O 接口的数量也有限。在片内集成的各种功能不能满足应用需求时，单片机还具有很强的系统扩展能力，它具有可供外部扩展用的三总线接口以及并行、串行 I/O 引脚，这样便于在芯片外部进行 ROM、RAM、并行 I/O 接口、串行口、键盘、显示器、模拟/数字（A/D）转换器等外设的扩展，从而构成各种规模的计算机应用系统。以传统 51 单片机为例，片外存储器的容量至多可扩展至 64KB。

2. 面向应用，突出控制

单片机是面向应用对象而设计的，故它的硬件结构和指令系统均突出控制功能，比如丰富的转移控制指令、I/O 口逻辑操作以及位处理能力等，这使得单片机能够为从简单到复杂的各类控制任务提供有针对性的最优解决方案。

3. 可靠性高，适应性强

单片机的芯片设计遵循"适应工业测控环境"的原则。它把各个功能部件都集成在一块芯片上，故各个部件连接紧凑，内部布线短，信号传送不受外部工业环境影响，ROM 中固化的指令代码、常数、表格数据等不易被破坏。因此，单片机的抗工业干扰能力和环境适应性强，在各种恶劣的工业现场下（如振动、潮湿、扬尘）都能稳定可靠地工作，这是其他类型的微型计算机无法比拟的。

4. 性价比高，易于嵌入

单片机产品的种类繁多、应用灵活、适用面广、集成度高、体积小巧、价格低廉，在应用系统设计、组装、调试等方面容易被掌握和普及等。所有这些特性均有利于单片机嵌入各种各样的测控应用系统中，并适合大批量低成本的产品设计。此外，采用低电压、低功耗技术的单片机特别适用于微小型、便携式或者可穿戴式的消费类电子产品。

1.2.2 单片机的应用领域

1. 工业自动化控制

单片机广泛用于工业测控系统中各种物理量的采集、传输、控制与监测，如电压、电流、功率、频率、温度、压力、液位和流量等物理参数。这类测控系统以单片机作为嵌入式控制器，根据被控对象的不同特征采用不同的智能算法，以实现期望的控制指标，提高生产效率和产品质量，如形式多样的温度控制系统、数据采集系统、信号检测系统、通信系统和自动化生产线等。在工业自动化控制领域中，集"机械技术、微电子技术、计算机技术"为一体的机电一体化技术如今在运动控制、机器人、数控机床等应用场合发挥着越发重要的作用。

2. 智能仪器仪表

智能仪器仪表是单片机应用最多、最活跃的领域之一。单片机技术在各种智能电气测量仪表、智能传感器中的运用，提高了它们的测量精度和智能化程度，如自动测量、采集、传送、计算、存储、查找、联网等，简化了它们的硬件结构而使其便于使用或携带，更有利于加速产品的升级换代，从而促进了这些仪器仪表向数字化、智能化、多功能化的方向发展。另外，利用单片机软件编程技术还可以修正测量中存在的误差以及非线性问题等。

3. 消费类电子产品

单片机在家用电器中的应用已经非常普及，如电冰箱、空调、洗衣机、热水器、微波炉、电饭煲、电磁炉和视频音响设备等；还广泛应用于各种微小型、便携式或者可穿戴式家用电子产品，如电子钟表、电子秤、电动玩具、运动手环和智能手机等。嵌入式单片机的使用，大大丰富了这些电子产品的使用功能，并显著提高了它们的性能品质以及智能化程度。另外，未来智能家居系统中的音视频设备、照明系统、窗帘控制系统、空调控制系统、安防系统、数字影院系统、环境监测系统、网络家电以及远程抄表系统等各种设备都依赖于单片机的控制。

4. 办公自动化设备

现代办公室中所使用的大量自动化信息化设备多数都采用了单片机核心，如键盘、鼠标、显示器、打印机、扫描仪和条码阅读仪等计算机外设，以及自动收款机、传真机和考勤机等计算机网络终端。单片机的嵌入，使得这些设备具备了输入、计算、存储和显示等功能，实现了办公的自动化、智能化、信息化和网络化。

5. 汽车电子装置

单片机是汽车电子装置中不可或缺的核心器件，它担负着控制、运算、感知和通信等多项工作。一辆汽车承载单片机数量的多少，已经成了新时代衡量这种车型性能、品质及档次高低的重要参考标准之一。汽车中的各种电子装置大多采用了不同架构、不同性能的单片机，如电控燃油喷射系统、电子点火系统、自动巡航系统、自动驾驶系统、防抱死制动系统（ABS）、驱动防滑系统（ASR）、碰撞预测系统（PCS）、胎压监测系统（TPMS）、自动空调、电动车窗、车载导航与通信系统和车载影音系统等。

此外，单片机在计算机网络和通信设备、医用设备、智能武器装备、航空航天、分布式测控系统中都发挥着重要的作用。

1.3 主流单片机

1.3.1 51 内核单片机

1. MCS-51 系列

MCS-51 系列是美国英特尔（Intel）公司于 1980 年推出的一种 8 位单片机。该系列单片机由于具有典型的体系结构、完善的专用寄存器集中管理方式、丰富的端口操作及布尔处理指令等，被奉为"工业控制单片机标准"。在众多早期的通用 8 位单片机中，MCS-51 系列的影响最为深远。Intel 公司后来将这种单片机的内核（即 51 内核）以出售或互换专利的方式授权给一些半导体公司，如飞利浦（Philips）、西门子（Siemens）、Atmel、STC 等。这些公司的产品在保持与 MCS-51 系列单片机兼容的基础上做了一些改善，但它们的基本功能仍然相同。这样，MCS-51 系列单片机变成有众多芯片厂商支持的、派生出上千品种的庞大家族，统称为 51 内核单片机，或简称 51 单片机。至今，51 内核单片机仍是占据市场主导地位的主流产品。

MCS-51 系列单片机可分为基本型和增强型两大子系列：51 子系列和 52 子系列，以芯片型号的最末位数字作为标志，见表 1-1。

表 1-1 MCS-51 系列单片机型号配置

分类	型号	ROM	RAM	并行口	串行口	定时/计数器	中断源
	8031/80C31	无	128B	4 个	1 个	2 个	5 个
51 子系列	8051/80C51	4KB 掩膜	128B	4 个	1 个	2 个	5 个
	8751/87C51	4KB EPROM	128B	4 个	1 个	2 个	5 个
	8032/80C32	无	256B	4 个	1 个	3 个	6 个
52 子系列	8052/80C52	8KB 掩膜	256B	4 个	1 个	3 个	6 个
	8752/87C52	8KB EPROM	256B	4 个	1 个	3 个	6 个

表 1-1 中，芯片型号中不带字母"C"的表示 HMOS 工艺（即高密度短沟道 MOS 工艺），带有字母"C"的表示 CHMOS 工艺（即互补金属氧化物 HMOS 工艺）。CHMOS 芯片除了保持 HMOS 芯片高速度和高密度的特点之外，还具有 CMOS 芯片低功耗的特点。现今流行的单片机芯片大都是 CHMOS 芯片。在片内程序存储器的配置上，早期有三种形式：无片内 ROM、掩膜 ROM 和 EPROM，而现在普遍采用另一种具有 Flash 存储器的芯片。

51 子系列主要有 8031、8051、8751 三种机型。它们的指令系统与芯片引脚完全兼容，仅片内程序存储器有所不同：8031 片内没有程序存储器；8051 的片内程序存储器是 4KB 的掩膜 ROM；8751 内部含有 4KB 的 EPROM。51 子系列单片机的主要特性如下：

1) 8 位 CPU，含布尔处理器。

2) 片内自带振荡器，最高时钟频率为 12MHz。

3) 4KB 的程序存储器。

4) 128B 的数据存储器。

5) 128 个用户位寻址空间。

6) 21 个字节特殊功能寄存器。

7) 4 个 8 位并行 I/O 接口。

8) 2 个 16 位定时/计数器。

9) 具有 2 个优先级的 5 个中断源。

10) 1 个全双工串行口。

11) 111 条指令，含乘/除法指令。

12) 采用单一+5V 电源供电。

52 子系列主要有 8032、8052 和 8752 三种机型。52 子系列与 51 子系列的不同之处在于：片内数据存储器增至 256B，特殊功能寄存器增至 26 个；片内程序存储器增至 8KB（不包括 8032）；3 个 16 位定时/计数器，6 个中断源；其他性能均与 51 子系列相同。

2. AT89 系列

Atmel 公司 1994 年率先将 51 内核与其擅长的 Flash 存储技术相结合，推出了轰动业界的 AT89 系列单片机。目前 AT89 系列单片机已是市场占有率稳居前列、业界用户首选的主流机型。该系列派生产品较多，其主要型号及配置见表 1-2。

AT89 系列单片机也分为 51 和 52 两个子系列，每个子系列都有 4 种型号，两个子系列的主要不同之处如前所述。AT89LS 和 AT89LV 机型分别可以在更低的电压（2.7V）和更宽的电压范围（2.7~6.0V）下工作。随着 Atmel 公司宣布停产 AT89C51/52 芯片，近年来 AT89C51/2 已逐渐被 AT89S51/2 所取代。AT89S51/2 相对于 AT89C51/2 在性能上有了较大提升，而价格基本不变，甚至比 AT89C51/2 更低。

表 1-2 AT89 系列单片机配置一览表

分类	型号	ROM（Flash）	RAM	并行口	串行口	定时/计数器	中断源	工作频率/MHz	工作电压/V
51 子系列	AT89C51	4KB	128B	4个	1个	2个	5个	24	4.0~6.0
	AT89S51	4KB	128B	4个	1个	2个	5个	33	4.0~6.0
	AT89LV51	4KB	128B	4个	1个	2个	5个	16	2.7~6.0
	AT89LS51	4KB	128B	4个	1个	2个	5个	16	2.7~4.0
52 子系列	AT89C52	8KB	256B	4个	1个	3个	6个	24	4.0~6.0
	AT89S52	8KB	256B	4个	1个	3个	6个	33	4.0~6.0
	AT89LV52	8KB	256B	4个	1个	3个	6个	16	2.7~6.0
	AT89LS52	8KB	256B	4个	1个	3个	6个	16	2.7~4.0

AT89S51/2 单片机与 MCS-51 系列单片机的指令和引脚完全兼容，其新增或增强的主要功能和特性如下：

1）片内带振荡器，最高时钟频率可达 33MHz。

2）4/8KB 的 Flash 程序存储器，可擦写次数达 1000 次以上。

3）128/256B 的数据存储器，26/32B 特殊功能寄存器。

4）新增在线编程（ISP）功能，无需专用编程器/仿真器，直接通过串行口即可改写 Flash 程序存储器内的用户代码。

5）集成双数据指针 DPTR0、DPTR1，数据操作更加快捷方便。

6）14 位的看门狗定时器。

7）低功耗电源管理模式。

3. STC89 系列

STC89 系列单片机是宏晶科技生产的 8 位微控制器，保留了传统 51 单片机的所有特性，其指令集完全兼容传统 51 单片机。

STC89 系列单片机各种型号的主要资源配置见表 1-3。

表 1-3 STC89 系列单片机资源配置

分类	型号	Flash	SARAM	I/O 口	中断源	中断优先级	定时/计数器	UART	工作电压/V	最高时钟频率/MHz
RC 子系列	STC89C51RC	4KB	512B	35/39	8个	4个	3个	1个	3.3~5.5	48
	STC89C52RC	8KB	512B	35/39	8个	4个	3个	1个	3.3~5.5	48
	STC89C53RC	13KB	512B	35/39	8个	4个	3个	1个	3.3~5.5	48
	STC89LE51RC	4KB	512B	35/39	8个	4个	3个	1个	2.0~3.6	48
	STC89LE52RC	8KB	512B	35/39	8个	4个	3个	1个	2.0~3.6	48
	STC89LE53RC	13KB	512B	35/39	8个	4个	3个	1个	2.0~3.6	48
RD+ 子系列	STC89C54RD+	16KB	1280B	35/39	8个	4个	3个	1个	3.3~5.5	48
	STC89C58RD+	32KB	1280B	35/39	8个	4个	3个	1个	3.3~5.5	48
	STC89C516RD+	64KB	1280B	35/39	8个	4个	3个	1个	3.3~5.5	48
	STC89LE54RD+	16KB	1280B	35/39	8个	4个	3个	1个	2.0~3.6	48
	STC89LE58RD+	32KB	1280B	35/39	8个	4个	3个	1个	2.0~3.6	48
	STC89LE516RD+	64KB	1280B	35/39	8个	4个	3个	1个	2.0~3.6	48

STC89 系列单片机的主要特性如下：

1）增强型 51 内核 CPU，可运行于 12 时钟/机器周期（12T）/单倍速模式或 6 时钟/机器周期（6T）/双倍速模式，指令代码完全兼容传统 51 单片机。

2）工作电压范围：3.3~5.5V（STC89C 子系列)/2.0~3.6V（STC89LE 子系列）。

3）工作频率范围：0~40MHz，在 6T/双倍速模式下相当于传统 51 单片机的 0~80MHz，理论上最高工作频率可达 48MHz。

4）片上集成 4KB/8KB/13KB/16KB/32KB/64KB 的 Flash 用户应用程序空间。

5）ISP（在系统可编程)/IAP（在应用可编程），无需专用编程器/仿真器，可通过串行口直接下载用户应用程序。

6）片上集成 512/1280B 的 RAM 存储空间。

7）4 个 8 位的双向 I/O 口 P0~P3，并附带 1 个 P4 口，通用 I/O 口最多可达 35/39 个。

8）8 个中断源，分为 4 个中断响应优先级。

9）4 路外部中断源，支持下降沿或低电平触发方式。

10）3 个 16 位的定时/计数器，其中定时器 T2 是带有可编程时钟输出的加/减计数器。

11）增强型通用异步串行口（UART），具有硬件地址识别、框架错误检测功能，并自带波特率发生器。

12）1 个 15 位的看门狗定时器，带有 8 位的时钟预定标器。

13）2 种低功耗电源管理模式：空闲模式、掉电模式，掉电模式可由外部中断源唤醒。

14）工作温度范围：-40~85℃（工业级）、0~75℃（商业级）。

15）封装类型：PDIP-40、PQFP-44、LQFP-44、PLCC-44。

STC89 系列单片机的命名规则如图 1-4 所示。例如，产品型号是 STC89C52RC-40I-PQFP44，代表着该芯片内含 8KB Flash，512B RAM，最高工作频率为 40MHz，工作电压范围为 3.3~5.5V，采用 44 引脚 PQFP 封装形式，应用场合为工业级（-40~85℃）。

在本书中如无特殊说明，所有原理阐述、案例分析等均以 STC89C52RC 为典型机型。

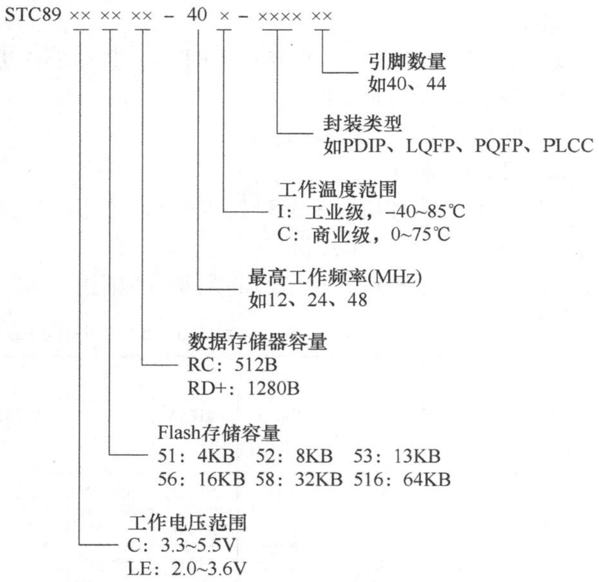

STC89 xx xx xx - 40 x - xxxx xx

引脚数量
如40、44

封装类型
如PDIP、LQFP、PQFP、PLCC

工作温度范围
I：工业级，-40~85℃
C：商业级，0~75℃

最高工作频率(MHz)
如12、24、48

数据存储器容量
RC：512B
RD+：1280B

Flash存储容量
51：4KB 52：8KB 53：13KB
56：16KB 58：32KB 516：64KB

工作电压范围
C：3.3~5.5V
LE：2.0~3.6V

图 1-4　STC89 系列单片机命名规则

1.3.2 非 51 内核单片机

1. PIC 系列

PIC 系列单片机是美国微芯（Microchip）公司推出的产品。它的最大特点是遵循"从不同层次应用需求出发"的设计理念，从不追求单纯的功能堆积。目前该系列已经形成了面向多个层次、囊括百种机型、种类繁多、体系庞大的产品线，在 8 位单片机市场上始终位居前列。

采用哈佛架构的 PIC 系列单片机具有以下主要特点：

1）将内部的数据总线分离为纯数据总线和指令总线，避免了数据、指令共用一条总线而产生的"瓶颈效应"。

2）支持两级流水线的指令操作，在执行一条指令的同时通过指令总线可以提前读取下一条指令。

3）增加指令总线的宽度，实现指令的单字节化，不同档次产品的指令总线宽度依次为 12/14/16 位，而它们的数据总线宽度都是 8 位。这就避免了多字节系统中"由于外部干扰程序计数器 PC 误读指令中数据"的问题，提高了程序运行的安全性，节省了从程序存储器中读取代码的时间。

4）单字节指令的代码压缩率高，如对于 1KB 的存储空间，PIC 系列能够存放 1024 条指令，而 MCS-51 系列只能存放约 600 条指令。

指令系统采用 RISC 架构，不同档次的产品分别只含有 33/35/58 条指令，常用的只有 20 条，而 51 系列的指令集则有 111 条指令；所有指令均为 12/14/16 位的单字节指令，且大多为单周期指令。因此，采用 RISC 架构的 PIC 系列单片机具有好学易用、执行速度快的优点，但仍存在以下不足：它的特殊功能寄存器 SFR 分散在 4 个存储体内，在编程使用过程中必须反复选择对应的存储体；数据的传送和运算基本上都要通过工作寄存器 W 完成，而 51 系列可以通过寄存器相互之间直接传送数据等。

根据 RISC 指令系统的指令总线宽度的不同，PIC 系列 8 位机分为低档型产品（12 位）、中档型产品（14 位）、高档型产品（16 位），其中带有 Flash 存储器的产品系列主要有：

1）低档型产品主要有 PIC10F 系列、PIC12F 系列。其中 PIC10F322 芯片仅有 6 个引脚，被认为是世界上最小的单片机。该机型带有 4 个 I/O 口、64B 数据空间、512B Flash 程序空间、2 个 8 位定时器、3 通道 8 位 A/D 转换器（ADC）、2 路 10 位/16kHz 脉宽调制（PWM）模块，还增加了特有的可配置逻辑单元（CLC）、数控振荡器（NCO）和互补波形发生器（CWG）。

2）中档型产品主要有 PIC16F 系列。典型产品 PIC16F877 芯片内部集成了 3 个定时器、8 通道 10 位 ADC、2 个捕捉/比较/脉宽调制（CCP）模块、通用同步/异步串行接收/发送器（USART）、串行外设接口（SPI）、I^2C 接口等丰富的片上资源。

3）高档型产品主要有 PIC18F 系列。PIC18F 系列增加了 8×8 硬件乘法器，指令执行速度可达 10MIPS（百万条指令/s）@ 40MHz，使其能在一些需要高速运算的场合取代数字信号处理器（DSP）。

此外，PIC 系列单片机还具有以下特点：①内部自带上电复位电路、I/O 引脚上拉电路、看门狗、ADC、CCP 模块等外围电路，极大地减少了外围器件的使用，故特别适合嵌入低成本型或者微小型的控制系统中，实现真正意义上的嵌入式系统"单片化"；②功耗低：工作电流不超过 2mA @ 4MHz/5V，睡眠模式的耗电可以降到 1μA 以下；③端口驱动能力强：每个 I/O 口的灌电流为 25mA，而其输出电流也可达到 20mA，因而其 I/O 引脚能够灵活地按照正向或反向逻辑直接驱动 LED 显示器、光电耦合器、小功率继电器等外设或负载；④保密性高：采用保密熔丝可靠保护用户程序代码；⑤优越的开发环境：在推出一款新型单片机的同时推出配套的廉价的硬件编程器/仿真器以及免费的软件综合开发环境（MAPLAB-IDE）。

2. AVR 系列

AVR 系列单片机是 1997 年 Atmel 公司推出的采用 RISC 架构的 8 位单片机。它的显著特点表现为高性能、高速度、低功耗。

1）片上资源丰富：内部集成了带有输入捕获/比较匹配输出的定时器、8 路 10 位 ADC、USART、SPI、TWI（兼容 I^2C）、看门狗、RTC（实时时钟）、模拟电压比较器等功能模块，还内置了上电复位、低压检测与复位、复位延时启动等外围电路。

2）高速度：取消了机器周期，以时钟周期为指令周期，在一个时钟周期内即可执行一条复杂的指令；哈佛架构支持预取指令流水作业，即在执行一条指令的同时，预先把下一条指令的代码提取出来；RISC 指令系统以字（16 位）作为指令长度，具有 32 个通用工作寄存器，相当于有多个累加器，克服了 51 单片机通过单一累加器 ACC 进行处理造成的瓶颈现象。因此，AVR 系列单片机是高速的 8 位单片机，具备 1MIPS/MHz 的高速运行处理能力。

3）端口功能强：I/O 口的输入可设为三态高阻输入，也可设为带内部上拉电阻输入，便于用作各种应用特性所需的多功能 I/O 口；在输出状态下，单个 I/O 引脚高电平时输出电流最高可达 40mA 左右，低电平时吸入电流为 10～20mA，故 AVR 系列的 I/O 口能够直接驱动晶体管、继电器等。

4）低功耗：工作电压范围宽（2.7～6.0V），工作电压低，如 Tiny12 系列的工作电压甚至可降低至 1.8V；具有掉电（Power Down）、空闲（Idle）两种低功耗电源管理模式，一般耗电约为 2.5mA @ 4MHz/3V，而在掉电模式下的功耗小于 1μA，更适用于电池供电的微小型设备。

5）Flash 存储器：擦写次数可达 10000 次以上，具有多重密码保护锁定功能，支持 ISP 方式，其中 ATmega 系列还支持 IAP 方式，以便在线升级或销毁程序。

AVR 系列单片机品种齐全，分为 3 个档次：①低档 Tiny 系列，主要有 Tiny11/12/13/15/26/28 等；②中档 AT90S 系列，主要有 AT90S1200/2313/8515/8535 等；③高档 ATmega 系列，主要有 ATmega8/16/32/64/128 以及 ATmega8515/8535 等。这 3 个系列产品的内核是相同的，指令系统也是兼容的，只是在内部资源的配置、片上集成外围电路的数量和功能方面有所不同，以适用于各种不同场合的产品需求。

3. Freescale 单片机

飞思卡尔（Freescale）半导体公司原来是摩托罗拉（Motorola）公司的半导体产品部，2004 年成为独立企业并接管 Motorola 公司的单片机业务，2015 年被荷兰恩智浦（NXP）半导体公司收购。Freescale 单片机采用哈佛总线架构和多级流水线技术，在许多领域内都表现出低成本、高性能的特点，以及高频噪声低、抗干扰能力强等方面的优势，故该系列产品更适合于工业测控现场极其恶劣条件，尤其能够满足汽车电子运行环境苛刻的要求。Freescale 半导体公司多年来一直致力于汽车电子半导体器件的开发与推广，Freescale 单片机在汽车 MCU 市场领域至今保持领先地位。

Freescale 公司的典型产品系列主要有：通用型 HC08 系列、高性能型 HCS08 系列和简化型 RS08 系列等 8 位机；HC12 系列、HCS12/MC9S12 系列、HC16 系列、HCS12X/MC9S12X 系列等 16 位机；68K/ColdFire 系列、M. CORE 系列、PowerPC 系列、ARM 系列等 32 位机。以 HCS12 系列为例，MC9S12D 子系列产品内置 32～512KB Flash ROM、2～14KB RAM、2 个串行通信接口（SCI）、1～3 个 SPI、1～2 个 8 路 10 位 ADC、7～8 路 PWM 通道，其中 MC9S12DP512 芯片集成了 5 个 CAN 总线通信模块，特别适合于汽车电子应用场合。HCS12X 系列是 HCS12 系列的升级版，它是带有协处理器 XGate 的双核微控制器。

4. MSP430 系列

MSP430 系列单片机是美国德州仪器（TI）公司 1996 年开始推向市场的一种超低功耗类型的 RISC 架构的 16 位单片机。该系列单片机的主要特点是：①具有 16 位的数据宽度、125ns 的指令周期@8MHz 以及多功能的硬件乘法器，完全满足数字信号处理领域某些算法，如快速傅里叶变换（FFT）等的高速运算需求；②集成了丰富的片上外设资源，如硬件乘法器、直接存储器访问（DMA）、看门狗、8 位/16 位定时器、10 位/12 位 ADC、16 位 Σ-Δ ADC、12 位 D/A 转换器（DAC）、UART、SPI、I²C、LCD 驱动器、模拟比较器、温度传感器等；③采用 1.8～3.6V 低电压供电，具有多种低功耗运行模式，在主动模式下的工作电流仅有 200μA @ 1MHz/2.2V，实时时钟模式耗电 0.8μA，在 RAM 保持模式下的最低功耗只有 0.1μA，故特别适用于需要电池供电的便携式仪器仪表中。

5. STM32 系列

STM32 系列单片机是意法半导体（ST）公司推出的一系列基于 ARM Cortex-M 内核的微控制器，它专门为高性能、低成本、低功耗的嵌入式应用而设计。意法半导体为了满足各个应用层次的需求而推出了不同内核架构的产品系列：主流系列（STM32G0、STM32F0、STM32F1、STM32F3、STM32G4）；低功耗系列（STM32L0、STM32L1、STM32L4、STM32L4＋）；高性能系列（STM32F2、STM32F4、STM32F7、STM32H7），如图 1-5 所示。

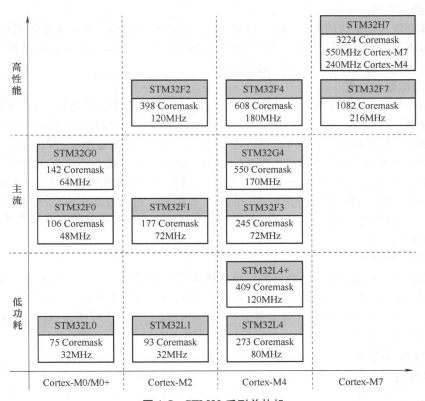

图 1-5　STM32 系列单片机

其中 STM32F1 系列主流 MCU 满足了工业、医疗和消费类市场的各种应用需求。意法半导体凭借该系列产品在全球 ARM Cortex-M 内核微控制器领域处于领先地位，同时树立了嵌入式应用历史上的里程碑。STM32F1 系列单片机在"集成一流外设和低功耗、低电压运行"的基础上实现了高性能，同时还以可接受的价格实现了高集成度，并具有简单的架构和简便易用的开发工具。它包含超值型 STM32F100、基本型 STM32F101、连接型 STM32F102、增强型 STM32F103、互联型 STM32F105/107 五条产品线，它们的引脚、外设和软件均兼容。以增强型产品 STMF103ZGT6 为例，该芯片采用 32 位高性能 Cortex-M3 内核架构，其 CPU 最高速度可达 72MHz，内置 1MB Flash ROM、96KB SRAM、112 个通用 I/O 口、多达 17 个定时器、13 个通信接口（UART、I^2C 接口、SPI、CAN2.0B、USBFS 等），还有 3 个 21 通道 12 位 ADC、2 个 2 通道 12 位 ADC 等。

1.4　单片机的发展趋势

1. CPU 的发展

单片机的早期产品只能处理 8 位数据，如今带有 16 位 CPU 的单片机已经非常普遍，某些产品如 STM32 系列单片机的数据处理能力已经达到了 32 位。

CPU 的运行速度越来越快：①时钟频率提高：80C51 的最高工作频率为 12MHz，AT89S51 的最高工作频率为 33MHz，而 STC89C51RC 的运行速度可达 48MHz，非 51 内核的 STM32 系列部分机型可运行于 100MHz 以上的高频率；②引入多级流水线技术，CPU 并行处理指令队列中的多条指令，使得单片机的运算速度成倍提升；③减少振荡周期数/机器周期也可以提高指令的执行速度，如 STC89 系列单片机不仅可以运行于 12T 模式，也可以运行于双倍速的 6T 模式。

2. 存储器的发展

片内集成存取速度更快的 Flash ROM 已成为当今单片机产品市场的主流发展趋势。Flash 存储器的内置容量逐渐被扩充，如 STC89 系列单片机内部集成了 4~64KB 的 Flash 存储器，在多数情况下仅用片上资源即可满足开发应用程序的空间需求。

3. I/O 口数量和功能

对于通用单片机，并行 I/O 口的数量增多，故一般应用场合中无须进行外部接口扩展。例如，传统 51 单片机的并行 I/O 口的数量为 32 个，而 STM32 系列 STMF103ZGT6 机型具有多达 112 个并行 I/O 口。现在多数单片机产品都可以提供若干种串行 I/O 口，例如 SCI、SPI、I^2C、CAN 等串行接口，以便于不同类型外设与单片机内部之间的串行通信。为了减少外部驱动芯片，有些单片机增强了并行驱动能力，比如 PIC 系列、AVR 系列并行输出口的驱动电流可达 20mA 左右，以实现直接驱动 LED 显示器、继电器等外围电路。此外，专用单片机向着高集成、小封装、低成本的方向发展，它追求 I/O 口在功能上的专用性和在数量上的最小化，旨在最大限度地简化系统的结构，提高片上资源的利用率。

4. 片上资源的增加

随着集成电路技术及工艺的不断进步，单片机在芯片内部集成了越来越多的功能模块或者外围电路。为了与其在芯片外部扩展的部分相区分，我们称之为片上资源。这些片上资源除了包含传统 51 单片机的中断系统、定时/计数器、UART 串行口之外，还可能有 ADC、PWM 模块以及 SCI、SPI、CAN 串行总线接口等。

5. 开发方式的进步

C 语言已经成为开发单片机应用系统的主流语言。用高级语言代替汇编语言，不仅便于程序开发者编写、阅读、调试程序，提高工作效率，缩短开发周期，而且增加了应用程序的通用性和可移植性，极大缓解了"不同单片机产品系列的汇编指令系统之间千差万别"这一固有矛盾。目前主流单片机产品均有各自配套的 C 编译器，尤其是 C51 语言已经成了 51 单片机的通用编程语言。用户可以利用 C51 语言和 Keil C51 软件开发工具/环境，实现高效快捷的 51 单片机应用程序开发，如编辑、编译、调试以及烧写等。

在程序下载/烧写方面，越来越多的产品支持 ISP 和 IAP 技术，ISP 技术无须从开发系统中移除单片机即可下载新的用户应用程序，IAP 技术允许用户在程序运行时向 Flash 存储器写入新的指令代码。例如，STC 系列单片机还专门提供了绿色免安装、在 PC 端直接运行、占用内存极小的 STC-ISP 烧录软件。

6. 低电压低功耗

单片机的全盘 CMOS 化促进了低功耗技术的进步。降低工作电压无疑可以指数级地降低功耗。目前很多单片机产品均可采用较宽范围的电压供电，通常其 CPU 内核工作于 1.5~2.5V，外围 I/O 口工作于 3~5V；同时还支持低功耗运行模式，可以按需控制 CPU 进入、退出空闲或者掉电状态，以达到提高用电效率的目的。典型低功耗芯片工作时消耗的电流仅在 μA 或 nA 量级，一粒纽扣电池就能保证单片机长期可靠运行，因此这类低功耗型单片机特别适用于各种便携式仪器仪表和消费类电子产品。

思考题及习题 1

一、填空

1. 微型计算机由_____、_____、_____三个必要的功能部件组成，各个功能部件之间通过_____、_____、控制总线等三类总线连接成为整体。

2. 单片机是将_____、_____、_____、_____和中断系统、定时/计数器等功能模块集成到一块硅片上的芯片级微型计算机系统。

3. 当今国际上大都采用_____或者_____来代替"单片机"一词。

二、简答

1. 单片机的编程语言总体上有哪三大类？它们各有什么特点？

2. 单片机的主要特点是什么？

3. 51 内核的主流单片机产品有哪几种？它们各有什么特点？

4. 简述 STC89C52RC 单片机的资源配置。

5. 简述单片机的发展趋势。

2

第 2 章
STC89C52RC单片机的硬件结构及原理

【学习目标】

(1) 熟悉 STC89C52RC 单片机的内部结构和引脚功能；

(2) 理解 CPU 的结构与原理；

(3) 掌握程序存储器、数据存储器的配置；

(4) 理解并行 I/O 口的结构及操作；

(5) 熟悉 STC89C52RC 单片机的最小应用系统、看门狗、低功耗模式等。

【学习重点】

(1) 运算器、控制器的工作原理及其寄存器；

(2) 程序存储器、数据存储器的空间配置；

(3) 并行 I/O 口的操作方法与特点。

STC89 系列单片机是宏晶科技生产的 8 位单片 MCU，保留了传统 51 单片机的所有特性，其指令集完全兼容传统 51 单片机。内置 4~64KB 的 Flash 用户应用程序空间；支持 ISP 和 IAP；片上集成 512/1280B 的数据存储器以满足多个领域的应用需求；可以自由选择 12T/单倍速模式或 6T/双倍速模式。此外，STC89 系列单片机还具有附加 I/O 口 P4、8 个中断源/4 个优先级的中断结构、定时器 T2、低功耗模式、看门狗定时器等。

2.1 STC89C52RC 单片机的组成结构与引脚功能

2.1.1 STC89C52RC 单片机的组成结构

STC89C52RC 单片机集成了中央处理器（CPU）、程序存储器（ROM）、数据存储器（RAM）、并行 I/O 口、中断系统、定时/计数器、串行 I/O 口等，它们通过内部总线连接为有机整体。STC89C52RC 单片机的组成结构框图如图 2-1 所示。

它主要包括以下几部分：

1) 中央处理器：CPU 是 STC89C52RC 单片机的核心，又称为微处理器。CPU 用于处理 8 位二进制数或代码，负责算术、逻辑、位操作等基本运算，并根据指令功能控制各个功能部件执行指定的操作。

2) 片内程序存储器：ROM 是一种写入信息后不易改写的存储器。断电后，ROM 中的信息保留"记忆"。因此，ROM 一般用来存放程序、原始数据或表格数据，在单片机应用系统中通常被称作程序存储器。STC89C52RC 芯片内有 8KB Flash ROM。

3) 片内数据存储器：RAM 能在 CPU 运行时随时进行数据的读/写，但在断电后它所存储的信

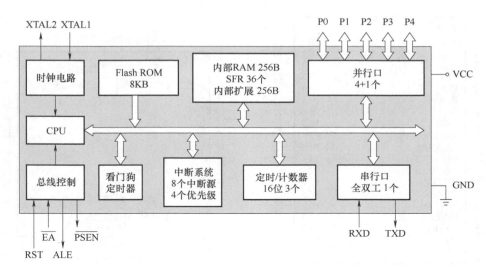

图 2-1　STC89C52RC 单片机的组成结构

息会"失忆"。所以，在单片机应用系统中，RAM 通常用于暂存运行期间的中间结果或用作堆栈，又被称作数据存储器。STC89C52RC 单片机内部集成了 256B 的片内 RAM 和 256B 的片内扩展 RAM，还有 36 个特殊功能寄存器（SFR）离散分布于片内 RAM 的高 128B。

4）并行 I/O 口：为了满足"面向控制"这一实际应用的需要，单片机提供了数量多、功能强、使用灵活的并行 I/O 口。有些并行 I/O 口，不仅可灵活地配置为输入或输出，还可用作外部系统总线或控制信号线，从而为扩展外部存储器或连接外设提供了可能性和便捷条件。STC89C52RC 芯片内有 4 个 8 位的双向并行口 P0~P3，还有 1 个额外的 P4 口，用于实现信息的并行输入输出。

5）串行 I/O 口：目前市场上主流的单片机均配备了一种或几种串行 I/O 口，以匹配不同类型终端设备与单片机内部之间串行通信的实际要求，甚至实现多个单片机之间的串行通信。STC89C52RC 芯片内有 1 个全双工 UART，以实现单片机内部和外设之间的串行数据传送。

6）定时/计数器：在单片机的实际应用中，往往需要精确的定时，或者需要对外部事件进行计数。STC89C52RC 芯片内有 3 个 16 位的定时/计数器，用于实现定时或计数功能。

7）中断系统：STC89C52RC 芯片内有 8 个中断源、4 个优先级的嵌套中断结构，包括 4 个外部中断、3 个定时/计数中断、1 个串行接口发送/接收中断。

8）时钟电路：单片机可以看作大规模的同步时序数字电路，即它在一定频率时钟信号的驱动下，按照严格的时序执行指令中的各种操作。STC89C52RC 芯片内有时钟电路和振荡器，工作频率范围为 0~40MHz，在双倍速模式下相当于传统 51 单片机的 0~80MHz。

9）看门狗定时器：当单片机由于干扰而使程序陷入死循环或者跑飞状态时，看门狗可引起单片机复位，使程序恢复正常运行。STC89C52RC 芯片有 1 个 15 位的看门狗定时器，并带有 8 位时钟预定标器。

2.1.2　STC89C52RC 单片机的引脚功能

STC89C52RC 单片机的引脚分布图如图 2-2 所示，它有 4 种不同的封装形式：40 引脚双列直插式封装（PDIP-40），44 引脚贴片封装（LQFP-44、PLCC-44、PQFP-44）。尽管封装形式不同，但它们的内部结构完全一样。

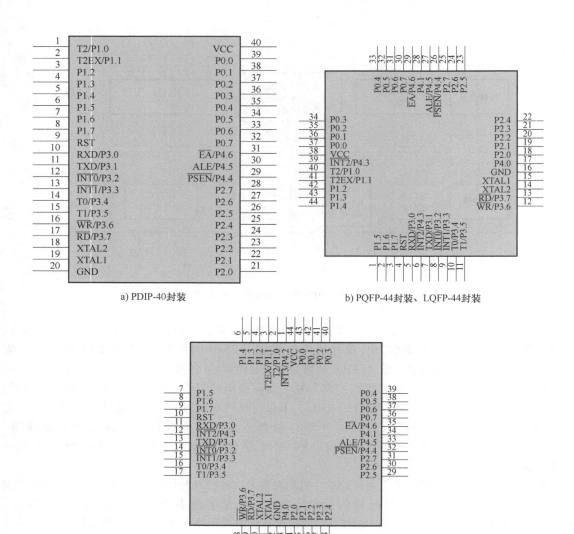

图 2-2　STC89C52RC 单片机的引脚分布图

下面以双列直插（PDIP）封装芯片为例介绍 STC89C52RC 的各个引脚及其功能。PDIP-40 封装芯片共有 40 个引脚，包括 2 个电源引脚、2 个时钟引脚、32+3 个 I/O 接口引脚、4 个控制引脚。

1. 电源引脚（2 个）

VCC：电源正极，正常运行时接+5V 或+3V 电源。

GND：电源负极，正常运行时接地。

2. 时钟引脚（2 个）

XTAL1 接外部晶体振荡器（简称晶振）输入端，XTAL2 接外部晶振输出端。当使用芯片内部振荡器时，这两个引脚用于接石英晶振和微调电容；当使用外部振荡器时，XTAL1 接收振荡器信号，XTAL2 悬浮不接。

3. I/O 接口引脚（35/39 个）

STC89C52RC 有 4 个 8 位的并行 I/O 接口：P0~P3 口，对应的引脚分别是 P0.0~P0.7、P1.0~

P1.7、P2.0~P2.7、P3.0~P3.7。每个引脚均可以单独用作输入或输出。另外还有 1 个额外的 P4 口，对应的引脚分别是 P4.0~P4.6（PDIP-40 封装芯片只有 P4.4~P4.6）。

4. 控制引脚（4 个）

RST：复位引脚。将 RST 复位引脚拉高并至少维持 24 个时钟加 10μs 后，单片机会进入复位状态。将 RST 复位引脚拉回低电平后，单片机结束复位状态并从用户程序区的 0000H 开始正常工作。

ALE：地址锁存允许输出端。在访问外部存储器或外设时，ALE 输出信号用于锁存 P0 口上出现的低 8 位地址信息。

$\overline{PSEN}$：片外程序存储器的读选通输出端。在读外部程序存储器时，$\overline{PSEN}$引脚发出的低电平，作为对外部程序存储器读操作的选通信号。

$\overline{EA}$：外部程序存储器的访问允许选择端。$\overline{EA}$引脚接地，CPU 只访问外部程序存储器，并执行外部程序存储器中的指令；$\overline{EA}$引脚接电源 VCC，CPU 先从片内 8KB 的 Flash ROM 中读取代码，然后自动转到外部程序存储器的 2000H~FFFFH 地址空间中取指令。

需要特别指出的是，P4.4~P4.6 引脚的功能配置可能因版本号而有所差异。HD 版本有$\overline{PSEN}$、ALE、$\overline{EA}$引脚，无 P4.4~P4.6 口；90C 版本有 P4.4、P4.6 口，无$\overline{PSEN}$、$\overline{EA}$引脚。90C 版本的 P4.5/ALE 引脚既可作 I/O 口 P4.5 使用，也可被默认复用为 ALE 引脚。如果需要用到 90C 版本的 P4.5 口，需要在烧录用户程序时在 STC-ISP 编程器中将 ALE 引脚选择为"用作 P4.5"。

2.2　STC89C52RC 单片机的 CPU

2.2.1　运算器

运算器主要用于完成对数据的算术运算、逻辑运算和位操作运算。它包括算术逻辑运算单元（ALU）、累加器 ACC、寄存器 B、程序状态字寄存器 PSW 和专门用于位操作的布尔处理器等。运算器的内部结构框图如图 2-3 所示。

1. 算术逻辑运算单元（ALU）

ALU 是运算器的核心，实质上是一个全加法器，它的输入有两个：一个来源于暂存器 1，另一个来源于暂存器 2 或者累加器 ACC；其输出有两个：ALU 中数据运算的结果传送至 ACC 中保存，并且 ACC 中保存的数据能够作为输入再次送回至 ALU 中进行累加运算，同时 ALU 所完成运算的状态信息传送至程序状态字寄存器 PSW 中。

该单元可以完成加、减、乘、除、加 1、减 1 等算术运算，也可以实现与、或、异或、求补、清 0、移位等逻辑运算。它可以对半字节（4 位）、单字节（8 位）、双字节（16 位）数据进行操作。算

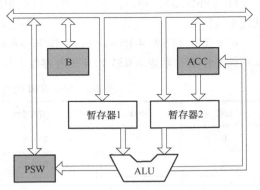

图 2-3　运算器的内部结构框图

术逻辑运算单元除了得到运算结果以外，还可以通过对运算结果的判断来影响程序状态字寄存器 PSW 中的状态标志位。这些状态信息不但可以反映运算结果的特征，而且可以作为控制程序转移的查询和判别条件。

2. 累加器 ACC

累加器 ACC 是一个 8 位的寄存器，它是 CPU 中应用最频繁的一个寄存器。ACC 的主要作用

如下：

1）为 ALU 运算提供所需要的操作数，并保存数据运算后的结果。

2）CPU 中的数据传送大多都通过累加器，故 ACC 相当于数据传送的中转站，大部分指令的执行都要经由 ACC，尤其是访问外部存储器或 I/O 接口时。

在汇编指令系统中，累加器 ACC 用助记符 A 来表示。在位操作时，累加器 A 中的每一位都可以按位寻址，各个可寻址位表示为 ACC.X（X=0，1，…，7）。

3. 寄存器 B

寄存器 B 也是一个 8 位的寄存器，它是专为乘法和除法指令而设置的。在乘法运算时，寄存器 B 用来存放乘数和乘积的高位字节，累加器 A 存放被乘数和乘积的低位字节。在除法运算时，寄存器 B 用来存放除数和结果的余数，累加器 A 用来存放被除数和运算结果的商。另外，寄存器 B 也可以作为一个通用寄存器来使用。

4. 程序状态字寄存器 PSW

程序状态字寄存器 PSW 是一个 8 位的寄存器，它的每一位都有固定的含义，用于寄存指令执行后的状态信息。表 2-1 是程序状态字寄存器 PSW 各位的含义。

表 2-1　程序状态字寄存器 PSW 各位的含义

D7	D6	D5	D4	D3	D2	D1	D0
CY	AC	F0	RS1	RS0	OV	—	P
进/借位	辅助进位	用户标志	寄存器组选择		溢出标志	保留	奇偶标志

CY（PSW.7）：进位/借位标志位。在执行加法、减法运算时，如果运算结果的最高位（D7）有进位或借位，则 CY 位由硬件自动置 1，否则自动清 0。在进行位操作时，CY 作为位累加器使用，在位操作指令中用 C 来代替 CY。

AC（PSW.6）：辅助进位/借位标志位，又称半进位标志位。当进行加、减运算时，如果运算结果的低半字节（低 4 位）向高半字节（高 4 位）有进位或借位，AC 位自动置 1，否则自动清 0。

F0（PSW.5）：用户标志位。用户可以根据需要对 F0 位的含义进行自定义，并可以用软件将其置 1 或清 0。

RS1 RS0（PSW.4 PSW.3）：工作寄存器组选择位。用软件对 RS1 RS0 两位进行设置，即可选择当前工作寄存器组。RS1 RS0 的内容与工作寄存器组的对应关系见表 2-2。

表 2-2　RS1 RS0 的内容与工作寄存器组的对应关系

RS1	RS0	寄存器组	片内 RAM 地址	工作寄存器名称
0	0	第 0 组	00H~07H	R0~R7
0	1	第 1 组	08H~0FH	R0~R7
1	0	第 2 组	10H~17H	R0~R7
1	1	第 3 组	18H~1FH	R0~R7

OV（PSW.2）：溢出标志位。在有符号数算术运算中，如果运算结果超出了累加器 A 所能表示的有符号数的有效范围（-128~+127），则产生溢出，OV 标志位被置 1。执行加/减运算时，如果运算结果的最高位（D7）和次高位（D6）中，只有其中一位有进位/借位，则 OV 位置 1；在乘法运算时，如果乘积大于 255，则视为溢出；在除法运算时，如果除数为 0，则 OV 标志被置 1。

PSW.1：系统保留位。该位的含义没有定义。

P（PSW.0）：奇偶校验标志位。51 单片机采用偶校验。每条指令执行完后，该标志位反映累加器 A 中 "1" 的个数情况。当累加器 A 中有奇数个 "1" 时，P 标志位置 1，否则 P 标志位清 0。在串行通信中，奇偶校验标志位常用于校验数据传送是否出错。

PSW 寄存器除具有字节地址外，还具有位地址，因此 CPU 可以对其中任何一位进行位操作，这大大提高了程序设计的便利性以及指令执行的效率。

【例 2-1】　执行 C3H 和 AAH 两个数相加的指令之后，累加器 A、标志位 CY、AC、OV、P 的值分别是什么？

运算过程如下所示：

$$
\begin{array}{rl}
1\,1\,0\,0\,0\,0\,1\,1\,B & C3H \\
+\ 1\,0\,1\,0\,1\,0\,1\,0\,B & AAH \\
\hline
0\,1\,1\,0\,1\,1\,0\,1\,B & 6DH
\end{array}
$$

则（A）= 6DH，CY = 1，AC = 0，OV = 1，P = 1。

5. 布尔处理单元

51 单片机中有一个位处理单元（布尔处理器），用来完成位数据的传送、位逻辑和位条件转移等位操作（布尔运算）。布尔处理器以 PSW 寄存器中的 CY 标志为位累加器，在布尔指令中以 C 表示，专门用于布尔运算。

2.2.2　控制器

控制器是 CPU 的大脑中枢，它包括定时控制逻辑电路、程序计数器 PC、指令寄存器 IR、指令译码器 ID、数据指针寄存器 DPTR、堆栈指针寄存器 SP 等，如图 2-4 所示。它的功能是控制指令的读取、译码和执行，对指令的执行过程进行定时控制，从而协调、控制单片机各个部件实现指令代码规定的功能。

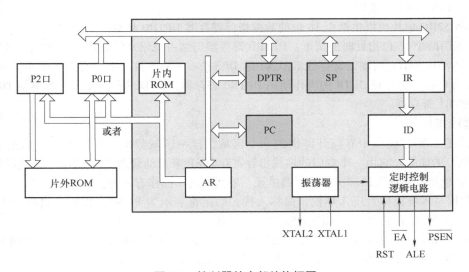

图 2-4　控制器的内部结构框图

1. 程序计数器 PC

程序计数器 PC 是一个不可寻址的 16 位计数器，用于存放 CPU 要执行的下一条指令的地址。程序中的每条指令在程序存储器单元中都有自己的存放地址。当按照 PC 所指的地址从存储器中取出一条指令后，PC 自动加 1，指向下一条将要取出指令的地址或当前指令后续字节的地址。但 PC 内容的变化还有以下几种特殊情况：

1）复位后，PC 指向 0000H 单元，CPU 将从程序存储器的 0000H 单元开始执行指令。

2）在分支、循环结构程序中，如果执行转移指令，则 PC 被装载入转移指令中提供的目标地址，CPU 将跳转至此目标地址处继续执行程序。

3）在调用子程序或者获得中断响应时，PC 被装载入子程序或者中断服务程序的入口地址，CPU 将从主程序的断点处跳转至子程序或者中断服务程序继续执行指令；执行完毕后，PC 被装入断点地址，CPU 返回至主程序的断点处继续运行。

PC 的值将被送入地址寄存器 AR，CPU 根据地址寄存器 AR 中的地址从指定的 ROM 单元中读取指令。此外，指令取自于片内还是片外 ROM 单元，取决于 AR 指定地址的范围以及引脚$\overline{EA}$的状态。如果访问的是片外 ROM 单元，则从 P0 口、P2 口分别将所访问外部单元的低 8 位地址、高 8 位地址传送至外部程序存储器的地址输入端，再从其数据输出端经 P0 口将相应单元的指令代码读入至内部总线。

2. 指令寄存器 IR、指令译码器 ID 与定时控制逻辑电路

指令寄存器 IR 和指令译码器 ID 的功能是对将要执行的指令进行存储和译码。首先，CPU 根据程序计数器 PC 指定的 ROM 地址读取指令，送入指令寄存器 IR 中；然后，指令译码器 ID 对指令的操作码进行译码；最后，定时控制逻辑电路根据译码结果生成带有时序的微操作控制信号，协调各部件完成指令所规定的操作。

3. 数据指针 DPTR

DPTR 是 16 位的数据指针寄存器，由两个 8 位的寄存器 DPH 和 DPL 组成。它可以存放一个 16 位的地址值，用于寻址 64KB 的地址空间。在访问片外数据存储器或 I/O 端口时，采用间接寻址方式，DPTR 用于指定要访问的外部地址单元；在查表和转移指令中，采用变址寻址方式，DPTR 用作访问程序存储器的基址寄存器；另外，DPTR 还可作为一个通用的 16 位寄存器或两个通用的 8 位寄存器（DPH/DPL）使用。

STC89C52RC 单片机提供两个 16 位的数据指针寄存器 DPTR0 和 DPTR1，双数据指针可以改善同时需要运用两个 16 位指针时的情形。DPTR0 寄存器仍然占用原来的地址 83H/82H，DPTR1 寄存器的地址是 85H/84H。用辅助寄存器 1 AUX1 的 DPS 位（AUXR.0）来切换当前使用的数据指针：当 DPS 位为 0 时，所有对 DPTR 的操作使用 DPTR0 寄存器；当 DPS 位为 1 时，所有对 DPTR 的操作使用 DPTR1 寄存器。

4. 堆栈指针 SP

堆栈是在数据存储器中专门开辟出的一个区域，这一区域数据的存取遵循"后进先出"或"先进后出"的原则。它由一个专门的堆栈指针寄存器 SP 来自动管理。SP 是一个 8 位的特殊功能寄存器，它总是指向堆栈顶部所在的存储单元。堆栈的基本操作有两种：

1）数据写入堆栈称为压入堆栈，简称入栈，助记符表示为 PUSH。数据入栈时，SP 先加 1，再将数据压入 SP 指向的单元。如图 2-5a 所示，操作前堆栈指针 SP 指向栈顶数据"1"的存储单元，当执行对数据"8"的入栈指令时，先令 SP 加 1，指向原栈顶的上一个单元，再将数据"8"压入此时栈顶指向的存储单元。之后对数据"3"的入栈指令与此同理。

2）数据从堆栈中读出称为弹出堆栈，简称出栈，助记符表示为 POP。数据出栈时，先将 SP 指向单元的数据弹出，SP 再减 1。如图 2-5b 所示，操作前堆栈指针 SP 指向栈顶数据"3"的存储单元，当执行对数据"3"的出栈指令时，先将数据"3"弹出堆栈并传送至指定的单元，再令 SP 减 1，指向原栈顶的下一个单元，即数据"8"的存储单元。再之后对数据"8"的出栈指令与此同理。

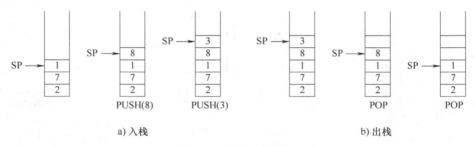

a) 入栈　　　　　　　　　　　　　　　　　　　　b) 出栈

图 2-5　堆栈工作原理

【例 2-2】　如果堆栈指针 SP 指向 60H 单元，则在执行入栈指令后，SP 的值如何变化？如果接着连续执行两次出栈指令后，SP 最终指向哪里？

堆栈指针 SP 的初始值是 60H，则入栈操作后，SP 指向下一个高地址存储单元 61H，即 SP 的值为 61H；然后继续执行两次出栈操作，每次出栈 SP 自动减 1，因此 SP 最终指向 5FH 单元。

系统复位后堆栈指针 SP 的值是 07H，此时 SP 指向工作寄存器区第 0 组工作寄存器 R7。如果此时执行入栈操作，则待操作的数据被压入第 1 组工作寄存器 R0。考虑到 08H~1FH 单元位于第 1~3 组工作寄存器的地址空间，若在程序设计中使用工作寄存器，则最好将 SP 移出这个区间。因此，堆栈通常设置在用户数据缓冲区的 30H~FFH 地址范围内。根据需求由软件改变堆栈指针 SP 的初始值，可以自由设置堆栈在片内 RAM 中的起始位置。SP 的初始值越小，堆栈的深度就越深（地址范围越宽）。

此外，堆栈通常用于在子程序调用和中断处理的时候自动保存断点和保护现场，此处堆栈的使用将在 6.1 节中详细阐述。

2.2.3　时钟电路与时序

单片机如同一个复杂的同步时序电路，它的时钟电路用于产生单片机运行所需要的时钟信号。在时钟信号的驱动下，CPU 按照严格的既定的时序执行指令代码规定的各种微操作，从而协调控制单片机各个部件同步工作。

1. 时钟电路

时钟信号为单片机各个部件的运行提供时钟基准，并保证各个部件按照时序协调同步工作。时钟电路负责产生一个在一定频率范围内的固定频率的时钟脉冲信号，方法有两种：一种是利用片内振荡器的时钟电路；另一种是引入外部脉冲信号的时钟电路。

（1）采用片内振荡器的时钟电路

STC89C52RC 单片机自带内部振荡器及时钟发生电路，其输入端为 XTAL1 引脚，输出端为 XTAL2 引脚。只需在芯片外部 XTAL1 引脚和 XTAL2 引脚之间跨接一个石英晶振和两个微调电容，即可构成一个稳定的自激振荡器，如图 2-6 所示。其中微调电容 C1 和 C2 用来保证振荡器振荡的稳定性和起振的快速性。在设计印制电路板时，为了减少寄生电容，更好地保证振荡器稳定、可靠的工作，晶振和电容应尽可能靠近 XTAL1、XTAL2 引脚。

STC89C52RC 的工作频率范围为 0~40MHz，理论上最高工作频率可达 48MHz。晶振频率 f_{osc} 的典型值通常为 6MHz、12MHz、24MHz，微调电容 C1、C2 通常取值为 47pF 左右。在串行通信应用场合，晶振频率通常选择 11.0592MHz 或者 22.1184MHz，以获得准确的串行通信波特率。

（2）采用外部振荡器的时钟电路

在由多个单片机组成的系统中，为实现各单片机之间时钟信号同步，应当引入唯一的公用外部时钟源作为各个单片机的时钟脉冲。外部时钟源由引脚 XTAL1 引入，XTAL2 悬空，如图 2-7 所示。

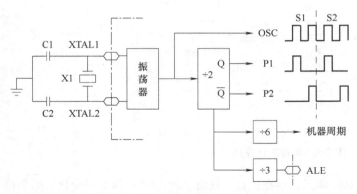

图 2-6 采用片内振荡器的时钟电路   图 2-7 采用外部振荡器的时钟电路

2. 时钟信号

单片机必须在严格的既定时序下完成当前正在执行指令所需的各种操作。时序即执行指令时产生的一系列操作或者一系列控制信号之间的时间顺序。在单片机中，基本的时序单位有以下几种：

（1）时钟周期

在采用内部振荡器的时钟电路中，石英晶振和内部振荡器电路形成的输出信号 OSC 的周期称为时钟周期，如图 2-6 所示。时钟周期也称为晶振周期，定义为晶振频率 f_{osc} 的倒数。它是单片机系统中最基本的、最小的时序单位。

（2）节拍与状态

一个晶振周期也称为一个节拍，用 P 表示。晶振信号经内部时钟发生电路 2 分频后，形成两路错开的时钟信号，即节拍 P1、节拍 P2。这两个节拍组成了一个状态周期（简称状态），用 S 表示。状态周期 S 是晶振信号的 2 分频，在每个状态 S 的前半周期，P1 节拍有效；在每个状态 S 的后半周期，P2 节拍有效，如图 2-6、图 2-8 所示。CPU 就是以节拍和状态为基本时序单位安排各个部件有序、协调地工作，例如算术逻辑运算的操作发生在 P1 节拍期间，内部寄存器间的数据传送操作发生在 P2 节拍期间。

（3）机器周期

CPU 完成一个基本操作所需要的时间称为机器周期。51 单片机采用定时控制方式，它有固定的机器周期。规定一个机器周期有 6 个状态周期，依次记为 S1~S6；又由于一个状态含两个节拍，故一个机器周期有 12 个节拍/晶振周期，分别记为 S1P1，S2P2，…，S6P2。因此，机器周期由 12 个晶振周期组成，即晶振脉冲的 12 分频，如图 2-8 所示。

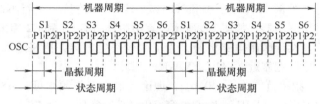

图 2-8 单片机的时序单位

（4）指令周期

CPU 执行一条指令所需要的时间称为指令周期。指令周期一般由若干个机器周期组成，指令不同，所需要的机器周期数也不同。指令的执行速度与其机器周期数直接相关，机器周期数少则执行速度快。51 单片机的指令周期由 1、2 或 4 个机器周期组成。每条指令的机器周期数见附录 A。

【例 2-3】　STC89C52RC 单片机在外接晶振的频率 $f_{osc}=12\text{MHz}$ 时，各种定时单位的大小为

$$晶振周期=\frac{1}{f_{osc}}=\frac{1}{12\text{MHz}}=0.083\mu s \tag{2-1}$$

$$状态周期=\frac{2}{f_{osc}}=\frac{2}{12\text{MHz}}=0.167\mu s \tag{2-2}$$

$$机器周期=\frac{12}{f_{osc}}=\frac{12}{12\text{MHz}}=1\mu s \tag{2-3}$$

$$指令周期=(1\sim4)\times机器周期=1\sim4\mu s \tag{2-4}$$

在上述时间单位中，时钟周期和机器周期是单片机内计算其他时间值的基本时间单位。在单片机的资料中都会给出每条指令的机器周期数目。在已知晶振频率的情况下，可以很容易计算出每条指令的执行时间。例如，在用软件程序来实现延时时，常把延时程序中每条指令的执行时间累加起来，就可以精确计算出延时的长短。

STC89C52RC 单片机片内有 3 个 16 位的定时/计数器，可以完成定时和计数的功能。在用作定时方式时，定时器每次加 1 的时间间隔就是一个机器周期。STC89C52RC 单片机内部有一个串行通信接口，串行通信的波特率由片内定时器产生，波特率的计算也要根据晶振频率和上述计算方法来完成。

此外，ALE 引脚可以输出晶振 6 分频的时钟信号，如图 2-6 所示。为了降低单片机时钟输出对外界干扰，STC89C52RC 新增了 ALE 时钟输出禁止功能，只需将 AUXR 寄存器的 ALEOFF 位（AUXR.0）置 1 即可。

需要说明的是，STC89 系列单片机还可以运行于 6T 模式。在 6T 模式下，一个机器周期由 6 个晶振周期组成。在同样的晶振频率下，6T 模式 STC89 系列单片机的运行速度相当于传统 51 单片机的 2 倍，因此也将这种模式称为双倍速模式。如果不做特别说明，本书一律讨论与传统 51 单片机兼容的 12T 模式。

3. 典型时序

CPU 执行指令时，分为取指令和执行指令两个阶段：首先到程序存储器中取出将要执行的指令代码，然后译码并由时序电路产生一系列控制信号，以完成指令所规定的操作。在执行大部分指令过程中，每个机器周期内 ALE 信号出现两次。每出现一次 ALE 信号，CPU 就依次进行取指令操作，但并不是每次 ALE 信号生效时都需要有效地读取指令。

（1）单周期指令的时序

单字节时，执行在 S1P2 开始，操作码被读入指令寄存器 IR；在 S4P2 阶段仍有读操作，但被读入的字节（即下一操作码）被忽略，且此时 PC 并不增量，如图 2-9a 所示。双字节时，执行在 S1P2 开始，操作码被读入指令寄存器 IR；在 S4P2 时，再读入第 2 个字节，如图 2-9b 所示。

（2）双周期指令的时序

单字节时，执行在 S1P2 开始，在两个机器周期中，共发生 4 次读操作，但是后 3 次操作均无效，如图 2-10a 所示。双字节时，执行在 S1P2 开始，操作码被读入指令寄存器 IR；在 S4P2 时，再读入的字节被忽略；在第 2 个机器周期没有读操作码的操作，而是进行外部数据存储器的寻址和读/写操作，所以在 S1P2-S2P1 期间没有 ALE 信号，如图 2-10b 所示。

2.2.4　复位方式与复位状态

STC89C52RC 单片机有 4 种复位方式：外部引脚复位、掉电复位、软件复位以及看门狗复位。

1. 外部引脚复位

在 RST 引脚持续加上 2 个机器周期（即 24 个晶振周期）再加上 $10\mu s$ 以上的高电平，单片机

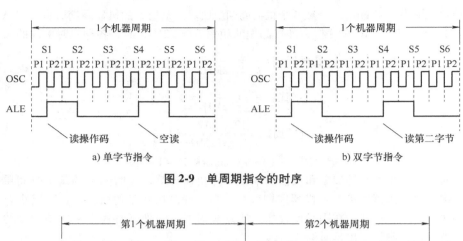

图 2-9   单周期指令的时序

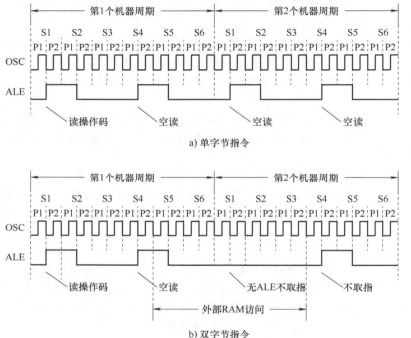

图 2-10   双周期指令的时序

就可以实现可靠复位。当 RST 引脚变成低电平后，单片机退出复位状态，从初始状态开始工作。外部引脚复位操作通常有上电自动复位、手动按键复位两种形式。

在单片机系统接通电源时，自动产生复位信号的电路称为上电自动复位电路，如图 2-11 所示。上电后+5V 电源 VCC 对 RC 电路充电，在上电瞬间 RST 端获得高电平，随着电容 C1 充电电压的升高，复位端的电压将逐渐下降，但只要这个高电平能够保持至少 2 个机器周期以上，单片机就能进行可靠复位。

当由于程序运行出错、操作错误等原因而使系统处于死锁状态时，往往需要通过按键，利用手动方式进行复位操作，使单片机重新启动。通常，上电自动复位和手动按键复位都是必需的，如图 2-11 所示。当复位按键 SB1 按下后，复位端通过 200Ω 小电阻 R2 形成放电回路，10μF 电容 C1 迅速放电，使得 RST 引脚变为高电平；当复位按键弹起后，在 RST 端重新出现正脉冲，从而引发单片机再次进入复位状态。

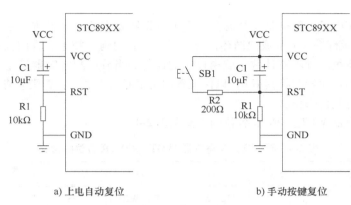

a) 上电自动复位　　　　　　　　　　　　b) 手动按键复位

图 2-11　复位电路

2. 单片机的复位状态

复位后，单片机的各个部件均进入初始化状态。复位后主要特殊功能寄存器的初始状态值见表 2-3。此时，程序计数器 PC=0000H，CPU 将从程序存储器的 0000H 地址单元开始执行指令；片内数据存储器单元的数据为随机值；特殊功能寄存器的状态是确定的，多数寄存器的字节数据为00H，或者其可寻址位为 0，但不包含以下情况：

1）P0~P3=FFH，此时各口线可以用作输入口，因为其初始状态相当于已向其内部锁存器写入"1"；也可以用于输出，但需注意如果某口线用于驱动继电器、晶体管等，则初始化时其输出高电平可能引起这些器件的误动作从而带来不良后果。此外，附加 P4 口的 P4.0~P4.6 均为"1"。

2）SP=07H，此时堆栈指针 SP 指向片内 RAM 的 07H 单元。

3）串行口数据缓冲器 SBUF 的状态不定。

4）电源控制寄存器 PCON 的上电/掉电复位标志位 POF（PCON.4）的复位初始状态为"1"，当执行上电/掉电复位操作时，系统自动将 POF 标志位置 1。

表 2-3　复位后主要特殊功能寄存器的初始状态值

寄存器	初始状态值	寄存器	初始状态值
PC	0000H	TMOD	00H
ACC	00H	TCON	00H
B	00H	TL0	00H
PSW	00H	TH0	00H
SP	07H	TL1	00H
DPTR	0000H	TH1	00H
P0~P3	FFH	SCON	00H
P4	×1111111B	SBUF	××H
IP	×××00000B	PCON	00×10000B
IE	0××00000B	AUXR	×××××00B
WDT_CONTR	××000000B	AUXR1	××××0××0B

3. 看门狗复位

工业控制、汽车电子、航空航天等场合对系统可靠性要求高，为了防止系统在异常情况下受到干扰，造成 CPU 运行进入混乱或死循环，需要引入"看门狗"技术。看门狗技术就是使用一个看门狗定时器来对系统时钟不断计数，监视程序的运行。当看门狗定时器启动运行后，应在规定的时间内访问看门狗定时器并将其清 0，以保证看门狗定时器不溢出，否则它将判定系统处于异常状态而强迫系统进行复位操作。

看门狗控制寄存器 WDT_CONTR 各位的含义见表 2-4。

表 2-4　看门狗控制寄存器 WDT_CONTR 各位的含义

D7	D6	D5	D4	D3	D2	D1	D0
—	—	EN_WDT	CLR_WDT	IDLE_WDT	PS2	PS1	PS0

EN_WDT：看门狗使能位，当此位设置为"1"时，看门狗定时器启动。

CLR_WDT：看门狗清 0 位，当向此位写"1"时，看门狗定时器将被清 0 并重新计数。

IDLE_WDT：看门狗空闲模式位，当此位设置为"1"时，看门狗定时器将在空闲模式下计数。

PS2～PS0：看门狗定时器的时钟预定标位，其溢出时间可以根据下面公式计算得出：

$$看门狗溢出时间 = (12/f_{osc}) \times 32768 \times 2^{PS2 \sim PS0+1} \qquad (2\text{-}5)$$

根据式（2-5）即可计算出一定晶振频率下看门狗定时器的溢出时间。当系统晶振为 12MHz 时，如果 PS2～PS0 位为 000，则看门狗溢出时间约为 65.5ms；如果 PS2～PS0 位为 111，则看门狗溢出时间约为 8.4s。

4. 其他复位方式

（1）掉电复位

当电源电压 VCC 低于掉电复位电路的检测阈值电压时，所有的逻辑电路都会复位。一旦电源电压重新恢复正常，系统掉电复位过程将在 32768 个时钟周期延迟后结束。当单片机采用 5V 供电时，掉电复位的门槛电压为 3.3V；当 3V 供电时，其门槛电压为 2V。进入掉电模式时，掉电复位功能被关闭。

电源控制寄存器 PCON 的 POF 位（PCON.4）用于区分单片机的复位是来源于上电/掉电复位还是看门狗/软件复位。当执行上电/掉电复位操作时，系统自动将 POF 标志位置 1，此位需要用户手动由软件清 0。

（2）软件复位

用户应用程序在运行过程中，有时会有特殊需求，需要单片机系统进行软件复位。传统 51 单片机在硬件上未支持此功能。STC89 系列单片机根据客户要求增加了 ISP_CONTR 特殊功能寄存器，只需简单地控制 ISP_CONTR 寄存器就可以实现软件复位。ISP_CONTR 寄存器各位的含义见表 2-5。

表 2-5　ISP_CONTR 寄存器各位的含义

D7	D6	D5	D4	D3	D2	D1	D0
ISPEN	SWBS	SWRST	—	—	WT2	WT1	WT0

ISPEN：ISP/IAP 操作允许位（0：禁止 ISP/IAP 读/写/擦除 Flash；1：允许 ISP/IAP 读/写/擦除 Flash）。

SWBS：软件启动选择控制位（0：从用户应用程序区启动；1：从 ISP 程序区启动）。

SWRST：软件复位触发控制位（0：不操作；1：触发软件复位）。

（3）内置专用复位电路复位

HD 版本和 90C 版本都集成了 MAX810 专用复位电路，该电路能够提供 400ms 的上电复位延时。但是时钟频率为 6MHz 时，内部简单的 MAX810 专用复位电路是可靠的；当时钟频率为 12MHz 时勉强可用。在要求不高的情况下，在复位引脚外接电阻电容复位即可。

2.3　STC89C52RC 单片机的存储器

存储器是单片机的主要功能部件，通常可以分为两大类：程序存储器和数据存储器。

微型计算机的存储器有两种基本结构：一种是将程序和数据合用为一个存储器空间，成为冯·诺依曼结构或普林斯顿（Princeton）结构；另一种是将程序存储器和数据存储器截然分开，称为哈佛（Harvard）结构。

STC89C52RC 单片机采用哈佛结构，程序存储器和数据存储器是各自独立编址的。在物理上，有 4 个存储空间，即片内程序存储器、片外程序存储器、片内数据存储器和片外数据存储器。从地址空间看，有 3 个存储空间：片内、片外统一编址的 64KB 程序存储器地址空间（0000H ~ FFFFH），片内 512B 数据存储器地址空间，片外 64KB 数据存储器地址空间（0000H ~ FFFFH）。STC89C52RC 芯片内有 8KB Flash ROM（0000H ~ 1FFFH）和 512B RAM，后者在物理和逻辑上均分为两个地址空间：内部 RAM（256B）和内部扩展 RAM（256B）。

2.3.1　程序存储器

程序存储器（ROM）用来存放用户应用程序、初始化数据、运算常数、数据表格等信息。在正常工作时只可读不可写，掉电后数据不丢失。STC89C52RC 单片机片内有 8KB 的 Flash ROM，片外最多能扩展至 64KB 程序空间。每个字节的 ROM 单元存储一个 8 位二进制的程序代码或数据。STC89C52RC 单片机程序存储器的配置如图 2-12 所示。

复位后，程序计数器 PC 的初始值为 0000H，CPU 将从程序存储器的 0000H 地址单元开始执行指令。CPU 根据 $\overline{EA}$ 引脚来判断是访问片内程序存储器还是片外程序存储器：

1）当 $\overline{EA}$ 引脚接低电平时，程序计数器 PC 只能寻址外部 ROM，片外存储器可以从 0000H 开始编址，且最多允许扩展至 64KB 空间。

2）当 $\overline{EA}$ 引脚接高电平时，CPU 优先在片内 ROM 的 0000H ~ 1FFFH 地址范围内（即片内低 8KB 地址）进行寻址，而当寻址空间超出低 8KB 之外，即在 2000H ~ FFFFH 地址范围内时，PC 自动转向访问片外 ROM。此时片外存储器可以从 2000H 开始编址，且最多可扩展至 56KB。

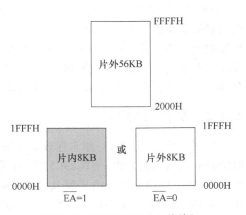

图 2-12　STC89C52RC 单片机
程序存储器配置

换句话说，由于片内、片外程序存储器的低 8KB 地址重叠，在对低 8KB 地址空间（0000H ~ 1FFFH）进行寻址时，CPU 要么执行在这个范围内片内 ROM 的程序代码，要么执行在这个范围内片外 ROM 的程序代码，两者只能取其一，因此 $\overline{EA}$ 引脚的作用仅仅是区分低 8KB 地址范围的寻址；而当 CPU 要访问高 56KB ROM 空间（2000H ~ FFFFH）时，一定是对片外 ROM 空间进行寻址，不受 $\overline{EA}$ 引脚的任何约束和影响。

程序存储器低地址的大约 60 个存储单元是 STC89C52RC 单片机的保留单元，留给系统使用，见表 2-6。

表 2-6　STC89C52RC 程序存储器特殊功能存储单元

入 口 地 址	功　　能
0000H	复位地址/程序执行起始地址
0003H	外部中断 0 中断服务程序入口地址
000BH	定时/计数器 0 中断服务程序入口地址
0013H	外部中断 1 中断服务程序入口地址
001BH	定时/计数器 1 中断服务程序入口地址
0023H	串行口发送/接收中断服务程序入口地址
002BH	定时/计数器 2 中断服务程序入口地址
0033H	外部中断 2 中断服务程序入口地址
003BH	外部中断 3 中断服务程序入口地址

（1）起始地址区 0000H~0002H

复位后的 PC 地址是 0000H，故 0000H 单元是系统的起始地址，系统从 0000H 单元开始取指，执行程序。由于中断地址区 0003H~003BH 的存在，用户主程序往往从 0040H 单元之后开始。一般在 0000H 单元设置目标地址为用户主程序入口的一条无条件转移指令，使得系统复位后能够转向用户主程序执行，因而 0000H~0002H 单元被保留用于初始化。

（2）中断地址区 0003H~003BH

0003H~003BH 范围被保留用作 8 个中断源的中断向量（中断服务程序的入口地址）。当不同中断获得响应后，单片机能自动转到各中断入口地址去执行相应的中断服务程序。从各中断入口地址起始本应存放其中断服务程序，但 8 个单元的地址间隔往往难以存放下一个完整的中断服务程序，而超出 8B 的中断服务程序必然会与其邻近的中断向量重叠。因此，通常在中断入口地址处存放一条转移指令，以将单片机引导至该中断服务程序的实际入口地址处。

2.3.2　数据存储器

数据存储器（RAM）用来存放运算的中间结果和数据的暂存、缓冲等，它的特点是可读可写，但是断电后信息会丢失。STC89C52RC 单片机的数据存储器在物理和逻辑上均分为两个地址空间：片内 RAM（256B）和片内扩展 RAM（256B）。每个字节的 RAM 单元存储一个 8 位二进制的数据。片内 RAM 空间共有 256B 的存储单元，分为低 128B 存储区（00H~7FH）、高 128B 存储区（80H~0FFH）和特殊功能寄存器（SFR）区三个部分。低 128B 单元可以采用直接寻址方式或者间接寻址方式访问。高 128B 存储区和特殊功能寄存器区占用相同的地址空间，但两者是在物理上相互独立的空间，使用时通过不同的寻址方式进行区分，即高 128B 单元只能采用间接寻址访问，而特殊功能寄存器只能采用直接寻址访问。当片内存储资源不足时，系统支持外部扩展存储空间，且片外并行地址总线（16 位）允许最多扩展 64KB RAM 空间。

STC89C52RC 单片机数据存储器的配置如图 2-13 所示。

1. 片内低 128B RAM

STC89C52RC 单片机的片内低 128B RAM，用 8 位地址寻址，地址范围为 00H~7FH，通过直接或间接寻址方式均可访问，在 C51 程序中使用 data 或 idata 存储类型访问。这 128B 的数据空间分为 3 部分：工作寄存器区、位寻址区和用户数据缓冲区。

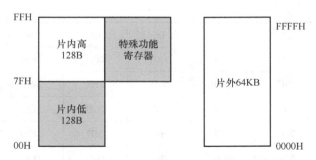

图 2-13　STC89C52RC 单片机数据存储器配置

（1）工作寄存器区

工作寄存器区可供用户用作数据运算和传送过程中的暂存单元。STC89C52RC 单片机共有 32 个工作寄存器，地址范围为 00H~1FH。这 32 个工作寄存器分为 4 组，即第 0 组~第 3 组，每组有 8 个工作寄存器，依次命名为 R0~R7。通过对程序状态字 PSW 中 RS1、RS0 位的设置，可以选择其中一组为当前工作寄存器组。各个工作寄存器的地址见表 2-7。

表 2-7　各个工作寄存器的地址

组号	RS1	RS0	R0	R1	R2	R3	R4	R5	R6	R7
0	0	0	00H	01H	02H	03H	04H	05H	06H	07H
1	0	1	08H	09H	0AH	0BH	0CH	0DH	0EH	0FH
2	1	0	10H	11H	12H	13H	14H	15H	16H	17H
3	1	1	18H	19H	1AH	1BH	1CH	1DH	1EH	1FH

CPU 复位后，自动选择第 0 组为当前工作寄存器组，其工作寄存器 R0~R7 依次对应片内 RAM 的 00H~07H 单元。此外，复位后堆栈指针 SP 的初始值是 07H，SP 指向工作寄存器区第 0 组工作寄存器 R7，如果此时执行入栈操作，则待操作的数据被压入第 1 组工作寄存器 R0。

（2）位寻址区

STC89C52RC 单片机不仅具有字节寻址功能，还具有位寻址功能。20H~2FH 地址范围内 16B 的 RAM 单元称为位寻址区，这 16B 共 128 位，其中各位可以采用位寻址方式访问，在 C 语言中使用 bdata 存储类型访问。在位寻址区内，每 1 位都被赋予 1 个位地址，这 128 个可寻址位的位地址范围为 00H~7FH，见表 2-8。

表 2-8　位寻址区位地址分配表

字节地址	D7	D6	D5	D4	D3	D2	D1	D0
2FH	7FH	7EH	7DH	7CH	7BH	7AH	79H	78H
2EH	77H	76H	75H	74H	73H	72H	71H	70H
2DH	6FH	6EH	6DH	6CH	6BH	6AH	69H	68H
2CH	67H	66H	65H	64H	63H	62H	61H	60H
2BH	5FH	5EH	5DH	5CH	5BH	5AH	59H	58H
2AH	57H	56H	55H	54H	53H	52H	51H	50H
29H	4FH	4EH	4DH	4CH	4BH	4AH	49H	48H
28H	47H	46H	45H	44H	43H	42H	41H	40H

（续）

字节地址	D7	D6	D5	D4	D3	D2	D1	D0
27H	3FH	3EH	3DH	3CH	3BH	3AH	39H	38H
26H	37H	36H	35H	34H	33H	32H	31H	30H
25H	2FH	2EH	2DH	2CH	2BH	2AH	29H	28H
24H	27H	26H	25H	24CH	23H	22H	21H	20H
23H	1FH	1EH	1DH	1CH	1BH	1AH	19H	18H
22H	17H	16H	15H	14H	13H	12H	11H	10H
21H	0FH	0EH	0DH	0CH	0BH	0AH	09H	08H
20H	07H	06H	05H	04H	03H	02H	01H	00H

（3）用户数据缓冲区

地址为 30H~7FH 的存储器单元可供用户用作数据缓冲，用户数据缓冲区共 80B 单元，只能进行字节寻址。它可以存放运算的初始数据、运算中间结果和最终结果。这一区域的操作指令非常丰富，数据处理方便灵活，故用户数据缓冲区是非常宝贵的资源。值得注意的是，如果堆栈指针 SP 初始化时指向这个区域，则需要预留足够的字节单元作为堆栈区，以防止在数据存储操作时破坏堆栈内容。

以上介绍的片内 RAM 00H~2FH 范围内的存储单元，当它们不被用作工作寄存器或位寻址时，也可以作为用户的数据存储区使用。

2. 片内高 128B RAM

片内 RAM 的高 128B 空间（80H~FFH）与特殊功能寄存器区的地址范围重合，但两者是两个不同的物理区域，使用时通过不同的寻址方式区分，即高 128B RAM 单元只能采用间接寻址方式访问，而特殊功能寄存器只能通过直接寻址方式访问。在 C 语言中，高 128B RAM 单元只能使用 idata 存储类型访问，而特殊功能寄存器只能使用 sfr 或 sfr16 扩展数据类型访问。

3. 片外 RAM

由于 51 单片机系统用于并行扩展的外部地址总线为 16 位，片外数据存储器的最大存储空间为 $2^{16}B=64KB$，地址范围为 0000H~FFFFH。片外 RAM 单元只能采用间接寻址方式。在 51 单片机系统进行并行扩展时，P0 口作为片外地址/数据总线，当外部数据存储空间小于 256B 时，只需 P0 口作为地址总线，采用工作寄存器 Ri（i=0，1）或数据指针 DPTR 进行间接访问，在 C51 程序中使用 pdata、xdata 存储类型访问；当外部 RAM 寻址范围大于 256B 时，还需 P2 口作为高位地址总线，只能采用数据指针 DPTR 进行间接访问，在 C51 程序中使用 xdata 存储类型访问。

需要注意的是，片外数据存储器和片外程序存储器的全部 64KB 地址重叠，但是两者通过两个不同的引脚 $\overline{PSEN}$、$\overline{RD}$ 分别进行各自的读操作控制；数据存储器的片内、片外低 256B 地址也重叠，但是两者使用不同的汇编指令 MOV、MOVX 或不同的 C51 存储类型进行区分，因此以上两种情况都不会产生数据冲突和操作混乱。

4. 片内扩展 RAM

STC89C52RC 单片机片内除了集成 256B 的内部 RAM 外，还集成了 256B 的内部扩展 RAM（00H~FFH）。访问内部扩展 RAM 的方法与传统 51 单片机访问外部 RAM 的方法一致，但是不影响与外部 RAM 扩展相关的 P0 口、P2 口、$\overline{RD}$/$\overline{WR}$ 引脚、ALE 引脚。在汇编语言中，内部扩展单元通过间接寻址方式的 MOVX 指令访问，即 "MOVX @ Ri" 或者 "MOVX @ DPTR"；在 C 语言中，使用 pdata、xdata 声明存储类型即可。

内部扩展 RAM 是否允许被访问通过辅助寄存器 AUXR 的 EXTRAM 位（AUXR. 0）设置。当 EXTRAM = 0 时，如果地址范围是低 256B 地址单元（00H ~ FFH），则访问的是内部扩展 RAM 空间，如果超出此地址范围（从 0100H 开始），则系统自动访问外部 RAM 空间；当 EXTRAM = 1 时，禁止使用内部扩展 RAM，如图 2-14 所示。

2.3.3　特殊功能寄存器

特殊功能寄存器（SFR）也称专用寄存器，是专门用于对片内各个功能模块进行控制、管理、监视的控制寄存器和状态寄存器。SFR 区是一片具有特殊功能的片内数据存储区，用户在编程时可以给设定值，但不能移作他用。SFR 离散分布在片内 RAM 的 80H ~ FFH 地址空间，与片内高 128B RAM 单元占用相同的地址范围，但 SFR 必须用直接寻址方式访问。

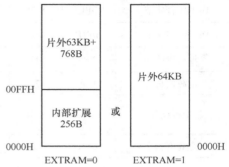

图 2-14　内部扩展 RAM 与外部 RAM

STC89C52RC 单片机中有 36 个特殊功能寄存器，其中 7 个为双字节，共占用 43B。它们的分配情况如下：

1）CPU 专用寄存器：累加器 A（E0H）、寄存器 B（F0H）、程序状态字寄存器 PSW（D0H）、堆栈指针寄存器 SP（81H）、数据指针寄存器 DPTR0（82H/83H）和 DPTR1（84H/85H），还有电源管理寄存器 PCON（87H）、辅助寄存器 AUXR（8EH）、辅助寄存器 1 AUXR1（A2H）、看门狗控制寄存器 WDT_CONTR（E1H）。

2）并行 I/O 口专用寄存器：P0（80H）、P1（90H）、P2（A0H）、P3（B0H）、P4（E8H）。

3）中断系统专用寄存器：中断允许寄存器 IE（A8H）、中断优先级寄存器 IP（B8H）、中断高优先级控制寄存器 IPH（B7H）、中断辅助控制寄存器 XICON（C0H）。

4）定时/计数器专用寄存器：工作方式寄存器 TMOD（89H）、控制寄存器 TCON（88H）、T0 计数寄存器 TH0/TL0（8BH/8AH）、T1 计数寄存器 TH1/TL1（8DH/8CH）、T2 计数和控制寄存器。

5）串行口专用寄存器：串口控制寄存器 SCON（98H）、串口数据缓冲器 SBUF（99H）、串行口从机地址掩膜寄存器 SADEN（B9H）、串行口从机地址寄存器 SADDR（A9H）。

6）ISP/IAP Flash 数据和控制寄存器 6 个。

这 36 个特殊功能寄存器地址见表 2-9。

表 2-9　特殊功能寄存器地址表

特殊功能寄存器	符号	地址	位名称与位地址							
			D7	D6	D5	D4	D3	D2	D1	D0
CPU 寄存器										
累加器	ACC A	E0H	ACC. 7 E7	ACC. 6 E6	ACC. 5 E5	ACC. 4 E4	ACC. 3 E3	ACC. 2 E2	ACC. 1 E1	ACC. 0 E0
寄存器 B	B	F0H	F7	F6	F5	F4	F3	F2	F1	F0
程序状态字	PSW	D0H	C D7	AC D6	F0 D5	RS1 D4	RS0 D3	OV D2	— D1	P D0
DPTR0 低字节	DPL	82H								

（续）

特殊功能寄存器	符号	地址	位名称与位地址							
			D7	D6	D5	D4	D3	D2	D1	D0
CPU 寄存器										
DPTR0 高字节	DPH	83H								
DPTR1 低字节	DPL	84H								
DPTR1 高字节	DPH	85H								
堆栈指针	SP	81H								
电源控制	PCON	87H	SMOD	SMOD0		POF	GF1	GF0	PD	IDL
辅助寄存器	AUXR	8EH							EXTRAM	ALEOFF
辅助寄存器 1	AUXR1	A2H					GF2			DPS
并行 I/O 口寄存器										
P0 口	P0	80H	P0.7 87	P0.6 86	P0.5 85	P0.4 84	P0.3 83	P0.2 82	P0.1 81	P0.0 80
P1 口	P1	90H	P1.7 97	P1.6 96	P1.5 95	P1.4 94	P1.3 93	P1.2 92	P1.1 91	P1.0 90
P2 口	P2	A0H	P2.7 A7	P2.6 A6	P2.5 A5	P2.4 A4	P2.3 A3	P2.2 A2	P2.1 A1	P2.0 A0
P3 口	P3	B0H	P3.7 B7	P3.6 B6	P3.5 B5	P3.4 B4	P3.3 B3	P3.2 B2	P3.0 B1	P3.1 B0
P4 口	P4	E8H		P4.6 EE	P4.5 ED	P4.4 EC	P4.3 EB	P4.2 EA	P4.1 E9	P4.0 E8
中断系统寄存器										
中断允许控制	IE	A8H	EA AF		ET2 AD	ES AC	ET1 AB	EX1 AA	ET0 A9	EX0 A8
中断低优先级控制	IP	B8H			PT2 BD	PS BC	PT1 BB	PX1 BA	PT0 B9	PX0 B8
中断高优先级控制	IPH	B7H	PX3H	PX2H	PT2H	PSH	PT1H	PX1H	PT0H	PX0H
中断辅助控制	XICON	C0H	PX3 C7	EX3 C6	IE3 C5	IT3 C4	PX2 C3	EX2 C2	IE2 C1	IT2 C0
定时/计数器寄存器										
定时/计数器控制	TCON	88H	TF1 8F	TR1 8E	TF0 8D	TR0 8C	IE1 8B	IT1 8A	IE0 89	IT0 88
定时/计数器方式	TMOD	89H	GATE	C/T	M1	M0	GATE	C/T	M1	M0
定时/计数器 0 低字节	TL0	8AH								
定时/计数器 0 高字节	TH0	8BH								

（续）

特殊功能寄存器	符号	地址	位名称与位地址							
			D7	D6	D5	D4	D3	D2	D1	D0
定时/计数器寄存器										
定时/计数器 1 低字节	TL1	8CH								
定时/计数器 1 高字节	TH1	8DH								
定时/计数器 2 控制	T2CON	C8H	TF2 CF	EXF2 CE	RCLK CD	TCLK CC	EXEN2 CB	TR2 CA	C/T2 C9	CP/RL2 C8
定时/计数器 2 模式	T2MOD	C9H							T2OE	DCEN
串行口寄存器										
串行口控制寄存器	SCON	98H	SM0/FE 9F	SM1 9E	SM2 9D	REN 9C	TB8 9B	RB8 9A	TI 99	RI 98
串行口数据缓冲器	SBUF	99H								
串行口从机地址掩膜	SADEN	B9H								
串行口从机地址	SADDR	A9H								
看门狗寄存器										
看门狗控制	WDT_ CONTR	E1H			EN_ WDT	CLR_ WDT	IDLE_ WDT	PS2	PS1	PS0
ISP/IAP Flash 寄存器										
ISP/IAP Flash 数据	ISP_ DATA	E2H								
ISP/IAP Flash 地址高	ISP_ ADDRH	E3H								
ISP/IAP Flash 地址低	ISP_ ADDRL	E4H								
ISP/IAP Flash 命令	ISP_ CMD	E5H						MS2	MS1	MS0
ISP/IAP Flash 触发	ISP_ TRIG	E6H								
ISP/IAP Flash 控制	ISP_ CONTR	E7H	ISPEN	SWBS	SWRST			WT2	WT1	WT0

在表 2-9 中，只有地址为 ×0H 或者 ×8H（×=8～F）的特殊功能寄存器，既能按字节处理，也能按位处理。这些位寻址单元、位寻址区及布尔指令集构成了完整的布尔处理系统，在开关判别决策、逻辑功能实现和实时控制等方面非常有用。

2.4　STC89C52RC 单片机的并行 I/O 口

STC89C52RC 有 4 个 8 位的双向并行 I/O 口，分别称作 P0、P1、P2、P3，每个并行 I/O 口一次可以发送或接收一组 8 位数据；P0～P3 口对应外部 32 个引脚，依次表示为 P0.0～P0.7、P1.0～

P1.7、P2.0~P2.7、P3.0~P3.7，每个引脚均可单独用作输入或输出。各个 I/O 口编址于特殊功能寄存器中，既有字节地址又有位地址。

每个 I/O 口都包含输出锁存器、输出驱动器和输入缓冲器。作为输出时，待发送的数据可以锁存；作为输入时，待接收的数据可以缓冲。各个 I/O 口在结构上存在一些差异，因而它们的使用功能和驱动能力略有不同。

2.4.1　P0 口

P0 口是一个双功能的 8 位双向并行 I/O 口，可以按字节访问，字节地址为 80H，也可以按位访问，P0.0~P0.7 的位地址依次为 80H~87H。

P0 口的位结构原理图如图 2-15 所示。当控制线的状态为"0"时，多路开关 MUX 拨向输出锁存器的 $\overline{Q}$ 输出端，P0 口用作通用 I/O 口；当控制线的状态为"1"时，多路开关 MUX 拨向反相器的输出端，P0 口分时复用为数据/地址总线。

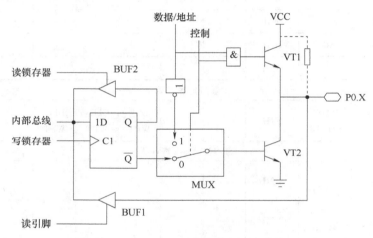

图 2-15　P0 口的位结构

1. P0 口作为通用 I/O 口

在 P0 口作为输出口使用时，CPU 执行端口的输出指令，来自 CPU 的"写锁存器"脉冲加在输出（D 型）锁存器的时钟端上，此时内部总线上的待发送数据由 D 输入端写入锁存器，经锁存器反相后出现在 $\overline{Q}$ 输出端上，再经输出驱动器的下端晶体管 VT2 反相后出现在 P0.X 引脚上，显然 P0.X 引脚上出现的数据与内部总线上待发送的数据相同。当内部总线输出为"0"时，锁存器的 $\overline{Q}$ 端输出"1"，VT2 管导通，P0.X 引脚输出"0"；当输出为"1"时，锁存器的 $\overline{Q}$ 端输出"0"，VT2 管截止，然而由于此时控制线的状态为"0"，与门的输出必然是"0"，输出驱动器的上端晶体管 VT1 也是截止的，即输出驱动器工作于"集电极开路（OC）"方式，故 P0.X 引脚的输出状态是"高阻态"。因此，在作为输出口时，P0 口应该外接上拉电阻，否则无法输出高电平。

在作为输入口使用时，P0 口位结构图中的两个输入缓冲器（三态门）BUF1、BUF2 用于读操作，读操作有读引脚和读锁存器之分。从端口读取数据时，CPU 发出的"读引脚"或者"读锁存器"指令控制缓冲器 BUF1 或者 BUF2 进入"开通"状态，此时 P0.X 引脚上的数据或者锁存器 Q 输出端上的数据经过 BUF1 或者 BUF2 传送至内部总线上。

读引脚时，在操作前应该先向端口的输出锁存器写"1"，以迫使输出驱动器的下端晶体管 VT2 截止，此操作称为"设置 P0.X 为输入口"。否则，导通的 VT2 管将使得 P0.X 引脚上的电位钳位为"0"，造成外部数据的高电平无法从 P0.X 引脚输入。

"读锁存器"功能是为了适应"读—修改—写"这类指令的需要。这类指令的特点是：先读端口，随之对读入的数据进行修改，然后再写到端口上。对于"读—修改—写"这类指令，读锁存器上的数据能够避免误读引脚的状态，因为引脚上的电平信号可能受到外电路的影响而变化，尤其是当该引脚用于驱动外部晶体管时。

2. P0 口作为数据/地址总线

假设单片机外部扩展有存储器或者 I/O 设备，当 CPU 访问外设时，P0 口输出 8 位数据信息或者低 8 位地址信息，此时控制线被自动置 1，多路开关 MUX 将反相器的输出端与 VT2 管接通，数据/地址线上的信号通过反相器驱动下管 VT2，并通过与门驱动上管 VT1。当数据/地址线输出"1"时，与门的输出为"1"，上管 VT1 导通，同时反相器的输出为"0"，下管 VT2 截止，P0.X 引脚输出"1"；当输出"0"时，上管 VT1 截止，下管 VT2 导通，P0.X 引脚输出"0"。可见，此时输出驱动器工作于"推挽"方式，数据/地址总线上的信息与 P0.X 端口的状态保持一致。

而当 P0 口用作数据总线输入时，首先控制线的状态自动变为"0"，多路开关 MUX 拨向锁存器的 $\overline{Q}$ 端；然后 CPU 自动向输出锁存器写"1"，将 P0 口设置为输入口；最后 P0 口上的数据信息通过缓冲器 BUF1 送入内部总线。

2.4.2　P1 口

P1 口是一个通用的 8 位双向并行 I/O 口，可以按字节访问，字节地址为 90H，也可以按位访问，P1.0~P1.7 的位地址依次为 90H~97H。

P1 口的位结构原理图如图 2-16 所示。它的电路结构与 P0 口主要存在以下不同之处：首先它不再需要多路开关 MUX；其次 P1 口的输出驱动器接有内部上拉电阻。

P1 口用作通用输出口时，如果待发送的数据为"1"，则内部总线将"1"写入锁存器，锁存器的 $\overline{Q}$ 端输出"0"，输出驱动器的 VT2 管截止，P1.X 引脚的状态由内部上拉电阻拉成高电平；如果待发送的数据为"0"，则内部总线将"0"写入锁存器，锁存器的 $\overline{Q}$ 端输出"1"，VT2 管导通，P1.X 引脚输出低电平，这样内部总线上的数据经过两次取反后发送至 P1.X 端口。

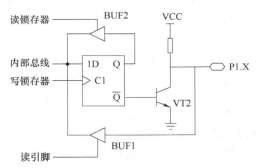

图 2-16　P1 口的位结构

用作通用输入口时，P1 口的读操作有两种情况：读引脚和读锁存器状态。读引脚时，P1.X 引脚上的数据经过缓冲器 BUF1 传送至内部总线上；读锁存器状态时，P1 口也可以进行"读—修改—写"操作。在读操作前，应该先设置 P1.X 为输入口，即向端口的输出锁存器写"1"，以迫使驱动输出器的 VT2 管截止，否则外部高电平无法从 P1.X 引脚输入。

另外，P1 口的 P1.0 引脚、P1.1 引脚还具有第二功能，在使用定时/计数器 2 时，P1.0/T2 引脚复用作定时/计数器 2 的外部计数脉冲输入端，P1.1/T2EX 引脚复用为定时/计数器 2 的捕捉/重载触发及方向控制端。

2.4.3　P2 口

P2 口是一个双功能的 8 位双向并行 I/O 口，可以按字节访问，字节地址为 A0H，也可以按位访问，P2.0~P2.7 的位地址依次为 A0H~A7H。

P2 口的位结构原理图如图 2-17 所示。

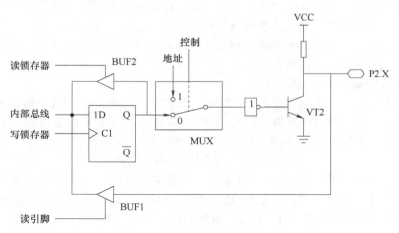

图 2-17　P2 口的位结构

如果 P2 口作为通用输入口，则应该先向其输出锁存器写"1"，以将 P2.X 引脚设置为输入线。读引脚时，P2.X 端口上的数据经过缓冲器 BUF1 传送至内部总线上；读锁存器时，P2.X 端口上的数据经过缓冲器 BUF2 传送至内部总线上。

P2 口既可以用作通用数据 I/O 接口，又可以复用作高 8 位地址总线接口，这两种功能的切换由"控制"端控制多路开关 MUX 来实现。当多路开关 MUX 切换至锁存器的 Q 输出端时，P2 口用作通用 I/O 口；当作为地址总线口使用时，开关拨向"地址"端，P2 口输出高 8 位地址。无论来自于内部总线还是"地址"端，待输出的数据先通过多路开关 MUX，再经由反相器和 VT2 管两次取反后出现在 P2.X 引脚上。

在单片机系统并行扩展总线结构中，P2 口输出的高 8 位地址信息，与 P0 口上的低 8 位地址信息一起组成 16 位地址总线。

2.4.4　P3 口

P3 口是一个双功能的 8 位双向并行 I/O 口，可以按字节访问，字节地址为 B0H，也可以按位访问，P3.0~P3.7 的位地址依次为 B0H~B7H。

P3 口的位结构原理图如图 2-18 所示。

P3 口用作通用 I/O 口时，"第二输出功能"端自动置 1，此时对于锁存器 Q 输出端的数据而言，与非门相当于"反相器"。作为输出口时，内部总线上的数据写入锁存器并传送至其 Q 输出端，再经由与非门和 VT2 管两次取反后出现在 P3.X 引脚上；作为输入口时，P3 口可以进行"读引脚"和"读锁存器"两种操作。读引脚时，首先应该向输出锁存器写"1"，这样锁存器的 Q 端输出"1"，同时"第二功能输入"端自动置 1，与非门的输出为"0"，VT2 管截止，以将 P3.X 端口设置为输入线；然后 P3.X 引脚上的数据通过缓冲器 BUF3、BUF1 传送至内部总线。

如果 P3 口的引脚用于第二功能，则其输出锁存器的 Q 端自动置 1，此时对于"第二输出功能"端而言，与非门相当于"反相器"。作为第二输出功能时，"第二输出功能"端的数据经由与非门和 VT2 管两次取反后出现在 P3.X 引脚上；作为第二输入功能时，需要先将"第二输出功能"端自动置 1，以设置 P3.X 端口为输入，再通过缓冲器 BUF3 将 P3.X 引脚上的数据读取至"第二输出功能"端。P3 口各引脚的第二功能见表 2-10。

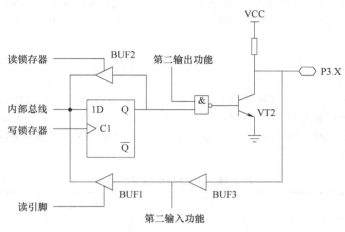

图 2-18　P3 口的位结构

表 2-10　P3 口各引脚的第二功能

引脚	名称	功能复用注释
P3.0	RXD	串行数据接收端
P3.1	TXD	串行数据发送端
P3.2	$\overline{INT0}$	外部中断 0 申请脉冲输入端
P3.3	$\overline{INT1}$	外部中断 1 申请脉冲输入端
P3.4	T0	定时/计数器 0 外部计数脉冲输入端
P3.5	T1	定时/计数器 1 外部计数脉冲输入端
P3.6	$\overline{WR}$	片外 RAM 写选通输出端
P3.7	$\overline{RD}$	片外 RAM 读选通输出端

2.4.5　P0~P3 口的功能和特点

1. 使用功能

从图 2-15~图 2-18 中可以看出，P1~P3 口的内部结构和 P0 口略有不同，P1~P3 口具有内部上拉电阻，而 P0 口的输出驱动器未接内部上拉电阻。因此，P0 口在用作通用输出口时应外接上拉电阻，否则无法输出高电平。

当用作通用输入口时，P0~P3 口在读引脚操作前，应先将其端口设置为输入线，即向其输出锁存器写 "1"，以使得 VT2 管截止，否则无法从其引脚上获得外部的高电平。

在访问外部存储器或 I/O 设备时，P0 口分时复用为数据/低 8 位地址总线，P2 口用作高 8 位地址总线；P3 口各引脚具有第二功能，见表 2-10。

2. 驱动能力

对于传统 51 单片机，P0 口的每根口线可驱动 8 个 LSTTL 负载，而 P1~P3 口的每根口线可驱动 4 个 LSTTL 负载；每根口线的最大灌电流为 10mA，P0 口 8 根口线的最大灌电流合计为 26mA，P1~P3 口 8 根口线的最大灌电流合计为 15mA，全部 4 个并行口所有口线的灌电流总和限制在 71mA 以内。

对于 STC89 系列，5V 供电时的 P0 口每根口线的灌电流最大为 12mA，P1~P3 口每根口线的灌电流最大为 6mA；3V 供电时的 P0 口每根口线的灌电流最大为 8mA，P1~P3 口每根口线的灌电流最大为 4mA。

2.4.6 P4 口

P4 口是一个双功能的 7 位双向并行 I/O 口，可以按字节访问，字节地址为 E8H，也可以按位访问，P4.0~P4.6 的位地址依次为 E8H~EEH。

在用作通用 I/O 口时，P4 口的工作原理与操作方式与 P1~P3 口基本相同；而 P4 口各引脚的第二功能见表 2-11。

表 2-11　P4 口各引脚第二功能

引脚	名称	功能复用注释
P4.0	—	—
P4.1	—	—
P4.2	$\overline{INT3}$	外部中断 3 申请脉冲输入端
P4.3	$\overline{INT2}$	外部中断 2 申请脉冲输入端
P4.4	$\overline{PSEN}$	片外 ROM 读选通输出端
P4.5	ALE	地址锁存允许
P4.6	$\overline{EA}$	外部 ROM 访问允许选择端

需要特别指出的是，PDIP-40 封装芯片的 P4 口只有 3 根 I/O 口线 P4.4~P4.6，而 P4.4~P4.6 引脚的功能配置可能因版本号而有所差异。HD 版本有 $\overline{PSEN}$、ALE、$\overline{EA}$ 引脚，无 P4.4~P4.6 口；90C 版本有 P4.4、P4.6 口，无 $\overline{PSEN}$、$\overline{EA}$ 引脚。HD 版本有 $\overline{PSEN}$、ALE、$\overline{EA}$ 引脚，无 P4.4~P4.6 口。90C 版本的 P4.5/ALE 引脚既可作 I/O 口 P4.5 使用，也可被默认复用为 ALE 引脚。如果需要用到 90C 版本的 P4.5 口，需要在烧录用户程序时在 STC-ISP 编程器中将 ALE 引脚选择为"用作 P4.5"。

2.5　STC89C52RC 单片机的低功耗模式

STC89C52RC 单片机设有 3 种电源管理模式：正常模式、空闲模式和掉电模式，其中后两种为低功耗运行模式。STC89C52RC 单片机的典型功耗是 4~7mA，空闲模式的典型功耗为 2mA，掉电模式的典型功耗小于 $0.1\mu A$。

空闲或掉电模式的进入是通过设置电源控制寄存器 PCON 的相关位来实现的。电源控制寄存器 PCON 各位的含义见表 2-12。

表 2-12　电源控制寄存器 PCON 各位的含义

D7	D6	D5	D4	D3	D2	D1	D0
SMOD	SMOD0	—	POF	GF1	GF0	PD	IDL

SMOD：波特率倍增位（0：串行口波特率正常；1：串行口波特率加倍）。

SMOD0：帧错误检测有效控制位（0：SCON 寄存器中的 SM0/FE 位用于 SM0 功能，和 SM1 一起指定串行口的工作方式；1：SCON 寄存器中的 SM0/FE 位用于 FE 功能，即帧错误检测功能）。

POF：上电标志位。单片机掉电后，此位被置 1，且仅可由软件清 0。

GF1、GF0：通用标志位。用户可以根据需要对这两位分别进行自定义。

PD：掉电模式控制位。若向此位写"1"，则单片机进入掉电工作方式。

IDL：空闲模式控制位。若向此位写"1"，则单片机进入空闲工作方式。

可以看出，只要用指令向 PD 位或 IDL 位写"1"，系统就可以进入掉电或空闲工作方式，若同时对这两位写"1"，则优先进入掉电模式。

低功耗模式的控制电路如图 2-19 所示。

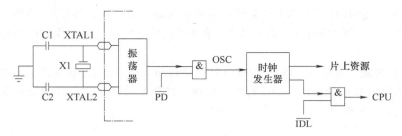

图 2-19 低功耗模式的控制电路

1. 空闲模式

空闲模式又称为待机模式。用指令将电源控制寄存器 PCON 中的 IDL 位置 1，单片机可以进入空闲模式。在空闲工作方式下，CPU 进入空闲状态，片内模块正常工作。通过中断响应或者硬件复位即可退出空闲模式。

进入空闲工作方式后，CPU 的时钟信号被封锁，CPU 停止工作，进入待机状态；时钟信号仍然供给中断系统、定时/计数器、串行口等部分，这些片内模块继续保持工作状态；CPU 的内部状态全部保留和维持，其他特殊功能寄存器 SFR 的内容保持不变，内部 RAM 的内容和 I/O 端口的状态也保持不变，ALE 和 $\overline{PSEN}$ 引脚输出高电平。此外，看门狗控制寄存器 WDT_CONTR 的 IDLE_WDT 位置 1 时，看门狗将在空闲模式下继续计数。

在空闲工作方式下，单片机的运行功耗较之正常模式显著降低。对于 STC89C52RC 单片机，正常工作的典型功耗是 4~7mA，而空闲模式的典型功耗只有 2mA。因此，在程序执行过程中，如果 CPU 在原地踏步或执行不必要的程序，用户可以使单片机进入待机状态，从而降低功耗，一旦需要 CPU 继续工作，再让它退出待机状态，继续执行原来的程序。

退出空闲工作方式有以下两种方法：

1）利用中断退出。由于在待机状态下中断系统仍在工作，因此任何被允许的中断请求发生时，系统均可将 PCON 寄存器中的 IDL 位自动清 0，从而使得 CPU 退出待机状态。

2）利用硬件复位退出。复位时，PCON 中的 IDL 位被自动清 0，所有特殊功能寄存器中的内容重新初始化，CPU 从 0000H 地址重新开始执行用户程序。硬件复位方法包括外部复位和掉电复位，而外部复位包括上电复位和按键复位。如果利用按键复位方式，则手动按下复位键也可以退出待机状态。此外，如果允许看门狗定时器在空闲模式下继续计数，则看门狗定时器的溢出也可以引起系统复位并退出空闲模式。

2. 掉电模式

掉电模式也称停机模式。

用指令将电源控制寄存器 PCON 中的 PD 位置 1，单片机即可进入掉电模式。在掉电工作方式下，单片机内部的振荡器停止工作，片内所有部件均停止工作。通过外部中断响应或硬件复位可以将单片机从掉电模式中唤醒。

进入掉电工作方式后，片内振荡器停止工作；由于没有时钟信号，单片机内部所有的部件，包括 CPU、中断系统、定时/计数器和串行口等都停止工作；片内 RAM 和特殊功能寄存中的内容被保留，I/O 端口的输出状态值也被保存，ALE 和 $\overline{\text{PSEN}}$ 引脚保持低电平。

在掉电工作方式下，单片机主电源的功耗被降至最低。当然，此时也需要系统中的外围器件和外设均处于禁止状态，或者这些电路的电源被断开，这样才能使得整个系统的功耗降至最低。

退出掉电工作方式有如下两种方法：

1）外部中断唤醒。当检测到外部中断申请脉冲输入端 $\overline{\text{INT0}}\sim\overline{\text{INT3}}$ 上的有效中断请求（低电平或者下降沿），或者定时/计数器 0/1 外部计数脉冲输入端、串行数据接收端 RXD 上的有效中断请求，系统将 PCON 寄存器中的 PD 位自动清 0，单片机被外部中断从掉电模式中唤醒，并进入中断处理流程。

2）硬件复位唤醒。复位后，PCON 中的 PD 位被自动清 0，所有特殊功能寄存器中的内容重新初始化，CPU 从 0000H 地址重新开始执行用户程序。硬件复位方法包括外部复位和掉电复位，然而进入掉电模式后，掉电复位功能将被自动关闭。

2.6 STC89C52RC 单片机的最小应用系统

单片机最小应用系统，或者简称为最小系统，是指用最少元器件组成的能够保证单片机维持简单运行的系统。本书所述的单片机最小应用系统除了包含 STC89C52RC 芯片自身之外，还需要至少包括电源供电电路、时钟电路、复位电路，如图 2-20 所示。

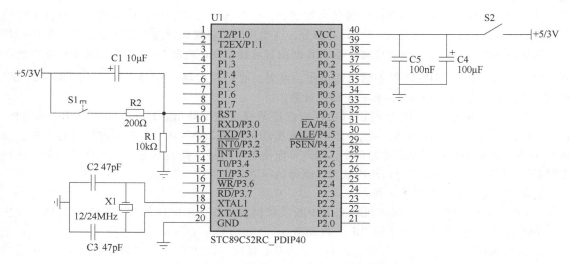

图 2-20 STC89C52RC 单片机最小应用系统

思考题及习题 2

一、填空

1. 程序状态字寄存器 PSW 的 CY 位代表_____，AC 位代表_____，OV 位代表_____，

P 位代表_____。

2. 执行 3CH 和 F6H 两个有符号数相加的指令后，累加器（A）= _____，CY = _____，AC = _____，OV = _____，P = _____。

3. 程序计数器 PC 的位数是_____，因此它可对_____B 的程序存储器进行寻址。

4. 堆栈操作遵循的原则是_____。

5. 如果堆栈指针 SP 指向 30H 单元，则在执行一次入栈指令和两次出栈指令后，（SP）= _____。

6. 8051 的机器周期等于_____个时钟振荡周期。

7. 8051 的晶振频率为 24MHz，则一个机器周期为_____。

8. 8051 的晶振频率为 12MHz，则 ALE 引脚的输出频率为_____。

9. 复位后，堆栈指针 SP 的内容为_____，程序计数器 PC 指向程序存储器的地址为_____，P0~P3 口的状态为_____。

10. 在 RST 引脚持续加上_____个机器周期以上的高电平，系统才能可靠复位。

11. 微型计算机的存储器有两种基本结构：一种是将程序和数据合用为一个存储器空间，称为_____结构；另一种是将程序存储器和数据存储器截然分开，称为_____结构。

12. 当 STC89C52RC 的EA引脚接高电平时，优先寻址片内 ROM 的 0000H~_____单元；而当地址范围超出低_____B 之外时，自动转向访问片外 ROM 从_____开始编址的存储单元，且最多可以扩展的片外存储容量为_____B。

13. 复位后，自动选择第_____组工作寄存器组，堆栈指针 SP 指向该组的工作寄存器_____。

14. 如果选择第_____组工作寄存器组，则需要设置状态位_____为 "01"，当前工作寄存器 R0~R7 的地址为_____~_____。

15. 片内 RAM 的_____~_____单元为位寻址区，这一区域包含_____个可寻址位。

16. 位寻址区中 20H 单元 D7 位的位地址表示为_____。

17. 8051 有_____个 8 位双向并行 I/O 口，其中唯一的单功能口为_____。

18. 当用作通用输出口时，P0 口只能输出_____、_____两种状态，因而 P0 口的各个引脚需要外接_____使用，否则无法输出高电平。

19. 作为通用输入口使用时，P0~P3 口在读引脚操作前应先设置为输入线，即向其输出锁存器_____，否则无法从其引脚上获得外部的高电平。

二、简答

1. STC89C52RC 单片机片内集成了哪些功能部件？

2. 程序计数器 PC 中存放的是什么内容？执行一条顺序指令后，PC 的值将如何变化？

3. 结合图 2-5 分别简述一次入栈操作和一次出栈操作的工作原理。

4. STC89C52RC 单片机的复位方式有哪几种？复位后各个特殊功能寄存器的初始状态如何？

5. STC89C52RC 单片机是如何防止程序陷入死循环或者跑飞的？

6. STC89C52RC 单片机的存储器分为哪几个存储空间？

7. 简述 STC89C52RC 单片机EA引脚的作用。

8. 片内 RAM 低 128B 单元划分为哪三个主要区域？各区域的主要功能是什么？

9. 简述 P0~P3 口在功能和使用方面的异同。

10. 什么是 STC89C52RC 单片机的空闲模式？如何进入或退出空闲模式？

11. 什么是 STC89C52RC 单片机的最小应用系统？这个系统至少应该包括什么？

第 3 章
51单片机的寻址方式及汇编指令

【学习目标】

(1) 掌握51单片机的寻址方式；

(2) 理解51单片机的汇编指令系统；

(3) 了解51单片机的汇编程序设计方法。

【学习重点】

(1) 51单片机的寻址方式；

(2) 51单片机常用汇编指令的功能。

3.1 汇编语言概述

3.1.1 汇编语言的特点

单片机的程序设计语言基本上可以分为3种：机器语言、汇编语言和高级语言。用助记符表示指令的语言称为汇编语言，用汇编语言编写的程序称为汇编源程序（＊.asm）。

汇编语言（指令）具有如下特点：①汇编指令和机器指令一一对应，故用汇编语言编写的源程序运行效率高，占用存储小，执行速度快；②汇编语言在使用上比高级语言困难，它是直接面向计算机硬件的，这就要求设计人员必须对计算机硬件有相当深入的了解；③汇编指令能直接访问存储器及接口电路，因而可以直接管理和控制硬件设备；④汇编语言缺乏通用性和可移植性，各种类型的单片机都有自己的汇编语言，不同机型的汇编语言之间不能通用；⑤计算机不能直接识别在汇编语言中出现的字母、数字和符号等，故汇编源程序必须经过开发工具的"汇编"之后，才能转换为计算机可识别和执行的目标代码。

3.1.2 51单片机汇编指令的格式

51单片机的汇编指令是由标号、操作码、操作数和注释4个部分组成的，它的通用格式可以表示为

[标号：] 操作码 [目的操作数,源操作数] [;注释]

其中，方括号内的部分为可选部分，视具体指令和使用需要而定。

1) 标号以符号的形式说明指令的地址，一般用于为程序转移提供目的地址的标识。51单片机汇编指令的标号一般不超过8个字符，由字母、数字和其他特定字符组成，但必须以字母开头，以冒号"："表示结束。

2) 操作码规定指令执行操作的功能。在汇编语言中，操作码是用助记符来表示的。

3）操作数提供指令执行某种操作的对象。根据寻址方式的不同，操作数的具体形式可以是立即数、单元地址或寄存器等。在一条指令中，操作数可能没有，也可能是一个、两个或三个，各个操作数之间用逗号分隔。需要注意的是，在常见的两操作数指令中，目的操作数位于左边，源操作数位于右边。

4）注释是说明指令功能、性质以及执行结果的文字，仅供阅读程序使用，不影响指令的执行。需要注意的是，此处";"是注释的前缀，不要习惯性地认为这是汇编指令的结尾标志，这一点与 C 语句的末尾必须以";"结尾有所不同。

例：MOV A,30H ;将 30H 单元的内容传送至累加器 A 中

其中助记符 MOV 规定了指令执行数据传送操作；30H 提供了源操作数所在内部 RAM 单元的地址，A 提供了目的操作数所在寄存器的名称；注释部分说明了该指令执行的具体内容。

在说明和使用汇编指令时，经常要用到一些具有特定意义的符号。在介绍寻址方式和指令系统之前，需要先说明这些常用符号的意义，见表 3-1。

表 3-1 汇编指令的常用符号

符 号	说 明
#data	8 位立即数
#data16	16 位立即数
direct	内部 RAM（含 SFR）的直接地址或 SFR 的名称
Rn（n=0~7）	当前寄存器组的 8 个工作寄存器 R0~R7
Ri（i=0，1）	间址寄存器 R0、R1
bit	内部 RAM（含 SFR）中的可寻址位
addr11	11 位目的地址
addr16	16 位目的地址
rel	相对寻址方式的偏移量，8 位有符号数
←	数据传送方向
(×)	某寄存器或单元的内容
((×))	某寄存器或单元所指向单元的内容
/	对可寻址位取反操作的前缀

3.2 51 单片机的寻址方式

执行大多数指令时都需要使用操作数，所以必然存在着如何寻找操作数的问题。寻址方式就是寻找操作数或其地址的方法。

51 单片机的汇编指令系统共支持以下 7 种寻址方式：立即寻址、直接寻址、寄存器寻址、寄存器间接寻址、位寻址、变址寻址和相对寻址。

3.2.1 立即寻址

立即寻址是指在指令中直接给出操作数，如图 3-1a 所示。在指令中的这个操作数称为立即数。

立即数必须以符号"#"为前缀来表示。

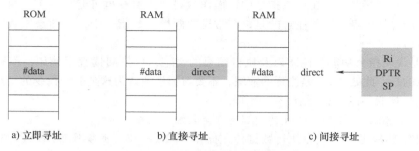

图 3-1 立即寻址、直接寻址和间接寻址

例：MOV A,#3FH

该指令的源操作数就是立即数，其功能是把 8 位立即数#3FH 传送至累加器 A。

需要说明的是，立即数是常数，所以目的操作数不能是立即数。

在 51 单片机的汇编指令系统中，立即数一般都是 8 位的，但是还有 1 条针对 16 位立即数的指令，即

MOV DPTR,#data16

其功能是将 16 位立即数送入数据指针寄存器 DPTR。

立即寻址方式的访问对象是 ROM，即指令中的立即数存放于 ROM 中。

3.2.2 直接寻址

直接寻址是指在指令中给出操作数所在单元的直接地址，如图 3-1b 所示。

例：MOV A,3FH

其功能是把内部 RAM 3FH 单元中的数据传送至累加器 A。

应当注意区分立即数与直接地址在表示方法上的不同，即以"#"为前缀的操作数表示立即数（如#3FH），而无此前缀的操作数表示直接地址（如 3FH）。

直接寻址方式的寻址范围为：

1）内部 RAM 低 128 单元，在指令中直接以单元地址的形式给出。

2）特殊功能寄存器（SFR），除可以单元地址的形式给出外，还可以寄存器符号的形式给出。

需要强调的是，访问特殊功能寄存器只能采用直接寻址方式。

3.2.3 寄存器寻址

寄存器寻址是指操作数存放于寄存器中，在指令中给出寄存器的名称。

例：MOV A,R0

其功能是将工作寄存器 R0 的内容传送至累加器 A。

采用寄存器寻址方式的寄存器包括：

1）工作寄存器 Rn。

2）累加器 A、寄存器 B、数据指针 DPTR 等部分特殊功能寄存器。

应当注意的是，在寄存器寻址方式中，源操作数和目的操作数不能同时为工作寄存器 Rn，即指令 MOV Rn，Rm（m=0~7，且 m≠n）不受 51 单片机汇编指令系统的支持。

3.2.4 寄存器间接寻址

寄存器间接寻址是指在指令中操作数存放于寄存器所指向的单元中。在指令中的这个寄存器

称为间址寄存器，其作用类似于 C 语言中的指针。间址寄存器存放的是操作数所在单元的地址，而不是操作数本身。因此，在寄存器间接寻址方式中，要先找到间址寄存器中存放的操作数地址，再间接通过这个操作数的地址才能找到操作数。

例：若（R0）= 3FH，执行指令 MOV　A,@R0

其功能将工作寄存器 R0 所指向的 3FH 单元中的内容传送至累加器 A，如图 3-1c 所示。

寄存器间接寻址方式的寻址范围为：

1）内部 RAM 低 256B 单元，使用 R0 或 Rl 作为间址寄存器。

应当注意的是，在寄存器间接寻址方式中，另外一个操作数不能是工作寄存器 Rn 或间址寄存器 @Ri，即指令"MOV　Rn, @Ri""MOV　@Ri, Rn""MOV　@Ri, @Rj"（i/j = 0，1，且 i≠j）均不受 51 单片机汇编指令系统支持。

2）外部 RAM 64 KB 空间，使用 DPTR 为间址寄存器。

相对应的特殊数据传送指令有两条：

```
MOVX   A,@DPTR          ;((DPTR))→A
MOVX   @DPTR,A          ;(A)→(DPTR)
```

其中第一条指令的作用是将 DPTR 所指向的外部 RAM 单元的内容传送至累加器 A 中，即执行对外部 RAM 单元的读操作；第二条指令的作用是累加器 A 中的内容传送至 DPTR 所指向的外部 RAM 单元中，即执行对外部 RAM 单元的写操作。

例：将外部 RAM 1000H 单元的内容传送至累加器 A 中，编写指令如下：

```
MOV    DPTR,#1000H     ;令 DPTR 指向外部 RAM 1000H 单元
MOVX   A,@DPTR         ;将 1000H 单元的内容送入累加器 A 中
```

3）外部 RAM 低 256B 单元，除了可以使用 DPTR 作为间址寄存器之外，还可以使用 R0 或 R1 作为间址寄存器。

相对应的特殊数据传送指令有两条：

```
MOVX   A,@Ri      ;((Ri))→A
MOVX   @Ri,A      ;(A)→(Ri)
```

上面两条指令的作用是实现 Ri 所指向的外部 RAM 低 256B 单元的内容与累加器 A 中的内容之间的传送。

由此可见，51 单片机通过指令区分要对内部还是外部 RAM 单元进行寻址，即访问内部 RAM 单元的数据传送指令为 MOV，访问外部 RAM 单元的数据传送指令为 MOVX。需要强调的是，对外部 RAM 单元的访问只能采用寄存器间接寻址方式。

4）内部 RAM 单元的堆栈区，通常设置在用户数据缓冲区的 30H~FFH 单元范围内。堆栈操作可视为以堆栈指针 SP 为间址寄存器的特殊的寄存器间接寻址方式。

堆栈操作有入栈和出栈两种，相对应的两条指令为：

```
PUSH  direct       ;(SP)+1→SP,((SP))→direct
POP   direct       ;(direct)→(SP),(SP)-1→SP
```

PUSH 指令完成入栈操作，即先将堆栈指针 SP 的内容加 1，再将直接地址 direct 中的内容压入 SP 所指向的单元中。

例：若（SP）= 40H，（40H）= 10H，（45H）= 2FH，执行指令 PUSH　45H 后，结果为（SP）= 41H，（41H）= 2FH。

POP 指令完成出栈操作，即将 SP 所指向的单元中的内容弹出至直接地址 direct 中，再将堆栈指针 SP 的内容减 1。

例：若（SP）= 40H，（40H）= 10H，（45H）= 2FH，执行指令 POP　45H 后，结果为（SP）=

3FH，（45H）= 10H。

3.2.5　位寻址

51 单片机具有位（布尔）处理功能，它能够完成位传送、位状态设置、位逻辑运算及位条件转移等位操作。

位寻址方式的寻址范围为：

1）位寻址区的 128 个可寻址位。位寻址区位于内部 RAM 的 20H~2FH 单元，共 16 个单元 128 个可寻址位。这 128 个可寻址位的位地址依次是 00H~7FH。

2）特殊功能寄存器的可寻址位。

可寻址位有如下 4 种表示方法：

1）字节地址加位的表示方法。例如位寻址区 20H 单元的位 7，可表示为 20H.7。

2）位地址表示方法。例如位寻址区 20H 单元的位 7，其位地址可表示为 07H。

3）特殊功能寄存器符号加位的表示方法。例如累加器 A 的位 5，可表示为 ACC.5。

4）位名称表示方法。例如 PSW 寄存器的溢出标志位，可用其位名称 OV 表示。

3.2.6　变址寻址

变址寻址是指以 DPTR 或 PC 作为基址寄存器，以累加器 A 作为变址寄存器，以基址寄存器的内容和变址寄存器的内容之和，作为操作数所在 ROM 单元的地址。变址寻址方式的寻址对象是 ROM。

采用变址寻址方式的指令有 3 条：

```
MOVC  A,@A+DPTR      ;((A)+(DPTR))→A
MOVC  A,@A+PC        ;((A)+(PC))→A
JMP   @A+DPTR        ;(A)+(DPTR)→PC
```

其中前两条指令通常用于对 ROM 查表操作，后一条指令用于实现多分支程序转移。

例：若（A）= 23H，（DPTR）= 3FE6H，执行指令 MOVC　A，@A+DPTR 后，结果为（A）=（23H+3FE6H）=（4009H），即将 ROM 4009H 单元的内容传送至累加器 A。

3.2.7　相对寻址

相对寻址方式是专门为了解决程序转移问题而设立的，供相对转移指令所使用。在相对转移指令中，操作数提供程序转移的地址偏移量 rel。将该指令的下一条指令的地址加上偏移量构成程序转移的目的地址，故相对转移的目的地址可以表示为

$$目的地址=转移指令地址+转移指令字节数+rel \tag{3-1}$$

相对偏移量 rel 是一个 8 位二进制有符号数的补码，它所能表示的数值范围是 [−128，+127]。因此，相对转移指令向前最大可转移（127B+转移指令字节数），向后最大可转移（128B−转移指令字节数）。

相对寻址方式将结合后面相对转移指令 SJMP 进行详细阐述。

3.2.8　寻址方式小结

1）对 RAM 单元的寻址方式有直接寻址、寄存器寻址、寄存器间接寻址和位寻址；对 ROM 单元的寻址方式有立即寻址、相对寻址和变址寻址。

2）对内部 RAM 单元的寻址方式有直接寻址、寄存器寻址、寄存器间接寻址和位寻址；对外部 RAM 单元的寻址方式只有寄存器间接寻址。

3）访问特殊功能寄存器只能采用直接寻址方式。

3.3　51 单片机的汇编指令系统

51 单片机的汇编指令系统共有 111 条指令，按其功能可分为 5 大类：
1）数据传送类指令（29 条）。
2）算术运算类指令（24 条）。
3）逻辑运算类指令（24 条）。
4）位（布尔）操作类指令（17 条）。
5）控制转移类指令（17 条）。

3.3.1　数据传送类指令

1. 一般传送指令

前面已经结合各种寻址方式对一般传送指令进行了详细的阐述，此处不再赘述。

2. 特殊传送指令

（1）字节交换指令
```
XCH  A,direct       ;(A)⟷(direct)
XCH  A,Rn           ;(A)⟷(Rn)
XCH  A,@Ri          ;(A)⟷((Ri))
```
这组指令的功能是将累加器 A 的内容与源操作数的内容互换。源操作数的寻址方式可以是直接寻址、寄存器寻址或寄存器间接寻址。

例：若（A）= 35H，（R0）= 74H，（74H）= 64H，执行指令 XCH　A，@R0 后，结果为（A）= 64H，（74H）= 35H。

（2）半字节交换指令
```
XCHD  A,@Ri         ;(A₃~₀)⟷((Ri)₃~₀)
```
该指令的功能是将累加器 A 的低半字节与源操作数的低半字节互换。需要注意的是，源操作数只能采用寄存器间接寻址方式。

例：若（A）= 35H，（R0）= 74H，（74H）= 64H，执行指令 XCHD　A，@R0 后，结果为（A）= 34H，（74H）= 65H。

（3）累加器半字节互换指令
```
SWAP  A             ;(A₃~₀)⟷(A₇~₄)
```
该指令的功能是将累加器 A 的低半字节 $A_{3\sim0}$ 与其高半字节 $A_{7\sim4}$ 互换。

例：若（A）= 35H，执行指令 SWAP　A，@R0 后，结果为（A）= 53H。

3.3.2　算术运算类指令

算术运算类指令可以完成加、减、乘、除、加 1 和减 1 等运算。这类指令多数以累加器 A 为源操作数之一，同时又以累加器 A 为目的操作数。

除了加 1 和减 1 指令之外，这类指令运算的结果大都要影响程序状态字寄存器 PSW 中的进位标志位（CY）、半进位标志位（AC）、溢出标志位（OV）和奇偶标志位（P）。

1. 加法指令

（1）不带进位加法指令
```
ADD  A,#data        ;(A)+#data→A
```

```
ADD   A,direct        ;(A)+(direct)→A
ADD   A,Rn            ;(A)+(Rn)→A
ADD   A,@Ri           ;(A)+((Ri))→A
```

这组指令的源操作数寻址方式可以为立即寻址（#data）、直接寻址（direct）、寄存器寻址（Rn）或寄存器间接寻址（@Ri），而目的操作数为累加器 A 中的内容。其功能是将源操作数与累加器 A 中的内容相加，相加的结果（和）存放于累加器 A 中。

这类指令将影响标志位 AC、CY、OV、P。

1）如果和的低半字节（D3）有进位，则将 AC 标志置 1，否则清 0。

2）如果和的最高位（D7）有进位，则将 CY 标志置 1，否则清 0。

3）如果和的次高位（D6）有进位而最高位（D7）没有进位，或者 D7 位有进位而 D6 位没有进位，则将 OV 标志置 1，否则清 0。溢出标志位 OV 的状态只有在有符号数运算时才有意义。当两个有符号数相加时，OV=1 表示两个正数相加之和为负数，或者两个为负数相加之和为正数。这就意味着运算结果超（溢）出了累加器 A 所能表示的有符号数范围 [−128, +127]。

例：若（A）= 83H，（R0）= 0CAH，执行指令 ADD A，R0 后，结果为（A）= 4DH，（CY）= 1，（AC）= 0，（OV）= 1。

（2）带进位加法指令

```
ADDC  A,#data         ;(A)+#data +(CY)→A
ADDC  A,direct        ;(A)+(direct)+(CY)→A
ADDC  A,Rn            ;(A)+(Rn)+(CY)→A
ADDC  A,@Ri           ;(A)+((Ri))+(CY)→A
```

这组指令源操作数的寻址方式可以为立即寻址、直接寻址、寄存器寻址或寄存器间接寻址。其功能是将源操作数与累加器 A 中的内容及当前进位标志位 CY 的内容相加，相加的结果（和）存放于累加器 A 中。

这类指令将影响标志位 AC、CY、OV、P。

例：若（A）= 0C3H，（R0）= 0AAH，执行指令 ADDC   A，R0 后，结果为（A）= 6EH，（CY）= 1，（AC）= 0，（OV）= 1。

带进位加法指令通常用于多字节加法运算。在多字节加法运算中，两个操作数从最低位字节开始按字节依次对位相加，其中较高位字节的运算需要考虑其相邻较低位字节的进位，这时就要用到 ADDC 指令。

（3）加 1 指令

```
INC   direct          ;(direct)+1→direct
INC   Rn             ;(Rn)+1→Rn
INC   @Ri            ;((Ri))+1→(Ri)
INC   A              ;(A)+1→A
INC   DPTR           ;(DPTR)+1→DPTR
```

这组指令的操作数只有一个，即源操作数与目的操作数相同。其寻址方式可以为直接寻址（direct）、寄存器寻址（Rn、A、DPTR）或寄存器间接寻址（@Ri）。其功能是将源操作数的内容加 1，相加的结果存放于原单元中。

这组指令不影响标志位 AC、CY、OV、P（除 INC A 指令影响 P 标志外）。

（4）十进制调整指令

```
DA   A
```

该指令的功能是对压缩型 BCD 码的加法结果进行调整。二进制加法指令 ADD、ADDC 不能完全适用于十进制压缩型 BCD 码的加法运算，因而两个压缩型 BCD 码按二进制数相加的结果，必须经 DA 指令的调整才能得到正确的压缩型 BCD 码的和数。

采用 DA 指令进行十进制调整的原则是：

1）若（$A_{0\sim3}$）> 9 或（AC）= 1，则执行（$A_{0\sim3}$）+6→$A_{0\sim3}$。

2）若（$A_{4\sim7}$）> 9 或（CY）= 1，则执行（$A_{4\sim7}$）+6→$A_{4\sim7}$。

例：若（A）= 87 BCD，（R3）= 59 BCD，执行指令 ADD　A，R3 后，结果为（A）= E0H，（AC）= 1，（CY）= 1，此时得到的 BCD 码的和数显然是不正确的（87+59≠146）。如果再执行指令 DA　A，则经过十进制调整后，（A）= 46 BCD，（CY）= 1。

2. 减法指令

（1）带借位减法指令

```
SUBB  A,#data      ;(A)-#data-(CY)→A
SUBB  A,direct     ;(A)-(direct)-(CY)→A
SUBB  A,Rn         ;(A)-(Rn)-(CY)→A
SUBB  A,@Ri        ;(A)-((Rn))-(CY)→A
```

这组指令的源操作数寻址方式可以为立即寻址、直接寻址、寄存器寻址或寄存器间接寻址。其功能是将累加器 A 中的内容先减去源操作数，然后再减去进位标志位 CY 的内容，相减的结果（差）存放于累加器 A 中。

这类指令将影响标志位 AC、CY、OV、P。

1）如果和的低半字节（D3）有借位，则将 AC 标志置 1，否则清 0。

2）如果和的最高位（D7）有借位，则将 CY 标志置 1，否则清 0。

3）如果和的次高位（D6）有借位而最高位（D7）没有借位，或者 D7 位有借位而 D6 位没有借位，则将 OV 标志置 1，否则清 0。

例：若（A）= 0B8H，（R2）= 79H，（CY）= 1，执行指令 SUBB　A，R2 后，结果为（A）= 3EH，（CY）= 0，（AC）= 1，（OV）= 1。

应当说明的是，在 51 单片机汇编指令系统中，没有不带借位的减法。如果需要的话，在执行 SUBB 指令前，用 CLR C 指令将 CY 清 0 即可。

（2）减 1 指令

```
DEC  direct        ;(direct)-1→direct
DEC  Rn            ;(Rn)-1→Rn
DEC  @Ri           ;((Ri))-1→(Ri)
DEC  A            ;(A)-1→A
```

这组指令的操作数寻址方式可以为直接寻址、寄存器寻址（Rn、A）或寄存器间接寻址。其功能是源操作数的内容减 1，相减的结果存放于原单元中。

这组指令不影响标志位 AC、CY、OV、P（除 DEC　A 指令影响 P 标志外）。

需要注意的是，在 51 单片机的汇编指令系统中，INC 指令支持对 DPTR 加 1 操作，而 DEC 指令不支持对 DPTR 减 1 操作。

3. 乘法指令

```
MUL  AB
```

乘法指令的功能是将累加器 A 中和寄存器 B 中的两个无符号 8 位二进制数相乘，所得 16 位乘积的低 8 位存于累加器 A 中，高 8 位存于寄存器 B 中。

乘法指令将影响标志位 CY、OV，不影响标志位 AC。

1）如果乘积大于 255，即乘积的高 8 位寄存器 B 不为 0，则 OV 置 1，否则 OV 清 0。

2）标志位 CY 总是被清 0。

例：若（A）= 20H（32），（B）= 45H（69），执行指令 MUL　AB 后，结果为（B）= 08H，（A）= 0A0H（即乘积为 08A0H（2208）），（OV）= 1，（CY）= 0。

4. 除法指令

```
DIV    AB
```

除法指令的功能是将累加器 A 中的无符号 8 位二进制数除以寄存器 B 中的无符号 8 位二进制数，所得商的整数部分存于累加器 A 中，余数部分存于寄存器 B 中。

除法指令将影响标志位 CY、OV，不影响标志位 AC。

1）当除数（B）= 0 时，表明除法没有意义，则 OV 置 1，否则 OV 清 0。

2）标志位 CY 总是被清 0。

例：若（A）= 0F7H（247），（B）= 10H（16），执行指令 DIV　AB 后，结果为（A）= 0EH（商为 15），（B）= 07H（余数为 7），（OV）= 0，（CY）= 0。

3.3.3　逻辑运算与移位类指令

1. 逻辑运算类指令

逻辑运算类指令可以完成与、或、异或、求反和清零等操作。这类指令都是按位进行逻辑运算的。

逻辑与、或、异或运算的结果存于目的操作数 A 或 direct 中。当目的操作数为 A 时，源操作数可以是#data，direct，Rn，@ Ri 4 种形式；当目的操作数为 direct 时，源操作数可以是#data，A 两种形式。

逻辑运算类指令不影响标志位 AC、CY、OV，但是以累加器 A 为目的操作数的指令对 P 标志有影响。

（1）逻辑与运算指令

```
ANL   A,#data        ;(A)∩ #data→A
ANL   A,direct       ;(A)∩(direct)→A
ANL   A,Rn           ;(A)∩(Rn)→A
ANL   A,@ Ri         ;(A)∩((Ri))→A
ANL   direct,#data   ;(direct)∩ #data→direct
ANL   direct,A       ;(direct)∩(A)→direct
```

例：若（A）= 0A3H（1010 0011B），（R0）= 0CBH（1100 1011B），执行指令 ANL　A，R0 后，结果为（A）= 083H（1000 0011B）。

逻辑与运算指令通常用于对某些不关心的位清 0，同时保留其他关心的位。

例：若（A）= 36H，执行指令 ANL　A，#0FH 后，则将累加器 A 的高 4 位清 0，低 4 位不变，结果为（A）= 06H。

（2）逻辑或运算指令

```
ORL   A,#data        ;(A)∪ #data→A
ORL   A,direct       ;(A)∪(direct)→A
ORL   A,Rn           ;(A)∪(Rn)→A
ORL   A,@ Ri         ;(A)∪((Ri))→A
ORL   direct,#data   ;(direct)∪ #data→direct
ORL   direct,A       ;(direct)∪(A)→direct
```

逻辑或运算指令通常用于对某些关心的位置 1，同时保留其他不关心的位。

例：若（A）= 36H，执行指令 ORL　A，#0FH，则将累加器 A 的低 4 位置 1，高 4 位不变，结果为（A）= 3FH。

（3）逻辑异或运算指令

```
XRL  A,#data        ;(A)⊕# data→A
XRL  A,direct       ;(A)⊕(direct)→A
XRL  A,Rn           ;(A)⊕(Rn)→A
XRL  A,@ Ri         ;(A)⊕((Ri))→A
XRL  direct,#data   ;(direct)⊕#data→direct
XRL  direct,A       ;(direct)⊕(A)→direct
```

逻辑异或运算指令通常用于对某些关心的位取反，同时保留其他不关心的位。

（4）累加器清零指令

```
CLR  A              ;#0→A
```

该指令完成对累加器 A 的内容清 0。

（5）累加器取反指令

```
CPL  A              ;(A̅)→A
```

该指令完成对累加器 A 的内容按位取反。

2. 移位类指令

移位类指令分为循环右/左移指令和带进位循环右/左移指令，前者不影响标志位 AC、CY、OV，后者只影响标志位 CY、P。

（1）循环右移指令

```
RR  A               ;ACC. n+1→ACC. n,ACC. 0→ACC. 7
```

该指令的功能是将累加器 A 的内容逐位循环右移一位，并且将 ACC.0 的内容移至 ACC.7，如图 3-2a 所示。

例：若（A）= 64H（0110 0100B），执行指令 RR　A 后，结果为（A）= 32H（0011 0010B）。

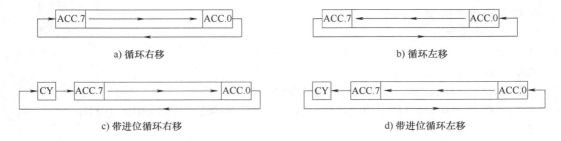

a) 循环右移　　　　　　　　　　　　　　b) 循环左移

c) 带进位循环右移　　　　　　　　　　　d) 带进位循环左移

图 3-2　循环移位指令执行示意图

（2）循环左移指令

```
RL  A               ;ACC. n→ACC. n+1,ACC. 7→ACC. 0
```

该指令的功能是将累加器 A 的内容逐位循环左移一位，并且将 ACC.7 的内容移至 ACC.0，如图 3-2b 所示。

例：若（A）= 64H（0110 0100B），执行指令 RL　A 后，结果为（A）= 0C8H（1100 1000B）。

（3）带进位循环右移指令

```
RRC  A              ;CY→ACC. 7,ACC. n+1→ACC. n,ACC. 0→CY
```

该指令的功能是将进位标志 CY 和累加器 A 的内容一起循环右移一位，并且将 ACC.0 移入进位标志 CY，将 CY 的内容移至 ACC.7，如图 3-2c 所示。

例：若（A）= 64H（0110 0100B），（CY）=1，在执行指令 RRC   A 后，结果为（A）= 0B2H（1011 0010B），（CY）= 0。

若累加器 A 的内容为无符号数，且标志位 CY 被预先清 0，或者累加器 A 的内容为有符号数，且标志位 CY 被设置为与该有符号数的最高符号位 ACC.7 相一致，则执行一次 RRC 指令相当于对累加器 A 的内容整除以 2，标志位 CY 即余数。

（4）带进位循环左移指令

```
RLC   A            ;CY→ACC.0,ACC.n→ACC.n+1,ACC.7→CY
```

该指令的功能是将进位标志 CY 和累加器 A 的内容一起循环左移一位，并且将 ACC.7 移入进位标志 CY，将 CY 的内容移至 ACC.0，如图 3-2d 所示。

例：若（A）= 64H（0110 0100B），（CY）=1，在执行指令 RLC   A 后，结果为（A）= 0C9H（1100 1001B），（CY）= 0。

若标志位 CY 被预先清 0，则无论累加器 A 的内容是无符号数还是有符号数，执行一次 RLC 指令相当于对累加器 A 的内容乘以 2，标志位 CY 和累加器 A 的内容共同表示乘积。

3.3.4　位操作类指令

51 单片机内部有一个位（布尔）处理器，它能够通过一组位操作类指令完成位传送、位设置、位逻辑及位转移等位（布尔）操作。

位操作类指令中的操作数采用位寻址方式。在位寻址方式中，C 的意义不再是进位标志位，而是位累加器。

1. 位传送指令

```
MOV   C,bit        ;(bit)→C
MOV   bit,C        ;(C)→bit
```

该指令的功能是完成位累加器 C 与可寻址位 bit 的内容相互传送。其中可寻址位 bit 可以来源于内部 RAM 的位寻址区，也可以是特殊功能寄存器中的可寻址位。

2. 位状态设置指令

（1）位清除指令

```
CLR   C            ;C←0
CLR   bit          ;bit←0
```

该指令的功能是将位累加器 C 或可寻址位 bit 的内容清 0。

例：若（P1）= 0110 1011B，执行指令 CLR P1.5 后，结果为（P1）= 0100 1011B。

（2）位置位指令

```
SETB   C           ;C←1
SETB   bit         ;bit←1
```

该指令的功能是将位累加器 C 或可寻址位 bit 的内容置 1。

例：若（P1）= 0110 1011B，执行指令 SETB P1.2 后，结果为（P1）= 0110 1111B。

3. 位逻辑运算指令

（1）位逻辑与运算指令

```
ANL   C,bit        ;(C)∩(bit)→C
ANL   C,/bit       ;(C)∩(/bit)→C
```

该指令的功能是将位累加器 C 与可寻址位 bit（或取反后）的内容进行与运算，结果存于位累加器 C 中。

（2）位逻辑或运算指令

```
ORL  C,bit          ;(C)∪(bit)→C
ORL  C,/bit         ;(C)∪(/bit)→C
```

该指令的功能是将位累加器 C 与可寻址位 bit（或取反后）的内容进行或运算，结果存于位累加器 C 中。

（3）位取反运算指令

```
CPL  C              ;(/C)→C
CPL  bit            ;(/bit)→bit
```

该指令的功能是将位累加器 C 或可寻址位 bit 的内容取反。

4. 位条件转移指令

（1）判位累加器转移指令

```
JC   rel
JNC  rel
```

该指令实现对位累加器 C 的内容进行检测并完成条件转移，当（C）= 1 或（C）= 0 时，程序转向指定的目标地址（PC)+2+rel 执行，否则顺序执行。

（2）判位变量转移指令

```
JB   bit,rel
JNB  bit,rel
```

该指令实现对可寻址位 bit 的内容进行检测并完成条件转移，当（bit)= 1 或（bit)= 0 时，程序转向指定的目标地址（PC)+3+rel 执行，否则顺序执行。

（3）判位变量转移并清零指令

```
JBC  bit,rel
```

该指令实现对可寻址位 bit 的内容进行检测并完成条件转移与位清 0，当（bit)= 1 时，程序转向指定的目标地址（PC)+3+rel 执行，并将该可寻址位清 0，否则顺序执行。

3.3.5　控制转移类指令

通常情况下，程序按照程序计数器 PC 自动加 1 的原则顺序执行；而在构建分支或循环结构时，需要通过控制转移类指令控制 PC 转移至指定的目的地址，以实时改变程序的执行顺序或流程。在 51 单片机汇编指令系统中，控制转移类指令有无条件转移指令、条件转移指令、子程序调用和返回指令等。

1. 无条件转移指令

当执行无条件转移指令时，程序将无条件转移至指定的目的地址执行。

（1）短转移指令

```
AJMP  addr11          ;(PC)+2→PC,addr11→PC.10~0
```

该指令的功能是首先将 PC 的当前值加 2（指向该指令的下一条指令），然后将指令中提供的 11 位地址 addr11 传送到 PC 的低 11 位 PC.10~0，而 PC 的高 5 位 PC.15~11 保持不变，最后程序流程将无条件转移至新形成的 PC 值所决定的目的地址。

由于该指令只提供了 11 位地址，因而短转移指令 AJMP 的目的地址必须与其下一条指令的第一个字节单元在同一个 2KB 区域内。

例：执行指令 8100H　AJMP　4F8H，求目的地址。

首先（PC)=（PC 当前值)+2 = 8102H，然后根据 4F8H 形成目的地址，如图 3-3 所示，最终程序将转移至目的地址 84F8H 单元处执行。

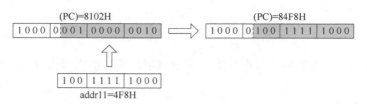

图 3-3　AJMP 指令执行示意图

（2）长转移指令

```
LJMP  addr16    ;addr16→PC
```

该指令的功能是将程序无条件转移至 addr16 所指定的目的地址执行。

由于该指令提供了 16 位地址，因而长转移指令 LJMP 的目的地址包含程序存储器的整个 64KB 空间。

在上述两条无条件转移指令中，操作数均直接提供了目的地址，所以这两条指令均采用了立即寻址方式。

（3）相对转移指令

```
SJMP  rel    ;(PC)+2+rel→PC
```

相对转移指令采用相对寻址方式。在该指令中，操作数提供目的地址的相对偏移量 rel。偏移量 rel 是有符号 8 位二进制补码，其取值范围是 [−128，+127]。

指令执行时，将 PC 的当前值加 2，再加上偏移量 rel，即可构成程序转移的目的地址。因此，相对转移指令 SJMP 的转移范围是 256B，且其向前转移范围为 126B，向后转移范围为 129B。

例：执行指令 835AH　SJMP　35H，求目的地址。

目的地址＝源地址+rel+2＝835AH+35H+2＝8391H，所以执行该指令后程序将转至 8391H 单元处执行。

例：若地址标号 JP1 的值为 0100H，地址标号 JP2 的值为 0123H，执行指令 JP1：SJMP JP2，求地址偏移量。

rel＝目的地址−源地址−2＝0123H−0100H−2＝21H。

例：执行指令 HERE：SJMP　HERE，求地址偏移量。

rel＝目的地址−源地址−2＝−2＝FEH。

该转移指令的源地址与目的地址相同，因而被称为原地踏步指令。其等价形式为

```
SJMP  $
```

其中 $ 表示 PC 的当前值。原地踏步指令一般置于主程序的最末尾，用于循环等待中断的到来，并作为中断返回的断点。

需要指出的是，在使用 SJMP 指令编程时，一般只需在该指令中直接给出要转向的目的地址的标号形式即可，而无须手工计算偏移量，这是因为开发工具的汇编器会根据目的地址自动计算和填入偏移量。

（4）间接转移指令

```
JMP  @A+DPTR  ;(A)+(DPTR)→PC
```

该指令采用变址寻址方式。其目标地址是将累加器 A 与数据指针 DPTR 的内容相加的和数。若相加的结果大于 64KB，则从程序存储器的零地址往下延续。

例：若（A）＝25，（DPTR）＝3564H，执行指令 JMP　@A+DPTR，求目的地址。

（PC）＝（A）+（DPTR）＝3564H+19H＝357DH，所以程序转至 357DH 单元处执行。

该指令常用于构造多分支结构程序。首先将转向各个分支的转移指令依序写入一个转移指令表中，然后令基址寄存器 DPTR 指向转移指令表的首地址（简称首址，即第一条转移指令），并赋给变址寄存器 A 待转向的分支号，最后通过 JMP 指令实现多分支程序转移。上述方法称为查转移指令表法。

2. 条件转移指令

当执行条件转移指令时，首先要对给定的条件进行判别，如满足条件，则进行程序转移，否则顺序执行下一条指令。

（1）判零转移指令

```
JZ    rel
JNZ   rel
```

这两条指令分别对累加器 A 的内容是否为零或不为零进行判别并转移，当满足各自条件时，程序转向指定的目的地址（PC）+2+rel 执行，否则顺序执行。

例：若（A）= 01H，执行指令如下：

```
JZ    JP1    ;(A)≠0,程序顺序执行
DEC   A      ;(A)=(A)-1=0
JZ    JP2    ;(A)=0,程序转移至 JP2 处执行
```

（2）比较不等转移指令

```
CJNE  目的操作数,源操作数,rel
```

该指令的功能是对指定的源操作数和目的操作数进行比较并转移。若它们的值不等，则程序转移到指定的目标地址（PC）+3+rel→PC，若源操作数大于目的操作数，则标志位 CY←1，否则标志位 CY←0；若它们的值相等，则顺序执行下一条指令。其执行流程如图 3-4 所示。

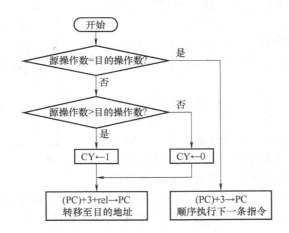

图 3-4　CJNE 指令执行流程

比较不等转移指令 CJNE 有如下 4 种形式：

```
CJNE  A,#data,rel
CJNE  Rn,#data,rel
CJNE  @Ri,#data,rel
CJNE  A,direct,rel
```

当目的操作数为 #data 时，源操作数可以是 A、Rn、@Ri；当目的操作数为 direct 时，源操作数可以是 A。

（3）减 1 非 0 转移指令

```
DJNZ  direct,rel
DJNZ  Rn,rel
```

该组指令的功能是对"指定单元的内容减 1 是否为 0"进行判别并转移。每次执行该指令时，先将 direct 或 Rn 的内容减 1，再判别其内容是否为 0，若不为 0 则转向目标地址，否则顺序执行。

减 1 非 0 转移指令 DJNZ 通常用于构造具有固定循环次数的循环结构程序，其中 direct 或 Rn 被用作循环计数器，其初值即为循环次数。

```
例：MOV  R2,#10
LOOP:  …        ;循环执行的程序段（略）
       DJNZ  R0,LOOP
```

上述指令的功能是用 DJNZ 指令构造一个循环结构程序，从标号 LOOP 起至 DJNZ 指令之间的程序段循环执行，其循环次数为寄存器 R2 的初值。

需要注意的是，当循环计数器 direct 或 Rn 的初值为 0 时，DJNZ 指令及其循环结构的执行次数为 256 次，而不是 0 次。这是因为该指令要先减 1 再判别，当第一次执行该命令时，循环计数器的值变为 00000000B−1 = 11111111B = 255，程序故而转向下一次循环，…，继续执行该指令 255 次后，循环计数器的值才变为 0，而使得程序最终跳出循环结构。

3. 子程序调用和返回指令

子程序的调用和返回流程如图 3-5 所示。当主程序执行至一条调用指令时，主程序将转向指定的子程序的首地址，子程序开始执行；当子程序执行完毕后，子程序将通过返回指令返回至主程序，主程序继续执行此调用指令后面的其余指令。

为了保证子程序能够可靠准确地返回主程序，主程序继续执行调用指令后面的指令，在转向子程序之前，系统自动将调用指令的下一条指令的地址（即断点）压入堆栈保存；而在子程序执行完毕后，置于子程序最末尾的返回指令 RET，根据弹出堆栈的断点引导程序流程返回至主程序继续执行。

在主程序和子程序中，往往要共用一些单元的内容（如累加器 A、程序状态字 PSW、工作寄存器 Rn 等）。然而，子程序的执行很可能会造成这些共用单元的内容的改变，而在返回主程序后，这种改变又可能导致主程序中相关运算或控制的错乱。因此，在子程序开始执行时，应先将这些共用单元在主程序中的内容压入堆栈保存（即保护现场）；而在返回主程序之前，再将这些共用单元的内容弹出堆栈（即恢复现场），如此这些共用单元的内容即使在子程序中改变了，也不会影响到主程序的执行。

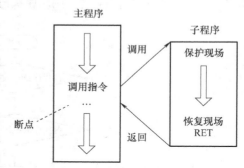

图 3-5　子程序调用和返回

（1）短调用指令

```
ACALL  addr11    ;(PC)+2→PC,(SP)+1→SP,(PC.7～0)→(SP)
                 ;(SP)+1→SP,(PC.15～8)→(SP),addr11→PC.10～0
```

该指令的功能是调用首地址为 addr11 处的子程序。它共执行保护断点和构造目的地址两项操作：

1）保护断点：先将短调用指令 ACALL 的 PC 值加 2 以获得其下一条指令的地址（即断点），再将断点的 PC 值的低半字节（PC.7～0）和高半字节（PC.15～8）依次压入堆栈保存。

2）构造目的地址：将指令提供的 11 位地址 addr11 送入 PC 的低 11 位 PC.10～0，而 PC 的高 5

位 PC.15~11 保持不变，以形成目的地址（子程序的首地址），最终引导程序流程转向指定的子程序的入口处。

ACALL 指令所调用子程序的首地址必须与其下一条指令的第一个字节单元在同一个 2KB 区域内。

（2）长调用指令

```
LCALL  addr16    ;(PC)+3→PC,(SP)+1→SP,(PC.7~0)→(SP)
                 ;(SP)+1→SP,(PC.15~8)→(SP),addr16→PC
```

该指令的功能是调用首地址为 addr16 处的子程序。它首先将长调用指令 LCALL 的 PC 值加 3 后压入堆栈进行断点保存，然后将该指令提供的 16 位地址 addr16 送入 PC 而形成目的地址，最后程序将转向此目的地址处的子程序开始执行。

LCALL 指令所调用的子程序的首地址可以位于程序存储器的全部 64KB 范围内。

（3）子程序返回指令

```
RET     ;((SP))→PC.15~8,(SP)-1→SP,
        ;((SP))→PC.7~0,(SP)-1→SP
```

该指令的功能是将断点弹出堆栈送入 PC，从而由子程序返回主程序。

在子程序的末尾必须设置返回指令 RET，以保证在子程序执行完毕后，程序能够可靠返回主程序的断点处继续执行。

（4）中断返回指令

```
RETI    ;((SP))→PC.15~8,(SP)-1→SP,
        ;((SP))→PC.7~0,(SP)-1→SP
```

该指令的功能是在中断服务程序执行完毕后，将断点弹出堆栈以返回主程序。

需要注意的是，中断服务子程序必须以 RETI 指令结尾，而不能代之以 RET 指令。这是因为 RETI 指令不仅执行返回断点的操作，而且要清除内部相应的中断状态触发器，否则中断将不能被再次响应。

4. 空操作指令

```
NOP     ;(PC)+1→PC
```

该指令没有操作数，也不做任何操作，仅将程序计数器 PC 的值加 1，顺序执行下一条指令。

它是单周期指令，在执行时间上仅占用 1 个机器周期。因而 NOP 指令常用于等待若干个机器周期，或者结合 DJNZ 指令构成循环结构，以获得所需要的延时时间。

前面所述的五大类所有指令的汇总见附录 A。

3.4　51 单片机的汇编程序设计

3.4.1　程序设计概述

为了使用计算机求解某一问题或者完成某一特定功能，就要首先对问题或特定功能进行分析，确定相应的算法和步骤，然后选择合适的指令，按一定的顺序排列起来，最后就构成了求解某一问题或者实现特定功能的程序。上述过程或步骤称为程序设计。

1）分析任务：对单片机应用系统的设计任务和目标进行分析，明确系统的功能要求和性能指标。

2）确定算法：对各种算法进行分析比较，根据要求的设计功能和指标寻找出最优的算法，或对已有算法加以合理的改进，从而将设计需求转换为计算机能够处理的算法。

3）绘制流程：确定程序结构、数据定义、资源分配等问题，并根据选用的算法及其解决方案，规划程序执行的顺序，绘制程序流程图，这样可以使得算法表述直观具体，结构清晰，易于理解，以减少编程出错概率，便于程序调试。

4）编写程序：根据程序流程图中描述的算法及其控制流程，选用适当的指令排列起来，并构成一个有机的整体，从而最终形成相应的程序。

程序流程图是进行程序设计的最基本依据，因此它的质量直接关系到程序设计的质量。

3.4.2 汇编程序的伪指令

伪指令是对汇编语言源程序的汇编过程进行控制的指令。它仅在源程序中出现，用于规定如何完成汇编工作，在汇编之后的目标程序中不产生任何机器代码，不影响程序的执行。伪指令在功能上类似于 C 语言中的预处理指令。

下面介绍一些常用的伪指令。

1. 起始地址设定伪指令

ORG　地址

其功能是设定其后继程序或数据段的起始地址。

例：ORG　0100H

MOV　A,#30H

在源程序经过汇编之后，MOV　A，#30H 指令的机器代码将被汇编器设定存放于程序存储器的 0100H 单元中。

2. 汇编结束伪指令

END

其功能是结束源程序的汇编工作。END 伪指令通常置于全部程序（包括伪指令在内）的末尾，其后面的指令将不会被执行，也不会参与汇编过程。

3. 符号定义伪指令

符号名　EQU　表达式

其功能是将表达式替换为一个自定义的符号名。利用符号定义伪指令 EQU，程序设计者可以便捷灵活地根据应用需求及个人习惯等将原表达式改写为某个自定义的符号名。在汇编过程结束后，所有出现该符号名的位置均会被重新替换为原表达式。EQU 伪指令的作用类似于 C 语言中的宏定义。

例：编写程序，实现函数 Y = 2X+5，其中 X 存放于内部 RAM 的 45H 单元中，Y 存放于内部 RAM 的 62H 单元中。

在程序设计前，首先将 X、Y 所在单元的直接地址替换为自定义的符号名。

X　EQU　45H

Y　EQU　62H

在后续的编程过程中，用自定义的符号名 X、Y 分别替代直接地址 45H、62H 即可，而不必再去特别留意 X、Y 所在单元的具体地址。

4. 定义字节伪指令

［标号］　DB　字节数据表

其功能是将表中的数据依次存入从标号开始的连续的程序存储器单元中。所定义表中的各个数据之间要用逗号分开。

例：将 3×3 二维表［1，2，3；4，5，6；7，8，9］中的字节数据按顺序存入从 TABLE 开始的程序存储器单元中。

采用如下的 DB 伪指令：

```
TABLE:DB  1,2,3,4,5,6,7,8,9
```

然而，如此定义并不能显示出二维表的结构。一般情况下，为了提高程序的可读性与通用性，应将表中的各行数据分别用一条 DB 伪指令来单独定义，即

```
TABLE:DB  1,2,3
      DB  4,5,6
      DB  7,8,9
```

5. 定义字节伪指令

若表中的各个数据占用 1 个字（1W＝2B）的空间，则可以采用定义字伪指令 DW 对此字数据表进行定义，即

```
［标号］ DW  字数据表
```

6. 位定义伪指令

```
位符号名 BIT  位表达式
```

其功能是将位表达式替换为一个自定义的位符号名。

3.4.3 基本程序结构

汇编程序结构通常分为 3 种基本形式，即顺序结构、分支结构和循环结构。若考虑子程序和中断服务程序在内，则共有 5 种基本结构。

1. 顺序结构

顺序结构是最基本、最简单的结构形式，因而也是使用频率最高的结构形式。顺序结构程序按照顺序逐条执行指令，无分支、循环操作，也不调用子程序和响应中断。

【例 3-1】 编程计算 Z＝X+2Y，其中 X、Y、Z 均为 8 位无符号数，X、Y 分别存放于外部 RAM 的 2000H、2001H 单元中，计算结果 Z 存入内部 RAM 的 50H 单元中。

程序如下：

```
MOV   DPTR,#2001H      ;
MOVX  A,@ DPTR         ;取 Y 至累加器 A
RL    A                ;相当于计算 2Y
MOV   50H,A            ;将 2Y 送至 50H 保存
MOV   DPTR,#2000H      ;
MOVX  A,@ DPTR         ;取 X 至累加器 A
ADD   A,50H            ;计算 X+2Y
MOV   50H,A            ;将 X+2Y 送至 50H 保存
```

如前所述，左移指令 RL 的作用相当于对累加器 A 的内容乘以 2。

【例 3-2】 编写程序，将 R1 中的低 4 位数与 R2 中的高 4 位数合并成一个 8 位数，并将其存放在 R1 中。

程序如下：

```
MOV  A,R1      ;取 R1 的内容至累加器 A
ANL  A,#0FH    ;保留 R1 低半字节
MOV  R1,A      ;结果送至 R1 中
MOV  A,R2      ;取 R2 的内容至累加器 A
ANL  A,#0F0H   ;保留 R2 高半字节
ORL  A,R1      ;两部分合并
```

```
MOV   R1,A         ;结果送至 R1 中
```

如前所述，逻辑与指令 ANL　A，#0FH 的作用是将 R1 的高半字节清 0，同时保留其低半字节；同理，逻辑与指令 ANL　A，#0F0H 的作用是将 R2 的低半字节清 0，同时保留其高半字节。

【例 3-3】　利用位操作类指令编写程序，完成下面逻辑表达式描述的功能：

$$P1.7 = P1.0 \times P1.1 + \overline{P1.2 \times P1.3}$$

程序如下：

```
MOV   C,P1.0       ;(C)=(P1.0)
ANL   C,P1.1       ;(C)=(P1.0)∩(P1.1)
MOV   F0,C         ;(F0)=(P1.0)∩(P1.1)
MOV   C,P1.2       ;(C)=(P1.2)
ANL   C,P1.3       ;(C)=(P1.2)∩(P1.3)
CPL   C            ;(C)=/((P1.2)∩(P1.3))
ORL   C,F0         ;(C)=(F0)∩/((P1.2)∩(P1.3))
MOV   P1.7,C       ;
```

其中 F0 位是用户标志位，位于程序状态字寄存器 PSW 的 D5 位。用户可以根据需要对 F0 位的功能进行自定义，故 F0 位通常用于暂存位运算的中间结果。

2. 分支结构

分支结构根据条件判断的结果跳转至不同的执行路径。构建分支结构需要通过条件转移指令（JZ、JNZ、CJNE、DJNZ）或位转移指令（JC、JNC、JB、JNB、JBC）等实现。

分支结构可以分为单分支结构、双分支结构和多分支结构 3 种情况。对于有较多分支的结构，在编写源程序之前，应该首先根据设计需求绘制程序流程图，以便于直观、清晰地描述程序的执行流程，否则极易造成控制逻辑出错，甚至排错困难。

【例 3-4】　单分支结构程序。编写程序，求一个有符号数的补码，其中该有符号数存放于内部 RAM 的 30H 单元中，其补码存入 31H 单元中。

程序如下：

```
MB1:   MOV    A,30H       ;取数至累加器 A 中
       JNB    ACC.7,POS   ;若 A 的内容为正,则转至 POS
       CPL    A           ;
       INC    A           ;取反加 1 求补码
       SETB   ACC.7       ;最高符号位置 1
POS:   MOV    31H,A       ;补码存于 31H 中
```

该单分支结构通过 JNB 指令对数据的符号位进行判断及跳转实现，其程序流程如图 3-6a 所示。若此有符号数为正数，则其补码和源码相同，无需执行其他操作；否则将其取反加 1 即可求得补码。另外，由于有符号数的最高符号位不能取反，若对负数实施了取反操作，则应将其最高符号位重新置 1。

【例 3-5】　双分支结构程序。编写程序，实现以下分段函数：

$$Y = \begin{cases} 2X+3, & X<10 \\ 15, & X=10 \\ 5X, & X>10 \end{cases}$$

其中 X 保存于 40H 单元中，Y 保存于 41H 单元中，且 X、Y 均为 8 位无符号数。

程序如下：

```
X       EQU     40H
Y       EQU     41H
MB2:    MOV     A,X             ;X 的内容送至累加器 A 中
        CLR     C               ;进位标志 CY 清 0
        CJNE    A,#10,JP1       ;若 X≠10,则跳至 JP1
        MOV     A,#15           ;当 X=10 时,15→A
        AJMP    JP3             ;
JP1:    JC      JP2             ;若 X<10,则跳至 JP2
        MOV     A,X             ;当 X > 10 时执行
        MOV     B,#5            ;
        MUL     AB              ;计算 5X→A
        AJMP    JP3             ;
JP2:    MOV     A,X             ;当 X<10 时执行
        RL      A               ;相当于计算 2X
        ADD     A,#3            ;计算 2X+3→A
JP3:    MOV     Y,A             ;计算结果送至 Y 中
```

该双分支结构通过比较不等转移指令 CJNE 实现,其程序流程如图 3-6b 所示。先通过 CJNE 指令判断 X 是否等于 Y,如是,则顺序执行 Y = 15,否则跳转至 JP1 处;当 X 不等于 Y 时,再通过 JP1 处的 JC 指令判断"前面的 CJNE 指令是否将 CY 置 1",如是,则意味着 X 小于 10,跳转至 JP2 处执行 Y = 2X+3,否则顺序执行 Y = 5X。

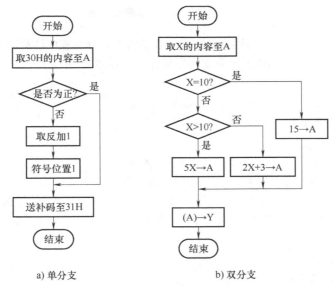

a) 单分支   b) 双分支

图 3-6 单/双分支结构程序流程图

需要说明的是,在各个分支执行完毕后,建议控制流程跳转至同一处,这样可以有效避免程序走向产生混乱。在上面程序中,无论执行完哪个分支,均先将该分支的计算结果存于累加器 A 中,并跳转至 JP3 处,再在 JP3 处将 A 中保存的结果送入 Y 中。

多分支结构可以通过间接转移指令 JMP   @ A+DPTR 实现。首先在一个转移指令表中依序写入转向各个分支的转移指令,然后基址寄存器 DPTR 指向该转移指令表的首址(即第一条转移指令),变址寄存器 A 送入待转向的分支号,根据两个寄存器的内容相加形成的目标地址,JMP 指令

指向表中待转向分支对应的转移指令，最后通过该分支转移指令跳转至相应分支程序，从而实现多分支程序转移。这种构建多分支结构的方法称为查转移指令表法，如图 3-7 所示。

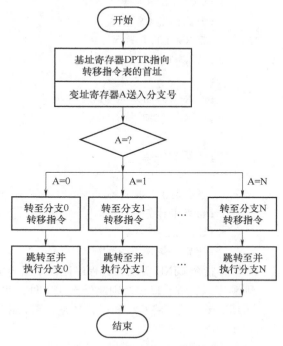

图 3-7　多分支结构程序流程图

【例 3-6】　多分支结构程序。利用查转移指令表法实现多分支程序转移，其中各分支的入口地址依次为 SUB0、SUB1、…、SUBN，各分支的序号存于寄存器 R7 中。

程序如下：

```
MB3:    MOV     DPTR,#TABLE     ;指向表首址
        MOV     A,R7            ;取分支号
        CLR     C
        RLC     A               ;(A)=2×(R7)
        JNC     JPC             ;2×(R7)的高8位是否为0
        INC     DPH             ;若2×(R7)的高8位不为0,则DPH加1
JPC:    JMP     @A+DPTR         ;多分支转移
TABLE:  AJMP    SUB0
        ...     ...
        AJMP    SUBN
```

表中每个短转移指令 AJMP 占用 2B，故分支号必须乘以 2，以保证 JMP 指令能够正确跳转至该分支相对应的转移指令处。若分支号大于 127，则分支号乘以 2 的乘积产生为 1 的高 8 位值，这就相当于执行 RLC 指令并产生进位标志 CY，因而需要将此乘积的高 8 位等效加到 DPTR 寄存器的高 8 位 DPH 中。

该方法通常至多可以实现 256 个分支的程序转移。然而，受 AJMP 指令转移范围的限制，每个分支对应的短转移指令与该分支的入口地址应在同一 2KB 区域内。若改用长转移指令 LJMP，则每个分支程序均可位于 64KB 程序存储器空间的任意区域内。

程序改写为：

```
MB4:    MOV     DPTR,#TABLE     ;指向表首址
        MOV     A,R7            ;取分支号
        MOV     B,#3            ;
        MUL     AB             ;分支号乘以 3
        MOV     R2,A           ;乘积的低 8 位暂存于 R2 中
        MOV     A,B            ;
        ADD     A,DPH          ;
        MOV     DPH,A          ;乘积的高 8 位加到 DPH 中
        MOV     A,R2           ;从 R2 中取回乘积的低 8 位
        JMP     @A+DPTR        ;多分支转移
TABLE:  LJMP    SUB0
        ...     ...
        LJMP    SUBN
```

在上面程序中，分支号乘以 3 的原因是表中每个长转移指令 LJMP 占用 3B。若分支号大于 85，则分支号乘以 3 的乘积产生高 8 位值，这就需要将该乘积的高 8 位等效加到 DPH 寄存器中。

3. 循环结构

循环结构是按照某种规律重复执行一个程序段的基本程序结构。与高级语言不同，汇编语言中没有专用的循环控制指令，但是可以使用条件转移指令通过条件判断来控制循环是继续或是结束。换句话说，循环结构本质上是一种特殊形式的分支结构。

根据条件判断方式的不同，循环结构可分为计数控制循环和非计数控制循环两种形式。

1）计数控制循环：使用减 1 非 0 转移指令 DJNZ，在循环计数器（direct 或 Rn）中设置循环次数或计数初值，每执行一次循环，计数器自动减 1，直至为 0 时结束循环。

2）非计数控制循环：使用其他等条件转移指令（JZ、JNZ、CJNE）或位转移指令（JC、JNC、JB、JNB、JBC），当条件判断满足时，执行一次循环，否则结束循环。

【例 3-7】　编写程序，将内部 RAM 60H~6FH 单元的内容初始化为 00H。

（1）计数控制循环程序如下：

```
        MOV     R0,#60H        ;设定目标单元首址
        MOV     R7,#16         ;设定循环次数
LOOP:   MOV     @R0,#0         ;目标单元的内容清 0
        INC     R0             ;指向下一目标单元
        DJNZ    R7,LOOP        ;判断是否已到循环次数
```

（2）条件控制循环程序如下：

```
        MOV     R0,#60H        ;设定目标单元首址
LOOP:   MOV     @R0,#0         ;目标单元的内容清 0
        INC     R0             ;指向下一目标单元
        CJNE    R0,#70H,LOOP   ;判断是否已到最后一个目标单元
```

由以上程序可见，在需要循环执行的程序段内，访问连续存储器单元采用了间接寻址方式，这样非常有利于形成循环结构。

子程序的调用与返回问题已在 3.3.5 节中进行了详细说明，此处不再赘述。中断服务程序的相关问题将在后面中断系统部分进行详细阐述。

3.4.4   汇编程序设计案例

1. 数据传送程序

【例3-8】   多字节传送。编写程序，把外部 RAM 1000H~1030H 单元的内容传送至内部 RAM 30H~60H 单元中。

该程序采用计数控制循环结构，用 DJNZ 作为循环控制指令，用 R2 作为循环计数器；对外部单元的读操作和内部单元的写操作均采用寄存器间接寻址方式，用 DPTR 指向外部单元首址，用 R0 指向内部单元首址，其程序流程如图 3-8a 所示。

程序如下：

```
        MOV     DPTR,#1000H    ;指向源单元首址
        MOV     R0,#30H        ;指向目标单元首址
        MOV     R2,#31H        ;设置循环次数
LOOP:   MOVX    A,@DPTR        ;将源单元的内容读入
        MOV     @R0,A          ;送至目标单元
        INC     R0             ;指向下一目标单元
        INC     DPTR           ;指向下一源单元
        DJNZ    R2,LOOP        ;是否到循环次数
```

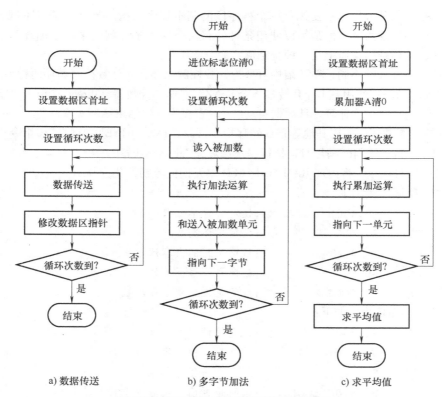

a) 数据传送   b) 多字节加法   c) 求平均值

图 3-8   数据传送、算术运算程序流程图

2. 算数运算程序

【例3-9】   多字节加法运算。编写 4B 二进制数加法运算程序，假设被加数与加数的字节数相同，均按照"低字节对应低地址"的顺序存放于连续的内部 RAM 单元中，其中被加数单元的首址

存放于 R0 中，加数单元的首址存放于 R1 中，字节数存放于 R2 中，运算结果送入被加数单元中。

在多字节加法或减法运算中，必须按字节从低位字节开始依次相加（减），其中最低字节的加（减）运算不用考虑进（借）位标志，故应先将进位标志位清 0，而高字节相加（减）必须考虑其相邻低字节的进（借）位，因此应使用带进位加法指令 ADDC（或 SUBB 指令），其程序流程如图 3-8b 所示。

程序如下：

```
        MOV    R2,#04H      ;设置循环次数
        CLR    C            ;进位标志 CY 清 0
LOOP:   MOV    A,@R0        ;将被加数读入累加器中
        ADDC   A,@R1        ;执行加法运算
        MOV    @R0,A        ;和数送入被加数单元中
        INC    R0           ;指向下一个被加数单元
        INC    R1           ;指向下一个加数单元
        DJNZ   R2,LOOP      ;判断是否已到循环次数
```

【例 3-10】　编写程序，求内部 RAM 70H～79H 10 个单元内容的平均值，并存放于 7AH 单元中。

程序流程如图 3-8c 所示，程序如下：

```
        MOV    R0,#70H      ;设置单元首址
        MOV    R2,#10       ;设置循环次数
        CLR    A            ;累加器 A 清 0
LOOP:   ADD    A,@R0        ;将单元内容累加至 A
        INC    R0           ;指向下一个单元
        DJNZ   R2,LOOP      ;判断是否已到循环次数
        MOV    B,#10        ;
        DIV    AB           ;
        MOV    7AH,A        ;求平均值
```

3. 延时程序

延时通常用于键盘去抖等需要固定定时的应用场合。延时程序是典型的循环结构程序，一般用 DJNZ 指令作为循环控制指令，用 direct 或 Rn 作为循环计数器，用一个或几个空操作指令 NOP 作为循环体。根据延时时间的长短，可以选择通过单循环结构、双重循环结构及多重循环结构实现延时。

【例 3-11】　单循环结构延时。编写延时 1ms 子程序，假设晶振频率为 12MHz。

程序如下：

```
DEL1:   MOV    R2,#data      (1μs)
LOOP:   NOP                  (1μs)
        NOP                  (1μs)
        DJNZ   R2,LOOP       (2μs)
        NOP                  (1μs)
        RET                  (2μs)
```

当晶振频率为 12MHz 时，1 个机器周期为 1μs。MOV 和 NOP 指令的执行时间为 1 个机器周期（即 1μs），DJNZ 和 RET 指令的执行时间为 2 个机器周期（即 2μs）；循环体为 LOOP 标号处至 DJNZ 指令，故执行一次循环体的时间为 4μs；工作寄存器 R2 用于设置循环次数。因此，上面程序的延时时间可以表示为

$$(1+1+2)\times(R2)+1+1+2=1000\mu s \tag{3-2}$$

由此可以解得，R2 的初值为 249。

当 R2 的初值为 0 时，循环体的执行次数为 256 次，此时上述单循环程序的最长延时时间为

$$(1+1+2)\times256+1+1+2=1028\mu s\approx1ms \tag{3-3}$$

当要求精确延时时，可以通过增减指令对延时时间进行微调。例如，上面程序在循环体外增加了一条 NOP 指令，如此延时公式［式（3-2）］中的（R2）就有了整数解，从而达到了精确延时 1000 个机器周期（1ms）的目的。

【例 3-12】 双重循环结构延时。编写延时 10ms 子程序，假设晶振频率为 12MHz。

程序如下：

```
DEL2:   MOV    R3,#data1    (1μs)
LOOP1:  MOV    R2,#data2    (1μs)
LOOP2:  NOP                 (1μs)
        NOP                 (1μs)
        DJNZ   R2,LOOP2     (2μs)
        DJNZ   R3,LOOP1     (2μs)
        NOP                 (1μs)
        RET                 (2μs)
```

内部循环体为 LOOP2 标号处至第一条 DJNZ 指令，循环次数设置为 R2 的初值；外部循环体为 LOOP1 标号处至第二条 DJNZ 指令，循环次数设置为 R3 的初值。因此，上面程序的延时时间可以表示为

$$(4\times(R2)+3)\times(R3)+4=10000\mu s \tag{3-4}$$

由此可以解得，R2、R3 的一组初值分别为 36、68。

当 R2、R3 的初值均为 0 时，内部、外部循环的执行次数均为 256 次，此时上述双重循环程序的最长延时时间为

$$(4\times256+3)\times256+4=262916\mu s\approx263ms \tag{3-5}$$

【例 3-13】 多重循环结构延时。编写延时 1s 子程序，假设晶振频率为 12MHz。

程序如下：

```
DEL3:   MOV    R2,#50       (1μs)
LOOP1:  MOV    R3,#100      (1μs)
LOOP2:  MOV    R4,#100      (1μs)
        DJNZ   R4,$         (2μs)
        DJNZ   R3,LOOP2     (2μs)
        DJNZ   R2,LOOP1     (2μs)
        RET                 (2μs)
```

这段延时程序采用三重循环结构：最内层循环体为第一条 DJNZ 指令（原地循环），循环次数设置为 100 次；中间层循环体为 LOOP2 标号处至第二条 DJNZ 指令，循环次数设置为 100 次；最外层循环体为 LOOP1 标号处至第三条 DJNZ 指令，循环次数设置为 50 次。因此，上面程序的近似延时时间可以表示为

$$2\times(R4)\times(R3)\times(R2)=2\times100\times100\times50=1000000\mu s=1s \tag{3-6}$$

精确延时时间可以表示为

$$((2\times(R4)+3)\times(R3)+3)\times(R2)+3=((2\times100+3)\times100+3)\times50+3=1015153\mu s \tag{3-7}$$

相对延时误差为

$$(1015153-1000000)/1000000 \approx 1.5\% \tag{3-8}$$

由此可见，在延时时间较长且对精度要求不高的情况下，可以方便地使用上面的近似延时公式 [式 (3-7)] 求解各个循环计数器的初值。

4. 查表程序

为了满足程序设计的需要，通常将一系列数据的集合以表格的形式存放于程序存储器中。如前所述，利用 DB 伪指令可以将表中的各个元素存放于指定的连续的存储单元中。

假设某一维表中的各个元素均占用 1B，则任意元素的存储地址可以表示为

$$元素地址 = 表首址 + 下标 \tag{3-9}$$

假设某二维表中的各个元素均占用 1B，则任意元素的存储地址可以表示为

$$元素地址 = 表首址 + 列数 \times 行下标 + 列下标 \tag{3-10}$$

在 51 汇编指令系统中，对表中任意元素的读取使用以下两条专用查表指令：

```
MOVC   A,@A+PC      ;((A)+(PC))→A
MOVC   A,@A+DPTR    ;((A)+(DPTR))→A
```

在查表操作中，用基址寄存器 PC 或 DPTR 指向表首址，用变址寄存器 A 表示表首址（即表中第一个元素的地址）与任意元素的距离。

对于一维表，变址寄存器 A 表示下标；对于二维表，变址寄存器 A 表示列数×行下标+列下标。由于变址寄存器 A 的内容是 8 位无符号数，因此这种方法所能查询的表的容量至多为 256B。

当用 DPTR 作为表首址的指针时，该表可以位于程序存储器 64KB 范围内的任何区域；而当用 PC 作为表首址的指针时，由于 PC 不能被用户赋值，该表必须位于查表指令之后，且最好紧接在查表指令之后，否则必须注意补偿当前 PC 值与表首址的距离。

综上所述，两条查表指令的区别与联系见表 3-2。

表 3-2　两条查表指令的区别与联系

指　　令	MOVC　A, @A+PC	MOVC　A, @A+DPTR
指令功能	A←((A)+(PC))	A←((A)+(DPTR))
查表方式	PC←表首址 A←列数×行下标+列下标 （注意补偿当前 PC 值与表首址的距离）	DPTR←表首址 A←列数×行下标+列下标
		DPTR←表首址+列数×行下标 A←列下标
查表容量	256B	256B
		64KB（每行 256B）

【例 3-14】 编写 10×20 二维表的查表子程序，其中行下标存放于 R6 中，列下标存放于 R7 中，查表结果送入 R2 中。

（1）PC 作为基址寄存器

程序如下：

```
LUT1:  MOV    A,R6       ;行下标送入变址寄存器A中
       MOV    B,#20      ;
       MUL    AB         ;计算列数×行下标
       ADD    A,R7       ;计算列数×行下标+列下标
       INC    A          ;补偿当前PC与BASE的差距
       MOVC   A,@A+PC    ;执行查表操作
```

```
        MOV      R2,A              ;查表结果送入 R2 中
        RET
BASE:   DB       …
```

（2）DPTR 作为基址寄存器

程序如下：

```
LUT1:   MOV      A,R6              ;行下标送入变址寄存器 A 中
        MOV      B,#20             ;
        MUL      AB                ;计算列数×行下标
        ADD      A,R7              ;计算列数×行下标+列下标
        MOV      DPTR,#BASE        ;DPTR 指向表首址
        MOVC     A,@A+DPTR         ;执行查表操作
        MOV      R2,A              ;查表结果送入 R2 中
        RET
BASE:   DB       …
```

对于大于 256B 的二维表，用基址寄存器 DPTR 指向行首址（表首址+列数×行下标），用变址寄存器 A 表示列下标，见表 3-2。因此，这种方法所能查询的表的容量至多为 64KB，但是其每行的长度不超过 256B。

【例 3-15】 编写 20×40 二维表的查表子程序，其中行下标存放于 R6 中，列下标存放于 R7 中，查表结果送入 R2 中。

程序如下：

```
LUT2:   MOV      A,R6              ;行下标送入 A 中
        MOV      B,#40             ;
        MUL      AB                ;计算列数×行下标
        MOV      DPTR,#BASE        ;DPTR 指向表首址
        CLR      C                 ;进位标志 C 清 0
        ADD      A,DPL             ;计算行首址第一字节
        MOV      DPL,A             ;行首址第一字节送入 DPL 中
        MOV      A,B               ;
        ADDC     A,DPH             ;计算行首址第二字节
        MOV      DPH,A             ;行首址第二字节送入 DPH 中
        MOV      A,R7              ;列下标送入变址寄存器 A 中
        MOVC     A,@A+DPTR         ;执行查表操作
        MOV      R2,A              ;结果送入 R2 中
        RET
BASE:   DB       …
```

在计算行首址时，首先将列数与行下标相乘，乘积的第一字节存放于累加器 A 中，第二字节存放于寄存器 B 中；然后将该乘积的第一字节与表首址的第一字节相加送入 DPTR 寄存器的低 8 位 DPL 中，将乘积的第二字节与表首址的第二字节相加送入 DPTR 寄存器的高 8 位 DPH 中；最终得到的 DPTR 寄存器的内容即可指向行首址，如图 3-9所示。

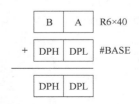

图 3-9 行首址计算示意图

思考题及习题 3

1. 访问内部 RAM 单元可以使用哪些寻址方式？

2. 访问外部 RAM 单元可以使用哪些寻址方式？

3. 访问特殊功能寄存器可以使用哪些寻址方式？

4. 编写程序，分别执行以下各个数据传送操作。

（1）将内部 RAM 30H 单元的内容传送至内部 RAM 40H 单元中；

（2）将内部 RAM 30H 单元的内容传送至 R0 中；

（3）将 R0 的内容传送至 R1 中；

（4）将内部 RAM 30H 单元的内容传送至外部 RAM 1000H 单元中；

（5）将外部 RAM 1000H 单元的内容传送至外部 RAM 2000H 单元中。

5. 若（A）= E8H，（R0）= 40H，（R1）= 20H，（R4）= 3AH，（40H）= 2CH，（20H）= 0FH，写出下列各指令单独执行后相关单元和标志位 CY、AC、OV 的内容。

（1）MOV　A，@R0

（2）XCH　A，20H

（3）ADD　A，R4

（4）INC　@R1

（5）ANL　40H，#0FH

6. 编写程序，求两个数中的大数，这两个数分别存放于内部 RAM 60H、61H 单元中，求出的大数送往内部 RAM 62H 单元。

7. 源数据区存放于从 30H 开始的内部 RAM 单元中，目的数据区存放于从 60H 开始的内部 RAM 单元中，每隔 1 个单元从源数据区读数，每隔 2 个单元向目的数据区写数，直至遇"回车"（0DH）结束传送。

8. 编写多字节减法运算程序，其中被减数存放于从 1000H 开始的 10 个外部 RAM 单元中，减数存放于从 2000H 开始的 10 个外部 RAM 单元中，高字节对应高地址，差数送入被减数单元中。

9. 若晶振频率为 12MHz，编写延时 2ms 子程序。

10. 若 8 个数存放于从 TABLE 开始的字节数据表中，求这 8 个数的平均值并存于 R0 中。

第 4 章
C51编程语言及程序设计基础

【学习目标】

（1）了解 C51 程序设计的一般步骤；
（2）明确 C51 的常用函数语句及功能；
（3）掌握 C51 程序设计的编程实例。

【学习重点】

（1）C51 中的数据类型、存储器类型及存储模式等；
（2）C51 中的控制语句、指针类型和函数功能；
（3）C51 的单片机片内、片外资源编程控制方法。

随着硬件性能的不断提高和应用技术的不断发展，开发人员越来越关注目标系统的开发效果，而开发效果在很大程度上取决于程序本身的效率。单片机的编程语言有汇编语言、PLM 语言和 C 语言。由于 C 语言具有强大的功能、良好的结构，以及优秀的可读性和可维护性，因此越来越受开发人员欢迎。另外，使用 C 语言编程可以缩短开发周期，降低成本，并具有很高的可靠性和良好的可移植性。目前，C 语言已成为开发单片机应用系统的主流语言。为了将其与标准 C 语言区分，将用于单片机编程的 C 语言称为 C51 编程语言（简称为 C51 语言），并将以 C51 编程语言编写的程序转换为可执行代码的程序称为 C51 编译器。

4.1 C51 编程语言简介

4.1.1 C51 编程语言概述

利用 C 语言对 51 单片机进行编程是单片机系统开发的发展方向。C 语言是通用的计算机编程语言，它也广泛用于单片机开发。与汇编语言相比，C 语言具有易于使用、良好的可移植性和可直接操作硬件的特性，尤其是在单片机上使用操作系统时，必须使用 C 语言编程。

对于初学者来说，学习 C51 语言是一个不错的选择。使用 C51 语言可以避免汇编语言的缺点，因为汇编语言需要记住大量的指令，不利于快速学习单片机开发。随着单片机应用系统的复杂性不断提高，对程序可读性、升级和维护以及模块化的要求越来越高，对软件编程的要求也越来越高。所以对于程序员来说，利用 C51 语言可以在短时间内编写出高效、可靠的程序代码。

本章主要介绍 C51 语言，以及如何使用 Keil C51 语言的集成开发平台 Keil μVision5，为 C51 程序的设计和开发奠定基础。

4.1.2 C51 语言与汇编语言的区别

C51 语言是应用于 51 单片机编程的 C 语言。它基于标准的 C 语言，扩展了 51 单片机的硬件特性，并将其移植到单片机中。经过多年的努力，C51 语言已成为一种高效、简洁、实用的 51 单片机高级编程语言。与汇编语言相比，C51 语言在功能、结构、可读性和可维护性等方面具有明显的优势，并且易于学习和使用。

汇编语言（assembly language）是电子计算机、微处理器、单片机或其他可编程设备中使用的一种低级语言，也称为符号语言。在汇编语言中，助记符用于替换机器指令的操作码，而地址符号（symbol）或标签（label）用于替换指令或操作数的地址。在不同的设备中，汇编语言对应于不同的机器语言指令集，这些指令集通过汇编过程转换为机器指令。一般来说，特定的汇编语言和特定的机器语言指令集之间存在一对一的对应关系，且不能直接移植到不同的平台。综上所述，汇编语言是一种直接面向处理器的编程语言。

1. 汇编语言和 C51 语言之间的主要区别

1）编译组成不同。汇编语言是将由 0、1 组成的机器语言用具有简单语义的英文代码表示，而 C51 语言不仅将许多相关的机器指令组合为一条指令，而且还删除了与特定操作有关的细节，例如，使用堆栈、寄存器等。

2）计算机识别的路径不同。汇编语言通常用于直接操纵硬件，而用 C51 语言编译的程序不能被计算机直接识别，必须先转换后才能执行。

3）功能不同。程序中的核心部分通常使用汇编语言。一方面，它很安全，另一方面，它提高了运行速度。而 C51 语言通常用于外部计算机功能。

4）学习难度不同。汇编语言所需的编译知识非常复杂，并且经常被开发人员使用。C51 语言是一种非常简单和方便的语言，程序员不需要具有太多的专业知识就可以使用它编程。

2. 与 51 单片机的汇编语言相比，C51 语言的优点

1）良好的可读性。C51 语言程序比汇编语言程序更具可读性，具有更高的编程效率，并且易于修改、维护和升级。

2）良好的可移植性。仅通过适当地修改与硬件有关的头文件和编译链接的参数，就可以将为特定类型的单片机开发的 C51 语言程序轻松移植到其他类型的单片机。

3）模块化开发和资源共享。用 C51 语言开发的程序模块不需要修改即可直接用于其他项目，使开发人员可以充分利用现有的大量标准 C51 程序资源和丰富的库功能，减少了重复工作，也有利于多名工程师进行协作发展。

4）生成的代码高效。当前较好的 C51 语言编译系统所编译的代码效率仅比直接使用汇编语言的效率低 20% 左右。如果使用优化的编译选项，则可以达到约 90% 的代码效率。

随着技术的发展，面向程序员的 C51 语言比面向处理器的汇编语言更易于使用，这不仅提高了编程效率，而且提高了代码可维护性。

4.1.3　C51 语言与标准 C 语言的区别

单片机的 C51 语言和标准 C 语言之间有许多相似之处，但它也有一些自己的特点。不同的嵌入式 C 语言编译系统与标准 C 语言的区别主要在于它们针对的硬件系统不同。对于 51 单片机，目前广泛使用 C51 语言。C51 语言和标准 C 语言之间的主要区别如下：

1）C51 语言中定义的库函数与标准 C 语言中定义的库函数不同。标准 C 语言定义的库函数是根据通用微型计算机定义的，而 C51 语言中的库函数是根据 51 单片机的相应条件定义的。

2）C51 语言中的数据类型也与标准 C 语言中的数据类型不同。在 C51 语言中，添加了 51 单片机特有的几种数据类型。

3）C51 语言变量的存储方式与标准 C 语言中变量的存储方式不同。C51 语言中变量的存储方式与 51 单片机的存储器密切相关。

4）C51 语言的输入和输出处理与标准 C 语言不同。C51 语言的输入和输出是通过 51 串口完成的，必须在执行输入和输出指令之前初始化串口。

5）C51 语言和标准 C 语言在功能使用方面存在一定差异。C51 语言具有特殊的中断功能。

4.2　C51 程序设计简介

4.2.1　C51 程序设计概述

STC89C52RC 单片机的 Keil C51 语言是从 C 语言继承而来的，是单片机的一种高级语言形式。与普通的 C 语言不同，Keil C51 语言在单片机平台上运行，而 C 语言在普通的桌面平台上运行。

Keil C51 语言的语法结构与标准 C 语言基本相同。该语言简洁、易学习且具有良好的可移植性。它具有高级语言的特征，并且可以减少基础硬件寄存器的操作。对于兼容的 51 单片机，只要稍微修改一种硬件模型下的程序，甚至不做任何更改，就可以将其移植到另一种不同型号的单片机上运行。

Keil C51 语言提供了完整的数据类型、运算符和使用功能。C51 语言是一种结构化的编程语言。可以使用一对大括号"{}"将一系列语句组合为复合语句，程序结构清晰明了。Keil C51 语言代码执行的效率与汇编语言非常接近，并且比汇编语言程序更易于理解，从而促进了代码共享。在使用 Keil C51 语言设计单片机应用系统程序时，首先必须尽可能采用结构化的程序设计方法，以使整个应用系统程序结构清晰、易于调试和维护。对于较大的程序，可以根据功能将整个程序分为几个模块，不同的模块执行不同的功能。对于不同的功能模块，应指定相应的进入参数和退出参数，最好将一些经常使用的程序编译成函数，这样就不会在整个程序管理中引起混乱，还可以提高可读性和可移植性。

在编程过程中，应充分利用 Keil C51 语言的预处理命令。对于某些常用常量，例如 TRUE、FALSE、PI 和各种特殊功能寄存器，或程序中一些可以根据外部条件变化的重要常量，采用宏定义"#define"或集中起来放到 Keil C51 语言的一个头文件中进行定义，然后使用文件包含命令"#include"将其添加到程序中。这样，当需要修改参数时，仅需要修改相应的包含文件或宏定义，而不必修改使用它们的每个程序文件，这有利于文件的维护和更新。

4.2.2　C51 程序开发过程

首先要编写 C51 源程序，可以采用 μVision 集成开发环境的源程序编辑功能完成（为了避免 μVision 编译器的兼容性问题，可以采用其他文本编辑软件，如 UltraEdit 完成源程序的编辑），然后建立工程文件，加入 C51 源程序，这时就可以利用 μVision 集成的编译器和连接器生成目标文件（.exe），进而进行软件或硬件仿真调试，最后利用编程器将调试无误的代码写到单片机的程序存储器中，这一开发过程如图 4-1 所示。

4.2.3　C51 程序编写示例

用户编写的 C51 语言程序代码，均由不同功能的预处理命令、函数声明、全局变量定义、局部变量定义、主函数、调用函数（也称子函数）及其相应的程序体构成。

图 4-2 展示了一段典型的 C51 语言程序代码，实现了 STC89C52RC 单片机的 P1.0 引脚的不断闪烁的功能，并在程序中每一段代码添加了相应的文字说明。

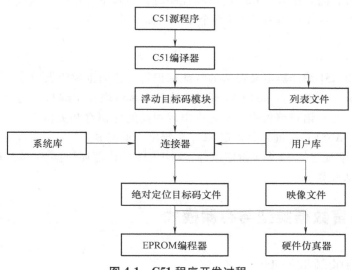

图 4-1　C51 程序开发过程

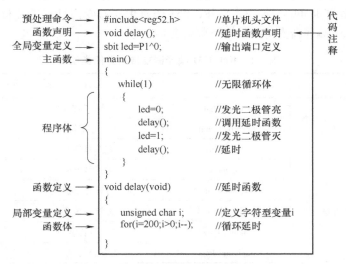

图 4-2　C51 语言程序编写示例

4.3　C51 语言的标识符和关键字

4.3.1　标识符

标识符通常用于在源程序中某对象的名称,例如,数组和结构的声明、变量和常量的声明、自定义函数的声明以及数据类型的声明。例如:

```
int a;          //a 是整数变量的标识符
char b[15];     //b 是包含 15 个元素的数组的标识符
```

C51 标识符可以包含字母、数字(0~9)和下划线,并且最多可以支持 32 个字符。标识符的第一个字符必须是字母或下划线。例如,a2 是正确的,而 2a 则是错误的。以下划线开头的标识符通常专用于编译系统，因此在编写 C51 语言源程序时，通常不使用以下划线开头的标识符。C 语言标识符区分大小写，例如，ab 和 AB 是两个不同的标识符。

4.3.2 关键字

关键字指的是由 C51 编译器定义保留的特殊标识符，它们也称为保留字，其具有固定的名称和功能，例如 int、if、for 等。在 Keil C51 开发环境的文本编辑器中编写 C 程序，系统将以不同的颜色来显示关键字。在 C 语言编程中，不允许出现相同的标识符和关键字。C 语言的关键字比其他计算机语言更少。ANSI C 标准总共指定 32 个关键字，见表 B-1。

除了 ANSI C 标准规定的 32 个关键字以外，Keil C51 编译器还根据 51 单片机的特点扩展了 20 个相关的关键字，见表 B-2。

4.4 C51 语言数据类型与存储模式

4.4.1 C51 语言的数据类型

C51 语言的数据类型与标准 C 语言中的数据类型基本相同，不同的是 C51 语言中的 int 型与 short 型等同，float 型与 double 型等同。另外，C51 语言中还有专门针对单片机的特殊功能寄存器型和位类型。Keil C51 编译器支持的数据类型见表 4-1。

表 4-1　Keil C51 编译器支持的数据类型

序号	类型	名称	名称	备注
1	基本数据类型	signed char	有符号字符型	
2		unsigned char	无符号字符型	
3		signed int	有符号整型	
4		unsigned int	无符号整型	
5		signed short	有符号短型	等同 signed int
6		unsigned short	无符号短型	等同 unsigned int
7		signed long	有符号长整型	
8		unsigned long	无符号长整型	
9		float	单精度浮点型	
10		double	双精度浮点型	等同 float
11		*	指针型	
12	扩展数据类型	bit	位型	
13		sbit	可寻址位型	
14		sfr	特殊功能寄存器	
15		sfr16	16 位特殊功能寄存器	

1. char 字符型

char 字符型分为有符号字符型（signed char）和无符号字符型（unsigned char），默认为 signed char。它们都是 1B 的长度，用于存储单字节的数据。对于 signed char，它用于定义有符号的字节数据，字节的最高位是符号位，"0" 表示正数，"1" 表示负数，补码表示可以取值的范围为 $-128 \sim$

+127；对于 unsigned char，用于定义无符号字节数据或字符，可以存储一个字节的无符号数，取值范围为 0~255。unsigned char 可以用于存储无符号数字或西文字符。一个西文字符占用 1B，并用 ASCII 码存储在计算机内部。例如：

```
signed char a=0,b=0x01,c=0xFF;
char Num=0;
unsigned char Name;
unsigned char level=0x0A;
```

2. int 整型

int 整型分为有符号整型（singed int）和无符号整型（unsigned int），默认为 signed int。它们的长度均为 2B，用于存储双字节数据。对于 signed int，用于存储以补码表示的两字节有符号数，该数的范围是 -32768~+32767。对于 unsigned int，则用于存储两个字节的无符号数，该数字的范围是 0~65535。例如：

```
signed int a=0;
int a=0;
unsigned int level=0x0001;
unsigned int grade=0xFFFF;
```

3. long 长整型

long 长整型分为 singed long 和 unsigned long，默认为 signed long。它们的长度均为 4B，用于存储 4 个字节的整数。对于 signed long，用于存储以补码表示的 4B 有符号数字，该数字的范围为 -2147483648~+2141483647；对于 unsigned long，用于存储 4B 无符号数字，该数字的范围为 0~4294967295。例如：

```
signed long a=-100000;
unsigned long level=0xFFFFFFFF;
```

4. float 浮点类型

浮点型数据的长度为 4B，格式符合 IEEE 754 标准单精度浮点型数据，包括指数和尾数，最高位为符号位，"1" 代表负数，"0" 代表一个正数。接下来的 8 位是阶码，最后 23 位是尾数的有效数字。由于尾数的整数部分隐含为 "1"，因此尾数的精度为 24 位。例如：

```
signed float pi=3.14;
```

5. 指针型

指针本身是一个变量，指向另一个数据的地址存储在该变量中。该指针变量必须占用内存单元，并且对于不同的处理器来说，长度是不同的。在 C51 语言中，其长度通常为 1~3W。例如：

```
int *p;     //p 为指向整型变量的指针变量
```

6. 特殊功能寄存器型

这是 C51 语言扩展的数据类型，用于访问单片机中的特殊功能寄存器数据。它分为两种类型：sfr 和 sfr16。其中，sfr 是字节型特殊功能寄存器类型，它占用一个内存单元，可用于访问 51 单片机内部的所有特殊功能寄存器；sfr16 是一种双字节型特殊功能寄存器类型，它占用两个字节单元，可用于访问 51 单片机中的所有双字节特殊功能寄存器。要注意的是，必须先用 sfr 或 sfr16 进行声明，才能对特殊功能寄存器进行访问。例如：

```
sfr    P1=0x90;       //声明 P1 口为字节型特殊功能寄存器,地址为 0x90
sfr16  T2=0xBD;       //声明 T2 为双字节型特殊功能寄存器,地址为 0xBD
```

7. 位类型

这也是 C51 语言中的扩展数据类型，用于访问单片机中的可寻址位单元。在 C51 语言中，支

持两种位类型：bit 型和 sbit 型。它们都只占用内存中的一个二进制位，其值可以为 1 或 0。当由
C51 编译器编译用 bit 定义的位变量时，不同时间的位地址是可变的，而用 sbit 定义的位变量必须
与 51 单片机的一个可以寻址位单元或可位寻址的字节单元中的某一位联系在一起，并且当 C51 编
译器编译时，相应的位地址是不变的。表 4-2 为 Keil C51 编译器所支持的数据类型。例如：

```
sbit  P1_1=P1^1;      //P1_1 为 P1 中的 P1.1 引脚
bit   flag=0;         //定义 flag，位地址由编译器在 00H~7FH 范围分配，初始值为 0
```

表 4-2   Keil C51 编译器所支持的数据类型

数据类型	位数	字节数	值域
signed char	8	1	−128 ~ +127
unsigned char	8	1	0~255
signed int	16	2	−32768~+32767
unsigned int	16	2	0~65535
signed long	32	4	−2147483648~+2147483647
unsigned long	32	4	0~+4294967295
float	32	4	±1.175494E−38~±3.402823E+38
*	8~24	1~3	对象的地址
bit	1	1	0 或 1
sbit	1	1	0 或 1
sfr	8		0~255
sfr16	16	2	0~65535

在 C51 语言程序中，有可能会出现在运算中数据类型不一致的情况。C51 语言允许任何标准
数据类型的隐式转换，隐式转换的优先级顺序如下：

bit→char→int→long→float
signed→unsigned

也就是说，当 char 型与 int 型进行运算时，先自动对 char 型扩展为 int 型，然后与 int 型进行运
算，运算结果为 int 型。C51 除了支持隐式类型转换外，还可以通过强制类型转换符 "()" 对数据
类型进行人为的强制转换。

4.4.2   C51 语言的存储类型与存储模式

1. C51 语言的存储类型

51 单片机具有片内和片外数据存储区以及程序存储区。片内数据存储区是 51 单片机的衍生产
品。它可以具有多达 256B 的内部数据存储区（例如 STC89C52RC 微控制器），其中低 128B 可以直
接寻址，而高 128B（80H~FFH）只能间接寻址，从地址 20H 开始的 16B 可位寻址。内部数据存储
区可分为 3 种不同的数据存储类型：data、idata 和 bdata。

访问片外数据存储区比访问片上数据存储区慢，因为必须要通过数据指针加载地址来间接访
问片外数据存储区。C51 语言提供两种不同的数据存储类型 xdata 和 pdata 来访问片外数据存储
区域。

程序存储区只能读取，不能写入。程序存储区可以在 51 单片机内部或外部，也可能内部和外部都有。它由单片机的硬件决定。C51 提供了一种 code 存储类型来访问程序存储区。表 4-3 给出 C51 存储类型与 51 单片机实际的存储空间的对应关系。例如：

```
bit bdata flag;              //位变量 flag 被定义为片内 RAM 的位寻址区
char data var;               //字符变量 var 定义在片内 RAM 区
float idata a,b;             //在内部 RAM 定义浮点变量 a、b
unsigned char pdata c;       //无符号字符变量 c 定义在片外间接寻址 RAM 区
```

表 4-3　C51 存储类型与 51 单片机实际的存储空间的对应关系

存储区	存储类型	与存储空间的对应关系
DATA	data	片内 RAM 直接寻址区，位于片内 RAM 的低 128B
BDATA	bdata	片内 RAM 位寻址区，位于 20H~2FH 空间
IDATA	idata	片内 RAM 的 256B，必须间接寻址的存储区
XDATA	xdata	片外 64 KB 的 RAM 空间，使用@ DPTR 间接寻址
PDATA	pdata	片外 RAM 的 256B，使用@ Ri 间接寻址
CODE	code	程序存储区，使用 DPTR 寻址

2. C51 语言的存储模式

C51 编译器允许采用 3 种存储器模式：小编译模式（SMALL 模式）、紧凑编译模式（COMPACT 模式）和大型编译模式（LARGE 模式）。变量或函数的存储模式决定了变量或函数的参数以及局部变量在内存中的地址空间。

在 SMALL 模式下，变量或函数参数及局部变量放入可直接寻址的片内存储器（最大 128B，默认存储类型是 data），因此访问十分方便。另外，所有对象，包括栈，都必须嵌入片内 RAM，这里需要注意一下栈长，因为实际栈长非常依赖于不同函数的嵌套层数。

在 COMPACT 模式下，变量或函数的参数和局部变量位于 STC89C52RC 单片机的外部 RAM 中。变量或函数的参数及局部变量放入分页片外存储区（最大 256B，默认存储类型是 pdata），通过寄存器 R0 和 R1 间接寻址，栈空间位于单片机系统内部数据存储区中。

在 LARGE 模式下，变量或函数的参数及局部变量直接放入片外数据存储区（最大 64KB，默认存储类型是 xdata）使用数据指针 DPTR 进行寻址。用此数据指针进行访问效率较低，尤其是对两个或多个字节的变量，这种数据类型的访问机制直接影响代码的长度，另一个方便之处在于这种数据指针不能对称操作。

在定义一个函数时可以明确指定该函数的存储器模式一般形式为：

函数类型 函数名（形式参数表）［存储器模式］

其中，存储器模式是 C51 编译器扩展的选项。如果不使用此选项，则不会明确指定函数的存储模式，并且会在编译时根据默认存储模式对函数进行处理。也就是说，若未声明变量的存储器类型，则该变量的存储器类型，由程序的存储模式来决定。

未对变量存储分区定义时，C51 编译器采用默认存储分区。例如：

```
char var;    //在 SMALL 模式下,var 定义于 data 存储区
             //在 COMPACT 模式下,var 定义于 pdata 存储区
             //在 LARGE 模式下,var 定义于 xdata 存储区
```

C51 编译器允许使用所谓的混合存储器模式，该模式允许程序中的一个（或几个）函数使

用一种存储器模式，而另一个（或几个）函数使用另一个存储器模式。使用存储器混合模式编程可以充分利用 STC89C52 单片机中有限的存储空间，同时可以加快程序的执行速度。

4.4.3 绝对地址访问

1. 使用_at_定义变量绝对地址

使用_at_对指定的存储器空间的绝对地址进行访问，一般格式如下：

［存储器类型］数据类型说明符 变量名_at_ 地址常数

其中，存储器类型可以是 data、bdata、idata、pdata 和 xdata 中的一种，如省略则按存储模式规定的默认存储器类型确定变量的存储器区域；数据类型为 C51 语言支持的数据类型。地址常数用于指定变量的绝对地址，必须位于有效的存储器空间之内。使用_at_定义的变量必须为全局变量。

【例 4-1】 使用_at_实现对绝对地址的访问。

```
#define uchar unsigned char      //定义符号 uchar 为数据类型符 unsigned char
#define uint unsigned int        //定义符号 uint 为数据类型符 unsigned int
data uchar x1 _at_ 0x40;         //在 data 区中定义字节变量 x1,地址为 40H
xdata uint x2 _at_ 0x2000;       //在 xdata 区中定义字变量 x2,地址为 2000H
void main(void)
{
    x1=0xff;
    x2=0x1234;
    ...
    while(1);
}
```

2. 使用预定义宏

C51 编译器提供了一组宏定义来对 51 单片机的 code、data、pdata 和 xdata 空间进行绝对寻址。规定只能以无符号数方式访问，宏定义如下：

```
#define CBYTE((unsigned char volatile code * )0)
#define DBYTE((unsigned char volatile data * )0)
#define PBYTE((unsigned char volatile pdata * )0)
#define XBYTE((unsigned char volatile xdata * )0)
#define CWORD(unsigned int volatile code * )0)
#define DWORD(unsigned int volatile data * )0)
#define PWORD((unsigned int volatile pdata * )0)
#define XWORD((unsigned int volatile xdata * )0)
```

这些函数原型放在 absacc. h 文件中。使用时，须用预处理命令把该头文件包含到文件中，形式为#include<absacc. h>。

其中，CBYTE 以字节形式对 code 区寻址，DBYTE 以字节形式对 data 区寻址，PBYTE 以字节形式对 pdata 区寻址，XBYTE 以字节形式对 xdata 区寻址，CWORD 以字形式对 code 区寻址，DWORD 以字形式对 data 区寻址，PWORD 以字形式对 pdata 区寻址，XWORD 以字形式对 xdata 区寻址。访问形式如下：

宏名［地址］

宏名为 CBYTE、DBYTE、PBYTE、XBYTE、CWORD、DWORD、PWORD 或 XWORD。

地址为存储单元的绝对地址，一般用十六进制形式表示。下面列举一个通过宏定义实现绝对地址对存储单元的访问的实例。

【例 4-2】　使用宏定义实现绝对地址对存储单元的访问。

```
#include<absacc.h>              //将绝对地址头文件包含在文件中
#include<reg52.h>               //将寄存器头文件包含在文件中
#define uchar unsigned char     //定义符号 uchar 为数据类型符 unsigned char
#define uint unsigned int       //定义符号 uint 为数据类型符 unsigned int
void main(void)
{
    uchar var1;
    uint var2;
    var1=XBYTE[0x0005];         //XBYTE[0x0005]访问片外 RAM 的 0005 字节单元
    var2=XWORD[0x0002];         //XWORD[0x0002]访问片外 RAM 的 0002 字节单元
    …
    while(1);
}
```

在上面程序中，XBYTE [0x0005] 就是以绝对地址方式访问的片外 RAM 的 0005 字节单元，XWORD [0x0002] 就是以绝对地址方式访问的片外 RAM 的 0002 字单元。

3. 通过指针访问

采用指针的方法，可以实现在 C51 程序中对任意指定的存储器单元进行访问。

【例 4-3】　使用指针实现对绝对地址的访问。

```
#define uchar unsigned char     //定义符号 uchar 为数据类型符 unsigned char
#define uint unsigned int       //定义符号 uint 为数据类型符 unsigned int
void func(void)
{
    uchar data var1;
    uchar pdata * dp1;          //定义一个指向 pdata 区的指针 dp1
    uint xdata * dp2;           //定义一个指向 xdata 区的指针 dp2
    uchar data * dp3;           //定义一个指向 data 区的指针 dp3
    dp1=0x30;                   //dp1 指针赋值,指向 pdata 区的 30H 单元
    dp2=0x1000;                 //dp2 指针赋值,指向 xdata 区的 1000H 单元
    *dp1=0xff;                  //将数据 0xff 送到片外 RAM 区的 30H 单元
    *dp2=0x1234;                //将数据 0x1234 送到片外 RAM 区的 1000H 单元
    dp3=&var1;                  //dp3 指针指向 data 区的 var1 变量
    *dp3=0x20;                  //给变量 var1 赋值 0x20
}
```

4.5　C51 语言的变量与常量

4.5.1　常量

常量是指在程序执行过程中其值不能改变的量。C51 语言支持整型常量、浮点型常量、字符型常量和字符串型常量。

1. 整型常量

整型常量也就是整型常数，根据其值范围在计算机中分配不同的字节数来存放。在 C51 语言中，它可以表示成以下几种形式：

1）十进制整数。例如，214、-76、0 等就是十进制整数。

2）十六进制整数。以 0x 开头表示，例如 0x12 表示十六进制数 12H。

3）长整数。在 C51 语言中当一个整数的值达到长整型的范围，则该数按长整型存放，在存储器中占 4B，另外，如一个整数后面加一个字母 L 或字母 l，这个数在存储器中也按长整型存放。例如，123L 在存储器中占 4B。

2. 浮点型常量

浮点型常量也就是实型常数，有十进制表示形式和指数表示形式。

十进制表示形式又称定点表示形式，由数字和小数点组成。例如，0.123、34.645 等都是十进制数表示形式的浮点型常量。

指数表示形式为：［±］数字［.数字］e［±］数字

例如，765.4321e-3、1278e2 等都是指数形式的浮点型常量。

3. 字符型常量

字符型常量是用单引号引起的字符，例如"a""1""W"等，可以是可显示的 ASCII 字符，也可以是不可显示的控制字符。对不可显示的控制字符，须在前面加上反斜杠"\"组成转义字符。

利用它可以完成一些特殊功能和输出时的格式控制。常用的转义字符见表 4-4。

表 4-4 常用的转义字符

转义字符	含义	ASCII 码（十六进制数）
\0	空字符（null）	00H
\n	换行符（LF）	0AH
\r	回车符（CR）	0DH
\t	水平制表符（HT）	09H
\b	退格符（BS）	08H
\f	换页符（FF）	0CH
\'	单引号	27H
\"	双引号	22H
\\	反斜杠	5CH

4. 字符串型常量

字符串型常量是由双引号括起的字符组成，例如"D""1234""ABCD"等。注意字符串常量与字符常量不同。字符常量仅以 1B 存储在计算机中。当字符串常量存储在内存中时，不仅双引号中的字符占据 1B，而且系统会自动地在后面加一个转义字符"\0"作为字符串结束符。因此，请勿将字符常量与字符串常量混淆。例如，字符常量"B"与字符串常量"B"不同。

4.5.2 变量

1. 变量的定义

变量是在程序运行过程中其值可以改变的量，在内存中占据一定的存储单元，那么就应该为这个存储单元命名。所以，一个变量应由两部分组成：变量名和变量值。在 C51 语言中，在使用变量前必须对它进行定义，指出变量的数据类型和存储模式，以便编译系统为它分配相应的存储单元。也就是说，在使用中应对所有有用到的变量进行强制定义，也就是"先定义，后使用"。变量主要包括位变量、字符变量、整型变量、长整型变量以及浮点型变量 5 种。

2. 变量的存储模式

变量存储模式是指变量在程序执行过程中的作用范围。C51 变量的存储种类有 4 种，分别是自动（auto）、外部（extern）、静态（static）和寄存器（register）。存储种类是指变量在程序执行过程中的作用范围。变量的存储种类有 4 种：自动变量、外部变量、静态变量和寄存器变量。

1）自动变量：使用 auto 定义的变量称为自动变量，其作用范围在定义它的函数体或复合语句中。当执行定义它的函数体或复合语句时，C51 语言将为该变量分配内存空间，并在运行结束时释放占用的内存。自动变量通常在内存的堆栈空间中分配。定义变量时，如果省略存储类型，则该变量默认为自动变量。定义变量时，在变量名称之前添加存储类型说明符 auto，即将变量定义为自动变量。自动变量是 C51 语言中使用最广泛的变量类型。如果省略了在函数主体或复合语句中定义的变量的存储类型描述，则该变量为自动变量。

2）外部变量：使用 extern 定义的变量称为外部变量。在函数体中，当使用在函数体或其他程序外部定义过的外部变量时，该变量在该函数体内要用 extern 说明。定义外部变量后，将分配一个固定的存储空间，该空间在程序的整个执行时间内有效，直到程序结束才释放它。使用存储类型说明符 extern 定义的变量称为外部变量。根据默认规则，在所有函数之前，且在函数外部定义的所有变量都是外部变量，并且在定义时可以省略 extern 说明符。但是，在描述已在函数主体外部或函数主体中另一个程序模块文件中定义的外部变量时，必须使用 extern 说明符。

3）静态变量：使用 static 定义的变量称为静态变量。它又分为局部静态变量和全局静态变量。在函数体内部定义的静态变量为局部静态变量，局部静态变量是在两次函数调用之间仍能保持其值的局部变量。有些程序需要在多次调用之间仍然保持变量的值，使用自动变量无法实现这一点，使用全局变量有时又会带来意外的副作用，这时就应采用局部静态变量。全局静态变量是在函数外部定义的静态变量。全局静态变量是一种作用范围受限制的外部变量。它的有效作用范围从其定义点开始直至程序文件的末尾，而且只有在定义它的程序模块文件中才能对它进行访问。全局静态变量有一个特点，就是只有在定义它的程序文件中才可以使用它，其他文件不能改变其内容。

4）寄存器变量：为了提高程序的执行效率，C51 语言允许将一些使用频率最高的那些变量，定义为能够直接使用硬件寄存器的所谓寄存器变量。定义一个变量时在变量名前面冠以存储种类符号 register，即将该变量定义为寄存器变量。寄存器变量可以被认为是自动变量的一种，它的有效作用范围也与自动变量相同。C51 编译器能够识别程序中使用频率最高的变量，在可能的情况下，即使程序中并未将该变量定义为寄存器变量，编译器也会自动将其作为寄存器变量处理。尽管可以在程序中定义寄存器变量，但实际上被定义的变量是否真能成为寄存器变量最终是由编译器决定的。

4.6 C51 运算符和表达式

C51 中的运算符与通用 C 语言基本一致，常用的主要是位运算符、算数运算符、关系运算符、逻辑运算符和赋值运算符及其表达式等。

4.6.1 位运算符

数在计算机内存中都是以二进制的形式存储的，位运算符是用来进行二进制位运算的运算符。

位运算符见表 4-5。

表 4-5 位运算符

符号	意义	说明（假设 a=0x02，b=0x32）
&	按位逻辑与运算	a&b=0x02
|	按位逻辑或运算	a|b=0x32
~	按位取反运算	~a=0xfd
^	按位异或运算	a^b=0x30
<<	按位左移运算	把变量向左移位，右侧空缺用 0 补齐 a<<2=0x08
>>	按位右移运算	把变量向右移位，左侧空缺用 0 补齐 b>>2=0x0c

位运算符不能对浮点数进行操作，且不会改变参与运算变量的值。

4.6.2 算术运算符

1. 基本算术运算符

基本算术运算符是进行各类数值运算的运算符，包括+、−、＊、／、%这 5 种基本算术运算符，见表 4-6。

表 4-6 基本算术运算符

符号	意义	说明（假设 a=2，b=1）
+	加法运算	a+b=3
−	减法运算或表示负数	a−b=1
*	乘法运算	a＊b=2
/	除法运算	a/b=2
%	取余运算	运算的两个对象均应是整数，若 a=3，b=2，则 a%b=1

2. 自增减运算符

自增减运算符包括自加运算符"++"和自减运算符"−−"，自增减运算符见表 4-7。

表 4-7 自增减运算符

符号	意义	说明（假设 x 初值为 4）
x++	x 参与运算后，x 的值自增 1	y=x++，结果为 y=4，x=5
++x	x 自增 1 后再参与其他运算	y=++x，结果为 y=5，x=5
x−−	x 参与运算后，x 的值自减 1	y=x−−，结果为 y=4，x=3
−−x	x 自减 1 后再参与其他运算	y=−−x，结果为 y=3，x=3

自增减运算符只可以用于对变量进行运算，不能用于常量或表达式。上述 x++合法，但是 4++或者（x−y)++都是非法的。

4.6.3　关系运算符

关系运算符是用来表示两个数值之间关系的运算符，包括大于（>）、小于（<）、大于或等于（>=）、小于或等于（<=）、等于（==）、不等于（!=）6 种，见表 4-8。

表 4-8　关系运算符

符号	意义	说明（假设 a=2，b=1）
>	大于	a>b 返回值为 1
<	小于	a<b 返回值为 0
>=	大于或等于	a>=b 返回值为 1
<=	小于或等于	a<=b 返回值为 0
==	等于	a==b 返回值为 0
!=	不等于	a!=b 返回值为 1

通过关系运算符将两个表达式或变量连接起来的式子，称为关系表达式。关系表达式的结果也只有 1（真）和 0（假）两种。例如，假设 a=2，b=1，则（a+b)>(a-b) 的返回值为 1。

4.6.4　逻辑运算符

逻辑运算符是用来表示逻辑运算的运算符，包括逻辑与（&&）、逻辑或（||）和逻辑非（!）3 种，见表 4-9。

表 4-9　逻辑运算符

符号	意义	说明（假设 a=2，b=1）
&&	逻辑与	a&&b 返回值为 1
||	逻辑或	a+b 返回值为 1
!	逻辑非	!a 返回值为 0

通过逻辑关系符将关系表达式或逻辑量连接起来的式子，称为逻辑表达式。逻辑表达式的结果只有 1（真）或 0（假）两种。例如，假设 a=2，b=1，c=0，则（a+b）&&c 的返回值为 0。

4.6.5　赋值运算符

C51 语言的赋值运算符与通用 C 语言完全一致，赋值运算符（=）用于连接表达式（右侧）和变量（左侧），即将赋值运算符右侧的表达式的结果赋予赋值运算符左侧的变量，右侧的表达式可以是常量、变量、表达式或另外一个赋值表达式。C51 语言中有 11 种逻辑运算符，其中第 1 种是基本赋值运算，其他的是复合赋值运算，见表 4-10。

表 4-10　赋值运算符

符号	意义	说明（假设 a=8，b=2）
=	基本赋值	a=b，结果为 a=2，b=2
+=	加法赋值	a+=b，结果为 a=10，b=2
-=	减法赋值	a-=b，结果为 a=6，b=2

（续）

符号	意义	说明（假设 a=8，b=2）
*=	乘法赋值	a*=b，结果为 a=16，b=2
/=	除法赋值	a/=b，结果为 a=4，b=2
%=	求余赋值	a%=b，结果为 a=0，b=2
>>=	右移赋值	a>>=b，结果为 a=2，b=2
<<=	左移赋值	a<<=b，结果为 a=32，b=2
&=	按位与赋值	a&=b，结果为 a=0，b=2
|=	按位或赋值	a|=b，结果为 a=10，b=2
^=	按位异或赋值	a^=b，结果为 a=10，b=2

4.6.6　运算符的优先级

C51 语言的各类运算符是有优先级的，表 4-11 所示为运算符优先级列表。

表 4-11　运算符优先级列表

优先级	符号	说明	运算次序
1	( ) [ ] -> .	圆括号 下标运算符 指向结构成员运算符 结构成员运算符	自左向右
2	! ~ ++ -- - （强制类型转换） * & sizeof	逻辑非运算符 按位取反运算符 自增运算符 自减运算符 负号运算符 类型转换运算符 指针运算符 取地址运算符 长度运算符	自右向左
3	* / %	乘法运算符 除法运算符 求余运算符	自左向右
4	+ -	加法运算符 减法运算符	自左向右
5	<< >>	左移运算符 右移运算符	自左向右
6	< <= > >=	关系运算符	自左向右

（续）

优先级	符号	说明	运算次序
7	= = ! =	等于运算符 不等于运算符	自左向右
8	&	按位与运算符	自左向右
9	^	按位异或运算符	自左向右
10	|	按位或运算符	自左向右
11	&&	逻辑与运算符	自左向右
12	||	逻辑或运算符	自左向右
13	?:	条件运算符	自右向左
14	（表 4-10 中的赋值运算符）	赋值运算符	自右向左
15	,	逗号运算符	自左向右

4.7　C51 流程控制语句

4.7.1　顺序结构

顺序结构按照程序的顺序依次执行，是一种最基本、最简单的编程结构。

【例 4-4】　输出 "Hello" 字符串，并使程序返回 0。

程序如下：

```
main()
{
    printf("Hello\n");
    return 0;
}
```

输出为 "Hello" 字符串，这个程序即为最简单的顺序结构。实际所有的程序基本结构都是顺序结构，只不过嵌套了一些循环结构或者选择结构，最后还是执行的顺序结构。

4.7.2　选择语句

选择结构就是可以使单片机有选择地执行程序，选择结构由多路分支构成，根据不同的条件，来决定执行某一个分支程序语句，C 语言中的选择语句有 if 语句和 switch 语句。

1. if 语句

if 语句有 3 种基本形式，分别如下：

（1）if 形式

if（表达式）语句

如果表达式的值为真，执行后边的语句，否则不执行该语句，执行这条语句的下一条，流程如图 4-3 所示。

图 4-3　if 形式流程图

【例4-5】 比较 a，b 的值，将最大的值赋给 c。

程序如下：

```
int main()
{
    int a=1,b=2,c;
    if(a>b)c=a;
    c=b;
    printf("% d\n",c);
}
```

输出结果为 c=2，因为 a<b，所以直接执行 c=b，因此结果是 b 的值。

（2）if-else 形式

```
if(表达式)
    语句1；
else
    语句2；
```

如果表达式的值为真，执行语句1，否则执行语句2，流程如图4-4所示。

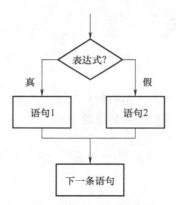

图 4-4   if-else 形式流程图

【例4-6】 判断 a&b 的值是否为真。

程序如下：

```
int main()
{
    int a=2,b=0,c;
    c=a&b;
    if(c)
    printf("True\n");
    else
    printf("False\n");
}
```

输出结果为"False"，因为 a&b 的结果为 0，即代表假，执行语句2。

（3）if-else-if 形式

```
if(表达式1)
```

```
    语句 1;
else if(表达式 2)
    语句 2;
else if(表达式 3)
    语句 3;
...
else if(表达式 m)
    语句 m;
else
    语句 n;
```

如果分支语句有很多，便可采用该种形式——判断，直到判断结果为真，满足表达式的条件，则跳出 if-else-if 语句循环，执行接下来的语句。流程如图 4-5 所示。

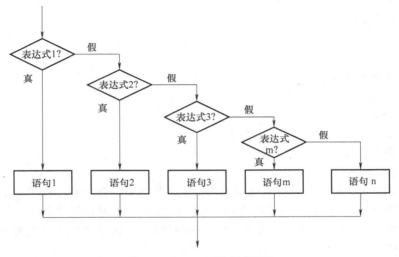

图 4-5　if-else-if 形式流程图

【**例 4-7**】　定义一个变量 SOC，代表电池的荷电状态（state of charge），将电池的 SOC 划分为 5 个级别，输入电池当前的 SOC，使用 if-else-if 语句来判断电池的当前电量情况。

程序如下：

```
#include<stdio.h>
int main()
{
    int SOC;
    printf("\n 输入当前电池 SOC");
    scanf("%d",&SOC);
    if(0<SOC&&SOC<20)
        printf("电量严重不足\n");
    else if(20<=SOC&&SOC<40)
        printf("电量不足\n");
    else if(40<=SOC&&SOC<60)
```

```
        printf("电量中等\n");
    else if(60<=SOC&SOC<80)
        printf("电量良好\n");
    else
        printf("电量充足\n");
}
```

2. switch 语句

switch 语句也可用于多分支选择，其形式如下：

```
switch(表达式)
    case 常量表达式 1:
        语句 1;
        break;
    case 常量表达式 2:
        语句 2;
        break;
    ...
    case 常量表达式 n:
        语句 n;
        break;
    default;
        语句 n+1;
        break;
```

switch 语句用法如下：首先计算表达式的值，依次与随后的各个 case 的常量表达式的值做比较，当表达式的值和 case 常量表达式的值相等时，执行该 case 对应的语句，执行完毕以后通过 break 语句，跳出 switch 语句。如果表达式的值与所有的 case 常量表达式的值都不相同，则执行 default 后面的语句。

需要注意的是，常量表达式的值必须是整型、字符型或者枚举类型，case 后的常量表达式的值不能相同，各个 case 和 default 的位置发生更改，不会对结果造成影响，与此同时，default 是可以省略的。break 的作用是跳出 switch 语句，如果没有 break 语句，当表达式的值与某个 case 的常量表达式的值相同时，执行完该 case 对应的语句之后，随后则不会与后面的 case 常量表达式的值进行比较，继续执行后面所有 case 后面的语句。

【例 4-8】　输入数字 1~5 内的一个数字，输出对应的 ASCII 码值。

程序如下：

```
#include<stdio.h>
int main()
{
    int i;
    printf("input number:");
    scanf("%d",&i);
    switch(i)
    {
        case 1:
```

```
            printf("49\n%");
            break;
        case 2:
            printf("50\n%");
            break;
        case 3:
            printf("51\n%");
            break;
            case 4:
            printf("52\n%");
            break;
        case 5:
            printf("53\n%");
        break;
    }
}
```

4.7.3　循环语句

程序的主体结构是顺序结构，顺序结构中也包括一些选择语句，可以有多个分支，通过对相应表达式的判断执行相应的语句。与此同时，有一部分程序也需要反复执行，那么这就需要通过循环语句来实现重复的功能。C 语言中循环语句有 3 种，即 for 语句、while 语句和 do-while 语句。

1. for 语句

for 语句在 C 语言中使用较为灵活，其一般形式为：

for(初值表达式;循环条件表达式;更新表达式)
{
　　循环语句
}

程序中的 for 循环一般包含 3 个用分号隔开的表达式，初值表达式为循环变量赋初值，循环条件表达式决定什么时候退出循环，更新表达式为循环变量增减。首先计算初值表达式，给变量赋初值，随后判断循环条件表达式，其值为真，则执行 for 语句循环体内部的语句，随后更新表达式；然后再次判断循环条件表达式，循环条件表达式其值为真时则反复循环，其值为假时退出循环。流程如图 4-6 所示。

【例 4-9】　使用 for 语句求 1~50 的和。

程序如下：

```
#include<stdio.h>
int main()
{
    int i,sum;
    sum=0;
    for(i=1;i<51;i++)
```

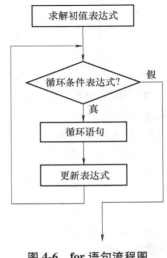

图 4-6　for 语句流程图

```
    sum=sum+i;
    printf("sum=%d",sum);
}
```

需要注意的是，"初值表达式""循环条件表达式""更新表达式"都是选择项，可以省略，但是三者之间的分号是不可以省略的。缺少初值表达式代表不对循环变量的初始值控制，可能对程序造成影响；缺少循环条件表达式，程序会成为死循环。C51 单片机有时也可以利用这种死循环，比如控制 LED 灯的亮灭；缺少更新表达式则无法对循环变量进行增减。具体缺少哪一项，要依据实际情况来确定。

2. while 语句

while 语句的一般形式为：

while(表达式)语句

while 语句首先判断表达式的逻辑值，如果为真，则执行后面的语句，执行完后再次回到判断表达式的逻辑值，如果为真则循环反复地执行循环语句，直到表达式的逻辑值为假时，跳出循环体的语句，直接执行循环体之外的语句。流程如图 4-7 所示。

需要注意的是，如果循环语句超过一句，则必须用括号 {} 括住，因为 while 语句的范围默认只到 while 后面第一个分号处，这里需要重视一下。

【例 4-10】 使用 while 循环语句求 1~50 的和。

程序如下：

```
#include<stdio.h>
int main()
{
    int i,sum;
    i=1;sum=0;
    while(i<51)
    {
        sum=sum+i;
        i++;
    }
    printf("sum=%d",sum);
}
```

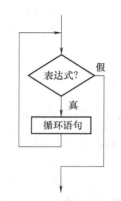

图 4-7　while 语句流程图

当上述两句循环语句不加括号时，此时 i++将不能被识别，程序陷入死循环。

3. do-while 语句

do-while 语句的一般形式为：

```
do
    循环体语句
while(表达式)
```

对于 do-while 结构而言，程序先执行循环体语句，再判断 while 表达式的逻辑值，如果逻辑值为真，则返回循环体语句，如果逻辑值为假，直接执行循环体之外的语句。流程如图 4-8 所示。

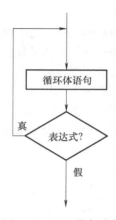

图 4-8　do-while 语句流程图

【例 4-11】　使用 do-while 语句求 1~50 的和。

程序如下：

```c
#include<stdio.h>
int main()
{
    int i,sum;
    i=1;sum=0;
    do
    {
        sum=sum+i;
        i++;
    }
    while(i<51);
    printf("sum=%d",sum);
}
```

需要注意的是 while 语句和 do-while 语句的区别，while 语句是先判断后循环，而 do-while 语句是先循环后判断。此外，do-while 语句中的表达式是放在 while 语句后面的，而且还要在 while 后面的括号之后加分号。

4.8　C51 构造数据类型

4.8.1　数组

数组是一个同种类型数据元素的集合，可以将其存放在连续的存储空间中，数组中的每一个元素都拥有相同的存储单元，也都拥有唯一的下标。通过访问数组名和下标，便可以访问到数组中的任意一个元素。这就好比找到学校里的某个同学（元素），只要知道这个同学的专业（数组名），以及这个同学的学号（下标），就可以确定这个同学。数组分为一维数组、二维数组、字符数组和查表数组等。数组元素的下标是从 0 开始的，不是从 1 开始的，这里需要初学者注意。

1. 一维数组

（1）定义一维数组

一维数组用于存储一维数列，其一般形式如下：

类型说明符 数组名[常量表达式]；

类型说明符表示数组中元素的类型，对于同一个数组，其数组中所有元素的类型是相同的。数组名表示该数组型变量的名称，数组名的书写规则符合标识符书写规定。常量表达式表示数组中元素的个数，这里可以是常量或者常量表达式。

【例 4-12】　定义一个一维数组 a。

程序如下：

```c
main()
{
    int a[10];
    int a[8+2];
}
```

int 代表数组元素的类型是整型，a 为数组名，括号中的 10 表示数组 a 中包含元素的个数，括号中也可以使用常量表达式，比如 8+2，实现的效果和 10 是一样的。一维数组 a[10] 的存储形式见表 4-12。

表 4-12　一维数组 a[10] 的存储形式

a[0]	a[1]	a[2]	a[3]	a[4]	a[5]	a[6]	a[7]	a[8]	a[9]

错误的使用如下

```
main()
{
    int i=2;
    int a[i];
}
```

错误原因：数组名后面的括号中只能是常量表达式，不可以是变量。

（2）一维数组初始化赋值

一维数组初始化赋值是指在定义一维数组的同时，为该数组进行赋值。一维数组初始化赋值的一般形式如下：

类型说明符 数组名[常量表达式]={常量表达式};

例如：int a[5]={1,2,3,4,5};//相当于 a[0]=1,a[1]=2,a[2]=3,a[3]=4,a[4]=5

1）可以省略数组名后面括号内的常量表达式，在初始化赋值时系统会自动分配相应的存储空间。

例如：int a[]={1,2,3,4,5};//相当于 a[0]=1,a[1]=2,a[2]=3,a[3]=4,a[4]=5

2）可以只为部分元素赋初值，前提是花括号内元素的个数不超过数组名后常量的值，当小于常量的值时，缺少的元素补 0 即可。

例如：int a[5]={1,2,3};//这里为 a[0]~a[2]赋值,a[3]=0,a[4]=0,完整的一维数组为
　　　　　　　　　　　//{1,2,3,0,0}

（3）一维数组的引用

一维数组的引用一般形式如下：

数组名［下标］；

这里的下标必须是整型常量或整型表达式，如果只访问数组中的一个元素，可以单独使用元素下标，如果引用数组中的多个元素，需要用到下标变量。下标变量使用前必须先定义数组，之后才可以用 for 循环语句来依次访问数组中的元素，不可以直接访问数组全体。需要注意的是，下标变量并不与之前的下标必须是整型常量或整型表达式矛盾，下标变量仅在引用数组中元素时合法，且下标变量的值也必须是整型常量，因此不矛盾，希望初学者可以正确理解这个概念，例如：

```
#include<stdio.h>
main()
{
    int a[3]={1,2,3};        //定义长度为 3 的整型一维数组,并进行初始化赋值
    int c;
    int b[3];                //定义长度为 3 的整型一维数组
    for(int i=0;i<3;i++)     //采用 for 循环将数组 a 中元素的值赋给数组 b
    {
```

```
        b[i]=a[i];                //a[i],b[i]中的 i 都是下标变量,使用它们之前必须定
                                     义数组
    }
    c=a[1];                       //这里只引用数组 a 中的第一个元素,将其赋值给 c
    printf("c=%d,b[0]=%d",c,b[0]);
                                  //输出变量 c 的值,输出数组 b 第一个元素的值
}
```

上述运行结果为 c=2, b[0]=1。

2. 二维数组

（1）定义二维数组

二维数组就是具有两个维度的数列，其一般形式如下：

类型说明符 数组名[常量表达式 1][常量表达式 2];

常量表达式 1 是数组的行数，常量表达式 2 是数组的列数。二维数组元素的个数等于行数×列数。

例如定义一个二维数组：

int a[3][2];　　//定义一个 3 行 2 列的整型数组

数组 a 中一共有 6 个元素，行下标和列下标分别都是从 0 开始的，数组中元素的存放顺序是按行顺次存放的，即先放 a[0]行，a[0]行放满再放 a[1]行，依次存放，直到放满为止。二维数组 a 的存储形式见表 4-13。

表 4-13　二维数组 a 的存储形式

a[0][0]	a[0][1]
a[1][0]	a[1][1]
a[2][0]	a[2][1]

（2）二维数组初始化赋值

二维数组初始化赋值的含义类似一维数组，二维数组初始化赋值有两种方法。

1）使用花括号按照数组元素排列顺序依次对元素赋值。如果赋值元素的数目小于数组元素数目，系统默认将后面未赋值的元素赋值为 0。

例如：int a[2][4]={1,2,3,4,5,6,7,8};

2）分行赋初值

例如：int a[2][4]={{1,2,3,4},{5,6,7,8}};

需要注意的是，为二维数组元素赋值时，可以省略行下标，但是不可以省略列下标。

例如：int a[][4]={1,2,3,4,5,6,7,8};　　//合法

　　　int a[2][]={1,2,3,4,5,6,7,8};　　//不合法

（3）二维数组的引用

二维数组的引用规则同一维数组，可以对数组中的单个元素进行引用，也可以引用数组中的多个元素。例如：

```
#include<stdio.h>
main()
{
    int a[3][2]={{1,3},{2,5},{4,6}};
```

```
    int c;
    int b[3][2];
    c=a[2][0];              //引用单个数组元素,引用的其实是数组 a 第 3 行第 1 个元素
    for(int i=0;i<3;i++)    //采用第一个 for,循环行数,需要注意的是这里 i 的值小于 3
    for(int j=0;j<2;j++)    //采用第二个 for,循环列数,需要注意的是这里 j 的值小于 2
        b[i][j]=a[i][j];
    printf("c=%d,b[3][1]=%d",c,b[2][1]);
                            //输出数组 b 第 3 行第 2 个数值
}
```

上述运行结果为 c=4，b[2][1]=6。对于初学者而言，引用数组 a 第 3 行第 1 个元素，很容易写成 c=a[3][1]，这里是错误的写法，需要初学者好好理解数组的存储方式。

3. 字符数组

（1）定义字符数组

字符数组是指存放字符数据的数组，一维字符数组用于存放一个字符串，二维字符数组用于存放多个字符串，其一般形式如下：

一维字符数组：char 数组名［常量表达式］

一维字符数组的常量表达式代表字符元素的长度。

二维字符数组：char 数组名［常量表达式 1］［常量表达式 2］

二维字符数组的常量表达式 1 代表字符数组的行数，常量表达式 2 代表字符数组的列数。

例如定义一个一维数组，一个二维数组：

```
char a[3];              //定义一个长度为 3 的字符数组
char array[2][4];       //定义一个 2 行 4 列的字符数组
```

（2）字符数组初始化赋值

字符数组初始化赋值有两种：

1）字符逐一赋初值。

例如：

```
char array[3]={'a','b','c'};
char a[2][3]={{'d','p','j'},{'m','o','x'}};
char array[]={'a','b','c'};                    //可以省略数组元素的个数
char a[][3]={{'d','p','j'},{'m','o','x'}};      //可以省略二维字符数组的行数
char a[4]={'x','p','j'};                        //定义字符数组的长度为 4
                                                //最后一个系统以空字符赋值
```

2）字符串形式赋值。

例如：char array[8]={"Welcome"};

使用字符串形式赋值，字符数组的长度要比使用字符逐一赋值时多一个，因为字符串后面有一个 "\0" 的结束字符。

（3）字符数组的引用

整体都类似之前的数组，参照数组的引用来进行。

4. 查表数组

查表数组是指通过该数组可以迅速查找到需要的参数。工程中很多时候都需要应用到查表法来解决实际问题，只要建立一个查表数组，就可以很方便地找到需要的参数。

4.8.2 结构体

结构体是一种将多种不同类型的变量结合在一起的组合变量。这些变量可以是字符型、整型、指针类型，甚至是其他结构体变量等，而公用体与结构体类似，只不过区别在于，结构体各个变量占据不同的内存区间，公用体的变量占据的内存空间并不是各成员占据的内存空间的总和，而是使用重复覆盖的方法，各个成员共同使用同一段内存区间，这样有效地避免了内存空间的浪费。

结构体是将一组相关联的变量定义成一个集体变量，其一般定义形式有 3 种。

1）先定义结构体类型再定义变量名，其定义的一般形式为：

struct 结构体名
{
    成员 1；
    …
    成员 n；
};
struct 结构体名 结构体变量 1，结构体变量 2，…，结构体变量 m；

【例 4-13】 以电动汽车用电池组作为结构体名，电压、电流、时间作为结构体变量定义一个结构体。

程序如下：

```
struct battery
{
    float Voltage;
    double Current;
    long int Time;
};
struct battery battery1,battery2,battery3;
```

2）定义结构体类型的同时定义变量名，其定义的一般形式为：

struct 结构体名
{
    成员 1；
    …
    成员 n；
}结构体变量 1，结构体变量 2，…，结构体变量 m；

【例 4-14】 以例 4-13 的电池组为例，换成该类型定义结构变量。

程序如下：

```
struct battery
{
    float Voltage;
    double Current;
    long int Time;
}battery1,battery2,battery3;
```

3）直接定义结构体变量，其定义的一般形式为：

```
struct
{
    成员 1；
    …
    成员 n；
}结构体变量 1,结构体变量 2,…,结构体变量 m；
```

对比第 2 种定义方式，第 3 种定义方式省略了结构体名。

4）结构体变量的初始化。结构体变量在定义时，可以对其赋初值。

【例 4-15】 对例 4-13 的电池组参数的各个成员初始化赋值。

程序如下：

```
struct battery
{
    float Voltage;
    float Current;
    int Time;
};
struct battery battery1={3.2,1.5,1000},battery2={3.3,1.5,1100},battery3=
{3.4,1.5,1200};
```

其他两种类型结构体变量初始化都类似第一种。

5）结构体变量的引用。引用结构体变量的一般形式为：

```
结构体变量名. 成员名
```

【例 4-16】 输出例 4-15 中电池 1 的电压、电流、时间。

```
printf("电压:%f\n 电流:%f\n 时间:%d\n",battery1.Voltage,battery1.Current,
battery1.Time);
```

4.9 C51 函数

C51 程序是由主程序和若干个子程序构成的，函数是构成 C51 程序的基本模块。C51 函数可分为两大类，一是系统提供的库函数，二是用户自定义的函数。库函数及自定义函数在被调用前要进行说明。库函数的说明由系统提供的若干头文件分类实现，自定义函数说明由用户在程序中依规则完成。

4.9.1 函数的定义与分类

在 C51 语言中，函数的定义形式为：

```
返回值类型 函数名(形式参数列表)[编译模式][reentrant][interrupt n][using m]
{
    函数体
}
```

当函数没有返回值时，要用关键字 void 说明。形式参数（简称形参）的类型要明确说明，对于设有形式参数的函数，括号也要保留。

【例 4-17】 延时毫秒函数示例（晶振频率为 11.0592MHz）。

程序如下：

```
void DelayMs(unsigned int n)      //延时函数
{
    unsigned char j;
    while(n--)
    {
        for(j=0;j<113;j++);
    }
}
```

该函数是使用 C51 语言编写的延时程序, 延时时间虽然不能像汇编语言中的延时程序那样计算得十分准确, 但是利用 μVision 集成开发环境的 Registers 窗口中的 sec 数值还是可以调试得比较精准的。

1. 标准库函数

标准库函数由 C51 编译器提供。开发人员在进行程序设计时, 应该善于充分利用这些功能强大、资源丰富的标准库函数资源, 以提高编程效率。但是为了有效地利用单片机储存器的有限的资源, C51 函数在数据类型方面进行了一些调整:

1) 数学运算库函数的参数和返回值类型由 double 调整为 float。

2) 字符属性判断类库函数返回值类型由 int 调整为 bit。

3) 一些函数的参数和返回值类型由有符号定点数调整为无符号定点数。

用户可以直接调用 C51 的库函数而不需要为这个函数写任何代码, 只需要包含该函数具有说明的头文件即可。例如调用输出函数 printf 时, 要求程序在调用输出库函数前包含以下 include 命令: #include<stdio. h>

【例 4-18】　C51 标准输入输出函数调用示例。

程序如下:

```
#include<reg52. h>
#include<stdio. h>
void UartInit(void)
{
    SCON=0x50;        //串行口工作方式 1,允许接收
    TMOD=0x20;        //定时器 1 方式 2(自动重装)
    TH1=0xfd;         //晶振频率为 11.0592MHz 时,波特率为 9600bit/s
    TR1=1;            //启动定时器 1
    TI=1;             //发送中断置 1
}
void main(void)
{
    UartInit();
    printf("Hello World\n");
    while(1);
}
```

为了方便 C51 应用程序的调试, μVision 给出了串行口信息输入输出窗口, 其功能是显示流经单片机串行口输入输出的信息。凡是通过标准输出函数向单片机串行口输出的信息将显示在该窗口中; 通过标准输入函数到单片机串行口的信息也会显示在该窗口。

μVision 的这种设计非常方便地实现用户编写算法数据的调试观察。

2. 用户自定义函数

用户自定义函数是用户根据自己的需要所编写的函数。从函数的定义形式上可将其化分为无参函数、有参函数和空函数。

（1）无参函数

这种函数在被调用时，既无参数输入，也不返回结果给调用函数，只是为完成某种操作而编写的函数。

无参函数的定义形式为：

返回值类型标识符 函数名()
{
    函数体;
}

无参函数一般不带返回值，因此函数的返回值类型的标识符可以省略。

例如函数 main()，该函数为无参函数，返回值类型的标识符可以省略，默认是 int 类型。

（2）有参函数

调用此种函数时，必须提供实际的输入函数。有参函数的定义形式为：

返回值类型标识符 函数名(形式参数列表)
形式参数说明
{
    函数体;
}

【例 4-19】 定义一个函数 max()，用于求两个数中的最大数。

程序如下：

```
int a,b;
int max(a,b)
{
    if(a>b)return(a);
    else return(b);
}
```

以上函数段中，a、b 为形式参数，return() 为返回语句。

（3）空函数

空函数的函数体内无语句，是空白的。调用空函数时，什么工作也不做，不起到任何作用。定义空函数的目的，并不是为了执行某种操作，而是为了以后程序功能的扩充。例如，先将一些基本模块的功能函数定义成空函数，占好位置并写好注释，以后再用一个编写好的函数代替它。这样整个程序的结构清晰，可读性好，为以后扩充新功能提供方便。

空函数的定义形式为：

返回值类型标识符 函数名()
{ }

例如：

```
float min( );
{ }
```

4.9.2　函数的参数与返回值

1. 函数的参数

C 语言采用了函数之间参数传递的方式，使一个函数能对多个变量进行功能相同的处理，从而大大提高了函数的适用性与灵活性。

函数之间的参数传递，是由调用函数的实际参数与被调用函数的形式参数之间进行数据的传递来实现的。被调用函数的最后结果由被调用函数的 return 语句返回给调用函数。

函数的参数包括形式参数和实际参数。

1）形式参数：函数的函数名后面括号中的变量名称为形式参数，简称形参。

2）实际参数：在函数调用时，主调函数名后面括号中的表达式称为实际参数，简称实参。

在 C 语言的函数调用中，实际参数与形式参数之间传递的数据是单向进行的，只能从实际参数传递给形式参数，而不能从形式参数传递给实际参数。

实际参数与形式参数的类型必须一致，否则会发生类型不匹配的错误。被调用函数的形式参数在函数被调用之前，并不占用实际内存单元。只有当函数调用发生时，被调用函数的形式参数才会分配给内存单元，此时内存中调用的实际参数和被调用函数的形式参数位于不同的单元格。在调用结束后，形式参数所占有的内存被系统释放，而实际参数所占有的内存单元仍保留并维持原值。

2. 函数的返回值

函数的返回值是通过函数中 return 语句来实现的。一个函数可以有多个 return 语句，但是两个及以上的 return 语句一定要在选择结构（if 或者 do/case）中使用，因为被调用函数只会返回一个变量。

函数返回值的类型通常是在定义函数时，通过返回值的标识符来确定的。如果没有指定函数返回值的类型，默认返回值的类型就是整型。

在函数没有返回值的情况下，用 void 进行说明。

4.9.3　函数的调用与参数的传递

1. 函数调用的一般形式

函数调用的一般形式为：

```
函数名  {实际参数列表};
```

若被调用函数是有参函数，则主调函数必须把被调函数所需的参数传递给被调函数。传递给被调用函数的数据称为实际参数，实际参数必须与形式参数的数据在数量、类型和顺序上都一致。实际参数可以是常量、变量和表达式。实际参数对形式参数的数据是单向的，即只能将实际参数传递给形式参数。

2. 函数调用的主要方式

主调函数对被调函数的调用有以下 3 种方式。

1）函数调用语句把被调用函数的函数名作为主调函数的一个语句，例如：

```
print_message( );
```

此时，并不要求函数返回结果数值，只要求函数完成某种操作。

2）函数结果作为表达式的一个运算对象，例如：

```
result=2*gcd(a,b);
```

被调函数以一个运算对象出现在表达式中。这要求被调函数带有 return 语句，以便返回一个明确的数值参加表达式的运算。被调函数 gcd 为表达式的一部分，它的返回值乘以 2 再赋给变量 result。

3）函数参数即被调函数作为另一个函数的实际参数，例如：

m=max(a,gcd(u,v));

其中，gcd（u，v）是一次函数的调用，它的值作为另一个函数的 max() 的实际参数之一。

3. 函数调用的说明

在一个函数调用另一个函数时，必须具备以下条件：

1）被调函数必须是已经存在的函数（库函数或用户自定义的函数）。

2）如果程序中使用了库函数，或者使用了不在同一文件中的自定义函数，则应该在程序的开头处使用#include 包含语句，将所有的函数信息包含到程序中来。

例如 "#include<stdio. h>"，将标准的输入、输出头文件 stdio. h（在函数库中）包含到程序中来。在程序编译时，系统会自动将函数库中的有关函数调入到程序中去，编译出完整的程序代码。

3）如果程序中使用了自定义函数，且该函数与调用它的函数同在一个文件中，则应该根据主调函数与被调函数在文件中的位置，决定是否对被调函数做出说明。

① 如果被调函数出现在主调函数之后，一般应在主调函数中、在被调用函数之前，对被调函数的返回值类型做出说明。

② 如果被调函数出现在主调函数之前，不用对被调函数进行说明。

③ 如果在所有函数定义之前，在头文件的开头处，在函数的外部已经说明了函数的类型，则在主调函数中不必对所调用函数再做返回值类型的说明。

4.9.4 中断服务函数

由于标准 C 语言没有处理单片机中断的定义，为了能进行 51 单片机的中断处理，C51 编译器对函数的定义进行了扩展，增加了一个扩展关键字 interrupt。使用 interrupt 可以将一个函数定义成中断服务函数。由于 C51 编译器在编译时对声明为中断服务函数程序的函数自动添加了相应的现场保护、阻断其他中断、返回时自动恢复现场等处理的程序段，因而在编写中断服务函数时可不必考虑这些问题，降低了用户编写中断服务程序的烦琐程度。

中断服务函数的一般形式为：

函数类型 函数名(形式参数表)interrupt n［using m］

关键字 interrupt 后的 n 为中断号，对于 STC89C52RC 单片机，n 的取值为 0~7。

关键字 using 后面的 m 是所选择的寄存器组，using 是一个选项，可以省略。如果没有使用 using 关键字指明寄存器组，中断函数中的所有工作寄存器的内容将被保存到堆栈中。

4.9.5 函数中的变量与存储方式

1. 临时变量、局部变量与全局变量

1）临时变量：没有在程序开头进行声明，等到它在使用时才声明的变量的类型。常见的有函数中定义的变量，循环语句、条件语句中声明的变量。

2）局部变量：是指在函数内部定义的变量，所以只在该函数的内部有效。为了临时保存数据，需要在函数中定义局部变量来进行存储。

3）全局变量：指在整个源文件中存在的变量。既能在一个函数中使用，也能在其他函数中使用，这样的变量就是全局变量。

由于全局变量一直存在，占用了大量的内存单元，而且加大了程序的耦合性，就使得程序的移植或复用麻烦许多。全局变量可以使用 static 关键词进行定义，该变量就只可以在变量定义的源文件中使用，不可以为其他源文件使用。

2. 函数中变量的存储方式

单片机的储存空间具体可以分为程序存储区、静态存储区和动态存储区。存储方式可以分为静态存储方式和动态存储方式。其中全局变量存放在静态存储区，在程序开始运行时，给全局变量分配储存空间；局部变量存放在动态存储区，在进入拥有该变量的函数时，给这些变量分配存储空间。

4.9.6　库函数

C51 语言之所以功能强大，是因为它提供了丰富的库函数。使用库函数，不仅可以使代码简单而且结构清晰，更重要的是易于调试和维护。

接下来将库函数进行分类并一一进行阐述。

1. 本征库函数<intrins. h>

C51 语言的本征函数 intrins. h 主要应用于 C51 单片机编程中程序需要使用到空指令_nop_（）、字符循环移位指令_crol_等时，见表 C-1。

2. 数学计算库函数<math. h>

该函数库主要应用于求解绝对值、指数、对数、二次方根、双曲函数、二次方根函数等数学运算，对常用的数学函数进行解析，见表 C-2。

3. 字符判断转换库函数<ctype. h>

该函数库主要应用于将大写字符与小写字符互相转换，检查参数字符是否为十六进制、空格、制表符、大/小写英文字母等，见表 C-3。

4. 字符串处理库函数<string. h>

字符串处理库函数的原型声明包含在头文件 STRING. H 中，字符串函数通常接收指针串作为输入值。一个字符串包括两个或多个字符，字符串的结尾以空字符表示，见表 C-4。

5. 输入输出库函数<stdio. h>

输入/输出函数通过 STC89C52RC 的串行口或者用户定义的 I/O 口读写数据（默认为 STC89C52RC 的串行口）。如果要修改，例如改为 LCD 显示，可以修改 lib 目录中的 getkey. c 及 putchar. c 源文件，然后在库中替换它们即可，见表 C-5。

6. 类型转换及内存分配库函数<stdlib. h>

类型转换及内存分配库函数的原型声明包含在头文件 stdlib. h 中，利用该库函数可以完成数据类型转换以及存储器分配操作，见表 C-6。

7. 动态函数库及随机函数库

动态函数库就是存放在系统中的某个特定的位置，提供了一些大部分程序都会用到的功能集合。这样主程序在编译的过程中就不需要把这部分功能编译到自己的程序中。只需要到系统中特定的位置直接调用动态函数库的功能就可以实现。

单片机中，为了生成随机数，我们采用以下两个函数：

1）void srand（unsigned int seed）；

2）int rand（void）；

这两个函数在一起配合使用产生伪随机数序列。根据随机种子 rand（）函数可以用来产生伪随机数。其原理是以某个数为基准，根据某个递推公式推算出来的一系列数，当这系列数很大时，就符合正态分布，从而相当于产生了随机数，但这并不是真正意义上的随机数。

8. 其他库函数

C51 语言中有多个功能强大的库函数，用户在实际操作中会遇到各种各样的库函数，例如保存调用环境（setjmp）、恢复调用环境（longjmp）、幂函数（pow）、指数分解函数（frexp）等。

4.9.7 预处理命令

在编写程序时，用户经常会用到宏定义、文件包含与条件编译。

1. 宏定义 #define

宏定义语句属于 C51 语言中的预处理命令，可以简化变量的书写，增加程序的可读性、可维护性以及可移植性。宏定义大致可以分成简单宏定义和带参数的宏定义。

（1）简单的宏定义

格式如下：

`#define 宏替换名 宏替换体`

#define 是宏定义指令的关键词，宏替换名一般用大写字母来表示，而宏替换体可以是数值常数、算术表达式、字符以及字符串等。宏定义可以出现在程序的任何地方，例如宏定义：

`#define uchar unsigned char`

在编译时，可由 C51 编译器"unsigned char"用"uchar"来代替。

例如，在某程序的开头处，进行了 3 个宏定义：

```
#define uchar unsigned char       //宏定义无符号字符型变量方便书写
#define unit unsigned int         //宏定义无符号整型变量方便书写
#define gain 4                    //宏定义增益
```

由上可见，通过宏定义不仅可以方便无符号字符型和无符号整型变量的书写，而且当增益需要变化时，仅仅需要修改增益 gain 的宏替换体 4 即可，而不必在程序的每一处进行修改，这在很大程度上增加了程序的可读性和可维护性。

（2）带参数的宏定义

格式如下：

`#define 宏替换名(形式参数)带形式参数宏替换体`

#define 是宏定义指令的关键词，宏替换名一般用大写字母来表示，而宏替换体可以是数值常数、算术表达式、字符和字符串等。带参数的宏定义可以出现在程序的任何地方，在编译时可由编译器替换为定义的宏替换体，其中的形式参数用实际参数代替，由于可以带参数，这就增强了带参数宏定义的应用。

2. 文件包含 #include

文件包含是指一个程序文件将另外一个指定文件的内容包含进去。文件包含的一般格式如下：

`#include<文件名>`

或

`#include"文件名"`

上述两种格式的差别是：采用<文件名>格式时，在头文件目录中查找指定文件。采用"文件名"格式时，应当在当前的目录中查找指定文件。例如：

```
#include<reg52.h>     //将 52 单片机的特殊功能寄存器包含文件包含到程序中来
#include<stdio.h>     //将标准的输入输出文件 stdio.h(在库函数中)包含到程序中来
#include"stdio.h"     //将库函数中专用数字库的函数包含到程序中来
```

当程序中需要调用 C51 语言编译器提供的各种库函数时，必须在文件的开头使用#include 命令程序将相应的函数的说明文件包含进来。

3. 条件编译 #ifdef/endif

一般情况下，C 语言源程序中的每一行代码都要参加编译。但有时候出于对程序代码优化的考虑，希望只对其中一部分内容进行编译，此时就需要在程序中加上条件，让编译器只对满足条件的代码进行编译，将不满足条件的代码舍弃，这就是条件编译（conditional compile）。

（1）#ifdef 格式

功能：当标识符已经被定义时（用#define 定义），编译语句为序列 1，否则编译语句为序列 2。

```
#ifdef<标识符>
    语句序列 1
#else
    语句序列 2
```

（2）#endif 格式

#endif 是预编译处理指令中的条件编译，是指在编译系统中对文献进行编译（语法分析、词法分析、代码生成及优化）之前，对一些特殊的编译语句先进行处理，然后将处理结果与源程序一起编译，生成目标文件。格式如下：

```
#ifdef<标识符>
    语句序列 1
#else
    语句序列 2
#endif
```

此段语句表示：如果标识符已经被#define 命令定义过，则编译语句序列 1，否则编译语句序列 2。

4. 布局控制 #pragma

#pragma 指令的作用是，用于指定计算机或操作系统特定的编译器功能。C 和 C++语言的每一个实现均支持某些对其主机或操作系统唯一的功能。例如，某些程序必须对将数据放入的内存区域进行准确的控制或控制某些函数接收参数的方式。在保留与 C 和 C++语言的总体兼容性的同时，#pragma 指令使每个编译器均能够提供特定于计算机和操作系统的功能。根据定义，#pragma 指令是计算机或操作系统的特定的，并且通常对于每个编译器而言都有所不同。其基本格式为：

```
#pragma token-string
_pragma(token-string)     // _pragma 关键字是特定于 Microsoft 编译器的
```

其中，token-string 是一系列字符，这些字符提供了特定的编译器指令和参数（如果存在）。数字符号"#"必须是位于包含#pragma 指令行上的第一个非空白字符；空白字符可以分隔数字符号和词"pragma"。在#pragma 之后，编译转换器可分析为预处理标记的所有文本。#pragma 的参数受宏展开的约束，如果编译器发现它含有无法识别的杂注，则它会发出警告并继续编译。

4. 10　指针

4. 10. 1　指针的基本概念

指针是一个特殊的变量，指针的数值通常是一个特定对象所占用存储单元的首址。程序中的数据都是存放在系统的内存，而系统的内存又可以看作带有编号的房间，如何找到某一个客人（内存中的特定数据），首先需要知道这个客人的房间编号（存储单元地址），而指针就是这个存储单元的首址。

4. 10. 2　指针变量的使用

指针的一般形式为：

类型说明符 ＊指针变量名；

"＊"号表示该变量是指针变量，这里的类型说明符并不是指针变量的类型，而是该指针变量所指向变量的类型。

例如：int ＊a；　//定义了一个指向对象类型为整型的指针 a

指针变量只用来存放地址，不可以存放非地址量。C 语言中与指针相关的运算符有两个，分别是取地址运算符和指针运算符，见表 4-14。

表 4-14 两种常用的运算符

&	取地址运算符，用于取得变量所占存储空的首址
*	指针运算符

假设变量 a，b，&a 代表变量 a 的地址，＊b 是指针变量 b 所指向的存储单元。例如：

```
#include<stdio.h>
main()
{
    int a=5;
    int *p;                  //定义指针变量 p
    p=&a;                    //指针变量 p 指向变量 a 的地址
    printf("%d",*p);         //*p 代表指针变量 p 所指向的存储单元
}
```

4.10.3 数组指针和指向数组的指针变量

1. 数组指针

每一个数组元素都占据着一个存储单元，每个存储单元又拥有唯一的一个地址。因此，引用数组元素除了常规的下标法，还可以使用数组指针来寻找相应的存储单元，数组的指针也指数组的起始地址。

2. 指向数组的指针变量

首先需要定义一个指向数组的指针变量，例如：

```
#include<stdio.h>
main()
{
    int a[3];
    int *p;
    p=&a[0];//将数组 a 的首址赋给指针 p
}
```

4.10.4 C51 语言的指针类型

C51 语言的指针类型有两种：一种是基于存储器的指针，例如"char data ＊ str;""int xdata ＊ num;""long code ＊ pow;"另一种是一般指针。若没有特别强调是基于存储器的指针，则默认该指针是一般指针。基于存储器的指针类型由 C51 源代码中的存储类型来决定，只需要 1~2B，而一般指针则需要占用 3B（1B 为存储器类型，2B 为偏移量）。相比之下，一般指针可以访问任何变量，而不用考虑该变量位于存储器的位置。

思考题及习题 4

一、填空

1. 某数用十六进制表示为 0x5a，则用二进制表示为_____。

2. 设 int x＝0，y＝1；表达式（x&&y）的值是_____。

3. C51 语言提供了两种不同的数据存储类型_____和_____来访问片外数据存储区。

4. C51 语言基本的结构有顺序结构、_____和循环结构。

5. 若定义 int i，j，k；则表达式 i＝10，j＝20，k＝30，k ＊＝i+j 的值为_____。

6. x+＝a 等价于_____，x ＊＝a 等价于_____，x %＝a 等价于_____。

7. (int)（8.2 /2）＝_____。

8. 以下程序的输出结果是_____。

```
main()
{
    int x=-10,y=1,z=1;
    if(x<y)x=0;
    if(y<0)z=0;
    else z=z+1;
    printf("%d\n",z);
}
```

9. 执行语句 for（j=0；j<=3；j++）{a=1；} 后，变量 j 的值是_____。

10. 若一个函数的返回类型为_____，则表示其没有返回值。

11. C51 编译器在头文件_____中定义了全部 sfr/sfr16 和 sbit 变量。

二、简答

1. 简述 C51 语言与标准 C 语言的区别。

2. 简述 C51 语言的数据存储类型。

3. 无参函数和有参函数的定义是什么？

三、编程或设计

1. 编写一个从 1 加到 100 的循环程序，将计算结果保存到整型变量 "sum" 中。

2. 编写程序，将片外 RAM 2000H 开始的连续 20B 清 0。

3. 编写程序，将片外数据存储器中的 0x5000~0x50FF 的 256 个单元全部清 0。

4. 编写 C51 程序，将单片机片外 2000H 为首址的连续 10 个单元的内容，读入到片内 RAM 的 40H~49H 单元中。

5. 编写程序，向单片机片内 RAM 的 0x30 地址开始连续写入 0x01~0x40。

6. 编写程序，将 51 单片机 P1.1 引脚的输入状态取反后，在 P0.4 引脚输出。

7. 编写程序，将单片机 P1 口的状态分别送入 P0、P2 和 P3 口。

8. 采用字符循环移位函数 "_crol_"，实现单片机 P3 口流水灯功能。

第 5 章
开发环境与仿真平台

【学习目标】

(1) 了解 Keil C51 软件的功能;
(2) 了解 Proteus 软件的基本使用方法;
(3) 了解 Proteus 与 Keil C51 软件之间的联系。

【学习重点】

(1) 熟练掌握使用 Keil C51 的基本操作;
(2) 熟练掌握使用 Proteus 软件搭建硬件电路的操作过程;
(3) 熟练掌握 Proteus 与 Keil C51 的联调方法。

5.1 Keil C51 集成开发环境

单片机的编程需要在特定的编译器中进行。编译器完成程序的编译和链接并生成可执行文件。对于单片机程序的开发,一般采用 Keil 公司的 μVision 集成开发环境,它支持 C51 语言的程序设计,也支持 C 语言程序的开发。

本章主要介绍 μVision5 集成开发环境以及如何使用集成开发环境进行 MCU 开发和调试。

5.1.1 Keil C51 简介

Keil C51 语言(简称 C51 语言)是美国 Keil 软件公司(现已被 ARM 公司收购)开发的用于 51 单片机的 C51 语言开发软件。目前,Keil C51 已被完全集成到一个功能强大的集成开发环境(Integrated Development Environment,IDE)Keil μVision5 中。Keil μVision5 是用于 51 单片机的集成开发环境。它支持 51 架构的大量芯片,并集成了编辑、编译和仿真功能,也具有强大的软件调试功能。Keil μVision5 增加了许多与 51 单片机硬件相关的编译功能,这使得应用程序的开发更加便捷;生成的程序代码运行速度快,仅需要很小的存储空间。与汇编语言相比,它是单片机应用开发软件中最好的软件开发工具之一。此开发环境集成了多种功能,例如文件编辑、编译和链接,工程管理、窗口、工具参考和仿真软件模拟器以及 Monitor51 硬件目标调试器,所有这些功能都可以在 Keil μVision5 开发环境中使用。

下面介绍在 Keil μVision5 开发环境中 C51 源程序的设计、调试和开发。

5.1.2 Keil C51 的基本操作

1. 软件的安装和启动

Keil μVision5 的安装方法与其他软件的安装方法基本相同,只需按照提示逐步安装即可。用户正确安装 Keil μVision5 后，可以在桌面上看到 Keil μVision5 软件的快捷方式，双击软件快捷方式图标可以启动软件。图 5-1 所示为 Keil μVision5 的界面窗口及其相应名称，分别有菜单栏、工程窗口、文件编辑窗口和信息输出窗口等。

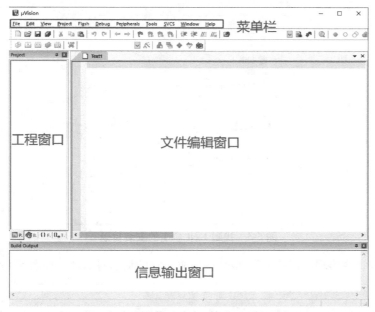

图 5-1　Keil μVision5 的界面窗口

在工程创建之前需要用到 STC-ISP 烧录软件，下载完成后双击该软件，软件界面如图 5-2 所示，单击 "Keil 仿真设置" 标签，可以找到 "添加型号和头文件到 Keil 中 添加 STC 仿真器驱动到 Keil 中" 按钮。

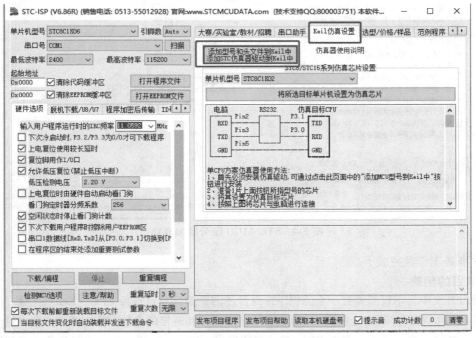

图 5-2　STC-ISP 界面窗口

单击该按钮会弹出如图 5-3 所示的文件选择窗口，找到 Keil C51 的安装目录，单击"确定"。按钮。

图 5-3　找到 Keil C51 的安装目录

如果路径无误，会出现"STC MCU 型号添加成功"的提示对话框，如图 5-4 所示。

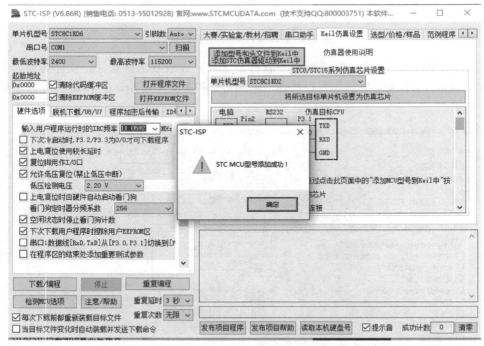

图 5-4　STC MCU 型号添加成功

此时准备工作就完成了。

2. 项目的创建

在项目开发中，不仅需要有一个源程序，而且还需要为此项目选择 CPU（Keil 支持数百个 CPU，并且这些 CPU 的特性并不完全相同）、确定编译（汇编）和链接的参数、指定调试方法。这个项目也将包含多个文件。为了便于管理和使用，Keil 使用项目（Project）的概念将这些参数设置和所有必需的文件添加到项目中，只能对工程而不能对单一的源程序进行编译（汇编）和链接等操作。

创建项目的步骤为：选择 "Project"→"New μVision Project"，如图 5-5 所示。

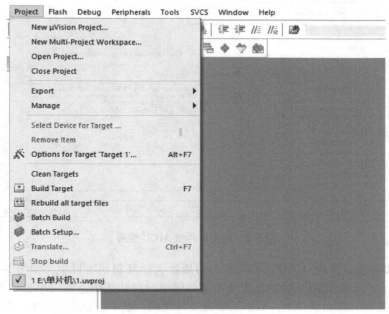

图 5-5 创建项目选项

完成上述操作后，将出现一个对话框。为了便于管理，通常将所有项目文件放在一个新文件夹中，文件名通常由项目名称命名，例如 led 等。

单击图 5-6 所示对话框中的 "保存" 按钮后，弹出对话框如图 5-7 所示。此对话框要求选择目标 CPU（即所用芯片的型号）。Keil 支持许多 CPU。Keil 软件的关键是编写程序代码，而不是用户选择哪种硬件，因此这里选择了 STC MCU 的 89C52 芯片。单击 STC MCU 前面的 "+" 号，展开图层，然后单击选择 STC89C52RC。右侧的描述区域是 MCU 类型的基本描述，也可以单击其他类型的 MCU 浏览其功能。选定 MCU 型号后，单击 "OK" 按钮以完成 MCU 型号的选择。

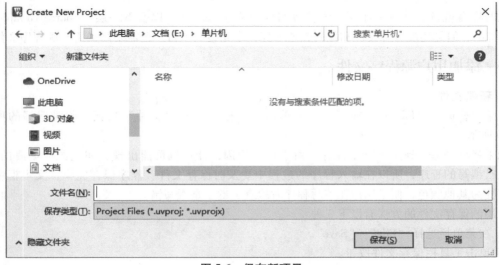

图 5-6 保存新项目

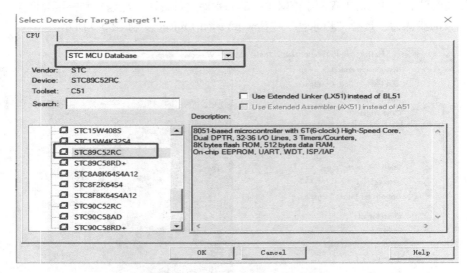

图 5-7　选择单片机 MCU 型号

选择 MCU 型号后，弹出对话框，询问是否将原始文件复制到项目中，如图 5-8 所示。该功能方便用户修改启动代码。若刚开始学习且不知道如何修改启动代码，可以单击"是"按钮，自动将程序启动代码复制到项目文件中。只要不修改文件代码，就不会对项目产生不良影响。

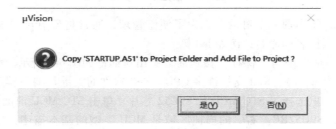

图 5-8　是否将原始文件复制到项目中

此时项目就已经建好一半了，左侧项目窗口有"Target1"以及下一层"Source Group1"，如图 5-9 所示，但是还没有源文件和代码，还不算一个完整的项目，还需要添加用户源程序文件。

5.1.3　添加用户源程序文件

1. 新建文件

在菜单栏选择"File"→"New"，或者单击工具栏的"新建文件"按钮，此时建好的项目如图 5-10 所示。

如果将程序输入到文本框未保存，由于特殊原因，计算机可能出现关闭电源或崩溃的情况，会丢失已编写的程序，所以在输入程序的过程中要及时保存文件。程序保存完毕，文本框中的关键字将变为其他颜色，便于用户在编写程序时检查关键字是否写错。

常用的保存文件的方法有以下 3 种：

1）在菜单栏选择"File"→"Save"。

2）单击工具栏保存文件按钮。

3）在菜单栏选择"File"→"Save As"。

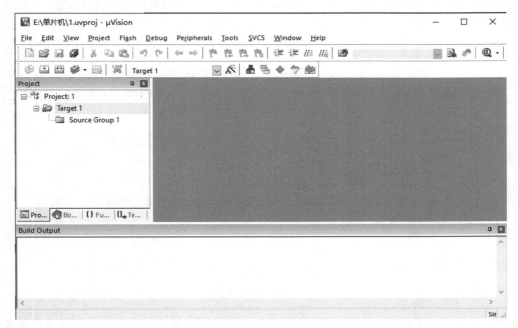

图 5-9　新建项目

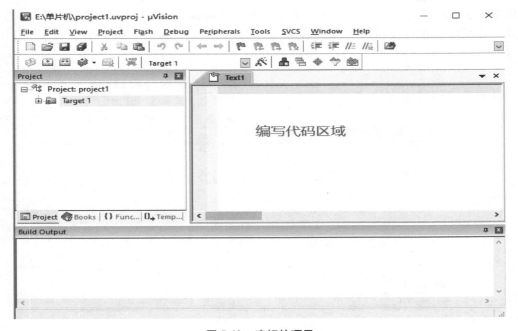

图 5-10　建好的项目

其中第 3 种方法是最好的，因为采用第 3 种方法时软件会提示用户设置当前项目文件的保存路径，一定要选择保存在建立项目时建立的文件夹下，以便于用户查找该文件，也有利于管理。在第一次执行上面 3 种方法的其中一种后都会弹出文件保存窗口，如图 5-11 所示，在"文件名"右面的文本框中输入源文件的名字和扩展名。其中".asm"代表建立的是汇编语言源文件，".c"代表建立的是 C 语言源文件，".h"代表建立的是头文件，由于使用的是 C51 语言编程，因此这里的扩展名为".c"。

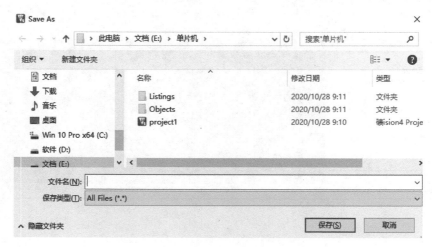

图 5-11　保存文件

现在，已经完成了对新文件的建立，但是当前文件是两个独立的文件，因此需要将源文件与项目关联，即需要添加创建的项目。

2. 添加已创建项目

选中"Source Group1"右击，在弹出的快捷菜单中选择"Add Existing Files to Group 'Source Group1'"命令，如图 5-12 所示添加源文件。

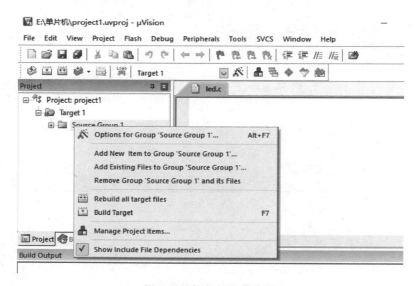

图 5-12　添加源文件步骤

完成上述步骤后，将弹出一个添加源文件的对话框，如图 5-13 所示。选择新创建的".c"文件（或所需的".c"文件）。单击"Add"按钮后，关闭窗口，然后单击"Close"按钮。这样源文件就添加到项目当中。单击"Source Group1"左侧的"+"号可以查看添加的源文件，如图 5-14 所示。

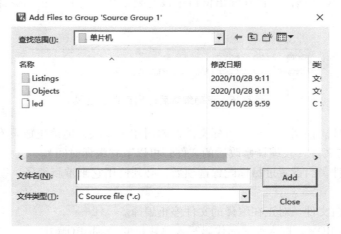

图 5-13　添加源文件窗口

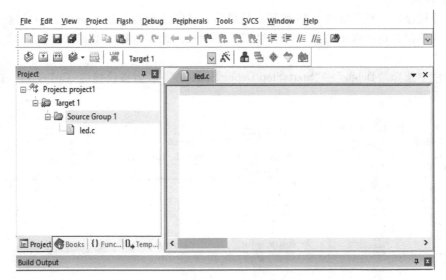

图 5-14　文件已添加到项目

5.1.4　程序编译与调试

1. 程序编译

完成上述步骤后，下一步是编译和调试程序。工具栏说明如图 5-15 所示。

图 5-15　工具栏说明

其中各个按钮的具体含义如下：

1）编译或汇编当前文件。通过编译之后，可以在信息输出窗口中看到一些编译信息。改正提示的错误后再次执行编译操作，直到输出窗口中没有错误提示为止。正确编译后输出窗口的结果如图 5-16 所示。

```
compiling led.c...
led.c - 0 Error(s), 0 Warning(s).
```

图 5-16　正确编译后输出窗口的结果

2）建立目标文件。根据编译后的目标文件，调用相关模块，链接生成具有绝对地址的目标文件，即编译修改后的文件（仅编译修改后的文件，可以节省编译时间）。

3）编译所有文件。当设置过目标配置选项后，必须使用它来重新编译。

4）批量编译。

5）取消编译当前文件。对正在编译的文件停止编译。

6）下载到 Flash ROM。将本程序的代码写入单片机的 Flash ROM 中。

7）设置项目。对目标项目进行设置。

2. 程序调试

编译完源程序后，显示如图 5-16 所示的结果后，还需要对程序进行调试。调试这一步骤查找是否还有其他错误，直至修正完程序所有错误。实际上，大多数程序都需要反复调试。因此，此步骤至关重要。

在菜单栏中选择 "Debug"→"Start/Stop Debug Session"，或者按快捷键<Ctrl+F5>，这时会出现图 5-17 所示界面。

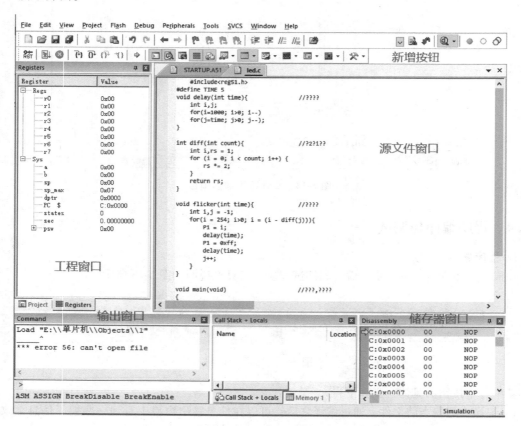

图 5-17　程序调试界面

在调试状态下，界面发生了一定的变化，调试界面上还有一个附加的调试工具栏，如图 5-18 所示。从左到右的快捷键依次是：复位键、运行、暂停、单步执行、过程单步、执行当前子例程、运行到当前行、下一状态、打开跟踪、观察跟踪、反汇编窗口、观察窗口、代码范围分析、1#串行窗口、内存窗口、性能分析、逻辑分析、符号窗口和工具按钮以及其他命令窗口。这些快捷键可以在"Debug"菜单中找到相同功能的命令。

图 5-18　调试工具条

5.1.5　项目的设置

首先单击图 5-15 中的按钮 7），或在按钮左侧的 Project Workspace 区域中单击 Target 1，然后选择 "Project"→"Options for Target 'Target 1'"，如图 5-19 所示。弹出的项目设置对话框总共含有 11 个选项卡，如图 5-20 所示。大多数项目设置只是设置为默认值。这里仅介绍经常需要设置的选项卡，例如 Target、Output 等。

图 5-19　项目设置选项

1. Target 选项卡

图 5-20 所示的即为 Target 选项卡。

1）Xtal（MHz）：设置指定的晶振频率。默认值为所选目标 CPU 的最高可用频率值，但也可以根据需要重置。此设置与最终目标代码无关，仅用于显示软件仿真调试期间的程序执行时间。正确设置该值可使显示时间与实际使用的时间一致。通常，它设置为与硬件使用的晶振相同的频率。如果不需要知道程序执行时间，则不必进行设置。

2）Memory Model：设置 RAM 的存储器模式。有以下 3 种选项：

① Small（小型）：所有变量都在单片机的内部 RAM 中。

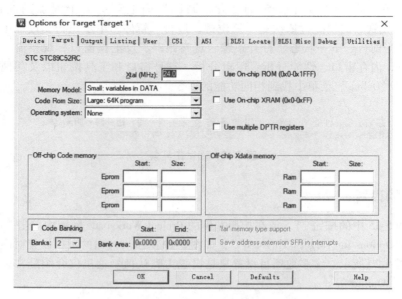

图 5-20   **Target 1 选项设置**

② Compact（紧凑型）：可以使用一页外部 RAM。

③ Large（大型）：可以使用全部外部的扩展 RAM。

3）Code Rom Size（代码存储器大小）：设置使用 ROM 的空间，即程序的代码存储模式，有以下 3 个选项：

① Small：使用小于 2KB 的程序空间。

② Compact：单个函数的代码大小不超过 2KB，整个程序可以使用 64KB 程序空间。

③ Large：可用全部 64KB 空间。

4）Use On-chip ROM（使用片内 ROM）：用于判断是否仅使用片上 ROM（注意：选择此选项不会影响最终生成的目标代码量）。

5）Operating system：选择操作系统。Keil 提供了两种操作系统：Rtx-51 tiny 和 Rtx-51 full。通常不使用任何操作系统，即使用此项的默认值：None。

6）Off-chip Code memory（片外代码存储器）：用于确定系统扩展 ROM 的地址范围。

7）Off-chip Xdata memory：用于确定系统扩展 RAM 的地址范围。

8）Code Banking：用于设置代码分组的情况。

6）~8）必须根据所使用的硬件确定选项。如果没有任何扩展，仅使用单片应用程序，则没有必要对 6）~8）选项进行设置。

2. Output 选项卡

Output 选项卡如图 5-21 所示，这里面也有多个选择项。

1）Select Folder for Objects：用于选择最终目标文件所在的文件夹，默认设置与项目文件位于同一文件夹中。

2）Name of Executable：可执行文件的名字。可执行文件是指生成的 .hex 文件，默认情况下与项目名称相同。通常情况下，无须更改。

3）Debug Information：用于产生调试信息。如果需要对程序进行调试，应当选中该项。

4）Create HEX File：使能后会产生可执行文件。可以使用编程器编写 MCU 芯片的 HEX 格式文件，文件扩展名为 .hex。默认情况下未选中此项目。如果要进行硬件实验，则必须选择此项目。

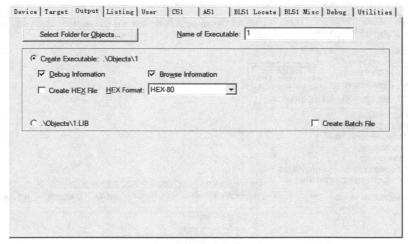

图 5-21　Output 选项卡

这对于初学者来说很容易忽略，设置时需要注意。

5）Browse Information：用于生成浏览信息，可通过菜单"View"→"Browse"进行查看，通常设置为默认值。

5.1.6　程序下载

勾选图 5-21 所示 Output 选项卡中的 Create HEX File，单击"OK"按钮生成 .hex 文件，如图 5-22 所示。

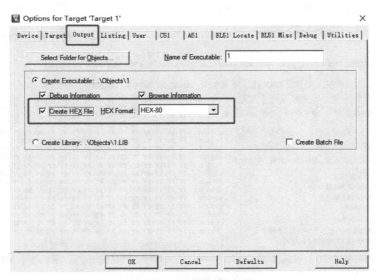

图 5-22　生成 .hex 文件

打开 STC-ISP 烧录软件，如图 5-23 所示。

1）选择单片机型号，选 STC89C52RC 型。

2）选择串口号。打开计算机的"设备管理器"，查看"端口（COM 和 LPT）"中的连接，一般提示为"通信端口（COM1）"或"通信端口（COM2）"等，单片机连接在哪个串口上就选择该串口。

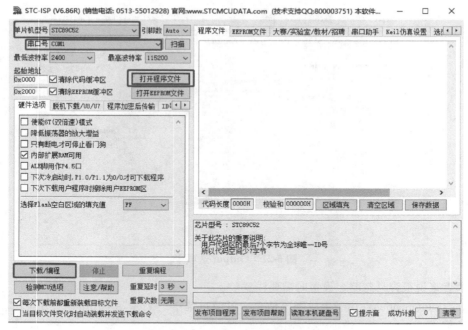

图 5-23 打开 STC-ISP 烧录软件

3）单击"打开程序文件"按钮，在弹出的对话框中选中要下载的 .hex 文件，并单击"打开"按钮，如图 5-24 所示。

4）单击"下载/编程"按钮，等待一段时间会显示烧录成功，如图 5-25 所示。

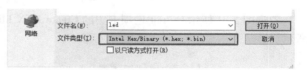

图 5-24 打开程序文件

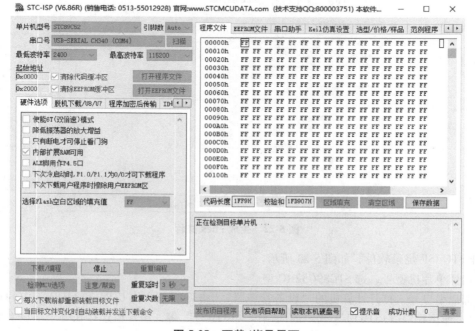

图 5-25 下载/烧录界面

5.2　硬件仿真工具 Proteus

5.2.1　Proteus 功能简介

Proteus 是一款由英国 Lab Center Electronics 公司发布，用于单片机和其外围器件仿真的工具软件。Proteus 在具备基本电子设计自动化（Electronic Design Automation，EDA）工具软件的仿真功能基础上，还能够对单片机及其外围电路在原理图绘制、代码编写后实现协同仿真和实时调试，并且能够直接切换到 PCB 设计。因此，Proteus 这一设计平台实现了从概念到产品的完整设计，在电子设计领域中得到了广泛应用。

Proteus 仿真软件主要具有以下特点：

（1）内容全面，资源丰富

实验的内容包括软件部分的汇编、C51 等语言的调试过程，也包括硬件接口电路中的大部分类型。对同一类功能的接口电路，可以搭建不同的硬件电路和软件调试来实现相同的功能，而且通过查阅资料也能够找到很多比较完善的系统设计方法和设计范例可供参考和学习，从而扩展学生的思路，提高学生的学习兴趣。

（2）实现了单片机仿真和 SPICE 电路仿真相结合

不仅具有模拟电路仿真、数字电路仿真、单片机及其外围电路组成系统的仿真，还可以提供对 RS232 动态仿真、I^2C 调试器、SPI 调试器、键盘和 LCD 系统模块仿真的功能；提供各种电路所需要的虚拟仪器设备，如示波器、电流表、电压表、逻辑分析仪和信号发生器等。

（3）具有强大的原理图绘制功能，支持目前市面上主流单片机系统的仿真

Proteus 仿真软件所提供元件库中的大部分元器件都可以直接用于接口电路的搭建，目前支持的单片机类型有 68000 系列、51 系列、AVR 系列、PIC12 系列、PIC16 系列、PIC18 系列、Z80 系列、HC11 系列以及各种单片机的外围芯片。

（4）提供软件和硬件调试功能

在硬件仿真系统中具有全速、单步、设置断点等调试功能，同时可以观察各个变量、寄存器等的当前状态，同时在该软件仿真系统也具有这些功能，Proteus 支持第三方的软件编译和调试环境，如 Keil C51 μVision5 等软件，从而实现软件与硬件的联合调试仿真。

（5）硬件实物投入少，节约经济成本

在传统的实验教学过程中，都有可能产生由于操作失误等原因造成的元器件和仪器仪表的损毁，同时也涉及仪器仪表等工作时造成的能源消耗。采用 Proteus 仿真软件，基本没有元器件的损耗问题，则可以有效避免上述问题。Proteus 仿真软件所提供的元器件和仪器仪表，不管在数量还是质量上都具有可靠性和经济性。如果在实验教学中采用真实的仪器仪表，仅在仪器仪表等设备的维护保养方面就需要投入很大的成本。因此，采用 Proteus 仿真软件的方式进行教学的经济优势是比较明显的。

（6）学生可自行实验，锻炼解决实际工程问题的能力

采用仿真软件对电路进行仿真可以把课本上的理论知识有效与电路的实际应用联系起来，有助于进一步加深学生对理论学习的理解。在 Proteus 仿真软件中搭建一个工程项目，并将其最后落实到一个具体的硬件电路中，在这个过程中可以让学生了解将仿真软件和具体的工程实践如何结合起来，有利于学生对工程实践过程的了解和学习。同时，一个比较大的工程设计项目可由一个小组协作完成，在 Proteus 仿真软件中进行仿真实验时，所涉及的原理图设计和电路搭建等任务需要学生共同设计完成，可以培养学生的团结协作意识。

（7）节约实际工程项目中的成本投入

在研究实际工程问题的过程中，也可以先在 Proteus 仿真软件的仿真环境中模拟实验，再进行硬件投入实验。这样解决工程项目问题不仅节约时间和人力成本，而且能够避免由于系统设计方案有问题而产生的重做整个设计过程的麻烦，同时减少硬件成本的浪费。

Proteus 仿真软件的虚拟仿真，不需要用户硬件样机就可直接在 PC 上进行虚拟设计与调试。然后把调试完毕的程序的机器代码固化在程序存储器中，一般就可以直接投入运行。使用 Proteus 仿真软件进行的软件与硬件相结合的单片机系统仿真，可将许多系统实例的功能及运行过程形象化。通过运行仿真环境中搭建的虚拟仿真系统，可以得到像实际单片机应用系统硬件电路一样的执行效果。

在实际的工程项目设计过程中，一般都会先进行对硬件方案的仿真调试，验证设计的合理性与正确性之后再投入资金制作样机，对硬件电路进行实际检测，基于 Proteus 仿真软件的产品开发流程如图 5-26 所示。

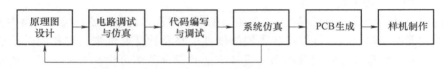

图 5-26　基于 Proteus 仿真软件的产品开发流程

基于 Proteus 仿真软件的产品设计优点主要包括：①在原理图设计完成之后就可以进行电路调试与仿真，使设计过程更加方便；②交互式仿真特性使得软件的调试与测试能在设计电路板之前完成，提高了产品开发效率；③对硬件和软件设计进行改动都非常容易，设计者在发现问题后可以立即进行修正，而不必因为一个很小的问题对整个产品重新进行设计。

尽管 Proteus 仿真软件具有开发效率高，不需要附加的硬件开发装置的优点，但是应该注意使用 Proteus 对用户系统的模拟是在理想状况下仿真出来的，但是硬件电路的实时性无法完全准确地仿真模拟出来，因此不能进行用户样机硬件部分的诊断与实时在线仿真。在单片机系统的开发过程中，通常首先在 Proteus 环境下绘制系统的硬件电路图，在 Keil C51 μVision5 环境下编写程序并进行编译，然后在 Proteus 环境下仿真调试通过。接下来根据仿真的结果，完成实际的硬件设计，并把仿真通过的程序代码烧录到单片机中，最后将单片机安装到用户样机板上以观察运行结果，如果有问题，再连接硬件仿真器进行分析和调试。

本章将重点介绍如何使用 Proteus 仿真软件的原理图绘制部分的操作方法以及如何对单片机系统进行虚拟仿真，本书中采用的版本为 Proteus 8.6 Professional。

5.2.2　Proteus Schematic Capture 虚拟仿真

打开 Proteus 仿真软件的原理图绘制界面即可绘制单片机及其外围电路组成的系统电路原理图，同时在该界面下，还可以对绘制好的单片机系统进行虚拟仿真。当确保硬件电路连接完成无误而且软件代码编译通过后，单击单片机芯片载入经代码调试通过生成的 .hex 文件，直接在 Proteus 中单击"仿真运行"按钮，即可进行电路的运行，并可以非常直观地观察到声、光及各种动作等的逼真效果，以检验电路硬件及软件设计的对错。

图 5-27 所示的数字钟系统仿真实例是采用单片机应用系统进行仿真的举例，STC89C52RC 单片机控制的数码管能够显示数字钟的当前时间并且具有闹钟功能。软件部分的单片机程序可通过 Keil μVision5（支持 C51 和汇编语言编程）软件平台编写完成后，直接编译生成可执行的" * . hex"文件，在 Proteus 仿真界面中直接双击单片机上的 STC89C52RC 芯片，把" * . hex"文件载入单片机即完成了单片机程序的下载。

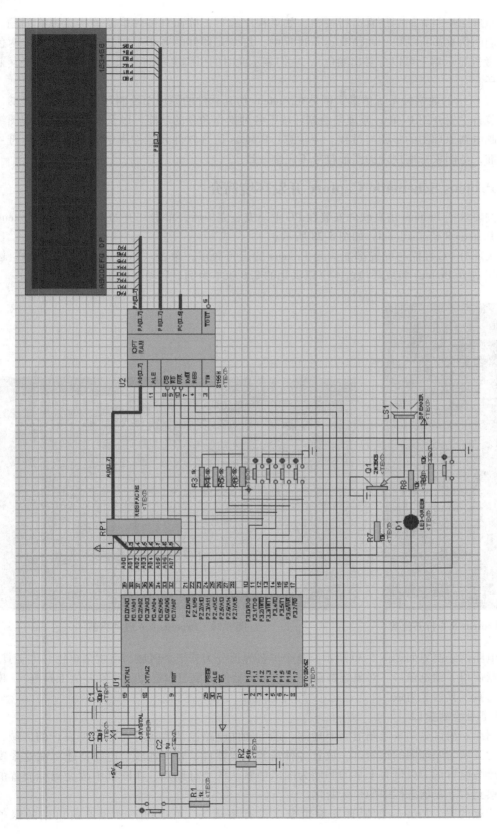

图 5-27　数字钟系统仿真实例

单击原理图绘制界面的仿真运行按钮，如果程序编写正确而且硬件电路连接也没有问题，则会出现预期的仿真运行结果。在仿真运行过程中，每个元器件的各个引脚还会出现红、蓝两色的方点（在微机显示器上可以分辨出颜色），它们表示此时的引脚电平的高低。红色为高电平，蓝色表示低电平。

图 5-27 所示的数字钟系统仿真实例是在 Proteus 仿真软件的原理图绘制环境下绘制出来的。本章后续各节将主要介绍 Proteus 原理图绘制环境下各种操作命令的功能，以及在 Proteus 原理图绘制环境下绘制电路原理图的步骤与过程。应注意：Proteus 仿真软件元器件库中的元器件图形符号遵循国际标准，与国家标准规定的图形符号不完全一致。

5.2.3　Proteus Schematic Capture 开发环境简介

首先按要求把 Proteus 仿真软件安装在 PC 上。安装完毕后，单击"开始"按钮找到 Proteus 文件夹下的 Proteus 8 Professional，如图 5-28 所示。

目前大部分 PC 性能与配置都能满足 Proteus 的运行要求，单击"Proteus 8 Professional"运行 Proteus 即可进入 Proteus 集成环境。本书以汉化的 8.6 版本为例，启动界面如图 5-29 所示。

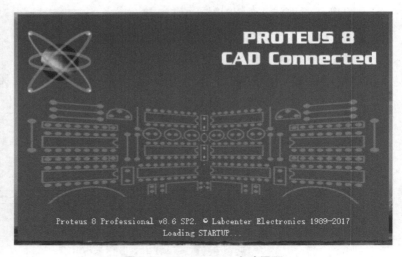

图 5-28　Proteus 8.6 打开位置　　　　图 5-29　Proteus 8.6 启动界面

原理电路图绘制界面如图 5-30 所示。整个屏幕界面分为若干个区域，由主菜单栏、主工具栏、原理图绘制窗口、预览窗口、对象选择窗口（包括元器件拾取与库管理和对象方位工具等）、模型工具箱和仿真工具栏等组成。

1. 原理图绘制窗口

原理图绘制窗口是用来绘制电路原理图、进行硬件电路设计和各种符号模型设计的区域，蓝色方框内的区域为原理图的编辑区，放置各种需要的元器件、布局连线、电路搭建都在这个窗口中完成。绘图窗口正中央带有十字的圆圈为图纸中默认的坐标原点，在图纸中改变鼠标放置的位置可以观察到右下角状态栏中的坐标变化。

需要注意的是，Proteus 的原理图编辑窗口没有滚动条，可通过移动预览窗口中的绿色方

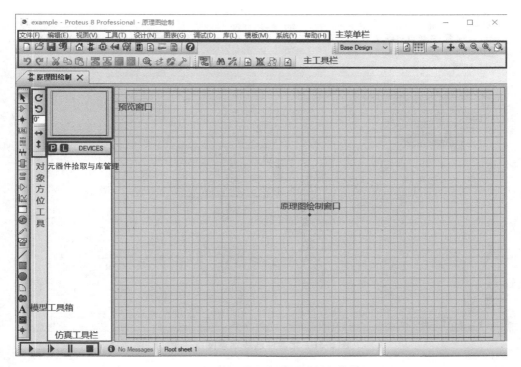

图 5-30　Proteus 原理电路图绘制工作界面

框（见图 5-30）来改变电路原理图的可视范围，或者在按住<Shift>键的同时，用鼠标"撞击"视图界面的边框也可以平移改变视图位置。另外，通过滑动鼠标滑轮控制页面的缩小与放大，即可根据需要有效调整视图界面。

在原理图绘制窗口中单击相应位置放置元件；在右键快捷菜单中选择"放置"→"元件"，然后可以选择库中已添加的元器件；双击已经放置好的元器件即可将其删除；在右键快捷菜单中，可选择编辑元器件属性；选中元器件后按住鼠标可拖动元器件位置。对放置好的元器件进行连线时，用鼠标靠近元器件的引脚末端，引脚会变为红色，单击选择相应引脚并连接线，如图 5-31 所示，删除连线时，可先选中连线，直接按<Delete>键或在右键快捷菜单中选择删除连线。

下面介绍主工具栏中与原理图绘制窗口有关的几个功能按钮。

（1）缩放原理电路图

将电路原理图进行放大与缩小，可采用主工具栏中的 🔍 "放大"工具按钮或 🔍 "缩小"工具按钮，这两种操作无论哪种，操作之后，都会使编辑窗口以当前鼠标位置为中心重新显示。按下主工具栏中的 🔍 "查看整张图纸"工具按钮可把一整张电路图缩放到完全显示出来，即使是在滚动或拖动对象时，用户也可以通过以上几个工具按钮来调整视图。

（2）点状网格开关

注意到原理图编辑窗口内的电路图背景默认是带有网格的，是否带有点状网格可由主工具栏中的 ▦ "切换网络"按钮来控制，也可以在"视图"的下拉菜单中找到相同的命令设置，或直接在英文输入法状态下用快捷键<G>实现切换。

（3）捕捉到网格

当鼠标在原理图编辑窗口内移动时，鼠标位置的坐标值是以固定的步长增长的，即网格上点与点之间的间距由当前捕捉到栅格的设置来决定，默认初始设定值是 0.1in，这称为捕捉，这一功

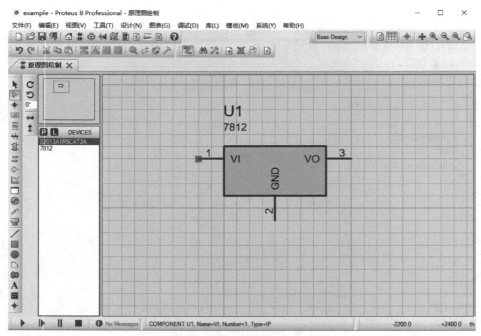

图 5-31   元器件连线示意图（一）

能能够帮助用户在放置元器件时把元器件按网格对齐。捕捉的尺度可以由"视图"菜单的"Snap"命令设置，或者直接使用快捷键<F4><F3><F2><Ctrl+F1>来更改栅格间距为 10th、50th、0.1in、0.5in（1th＝0.0254mm，1in＝25.4mm），如图 5-32 所示。

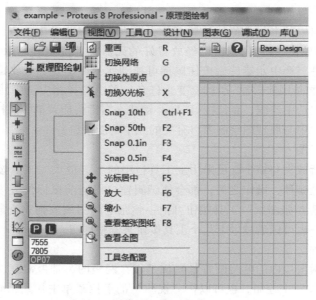

图 5-32   元器件连线示意图（二）

如果用户想要确切地看到鼠标捕捉到的位置，可以使用"视图"下拉菜单的"切换 X 光标"命令，选中后光标将显示成一个小的或者大的十字光标，更便于确定选中的位置。

（4）实时捕捉

当鼠标指针指向引脚末端或者导线时，鼠标指针将会捕捉到这些物体，这种功能被称为实时捕捉。该功能可以使用户方便地实现导线和引脚的连接。可以通过"工具"下拉菜单下的"自动连线"命令切换该功能。

2. 预览窗口

预览窗口可显示两个内容：

1）在已拾取的元器件列表中选择一个元器件名称时，它会显示该元器件的预览图，如图 5-33 所示。

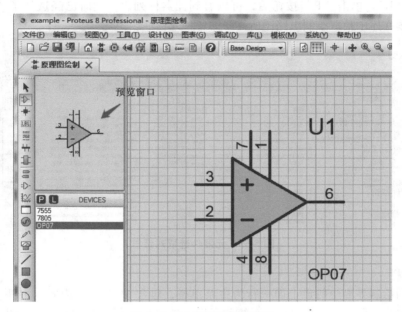

图 5-33　元器件预览窗口图

2）当放置元器件到原理图编辑窗口后或单击原理图编辑窗口时，预览窗口会显示整张原理图的缩略图，并显示一个绿色方框，绿色方框里面的内容就是当前原理图编辑窗口中显示的内容，右击绿色方框，然后移动鼠标即可改变绿色方框的位置，再单击确认位置即可改变原理图的可视范围，如图 5-34 所示。

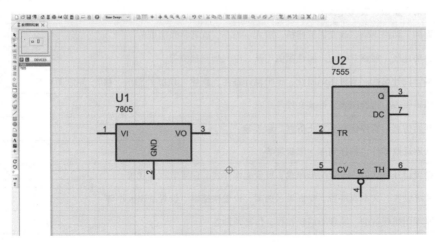

图 5-34　电路原理图预览窗口图

该窗口通常显示整张电路图的缩略图，缩略图背景是一个 0.1in 的网格。蓝色的区域标示出图的边框，同时窗口上的绿色方框标出在原理图绘制窗口中所显示的区域。

在预览窗口上单击，将会以单击位置为中心刷新原理图绘制窗口。其他情况下预览窗口显示将要放置的对象的预览。

3. 对象选择窗口

对象选择窗口用来选择元器件、终端、仪表等对象。该窗口中的元器件列表区域用来表明当前所处模式以及其中的对象列表，如图 5-35 所示。在该窗口还有两个按钮：器件选择按钮"P"和库管理按钮"L"。单击"P"按钮后，可以看到元器件列表，此时已经选择了"555"这一芯片，还可以继续在库中拾取绘制电路图所需要的各种元器件。

图 5-35　元器件选取对话框

4. 主菜单栏

原理电路图绘制界面中的最上面一行为主菜单栏，包含 11 项菜单内容：文件、编辑、视图、工具、设计、图表、调试、库、模板、系统和帮助。单击以上任意菜单后，都会出现下拉的子菜单命令，主菜单栏及其子菜单命令内容见表 5-1。

表 5-1　主菜单栏及子菜单命令内容

菜单名称	子菜单命令内容
文件	新建工程、打开工程、保存工程、输出图像、打开工程文件夹等
编辑	撤销、重做、查找并编辑元件、全选、对齐等
视图	重画、切换网络、改变捕捉栅格、放大、缩小、查看整张图纸等
工具	自动连线、搜索并标记、属性赋值工具、电气规则检测等
设计	编辑设计属性、编辑图纸属性、编辑设计备注、新建（顶层）图纸、移除/删除图纸等
图表	编辑图表、检验图表、检验文件等
调试	开始仿真、暂停仿真、停止仿真、单步等
库	从库选取零件、编译到库、库管理等
模板	设置设计默认值、设置图形样式、设置文本样式、设置节点样式等
系统	系统设置、文本观察器、设置显示选项、设置快捷键、设置纸张大小等
帮助	原理图捕获帮助、原理图捕获教程、仿真帮助等

（1）"文件"菜单

"文件"菜单主要实现工程的新建、打开、保存、关闭、导入、导出等功能，如图 5-36 所示。

"新建工程"命令一般会默认创建为原理图文件，打开进入原理图绘制界面。"打开工程"命令可以直接载入计算机中已存在的工程。"保存工程"可以在绘制原理图的任意时刻或关闭工程时进行保存操作，建议在绘制过程中及时保存电路。"工程另存为"命令可以把当前设计保存到另一个文件中。"关闭工程"命令用于关闭工程，在已修改工程文件而且没有保存的情况下会提示保存工程。

（2）"编辑"菜单

"编辑"菜单主要实现撤销、重做、剪切、复制、粘贴等常用的功能，如图 5-37 所示，这些命令使原理图绘制过程更加便捷。

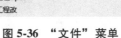

図 5-36　"文件"菜单　　　　　図 5-37　"编辑"菜单

（3）"视图"菜单

视图菜单下的命令如图 5-38 所示，主要是对原理图绘制窗口的调整命令，如缩小与放大、切换捕捉栅格大小以及修改图纸大小等。

（4）"工具"菜单

"工具"菜单下的命令如图 5-39 所示，在原理图绘制过程中常利用自动连线命令在元器件之间进行连接线操作，也可以使用默认快捷键<W>。在原理图绘制完成后，可使用"电气规则检测"这一命令来检查所绘制的原理图是否符合电气规则。

（5）"设计"菜单

"设计"菜单下的命令如图 5-40 所示，主要包括编辑设计属性、编辑图纸属性、编辑设计备注、新建（顶层）图纸、移除/删除图纸等命令。

图 5-38 "视图"菜单

图 5-39 "工具"菜单

（6）"图表"菜单

"图表"菜单下的命令包括编辑图表、仿真图表、检验图表、检验文件等操作，如图 5-41 所示。

图 5-40 "设计"菜单

图 5-41 "图表"菜单

（7）"调试"菜单

"调试"菜单下的命令包括开始仿真、暂停仿真、停止仿真、运行仿真、单步、跳进函数和跳出函数等，如图 5-42 所示，这些指令在原理图绘制完成后仿真的过程中是非常重要的。

（8）"库"菜单

"库"菜单下的命令如图 5-43 所示，主要包括从库中选取零件、库管理等命令。

（9）"模板"菜单

如图 5-44 所示，"模板"菜单下的命令主要是完成对模板的各种设置，如图形、图表、节点的样式、颜色、字体、连线等，而且还可以将设计保存为模板。

（10）"系统"菜单

"系统"菜单下的命令主要是改变对系统的设置，同时也可以

图 5-42 "调试"菜单

设置显示选项、快捷键、纸张大小等，如图 5-45 所示。

图 5-43 "库"菜单

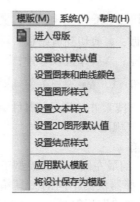

图 5-44 "模板"菜单

（11）"帮助"菜单

"帮助"菜单列出了一些帮助文档，可以获得一些 Proteus 软件的操作指导，包括原理图和 PCB 的绘制等，如图 5-46 所示。

图 5-45 "系统"菜单

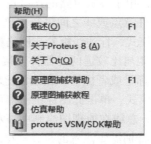

图 5-46 "帮助"菜单

5. 主工具栏

主工具栏位于主菜单栏的下方，如图 5-47 所示。每一个工具按钮都对应一个具体的菜单命令，可以让用户在使用 Proteus 绘制原理图时操作起来更方便快捷。下面将这些工具按钮分为 4 组，具体介绍它们对应的菜单命令。

图 5-47 主工具栏

1）第 1 组按钮  的功能如下：

新建一个工程；打开一个工程；保存当前工程；关闭当前工程；显示主页；原理图设计；PCB 设计；3D 观察器；Gerber 观察器；设计浏览器；物料清单；源代码；工程备注；概述。

2）第 2 组按钮  的功能如下：

重画；切换网络；切换伪原点；光标居中；放大；缩小；查看整张图纸；查看全图。

3）第3组按钮 的功能如下：

撤销；重做；剪切到剪贴板；复制到剪贴板；从剪贴板粘贴；块复制；块移动；块旋转；块删除；从库选取零件；制作元件；封装工具；分解。

4）第4组按钮 的功能如下：

自动连线；搜索并标记；属性赋值工具；新建（顶层）图纸；移除/删除图纸；退出到父图纸；电气规则检测。

6. 模型工具箱

图 5-30 中所示的最左侧一栏为模型工具箱。选择相应的工具箱图标按钮，系统将提供不同的操作工具。对象选择器根据不同的工具箱图标决定当前状态显示的内容。显示对象的类型包括：元器件、终端、引脚、图形符号、标注和图表等。下面对工具箱中各个图标按钮对应的功能做具体介绍。

（1）模型工具栏各图标的功能

选择模式。

元器件模式，这一功能在绘制电路原理图时非常常用，首先单击"P"按钮在元器件库中拾取需要的元器件添加到列表中，然后在自行添加好的列表里选中相应的元器件就可以直接放置在原理图绘制窗口中。

结点模式，用于放置电路的连接点，在不用连线工具的条件下可以采用这种模式在节点之间或节点与电路中任意点或线之间进行连接。

连线标号模式，标注线标签或网络标号在原理图绘制中有着非常重要的作用，这一功能可以避免为了将两个距离比较远的元器件连接起来而放置很长的连接线，只需要在线两端的连接点处标注相同的网络标号或者标签，在绘制比较复杂的硬件电路时可以极大地简化电路连线。

文字脚本模式，单击此图标按钮即可在电路原理图中添加文本，对电路进行说明。

总线模式，总线在原理图绘制中表示为一条粗线，这条粗线代表了一组总线，如果在绘制时需要连接总线，特别需要注意的是，连接到总线上的网络标号要做好标注。

子电路模式，用于绘制子电路模块。

终端模式，在这一模式下对象选择器中会列出可供选择的各种常用端子，包括：

1）DEFAULT 默认的无定义端子。

2）INPUT 输入端子。

3）OUTPUT 输出端子。

4）BIDIR 双向端子。

5）POWER 电源端子。

6）GROUND 接地端子。

7）BUS 总线端子。

8）NC 空端子。

元器件引脚模式，用于选择元器件引脚，选择该模式后可以在对象选择器中列出可供选择的各种引脚，如普通引脚、时钟引脚、反电压引脚、短接引脚等。

图表模式，选择该模式后可以在对象选择器中列出可供选择的各种仿真分析所需的图表，如模拟图表、数字图表、混合图表和噪声图表等。

调试弹出模式。

◉激励源模式，选择该模式后可以在对象选择器中列出可供选择的各种信号激励源，如正弦信号、脉冲信号、FILE 信号源等。

✎探针模式，选择该模式后可以在对象选择器中选择电压探针、电流探针，并将其添加到原理图中，这样在运行仿真时就能够实时检测电路中的电压和电流变化情况。

☑虚拟仪器列表，选择该模式后可以在对象选择器中列出可供选择的各种虚拟仪器。

（2）2D 图形工具栏各图标的功能

╱绘制直线，单击该图标后可以在窗口中看到 Proteus 软件提供的各种专用画线工具，具体包括：

1）COMPONENT 用于元器件之间的连线。

2）PIN 用于引脚之间的连线。

3）PORT 用于端口的连线。

4）MARKER 用于标记的连线。

5）ACTUATOR 用于激励源的连线。

6）INDICATOR 用于指示器的连线。

7）VPROBE 用于电压探针的连线。

8）IPROBE 用于电流探针的连线。

9）GENERATOR 用于信号发生器的连线。

10）TERMINAL 用于端子的连线。

11）SUBCIRCUIT 用于支电路的连线。

12）2D GRAPHIC 用于二维图的连线。

13）WIRE DOT 用于线连接点的连线。

14）WIRE 用于线的连接。

15）BUS WIRE 用于总线的连接。

16）BORDER 用于边界的连线。

17）TEMPLATE 用于模板的连线。

■绘制方框。

●绘制圆。

◗绘制圆弧。

◉绘制二维闭合图形。

Ⓐ二维文本图形模式。

▤二维图形符号模式。

✛二维图形标记模式。

7. 对象方位工具

对于预览窗口中的元器件，可通过对象方位工具进行旋转或者镜像操作。

↻顺时针旋转，其旋转角度只能是 90°的整数倍。

↺逆时针旋转，其旋转角度也同样只能是 90°的整数倍。

↔ X 轴镜像。

↕ Y 轴镜像。

8. 仿真工具栏

图 5-30 中的最下面一行是 Proteus 的仿真工具栏，具体包括以下几个图表按钮：

▶运行程序。

�单步运行程序。

‖暂停程序。

■停止运行程序。

5.2.4 Proteus Schematic Capture 编辑环境设置

为了使用计算机求解某一问题或完成某一特定功能,要先对问题或特定功能进行分析,确定相应的算法和步骤,然后选择相应的指令,按一定的顺序排列起来,这样就构成了求解某一问题或实现特定功能的程序。通常把这一编制程序的工作称为程序设计。Proteus Schematic Capture 编辑及环境的设置主要是指模型的选择、图纸的选择及其设置和栅格的设置。绘制电路图首先要选择模板,模板主要包括电路图的外观信息,例如图纸格式、设计颜色、文本格式、线条连接点的大小和图形等。然后设置图纸,通常包括设置纸张的型号、标注的字体等。图纸的格式将为防止元器件及连接线路带来很多方便。

1. Proteus Schematic Capture 主窗口

在桌面上双击 Proteus 8.6 图标,打开如图 5-48 所示为 Proteus 8.6 的主页界面。在图中单击按钮▦打开 Schematic Capture。

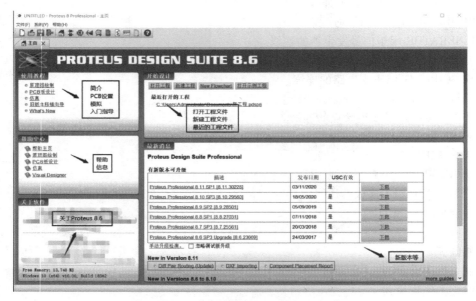

图 5-48　Proteus 8.6 的主页界面

主菜单的介绍见 5.2.3 节。

2. 选择模板

"模板"菜单如图 5-44 所示。

1)单击"设置设计默认值"命令,编辑设计的默认选项。

2)单击"设置图表和曲线颜色"命令,编辑图标和曲线的颜色。

3)单击"设置图形样式"命令,编辑图标全局风格。

4)单击"设置文本样式"命令,编辑文本全局风格。

5)单击"设置 2D 图形默认值"命令,编辑二维流场设置。

6)单击"设置结点样式"命令,弹出"编辑结点"对话框。

注意:模板的改变只影响当前运行的 Proteus Schematic Capture,但这些模板也有可能在保存后被别的设计中调用。

3. 设置文本编辑器

在菜单栏中选择"系统"→"设置文本编辑器"，出现如图 5-49 所示对话框。在该对话框中可以对文本的字体、字形、大小、颜色和效果等进行设置。

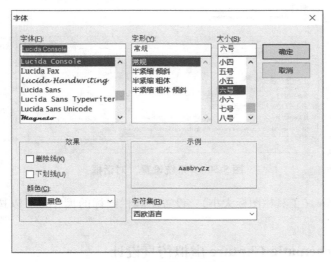

图 5-49　设置文本格式

4. 设置网格

（1）网格的显示/隐藏

可以通过以下 3 种方法任意实现网格的显示和隐藏。

1）直接单击快捷图标按钮来控制网格显示与否。

2）选择"视图"→"切换网络"菜单选项控制网格的显示/隐藏。

3）在英文输入法的状态下，按下快捷键<G>进行选择。

（2）设置栅格的间距

选择"视图"→"Snap 10th"命令（或"Snap 50th""Snap 0.1in""Snap 0.5in"命令），来调整栅格的间距（默认值为 0.1in）。

5.2.5　Proteus Schematic Capture 运行环境设置

在 Proteus Schematic Capture 主界面中选择"系统"→"系统设置"，即可打开如图 5-50 所示的对话框。

对话框中"全局设置"选项卡包括如下设置：

1）工程初始目录设置：工程初始存放路径，可以选择"将我的文档设为初始目录""初始目录总是使用上次的目录"或"初始目录使用下面这个目录"。

2）模板目录：设置模板存放路径。

3）库目录：设置库文件的存放路径。

4）工程剪辑（片段）存放目录：设置工程剪辑/片段的存放路径。

5）数据手册目录：设置数据手册的存放路径。

6）最大撤销次数：可撤销操作的次数设置。

7）自动保存时间：系统自动保存设计文件的时间设置（单位为 min）。

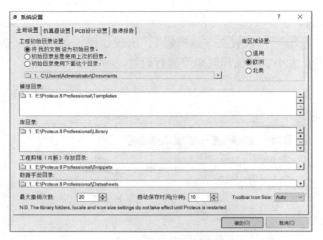

图 5-50　"系统设置"对话框

8）Toolbar Icon Size（工具栏图标大小）：设置工具栏图标的尺寸，可以选择"Auto""16px" "24px"或"32px"。

5.2.6　Proteus Schematic Capture 虚拟仿真设计

本小节通过一个案例"点亮 LED 灯"来介绍在 Proteus 仿真软件下单片机应用系统的虚拟仿真设计。

1. 虚拟仿真设计的步骤

Proteus 仿真软件下的虚拟仿真在相当程度上反映了实际的单片机系统的运行情况。在 Proteus 开发环境下的一个单片机系统的虚拟仿真设计应分为以下 3 个步骤。

（1）Proteus Schematic Capture 的电路设计

首先在 Proteus Schematic Capture 环境下完成一个单片机应用系统的电路原理图设计，包括选择各种元器件和外围接口芯片等，进行电路连接以及电气检测等。

（2）源程序设计与生成目标代码文件

在 Keil μVision5 平台上进行源程序的输入、编译和调试，并生成目标代码文件（＊.hex 文件），见 5.1 节介绍。

（3）调试与仿真

在 Proteus Schematic Capture 上将目标代码文件（＊.hex 文件）加载到单片机中，并对系统进行虚拟仿真。在调试时也可使用 Proteus Schematic Capture 与 Keil μVision5 进行联合仿真调试。

单片机系统的原理电路设计及虚拟仿真流程如图 5-51 所示。

1）"Proteus 电路设计"是在 Proteus Schematic Capture 环境下完成的。

2）"源程序设计"与"生成目标代码文件"是在 Keil μVision5 平台上完成的。

3）"加载目标代码、设置时钟频率"是在 Proteus Schematic Capture 环境下完成的。

4）"Proteus 仿真"是在 Proteus Schematic Capture 环境下的 VSM 模式下进行，其中包含了各种调试工具的使用。

图 5-51 中的第一步"Proteus 电路设计"的设计流程如图 5-52 所示。通过此流程图可以看到，在 Proteus Schematic Capture 环境下对单片机系统进行电路原理图设计的各个步骤。下面以案例"点亮 LED 灯"虚拟仿真为例，详细说明具体操作。

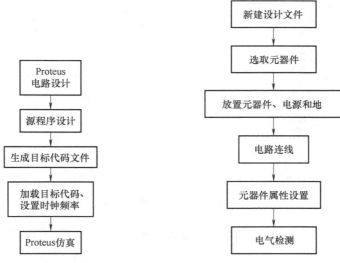

图 5-51　**Proteus** 虚拟仿真流程　　　　图 5-52　**Proteus** 电路设计流程

2. 新建或打开设计工程文件

（1）建立新工程

选择菜单"文件"→"新建工程"命令（或单击主工具栏的按钮⬜）来新建一个工程。如果选择前者新建设计工程，会弹出如图 5-53 所示对话框，在该对话框给工程命名，并选择工程的保存路径，单击"下一步"按钮，弹出如图 5-54 所示对话框，该对话框中提供多种模板。可以根据需要更改模板，也可以选用系统默认的"DEFAULT"模板。单击"下一步"按钮，弹出如图 5-55 所示的对话框，该对话框可以选择是否创建 PCB 布板设计。若选择创建 PCB 布板设计，可以根据需要选择模板。系统默认"不创建 PCB 布板设计"。单击"下一步"按钮，弹出如图 5-56 所示对话框，该按钮可以选择是否创建固件项目，系统默认"没有固件项目"。单击"下一步"按钮以及"完成"按钮即完成新工程的建立。

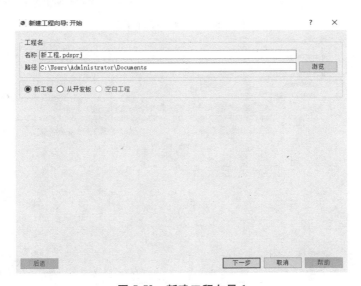

图 5-53　新建工程向导 1

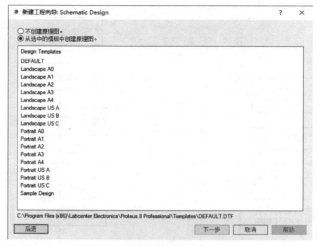

图 5-54　新建工程向导 2

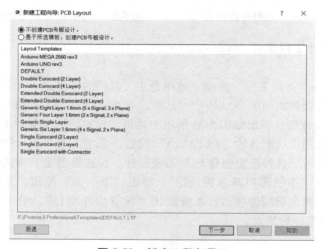

图 5-55　新建工程向导 3

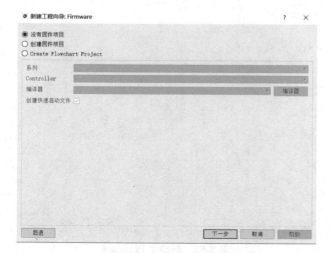

图 5-56　新建工程向导 4

（2）保存工程

按照上面的操作，为案例建立了一个新的工程，在第一次保存该工程时，选择菜单栏"文件"→"工程另存为"命令，即弹出如图 5-57 所示的"保存 Proteus 工程"对话框，在该对话框选择文件的保存路径和文件名"点亮 LED 灯"后，单击"保存"按钮，则完成设计工程的保存。这样就在"实验 1-点亮 LED 灯"子目录下建立了一个名为"点亮 LED 灯"的新的工程文件。

图 5-57　"保存 Proteus 工程"窗口

如果不是第一次保存，可选择菜单栏"文件"→"保存工程"命令，或直接单击主工具栏的按钮 。

（3）打开已保存的工程

选择菜单栏"文件"→"打开工程"命令，或单击主工具栏的按钮 ，将弹出如图 5-58 所示的"加载 Proteus 工程文件"对话框。选择需要打开的文件名称，再单击"打开"按钮即可。

图 5-58　"加载 Proteus 工程文件"窗口

3. 选择需要的元器件到元器件列表

在电路设计之前，要把设计"点亮 LED 灯"电路原理图中需要的元器件列出，见表 5-2。

表 5-2 "点亮 LED 灯"所需元器件列表

元器件名称	型号	数量	Proteus 的关键字
单片机	STC89C52RC	1	STC89C52
晶振	12MHz	1	CRYSTAL
发光二极管	红色	1	LED-RED
电容	22pF	2	CAP
电解电容	1μF	1	CAP-ELEC
电阻	10kΩ	3	RES
复位按钮		1	BUTTON

然后根据表 5-2 选择元器件到元器件列表中。由图 5-30 可知，左侧的元器件列表中没有元器件，单击左侧模型工具箱中的按钮 ▷，再单击元器件选择按钮 P 就会出现"选择元器件"窗口，在窗口的"关键字"栏中，输入"STC89C52"，此时在"结果"栏中出现元器件搜索结果列表，并在右侧出现元器件预览及其 PCB 预览，如图 5-59 所示。在元器件搜索列表中双击所需要的元器件 STC89C52，这时在主窗口的元器件列表中就会添加该元器件。用同样的方法可将表 5-2 中所需要的其他元器件也添加到元器件列表中。

图 5-59 "选择元器件"窗口

所有元器件选取完毕后，单击图 5-59 中的"确定"按钮，即可关闭"选择元器件"窗口，回到主界面进行原理图绘制。此时的"点亮 LED 灯"的元器件列表如图 5-60 所示。

4. 放置元器件并连接电路

（1）元器件的放置、调整与参数设置

1）元器件的放置。单击元器件列表所需要的元器件，然后将鼠标移至原理图编辑窗口中单击，此时就会在鼠标处出现一个粉红色的元

图 5-60 元器件已添加到元器件列表

器件，移动鼠标选择合适位置单击，此时该元器件就被放置在原理图窗口上了。例如，选择放置单片机 STC89C52 到原理图编辑窗口，具体步骤如图 5-61 所示。

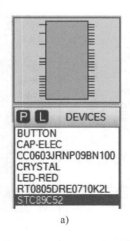

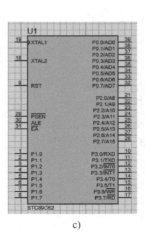

　a)　　　　　　　　　　　　　　　　　b)　　　　　　　　　　　　　　　　　c)

图 5-61　元器件放置的操作步骤

若要删除已放置的元器件，单击该元器件，然后按下<Delete>键删除，如果进行了误删除元器件操作，可以单击快捷按钮↺恢复。

一个单片机系统电路原理图设计，除了放置元器件，还需要放置电源和地等终端，单击工具栏中的快捷按钮🖴，就会出现各种终端列表，单击元器件终端的某一项，上方的窗口中就会出现该终端的符号，如图 5-62 所示。此时可选择合适的终端放置到电路原理图编辑窗口中去，放置的方法与元器件放置相同。当再次单击按钮🔀时，即可切换回到用户自己选择的元器件列表，如图 5-60 所示。根据上述介绍，可将所有的元器件及终端放置到原理图编辑窗口中去。

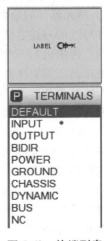

图 5-62　终端列表及终端符号

2）元器件位置的调整。

① 改变元器件在原理图中的位置，单击需调整位置的元器件，元器件变为红色，移动鼠标到合适的位置，再释放鼠标即可。

② 调整元器件的角度，右击需要调整的元器件，会出现图 5-63 所示的菜单，操作菜单中的命令选项即可。

3）元器件参数设置。双击需要设置参数的元器件，显示"编辑元件"对话框。下面以单片机 STC89C52 为例，双击 STC89C52，出现如图 5-64 所示的"编辑元件"对话框，其中的基本信息如下：

① 元件位号："U1"，其后的"隐藏"选项，可以选择标号是否显示。

② 元件值："STC89C52"，其后的"隐藏"选项，可以选择标号是否显示。

③ Clock Frequency：单片机的晶振频率为 12MHz。

④ 隐藏选项：可对某些项进行显示选择，单击小倒三角，出现下拉列表框，可选择其中的隐藏选项。

设计者可根据设计的需要，双击需要设置参数的元器件，进入"编辑元件"对话框自行完成原理图中各元器件的参数设置。

图 5-63　调整元器件角度的命令选项

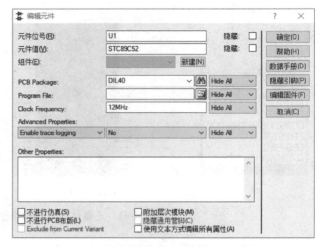

图 5-64　"编辑元件"对话框

（2）电路元器件的连接

1）两元器件间绘制导线。在元器件模式快捷按钮 ⟩ 与自动布线器快捷键按钮 🔲 按下时，两个元器件导线的连接方法是：再单击第一个元器件的连接点，移动鼠标，此时会在连接点处引出一根导线，再单击另一个连接点，即可自动绘出直线路径。若想手动确定走线路径，只需在预期的拐点处单击。需要注意的是，拐点处导线的走线只能是直角。在自动布线器快捷键按钮 🔲 松开时，导线可按任意角度走线，只需要在预期的拐点处单击，把鼠标指针拉向目标点，拐点处导线的走向只取决于鼠标指针的拖动。

2）连接导线连接的圆点。单击连接点按钮 ✛，会在两根导线连接处或两根导线交叉处添加一个圆点，以便让它们连接起来。

3）导线位置的调整。单击某一绘制的导线，对其进行位置的调整，导线两端各有一个小黑方块，右击出现快捷菜单如图 5-65 所示。选择"移动对象"命令，即可移动导线到指定位置，也可以旋转导线，然后单击导线，这就完成了导线位置的调整。

4）绘制总线与总线分支。

① 总线的绘制：单击工具栏的图标按钮 ╬，移动鼠标到绘制总线的起始位置，单击即可绘制出一条总线。若想要改变总线的 90°角的转折，松开自动布线器快捷按钮 🔲，总线即可按任意角度走线。在预期的拐点处单

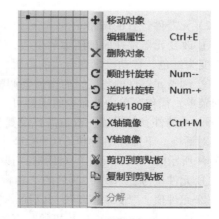

图 5-65　改变导线位置的菜单

击，将鼠标指针拉向目标点，拖动鼠标指针来控制导线的走向。在总线的终点处双击，结束总线的绘制。

② 总线分支绘制：总线绘制完以后，有时还需要绘制总线分支。为了使电路图更加专业和美观，通常把总线分支画成与总线呈 45°角的互相平行的斜线，如图 5-66 所示。绘制过程中要把自动

布线器快捷按钮 松开，拖动鼠标指针控制总线分支的走向。

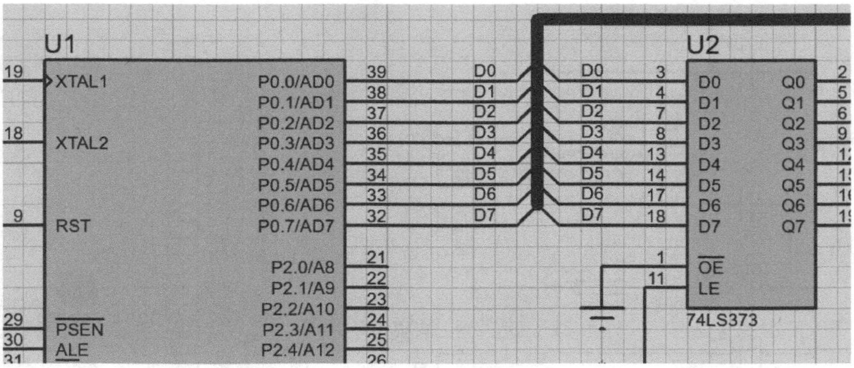

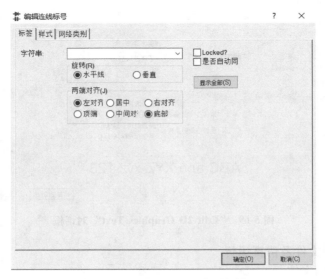

图 5-66 总线与总线分支及线标

对于图 5-66 所示的总线分支的绘制，先在 STC89C52 的 P0 口右侧画一条总线，然后再画总线分支。在元器件模式快捷按钮 按下、自动布线快捷键按钮 松开时，导线可按任意角度走线。先单击第一个元器件的连接点，移动鼠标，在预期的拐点处单击，然后向上移动鼠标，在与总线呈 45°角相交时单击确认，完成一条总线分支的绘制。其他总线分支的绘制可以在其他总线的起始点双击，不断复制即可。例如，绘制 P0.1 引脚至总线的分支，只需要把鼠标指针放置在 P0.1 引脚口位置，出现一个红色小方框，双击自动完成从 P0.1 引脚到总线的连线，这样可以依次完成所有总线分支的绘制。在绘制多条平行线时也可采用上述方法。

5）放置线标签。从图 5-66 中可以看到与总线相连的导线上都有线标（D0～D7）。放置线标的方法如下：单击工具栏的图标 LBL ，再将鼠标移至需要放置线标的导线上并单击，即出现如图 5-67 所示的"编辑连线标号"对话框，将线标填入"字符串"栏（例如，填写"D0"至"字符串"中），最后单击"确定"按钮。与总线相连的导线必须要放置线标，这样连接相同线标的导线才能够导通。"编辑连线标号"对话框中除了填入线标外，还有其他选项，根据实际需要选择即可。

图 5-67 "编辑连线标号"对话框

经过上述操作步骤，最终画出"点亮 LED 灯"的电路图如图 5-68 所示。

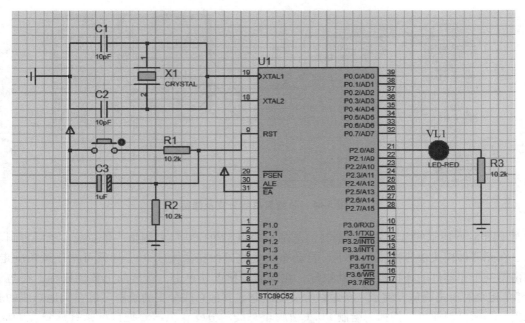

图 5-68 "点亮 LED 灯"的电路原理图

6）在电路原理图中书写文本。可以采用如下方法在电路原理图中的某个位置书写文本。例如，要在图中的石英晶振上书写"CRYSTAL"，可以先单击左侧工具栏中的图形文本模式的快捷按钮 **A**，然后在电路原理图上要书写文字的位置单击，这时就会出现如图 5-69 所示的"Edit 2D Graphics Text"对话框。在对话框的"文本字符串"栏目中，输入"CRYSTAL"，然后对字符的"方位"、字符的"字体属性"等栏目进行相应的设置。单击"确认"按钮后，在电路原理图中出现刚才添加的文本"CRYSTAL"。

图 5-69 "Edit 2D Graphics Text"对话框

5. 加载目标代码文件及仿真运行

（1）加载目标代码文件

电路图绘制完成后，把 Keil μVision5 下生成的".hex"文件加载到电路图中的单片机内即可进行仿真，仿真步骤如下。在 Proteus Schematic Capture 中的原理图编辑区内双击原理图的 STC89C52，出现图 5-70 所示的"编辑元件"对话框，在"Program File"栏中，输入 .hex 目标代码文件（与 .DSN 文件在同一目录下，直接输入代码文件名"点亮 LED 灯"即可，否则要写出完整的路径，也可单击文件打开按钮🖼，选取目标文件）。再在"Clock Frequency"栏中设置"12MHz"，该虚拟系统则以 12MHz 的时钟频率运行。此时，即可回到原理图界面进行仿真。

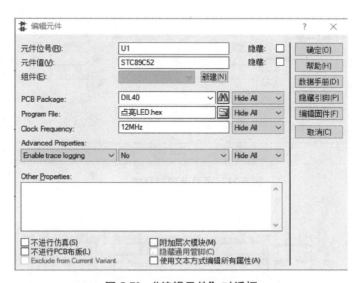

图 5-70　"编辑元件"对话框

（2）仿真运行

完成上述所有操作后，只需要单击 Proteus Schematic Capture 中的快捷命令按钮▶运行程序即可。

6. Proteus 与 Keil 的联合调试

前面介绍了如何在 Proteus 下完成原理图的设计文件（设计文件名的扩展名为 .DSN）后，再把在 Keil μVision5 下编写的 C51 程序，经过调试、编译最终生成".hex"文件，并把".hex"文件载入虚拟单片机中，然后进行软硬件联调。如果要修改程序，需要再回到 Keil μVision5 下修改，再经过调试、编译，重新生成".hex"文件，重复上述过程，直至系统正常运行为止。但是对于较为复杂的程序，如果没有达到预期的效果，这时可能需要 Proteus 与 Keil μVision5 进行联合调试。

联调之前需要安装 vudgi.exe 文件，该文件可以在 Proteus 的官方网站下载。vudgi.exe 文件安装后，需在 Proteus 与 Keil μVision5 中进行相应设置。

设置时，首先打开 Proteus 需要联调的程序文件，但不要运行，然后选中"调试"菜单中的"启动远程编译监视器"命令，使得 Keil μVision5 能与 Proteus 进行通信。

完成上述设置后，在 Keil μVision5 中打开程序工程文件，然后选择"Project"→"Options for Target"（或单击工具栏上的"Options for Target"快捷按钮），打开如图 5-71 所示的工程对话框。

在"Debug"选项卡中点选"Use"并选择"Proteus VSM Monitor-51 Driver"，如图 5-72 所示。如果 Proteus 与 Keil μVision5 安装在同一台计算机中，单击"Setting"按钮，在弹出的对话框中，保持"Host"与"Port"为默认值"127.0.0.1"与"8000"不变，如图 5-73 所示。如果跨计算机调试，则需要进行相应的修改。

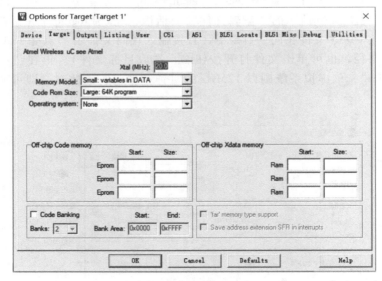

图 5-71　项目选项对话框（一）

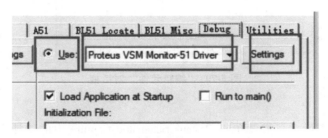

图 5-72　项目选项对话框（二）

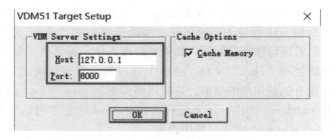

图 5-73　项目选项对话框（三）

　　完成上述设置后，即可进行 Proteus 与 Keil μVision5 的联调。需要注意的是，联调方式不支持需要调试的程序工程中的中文名字，因此需要将工程文件按中文文件名"点亮 LED 灯 . uvproj"改为英文文件名"LED-ON. uvproj"。

　　需要注意的是，这种联调方式在有些场合并不适用。例如扫描键盘时，就不能用单步跟踪，因为程序运行到某一步骤时，如果单击键盘的按键，再到 Keil μVision5 中继续单步跟踪，这时按键早已释放了。

　　图 5-74 为"点亮 LED 灯"的程序。

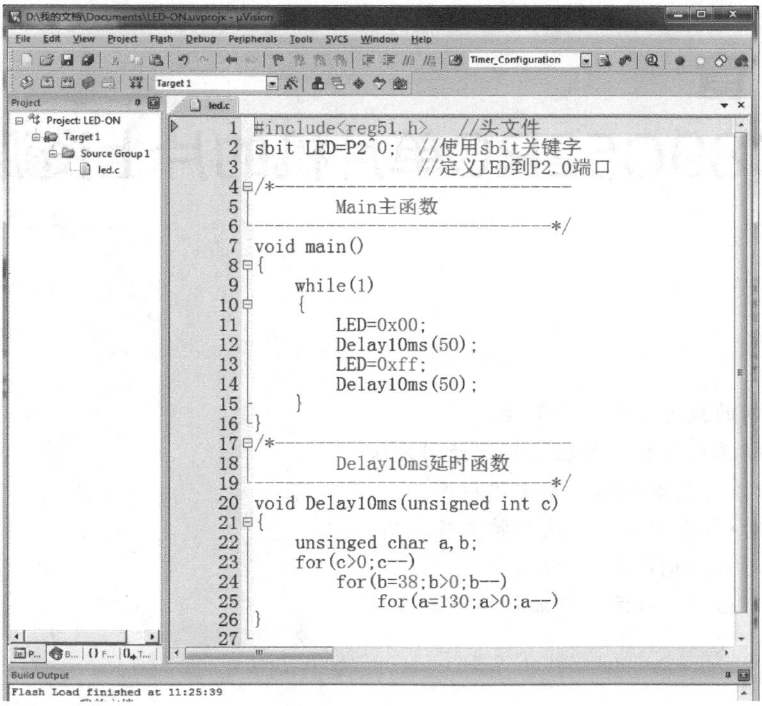

图 5-74　"点亮 LED 灯"程序

思考题及习题 5

1. 结合之前电路原理、模拟电子技术基础课程中学习的内容，在 Proteus 中搭建一个硬件电路仿真，观察仿真运行时电压、电流的变化或电路输出波形的状态。

2. 在 Proteus Schematic Capture 下完成图 5-68 的"点亮 LED 灯"的电路原理图的设计文件（.DSN 文件），并实现 Keil 与 Proteus 的联调。

第 6 章
STC89C52RC单片机的片上资源及应用

6.1　STC89C52RC 单片机的中断系统

　　单片机的中断系统解决了 CPU 高速处理与慢速外设之间的矛盾，提高了 CPU 处理外部事件的效率，以及实时处理数据的能力，尤其是在发生故障的时候能够及时响应处理，提高了单片机自身的可靠性。中断技术使得单片机的工作更为灵活、高效。

6.1.1　中断技术概述

　　CPU 正在执行程序的时候，如果外部发生紧急事件，要求 CPU 暂停当前的程序执行，转而去处理紧急事件，待处理结束后返回继续执行被打断的程序的过程称为中断。

　　例 1：A 同学在寝室看书（主程序）的时候，突然电话响了（中断源），这时候他把书放下并把书签插在正在阅读的页面（断点）去接电话（响应中断），接完电话后又继续回来看书（中断返回）。

　　例 2：B 同学正在上课（主程序），突然电话振动了（中断源），此时由于上课时规定不允许接电话，所以 B 同学无法接听电话。

　　例 3：C 同学在寝室看书（主程序）的时候，突然电话响了（中断源 1），这时候他把书放下并把书签插在正在阅读的页面（断点）去接电话（响应中断 1），在接电话的过程中，又有人敲门（中断源 2），这时候他在电话里让对方稍等，转而去开门（响应中断 2），开门后继续接听电话（中断 2 返回），接完电话后又继续回来看书（中断 1 返回）。

　　通过例 1 我们可以看到，中断源是引起中断的事件，CPU 转去执行中断程序前需要保存断点位置，以便中断返回时能够继续执行被打断的主程序；例 2 说明并不是所有的中断源发出中断请

求 CPU 都会无条件地转去执行,需要根据单片机是否允许执行
该中断源来决定;例 3 中当执行中断服务程序时又有中断源发出
中断申请,CPU 会根据中断的重要性选择处理。由于中断源 2
的优先等级高于中断源 1,因此 CPU 又转去执行第 2 个中断服务
程序,实现中断的嵌套。

中断执行过程如图 6-1 所示。

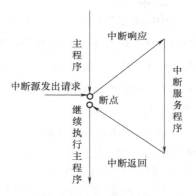

图 6-1　中断执行过程

6.1.2　中断控制系统

与传统 51 单片机不同,STC89C52RC 单片机具有 8 个中断
源和 4 个中断优先级,可实现 4 级中断服务程序嵌套。用户可通
过对相应的特殊功能寄存器的设置来决定中断的优先级以及是
否允许请求中断。

1. 中断系统结构

中断系统结构如图 6-2 所示,最左侧是 8 个中断源,最右侧是 CPU,中断源发出中断请求后,
需要经过"重重关卡"才能被 CPU 响应。这"重重关卡"指的就是中断系统所对应的特殊功能寄
存器,包括:中断允许控制寄存器 IE(Interrupt Enable)、中断低优先级控制寄存器 IP(Interrupt
Priority Low)、中断高优先级寄存器 IPH(Interrupt Priority High)、定时/计数器控制寄存器
TCON(Timer 0 and 1 Control)、定时/计数器 2 控制寄存器 T2CON(Timer 2 Control)、串行口控制
寄存器 SCON(Serial Control)以及辅助中断控制寄存器 XICON(Auxiliary Interrupt Control)。

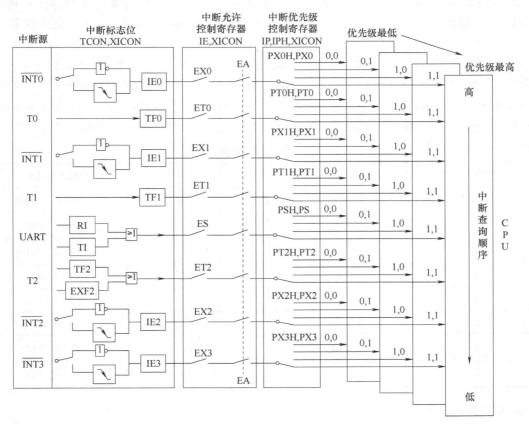

图 6-2　STC89C52RC 单片机中断系统结构图

2. 中断源

中断源是能够向 CPU 发出中断请求的信号源。STC89C52RC 单片机具有 8 个中断源、4 个外部中断和 4 个内部中断，分别为：外部中断 0（INT0：Interrupt 0）、定时器 T0（Timer 0）中断、外部中断 1（INT1：Interrupt 1）、定时器 T1（Timer 1）中断、串行口中断（TX/RX：Transmit/Receive）、定时器 T2（Timer 2）中断、外部中断 2（INT2：Interrupt 2）、外部中断 3（INT3：Interrupt 3），见表 6-1。

1）外部中断 0（$\overline{\text{INT0}}$）：外部中断请求信号由 P3.2 引脚提供，中断服务程序入口地址为 0003H，相同优先级内等级最高，中断请求标志位为 IE0（Interrupt Exterior 0），中断允许控制位为 EX0（Enable Exterior 0）。

2）定时器 T0 中断：由定时/计数器 T0 计满溢出产生中断请求，中断服务程序入口地址为 000BH，中断请求标志位为 TF0（Timer 0 flag），中断允许控制位为 ET0（Enable Timer 0）。

3）外部中断 1（$\overline{\text{INT1}}$）：外部中断请求信号由 P3.3 引脚提供，中断服务程序入口地址为 0013H，中断请求标志位为 IE1（Interrupt Exterior 1），中断允许控制位为 EX1（Enable Exterior 1）。

4）定时器 T1 中断：由定时/计数器 T1 计满溢出产生中断请求，中断服务程序入口地址为 001BH，中断请求标志位为 TF1（Timer 1 Flag），中断允许控制位为 ET1（Enable Timer 1）。

5）串行口中断：串行口完成一帧数据的发送或者接收时发出的中断请求，中断服务程序入口地址为 0023H，中断请求标志位为 TI（Transmit Interrupt）和 RI（Receive Interrupt），中断允许控制位为 ES（Enable Serial）。

6）定时器 T2 中断：由定时/计数器 T2 计满溢出产生中断请求，中断服务程序入口地址为 002BH，中断请求标志位为 TF2（Timer 2 flag）+ EXF2（Exterior Flag 2），中断允许控制位为 ET2（Enable Timer 2）。

7）外部中断 2（$\overline{\text{INT2}}$）：外部中断请求信号由 P4.3 引脚提供，中断服务程序入口地址为 0033H，中断请求标志位为 IE2（Interrupt Exterior 2），中断允许控制位为 EX2（Enable Exterior 2）。

8）外部中断 3（$\overline{\text{INT3}}$）：外部中断请求信号由 P4.2 引脚提供，中断服务程序入口地址为 003BH，中断请求标志位为 IE3（Interrupt Exterior 3），中断允许控制位为 EX3（Enable Exterior 3）。

表 6-1 中断源控制标志位

中断源	中断请求标志位	中断允许控制位	中断优先级设置
$\overline{\text{INT0}}$	IE0	EX0/EA	PX0H，PX0
T0	TF0	ET0/EA	PT0H，PT0
$\overline{\text{INT1}}$	IE1	EX1/EA	PX1H，PX1
T1	TF1	ET1/EA	PT1H，PT1
UART	TI/RI	ES/EA	PSH，PS
T2	TF2/EXF2	ET2/EA	PT2H，PT2
$\overline{\text{INT2}}$	IE2	EX2/EA	PX2H，PX2
$\overline{\text{INT3}}$	IE3	EX3/EA	PX3H，PX3

3. 中断标志位

当中断源向 CPU 发出中断请求后，会在相应的中断标志位置 1，中断标志位主要集中在以下两个特殊功能寄存器中。

（1）定时/计数器控制寄存器 TCON

TCON 地址为 88H，可位寻址。该寄存器主要用于设置外部中断 0 和外部中断 1 的触发方式，显示外部中断 0、定时/计数器 T0、外部中断 1、定时/计数器 T1 的中断标志位状态以及控制定时/计数器 T0 和 T1 启动和停止。TCON 寄存器各位的具体功能如下：

TCON	D7	D6	D5	D4	D3	D2	D1	D0	88H
	TF1		TF0		IE1	IT1	IE0	IT0	
	T1		T0		$\overline{INT1}$		$\overline{INT0}$		

1）IT0（Interrupt 0 Type Control）：外部中断 0 触发方式设置位。从中断系统结构图中可以看到外部中断信号产生中断请求前需要设置触发方式。当 IT0 = 0 时为电平触发方式，$\overline{INT0}$引脚低电平有效，产生中断请求信号；当 IT0 = 1 时为边沿触发方式，当连续两个机器周期检测 $\overline{INT0}$ 引脚由高电平变为低电平，即检测到一个下降沿时，产生中断请求信号。

2）IE0（Interrupt 0 Edge Flag）：外部中断 0 中断请求标志位。当检测到 $\overline{INT0}$ 引脚上出现有效的中断申请时（低电平或者下降沿），标志位 IE0 由单片机内部硬件自动置 1。当中断响应跳转到中断服务子程序时，IE0 由硬件自动清 0。

3）IT1（Interrupt 1 Type Control）：外部中断 1 触发方式设置位。当 IT1 = 0 时为电平触发方式，$\overline{INT1}$引脚低电平有效，产生中断请求信号；当 IT1 = 1 时为边沿触发方式，当连续两个机器周期检测到 $\overline{INT1}$ 引脚由高电平变为低电平，即检测到一个下降沿时，产生中断请求信号。

4）IE1（Interrupt 1 Edge Flag）：外部中断 1 中断请求标志位。当检测到 $\overline{INT1}$ 引脚上出现有效的中断申请时（低电平或者下降沿），标志位 IE1 由单片机内部硬件自动置 1。当中断响应跳转到中断服务子程序时，IE1 由硬件自动清 0。

其中电平触发方式时需要注意：①$\overline{INT×}$低电平必须保持到响应时，否则就会漏掉；②在中断服务结束前，$\overline{INT×}$低电平必须撤除，否则中断返回之后将再次产生中断（不能自动清 0）。

边沿触发方式需要注意：①采样到有效下降沿后，在 IE× 中将锁存一个 1；②若 CPU 暂时不能响应，申请标志也不会丢失，直到响应时才清 0（可自动清 0）。因此外部中断常采用边沿触发方式。

5）TF0（Timer 0 Overflow Flag）：定时/计数器 T0 溢出标志位。定时/计数器 T0 启动后，从初值开始进行 +1 计数，当计满溢出时，单片机内部硬件将 TF0 置 1，向 CPU 发出中断请求。当中断响应跳转到中断服务子程序时，TF0 由硬件自动清 0。

6）TF1（Timer 1 Overflow Flag）：定时/计数器 T1 溢出标志位。定时/计数器 T1 启动后，从初值开始进行 +1 计数，当计满溢出时，单片机内部硬件将 TF1 置 1，向 CPU 发出中断请求。当中断响应跳转到中断服务子程序时，TF1 由硬件自动清 0。

（2）串行口控制寄存器 SCON

串行口控制寄存器 SCON 地址为 98H，可位寻址。SCON 寄存器主要用于串行通信工作方式的设置，其中与串行通信相关的两位中断标志位 RI 和 TI 的功能如下：

SCON	D7	D6	D5	D4	D3	D2	D1	D0	98H
	SM0/FE	SM1	SM2	REN	TB8	RB8	TI	RI	

1）RI（Receiver Interrupt Flag）：串行口接收中断标志位。当允许串行口接收数据时，每接收

完一帧数据，由单片机内部硬件将 RI 自动置 1，向 CPU 发出中断申请。CPU 响应中断后，需要用户在中断服务程序中将 RI 清 0。

2）TI（Transmitter Interrupt Flag）：串行口发送中断标志位。当 CPU 将一个数据写入发送缓冲器时，就启动了发送过程。每发送完一帧数据，由单片机内部硬件将 TI 自动置 1，向 CPU 发出中断申请。CPU 响应中断后，需要用户在中断服务程序中将 TI 清 0。

单片机复位后，所有中断标志位都会由单片机内部硬件自动清 0。

4. 中断允许控制寄存器 IE 和 XICON

中断允许控制寄存器 IE（地址为 A8H）和辅助中断允许控制寄存器 XICON（地址为 C0H）均可实现位寻址，其作用是对单片机的中断源设置开放或禁止中断。中断允许控制寄存器实现的是两级控制，中断请求需要同时满足总中断允许和对应位中断允许才能够被 CPU 响应。其各位的功能如下：

（1）中断允许控制寄存器 IE

IE	D7	D6	D5	D4	D3	D2	D1	D0	A8H
	EA	—	ET2	ES	ET1	EX1	ET0	EX0	

1）EX0（Enable External Interrupt 0）：外部中断 0 中断允许控制位。EX0 = 1，允许外部中断 0 发生中断；EX0 = 0，不允许外部中断 0 发生中断。

2）ET0（Enable Timer 0 Interrupt）：定时/计数器 T0 中断允许控制位。ET0 = 1，允许定时/计数器 T0 发生中断；ET0 = 0，不允许定时/计数器 T0 发生中断。

3）EX1（Enable External Interrupt 1）：外部中断 1 中断允许控制位。EX1 = 1，允许外部中断 1 发生中断；EX1 = 0，不允许外部中断 1 发生中断。

4）ET1（Enable Timer 1 Interrupt）：定时/计数器 T1 中断允许控制位。ET1 = 1，允许定时/计数器 T1 发生中断；ET1 = 0，不允许定时/计数器 T1 发生中断。

5）ES（Enable Serial Interrupt）：串行口中断允许控制位。ES = 1，允许串行口发生中断；ES = 0，不允许串行口发生中断。

6）ET2（Enable Timer 2 Interrupt）：定时/计数器 T2 中断允许控制位。ET2 = 1，允许定时/计数器 T2 发生中断；ET2 = 0，不允许定时/计数器 T2 发生中断。

7）EA（Enable All Interrupt）：总中断允许控制位。该位相当于总开关，EA = 1 时，才允许各个中断源发出中断申请。若 EA = 0，则禁止所有中断请求。

由于 STC89C52RC 单片机又增加了 2 个外部中断，因此需要增加一个寄存器用于设置其工作方式及控制位。

（2）辅助中断允许控制寄存器 XICON

XICON	D7	D6	D5	D4	D3	D2	D1	D0	C0H
	PX3	EX3	IE3	IT3	PX2	EX2	IE2	IT2	
			$\overline{INT3}$				$\overline{INT2}$		

1）IT2（Interrupt 2 Type Control）：外部中断 2 触发方式设置位。当 IT2 = 0 时为电平触发方式，$\overline{INT2}$引脚低电平有效，产生中断请求信号；当 IT2 = 1 时为边沿触发方式，当连续两个机器周期检测到$\overline{INT2}$引脚由高电平变为低电平，即检测到一个下降沿时，产生中断请求信号。

2）IE2（Interrupt 2 Edge Flag）：外部中断 2 中断请求标志位。当检测到$\overline{INT2}$引脚上出现有效的中断申请时（低电平或者下降沿），标志位 IE2 由单片机内部硬件自动置 1。当中断响应跳转到中断服务子程序时，IE2 由硬件自动清 0。

3）EX2（Enable External Interrupt 2）：外部中断 2 中断允许控制位。EX2＝1，允许外部中断 2 发生中断；EX2＝0，不允许外部中断 2 发生中断。

4）PX2（Priority External 2）：外部中断 2 优先级控制位。PX2＝1 为高优先级，优先级最终由 PX2H 和 PX2 两位共同决定。根据〔PX2H，PX2〕＝〔0，0〕；〔0，1〕；〔1，0〕；〔1，1〕的状态设置分成 4 级优先级。

5）IT3（Interrupt 3 Type Control）：外部中断 3 触发方式设置位。当 IT3＝0 时为电平触发方式，$\overline{INT3}$ 引脚低电平有效，产生中断请求信号；当 IT3＝1 时为边沿触发方式，当连续两个机器周期检测到 $\overline{INT3}$ 引脚由高电平变为低电平，即检测到一个下降沿时，产生中断请求信号。

6）IE3（Interrupt 3 Edge Flag）：外部中断 3 中断请求标志位。当检测到 $\overline{INT3}$ 引脚上出现有效的中断申请时（低电平或者下降沿），标志位 IE3 由单片机内部硬件自动置 1。当中断响应跳转到中断服务子程序时，IE3 由硬件自动清 0。

7）EX3（Enable External Interrupt 3）：外部中断 3 中断允许控制位。EX3＝1，允许外部中断 3 发生中断；EX3＝0，不允许外部中断 3 发生中断。

8）PX3（Priority External 3）：外部中断 3 优先级控制位。PX3＝1 为高优先级，优先级最终由 PX3H 和 PX3 两位共同决定。根据〔PX3H，PX3〕＝〔0，0〕；〔0，1〕；〔1，0〕；〔1，1〕的状态设置分成 4 级优先级。

单片机复位后，IE 及 XICON 寄存器均由单片机内部硬件自动清 0，即禁止所有中断。

【例 6-1】　单片机复位后，若允许两个外部中断源 $\overline{INT0}$ 和 $\overline{INT1}$ 中断，并禁止其他中断源的中断请求，请编写设置 IE 的命令语句。

（1）采用对 IE 寄存器进行位操作。

```
{
    …
    EA=1;        //总中断允许
    EX0=1;       //允许外部中断 0 中断
    EX1=1;       //允许外部中断 1 中断
    IT0=1;       //设置外部中断 0 为下降沿触发
    IT1=1;       //设置外部中断 1 为下降沿触发
    …
}
```

由于单片机复位后，IE 寄存器各个位均为 0，所以只需要把允许中断的中断源设置为 1 即可。

（2）采用对 IE 寄存器和 TCON 寄存器进行字节操作。

```
{
    …
    IE=0x85;      //允许两个外部中断
    TCON=0x05;    //允许两个外部中断均为下降沿触发
    …
}
```

5. 中断优先级控制寄存器 IP/IPH

传统 51 单片机通过优先级控制寄存器 IP 设置中断优先级，根据各位状态不同分为高优先级和低优先级两个中断优先级，可实现两级中断嵌套。SCT89C52RC 单片机通过增加辅助中断允许控制器 XICON 以及高优先级控制寄存器 IPH，将中断分为 4 个优先等级，中断可实现 4 级嵌套。

（1）中断优先级控制器 IP

若只设置优先级控制寄存器 IP，SCT89C52RC 单片机与传统 51 单片机优先级设置相同，中断具有两级优先级。中断优先级控制器 IP 地址为 B8H，可实现位寻址。

	D7	D6	D5	D4	D3	D2	D1	D0	
IP	—	—	PT2	PS	PT1	PX1	PT0	PX0	B8H

1）PX0（Priority External 0）：外部中断 0 优先级控制位。当 PX0 = 1 时，外部中断 0 为高优先级；当 PX0 = 0 时，外部中断 0 为低优先级。

2）PT0（Priority Timer 0）：定时/计数器 T0 优先级控制位。当 PT0 = 1 时，定时/计数器 T0 中断为高优先级；当 PT0 = 0 时，定时/计数器 T0 中断为低优先级。

3）PX1（Priority External 1）：外部中断 1 优先级控制位。当 PX1 = 1 时，外部中断 1 为高优先级；当 PX1 = 0 时，外部中断 1 为低优先级。

4）PT1（Priority Timer 1）：定时/计数器 T1 优先级控制位。当 PT1 = 1 时，定时/计数器 T1 中断为高优先级；当 PT1 = 0 时，定时/计数器 T1 中断为低优先级。

5）PS（Priority Serial）：串行口优先级控制位。当 PS = 1 时，串行口中断为高优先级；当 PS = 0 时，串行口中断为低优先级。

6）PT2（Priority Timer 2）：定时/计数器 T2 优先级控制位。当 PT2 = 1 时，定时/计数器 T2 中断为高优先级；当 PT2 = 0 时，定时/计数器 T2 中断为低优先级。

（2）中断高优先级控制寄存器 IPH

IPH 寄存器与中断优先级控制寄存器 IP 一起确定 STC89C52RC 单片机中断的 4 个优先等级。图 6-3 为 4 级中断嵌套结构图。中断高优先级控制寄存器 IPH 地址为 B7H，不可进行位寻址，只能进行字节操作，各位的含义如下：

	D7	D6	D5	D4	D3	D2	D1	D0	
IPH	PX3H	PX2H	PT2H	PSH	PT1H	PX1H	PT0H	PX0H	B7H

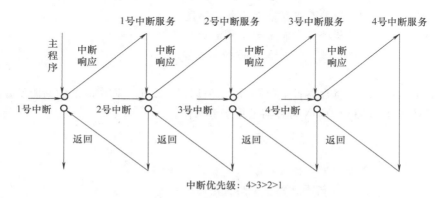

图 6-3　4 级中断嵌套结构

1）PX0H，PX0：外部中断 0 优先级控制位。

当 PX0H = 0 且 PX0 = 0 时，外部中断 0 为最低优先级中断（优先级 0）；

当 PX0H = 0 且 PX0 = 1 时，外部中断 0 为较低优先级中断（优先级 1）；

当 PX0H=1 且 PX0=0 时，外部中断 0 为较高优先级中断（优先级 2）；

当 PX0H=1 且 PX0=1 时，外部中断 0 为最高优先级中断（优先级 3）。

2) PT0H，PT0：定时/计数器 T0 优先级控制位。

当 PT0H=0 且 PT0=0 时，定时/计数器 T0 为最低优先级中断（优先级 0）；

当 PT0H=0 且 PT0=1 时，定时/计数器 T0 为较低优先级中断（优先级 1）；

当 PT0H=1 且 PT0=0 时，定时/计数器 T0 为较高优先级中断（优先级 2）；

当 PT0H=1 且 PT0=1 时，定时/计数器 T0 为最高优先级中断（优先级 3）。

3) PX1H，PX1：外部中断 1 优先级控制位。

当 PX1H=0 且 PX1=0 时，外部中断 1 为最低优先级中断（优先级 0）；

当 PX1H=0 且 PX1=1 时，外部中断 1 为较低优先级中断（优先级 1）；

当 PX1H=1 且 PX1=0 时，外部中断 1 为较高优先级中断（优先级 2）；

当 PX1H=1 且 PX1=1 时，外部中断 1 为最高优先级中断（优先级 3）。

4) PT1H，PT1：定时/计数器 T1 优先级控制位。

当 PT1H=0 且 PT1=0 时，定时/计数器 T1 为最低优先级中断（优先级 0）；

当 PT1H=0 且 PT1=1 时，定时/计数器 T1 为较低优先级中断（优先级 1）；

当 PT1H=1 且 PT1=0 时，定时/计数器 T1 为较高优先级中断（优先级 2）；

当 PT1H=1 且 PT1=1 时，定时/计数器 T1 为最高优先级中断（优先级 3）。

5) PSH，PS：串行口优先级控制位。

当 PSH=0 且 PS=0 时，串行口为最低优先级中断（优先级 0）；

当 PSH=0 且 PS=1 时，串行口为较低优先级中断（优先级 1）；

当 PSH=1 且 PS=0 时，串行口为较高优先级中断（优先级 2）；

当 PSH=1 且 PS=1 时，串行口为最高优先级中断（优先级 3）。

6) PT2H，PT2：定时/计数器 T2 优先级控制位。

当 PT2H=0 且 PT2=0 时，定时/计数器 T2 为最低优先级中断（优先级 0）；

当 PT2H=0 且 PT2=1 时，定时/计数器 T2 为较低优先级中断（优先级 1）；

当 PT2H=1 且 PT2=0 时，定时/计数器 T2 为较高优先级中断（优先级 2）；

当 PT2H=1 且 PT2=1 时，定时/计数器 T2 为最高优先级中断（优先级 3）。

7) PX2H，PX2：外部中断 2 优先级控制位。

当 PX2H=0 且 PX2=0 时，外部中断 2 为最低优先级中断（优先级 0）；

当 PX2H=0 且 PX2=1 时，外部中断 2 为较低优先级中断（优先级 1）；

当 PX2H=1 且 PX2=0 时，外部中断 2 为较高优先级中断（优先级 2）；

当 PX2H=1 且 PX2=1 时，外部中断 2 为最高优先级中断（优先级 3）。

8) PX3H，PX3：外部中断 3 优先级控制位。

当 PX3H=0 且 PX3=0 时，外部中断 3 为最低优先级中断（优先级 0）；

当 PX3H=0 且 PX3=1 时，外部中断 3 为较低优先级中断（优先级 1）；

当 PX3H=1 且 PX3=0 时，外部中断 3 为较高优先级中断（优先级 2）；

当 PX3H=1 且 PX3=1 时，外部中断 3 为最高优先级中断（优先级 3）。

单片机复位后，IP 及 IPH 寄存器均由单片机内部硬件自动清 0，即所有中断均属于最低优先级。

中断优先级遵循的原则如下：

1) 若 CPU 正在响应一个低优先级的中断服务程序，该中断可以被更高级别的中断申请打断，形成中断嵌套（高打断低）。

2）当多个中断源同时发出中断请求时，高级别的中断先被 CPU 响应（先高后低）。

3）正进行的中断服务，同级或低级中断不能对其中断，但可以被高级中断所中断（高不理低）。

4）同一优先级别的中断源同时发出中断请求时，按照辅助优先级顺序执行。

表 6-2 给出中断辅助优先级顺序。

表 6-2　中断辅助优先级顺序

查询顺序（由高到低）	中断源	查询顺序（由高到低）	中断源
0	外部中断 0 $\overline{INT0}$	4	串行口中断
1	定时/计数器 T0	5	定时/计数器 T2
2	外部中断 1 $\overline{INT1}$	6	外部中断 2 $\overline{INT2}$
3	定时/计数器 T1	7	外部中断 3 $\overline{INT3}$

6.1.3　中断处理过程

CPU 响应中断源的请求并转去执行中断服务程序的过程一般分为 3 个阶段：中断响应、中断处理和中断返回。

定时器中断和串行口中断属于内部中断，中断请求在单片机内部自动完成，中断请求完成后，相应的中断请求标志位直接置位；外部中断的中断请求信号从单片机引脚由片外输入。CPU 在每个机器周期的 S5P2 期间采样中断请求信号。如果有中断请求，将被锁存到相应的中断标志位。CPU 顺序地检查每一个中断标志位的状态，当查询到某个中断源的中断标志位为 1 时，表示该中断事件已发生，中断源向 CPU 发出中断申请。

1. 中断响应

中断响应就是 CPU 对中断请求的处理，当查询到有效的中断请求时，满足以下条件时，紧接着就进行中断响应。

一个中断源中断请求被响应，须满足以下必要条件：

1）总中断允许开关开通，即 IE 寄存器中的中断总允许位 EA＝1。

2）该中断源发出中断请求，即该中断源对应的中断请求标志位为 1。

3）该中断源的中断允许位为 1，即该中断被允许。

4）无同级或更高级中断正在被服务。

如果不被下述条件阻止，则在下一个机器周期的 S1 期间，响应提出申请的优先级最高的中断请求。

中断阻止条件：

1）当 CPU 查询到有中断提出中断申请，但是此时 CPU 正在处理相同或者更高优先级的中断服务程序。因为当一个中断被响应时，要把对应的中断优先级状态触发器置 1（该触发器指出 CPU 所处理的中断优先级别），从而封锁了低级中断请求和同级中断请求。

2）现在的机器周期不是执行指令的最后一个机器周期（单片机的指令分为单机器周期指令、双机器周期指令和四机器周期指令，如果 CPU 正在执行一条双机器周期指令的第一个周期时查询到有中断源提出中断申请，CPU 不会在下一个机器周期马上转去执行中断服务程序，由于指令的执行需要完整性，CPU 需要将当前指令执行完，在下一个机器周期才能转去执行中断服务程序）。

3）正在执行指令 RETI 或者对 IE、IP 的写操作指令。执行这些指令后，至少再执行一条指令后才会响应中断。当 CPU 执行这 3 条指令时发现有中断源提出中断请求，CPU 不会在这 3 条指令执行完之后转去执行中断服务程序，需要再执行一条指令才能转去执行中断服务程序。

如存在上述 3 种情况之一，CPU 将丢弃中断查询结果，不能对中断进行响应。

2. 中断响应时间

从中断发生到开始去执行中断服务程序这段时间间隔为中断响应时间。从中断提出申请，其标志位置 1，到 CPU 查询到该标志位，需要 1 个机器周期。若没有任何特殊情况，CPU 将直接转去执行中断服务程序，该过程需要将当前 PC 内容，即断点地址压入堆栈，并将中断入口地址放入 PC 中，CPU 将转去相应的中断入口地址，该过程为执行硬件子程序调用需要 2 个机器周期完成。正常的一个中断响应过程为 3 个机器周期。若遇到上述中断阻止事件，中断响应时间将加长，如果执行 RETI 指令，后面跟随一个乘除指令（四机器周期指令），则该过程执行需要 5 个机器周期。由此可见，在单一中断系统中，外部中断的响应时间一般为 3~8 个机器周期。

3. 中断处理

CPU 响应中断申请后，在下一个机器周期进入中断服务程序，直到返回指令 RETI 为止的过程称为中断处理过程。若 CPU 查询到某个中断标志位置 1，则由单片机内部硬件自动产生一条 LCALL 指令，将当前 PC 内容压进栈，保护中断断点地址，将被响应的中断服务程序入口地址送入 PC，使其跳转到相应的中断入口地址去执行中断服务程序。中断服务子程序一般包括两部分内容：一是保护和恢复现场，二是处理中断源请求。使用时，由于进入中断入口地址后，只有 8 个字节空间无法完成程序的编写，因此，通常在中断入口地址处再存放一条跳转指令，使程序跳转到用户安排的中断服务子程序地址开始执行。各中断源的中断入口地址见表 6-3。

表 6-3　各中断源的中断入口地址

中断源	中断入口地址	中断源	中断入口地址
外部中断 0 INT0	0003H	串行口中断	0023H
定时/计数器 T0	000BH	定时/计数器 T2	002BH
外部中断 1 INT1	0013H	外部中断 2 INT2	0033H
定时/计数器 T1	001BH	外部中断 3 INT3	003BH

4. 中断请求撤销

在 CPU 响应中断后，应撤销该中断请求，否则会再次引起中断。

1）定时器中断：在 CPU 响应中断后，由硬件自动撤销中断请求标志 TF0 和 TF1。

2）脉冲触发的外部中断：当外部中断引脚上出现一个下降沿脉冲信号后，相应中断标志位会自动置 1，CPU 响应中断后，由硬件自动撤销中断请求标志 IE0 和 IE1。

3）电平触发的外部中断：当外部中断引脚上出现低电平信号后，相应中断标志位会自动置 1，CPU 响应中断后，由硬件自动撤销中断请求标志 IE0 和 IE1，此外，需注意必须立即撤除引脚低电平信号。

4）串行口中断：在 CPU 响应中断后，中断请求标志 RI 和 TI 不会被自动撤销，要用软件来撤销，这在编写串行中断服务程序时应加以注意。

5. 中断返回

中断返回是指完成中断服务后，单片机返回到原来断点位置继续执行主程序的过程。该过程由 RETI 指令实现，CPU 将响应中断时的优先级状态寄存器清 0，并从堆栈中弹出 2 个字节断点地址送入程序计数器 PC，执行完该指令后从原先的断点处继续执行被中断的主程序。

6.1.4　中断服务函数

单片机的中断处理过程由中断服务函数实现。C51 语言允许用户根据需求自己编写中断服务函数。编译器会自动产生中断向量与程序的入栈出栈代码。

中断服务函数的格式为：

函数类型　函数名（）interrupt n　using m

void Int_1（） interrupt 2 using 0

1）interrupt 是中断服务函数的关键字，n 表示中断源编号。STC89C52RC 单片机有 8 个中断源，根据中断源内部辅助优先级从高到低，0—外部中断 0，1—定时/计数器 T0，2—外部中断 1，3—定时/计数器 T1，4—串行口中断，5—定时/计数器 T2，6—外部中断 2，7—外部中断 3。根据中断编号编译器会自动转入相应中断服务程序入口地址执行该程序。

2）关键字 using 后面的 m 取值范围为 0~3，表示所选择的工作寄存器组。该关键字为可选项，用户编写程序时一般可省略，由编译器自行进行选择。

中断服务函数使用时需要注意以下事项：

1）中断服务函数一定是一个没有返回值的函数，即中断函数类型为 void。

2）中断服务函数不能进行参数的传递，函数名后面的括号内没有参数。

3）中断服务函数不可被其他函数调用。

4）编写程序时应使中断服务函数内的语句尽量简洁。

5）中断服务函数在程序中的位置不影响其执行的顺序。

6.1.5　中断系统的应用

编写中断程序首先需要对中断系统进行初始化：

1）若为外部中断，需要设定外部中断的触发方式，设置 TCON 寄存器。

2）打开相应中断源的中断允许位，设置 IE 寄存器。

3）若有多个中断发生，需要对中断优先级寄存器 IP 进行设置。

【例 6-2】　设计外部中断改变发光二极管状态：用按键控制发光二极管状态。P2.0 引脚接发光二极管 LED，外部中断 0 的 P3.2 引脚接按键 K1，K1 每按下一次 LED 改变亮灭状态，分别用查询方式和中断方式编写程序。

用 Proteus 仿真软件画出本例仿真图如图 6-4 所示。

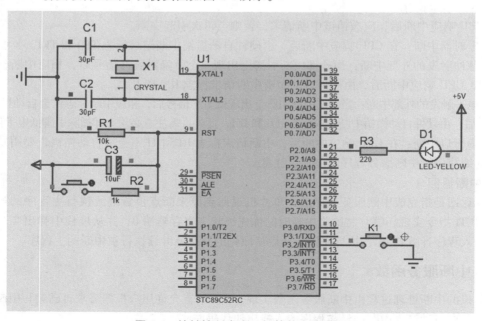

图 6-4　按键控制发光二极管状态仿真图

(1) 采用查询方式

```c
#include <reg52.h>              //52 系列单片机头文件
#define uchar unsigned char     //宏定义数据类型
#define uint unsigned int       //宏定义数据类型
sbit LED = P2^0;                //P2.0 引脚命名为 LED
sbit K1 = P3^2;                 //P3.2 引脚命名为 K1
void DelayMS(uint z)            //延时函数
{
    uint i,j;
    for(i=z;i>0;i--)
    for(j=110;j>0;j--);
}
void main( )                    //主函数
{
    while(1)                    //循环
    {
        if(K1 == 0)             //检测按键是否按下
        {
            DelayMS(10);        //延时去抖
            if(K1 == 0)         //再次检测
            {
                LED = ~LED;     //二极管状态取反
                while(!K1);     //等待按键弹起
            }
        }

    }
}
```

(2) 采用中断方式

```c
#include<reg52.h>              //52 系列单片机头文件
#define uchar unsigned char    //宏定义数据类型
#define uint unsigned int      //宏定义数据类型
sbit LED=P2^0;                 //P2.0 引脚命名为 LED
void main( )                   //主函数
{
    IT0=1;                     //设置外部中断 0 为边沿触发方式
    EX0=1;                     //开外部中断 0 中断
    EA=1;                      //开总中断
    while(1);                  //循环等待
}
void int0( ) interrupt 0       //外部中断 0 中断函数
{
```

```
        LED=~LED;                         //发光二极管状态取反
}
```

【**例 6-3**】　设计外部中断改变流水灯方向：用按键控制流水灯方向。P2 口连接 8 个发光二极管，外部中断 1 的 P3.3 引脚接按键 K1。上电后流水灯自上而下流动，每按下一次 K1，流水灯改变流动方向，分别用查询方式和中断方式编写程序。

用 Proteus 仿真软件画出本例仿真图如图 6-5 所示。

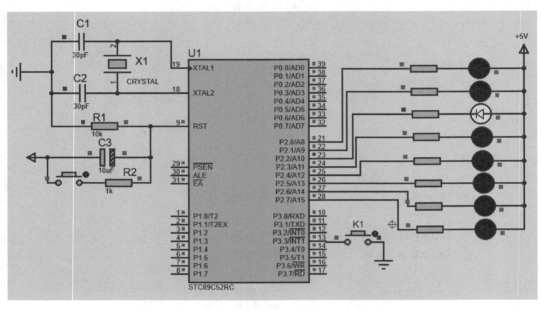

图 6-5　按键控制流水灯方向仿真图

（1）采用查询方式

```
#include<reg52.h>                        //调用 52 单片机头文件
#include<intrins.h>                      //调用移动函数头文件
#define uchar unsigned char              //宏定义数据类型
#define uint unsigned int                //宏定义数据类型
uchar Flag=0,ScanCode=0xfe;              //赋初值
sbit K1=P3^3;
void DelayMs(uint n)                     //1ms 延时函数
{
    uchar j;
    while(n--)
    {
        for(j=0;j<113;j++);              //空循环
    }
}
void main()                             //主函数
{
    Flag=0;
```

```
    while(1)                                //循环程序
    {
        if(K1==0)                           //检测按键是否按下
        DelayMs(10);                        //延时消抖
        if(K1==0)                           //再次检测
        Flag=~Flag;                         //标志位取反
        if(Flag==0)                         //若标志位为 0
        {
            P2=ScanCode;                    //将 ScanCode 送到 P2 口输出
            ScanCode=_crol_(ScanCode,1);    //左移
        }
        else                                //否则
        {
            P2=ScanCode;                    //将 ScanCode 送到 P2 口输出
            ScanCode=_cror_(ScanCode,1);    //右移
        }
        DelayMs(500);                       //调用延时函数
    }
}
```

（2）采用中断方式

```
#include<reg52.h>                           //调用 52 单片机头文件
#include<intrins.h>                         //调用移动函数头文件
#define uchar unsigned char                 //宏定义数据类型
#define uint unsigned int                   //宏定义数据类型
uchar Flag=0,ScanCode=0xfe;                 //赋初值
void DelayMs(uint n)                        //1ms 延时函数
{
    uchar j;
    while(n--)
    {
        for(j=0;j<113;j++);                 //空循环
    }
}
void main()                                 //主函数
{
    IT1=1;                                  //设置外部中断 1 为边沿触发方式
    EX1=1;                                  //开外部中断 1
    EA=1;                                   //开总中断
    while(1)                                //循环程序
    {
        if(Flag==0)                         //若标志位为 0
        {
```

```
            P2 = ScanCode;                    //将 ScanCode 送到 P2 口输出
            ScanCode = _crol_(ScanCode,1);    //左移
        }
        else
        {
            P2 = ScanCode;                    //将 ScanCode 送到 P2 口输出
            ScanCode = _cror_(ScanCode,1);    //右移
        }
        DelayMs(500);                         //调用延时函数
    }
}
void Ex1()interrupt  2                        //外部中断 1 中断函数
{
    Flag = ~Flag;                            //标志位取反
}
```

6.2　STC89C52RC 单片机的定时/计数器

定时/计数器也是单片机内部的重要功能部件，在工业控制现场可起到精确定时作用，如定时检测、定时响应、定时控制，也可检测外部脉冲实现计数功能。定时的方法有很多种，如采用 555 芯片及外围电路构成的时基电路，或者前文中我们编写的软件延时程序都可以实现精确的定时，但是硬件电路一旦设计好其参数不可变，软件延时又占用 CPU 的资源。定时/计数器不仅可以方便地实现精确的定时和计数，而且不占用 CPU 的运行时间。

6.2.1　定时/计数器的结构及工作原理

STC89C52RC 单片机有 3 个 16 位定时/计数器。常用的定时/计数器为 T0 和 T1，它们都有定时或计数的功能，可用于定时控制、延时、对外部事件计数和检测等场合；T0 由 2 个 8 位特殊功能寄存器 TH0 和 TL0 构成，T1 由 2 个 8 位特殊功能寄存器 TH1 和 TL1 构成。T0 和 T1 都可由软件设置为定时或计数工作模式，并可通过特殊功能寄存器 TMOD 和 TCON 控制其工作方式及启停控制。定时/计数器内部结构图如图 6-6 所示。

STC89C52RC 单片机增加了第 3 个定时/计数器 T2，其功能比 T0、T1 都强大，它具有一个 16 位自动重装定时器，且具有捕获能力。T2 由 2 个 8 位特殊功能寄存器 TH2 和 TL2 构成，通过特殊功能寄存器 T2CON 和 T2MOD 来控制其工作方式，通过特殊功能寄存器 RCAP2L 和 RCAP2H 来设置其捕获方式。

定时/计数器的工作原理实质上是对脉冲进行计数；当定时/计数器工作在定时模式时，脉冲来自单片机内部的系统时钟，每个机器周期计数+1，定时时间＝计数值×机器周期；若为计数模式，脉冲来自单片机外部引脚 P3.4（T0 对应引脚）和 P3.5（T1 对应引脚），当引脚上检测到一个下降沿时，计数+1。当定时/计数器计满，再输入一个脉冲时，定时/计数器将发生溢出使 TCON 的 TF0 或 TF1 置 1，并向 CPU 发出中断申请。

定时/计数器的初值是设置的关键，如果要求定时/计数器计数 12 个脉冲后产生中断，那么存放在定时器里的初值应为定时/计数器容量−12，这样在计数 12 个脉冲信号后定时器计满产生溢出信号，向 CPU 发出中断请求，因此计数值≠初值。

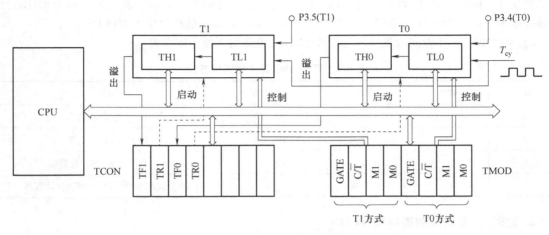

图 6-6　定时/计数器内部结构图

计算初值有以下两种方式：

1）公式法（若计数值为 N，初值为 X，定时/计数器位数为 m）。

当 $C/\overline{T}=1$ 时，定时/计数器工作在计数模式，此时定时/计数器初值为

$$X=2^m-N$$

当 $C/\overline{T}=0$ 时，定时/计数器工作在定时模式，若 t 为定时时间，T_{cy} 为机器周期，此时定时/计数器初值为

$$N=t/T_{cy}\,,X=2^m-N$$

2）求补法：X 为对 N 求补。

6.2.2　定时/计数器的控制寄存器

定时/计数器 T0 和 T1 的工作模式和工作方式均由定时/计数器工作方式控制寄存器 TMOD（Timer Mode）来设置，定时/计数器控制寄存器 TCON（Timer Control）内部包含中断标志位及控制定时/计数器启动和停止的功能。

1. 定时/计数器工作方式控制寄存器 TMOD

TMOD 地址为 89H，不可位寻址，只能进行字节操作。该寄存器主要用于设置定时器 T0 和定时器 T1 的 2 种工作模式及 4 种工作方式，低 4 位用于控制定时/计数器 T0，高 4 位控制定时/计数器 T1。TMOD 寄存器各位的具体功能如下：

TMOD	D7	D6	D5	D4	D3	D2	D1	D0	89H
	GATE	$C/\overline{T}$	M1	M0	GATE	$C/\overline{T}$	M1	M0	
		T1				T0			

1）GATE：门控位。当 GATE = 0 时，仅由运行控制位 TRX 来控制定时/计数器运行；当 GATE = 1 时，由外部中断引脚（P3.4 或 P3.5）上的电平与运行控制位 TRX 共同控制定时/计数器运行，可用于测量外部引脚出现的脉冲宽度。

2）$C/\overline{T}$（Counter/Timer）：模式选择位。当 $C/\overline{T}=0$ 时，为定时器工作模式，对单片机的时钟信号 12 分频后的脉冲（机器周期）进行计数；当 $C/\overline{T}=1$ 时，为计数器工作模式，计数器对外部输入引脚 T0（P3.4）或 T1（P3.5）上的外部脉冲（下降沿）计数，由于确认一次下降沿要花 2

个机器周期，因此，对外部信号计数的最高频率为系统振荡频率的 1/24。若晶振频率为 6MHz，输入脉冲频率最高为 250kHz；若晶振频率为 12MHz，则输入脉冲最高频率为 500kHz。

3）M1/M0：工作方式设置位。可设置定时/计数器的 4 种工作方式。

表 6-4　定时/计数器 4 种工作方式

M1	M0	工作方式	适用对象	说明
0	0	工作方式 0	T0、T1	13 位定时/计数器
0	1	工作方式 1	T0、T1	16 位定时/计数器
1	0	工作方式 2	T0、T1	8 位自动重装定时/计数器
1	1	工作方式 3	T0	T0 分成两个独立的 8 位定时/计数器

2. 定时/计数器控制寄存器 TCON

TCON 地址为 88H，可位寻址。该寄存器主要用于设置外部中断 0 和外部中断 1 的触发方式，显示外部中断 0、定时/计数器 T0、外部中断 1、定时/计数器 T1 的中断标志位状态以及控制定时/计数器 T0 和 T1 启动和停止。TCON 寄存器各位的具体功能如下：

TCON	D7	D6	D5	D4	D3	D2	D1	D0	88H
	TF1	TR1	TF0	TR0					
	T1		T0						

1）TR0（Timer 0 Run Control）：定时/计数器 T0 启动控制位。TR0 的控制取决于 TMOD 中 GATE 位的状态。若 GATE = 0，当 TR0 = 1 时 T0 开始计数，当 TR0 = 1 时停止计数；若 GATE = 1，则当 $\overline{INT0}$ 引脚为高电平且 TR0 = 1 时，定时/计数器 T0 开始计数。

2）TF0（Timer 0 Overflow Flag）：定时/计数器 T0 溢出标志位。T0 启动后，从初值开始进行 + 1 计数，当计满溢出时单片机内部硬件将 TF0 置 1，向 CPU 发出中断请求。当中断响应跳转到中断服务子程序时，TF0 由硬件自动清 0。

3）TR1（Timer 1 Run Control）：定时/计数器 T1 启动控制位。TR1 的控制取决于 TMOD 中 GATE 位的状态。若 GATE = 0，当 TR1 = 1 时 T1 开始计数，当 TR1 = 0 时停止计数；若 GATE = 1，则当 $\overline{INT1}$ 引脚为高电平且 TR1 = 1 时，定时/计数器 T1 开始计数。

4）TF1（Timer 1 Overflow Flag）：定时/计数器 T1 溢出标志位。定时/计数器 T1 启动后，从初值开始进行 + 1 计数，当计满溢出时单片机内部硬件将 TF1 置 1，向 CPU 发出中断请求。当中断响应跳转到中断服务子程序时，TF1 由硬件自动清 0。

单片机复位后，特殊功能寄存器 TCON = 0x00。

6.2.3　定时/计数器的工作方式

通过设置 TMOD 特殊功能寄存器的 M1、M0 位可以设定定时/计数器的 4 种工作方式，定时/计数器 T0 可以工作在方式 0、方式 1、方式 2 和方式 3 这 4 种工作方式下，定时/计数器 T1 仅可以工作在方式 0、方式 1、方式 2 这 3 种工作方式，因此下面以定时/计数器 T0 为例介绍 4 种工作方式。

1. 工作方式 0（13 位定时/计数方式）

当 M1M0 = 00 时，定时/计数器工作在方式 0，利用 TLx（x = 0，1）中的低 5 位和 THx 的 8 位构成 13 位定时/计数方式。13 位的定时/计数方式是为了兼容早期的 8048 系列单片机而存在的，由于其工作方式与工作方式 1 相同，但计数容量较少因此并不常用。图 6-7 为定时/计数器 T0 在工作方式 0 下的逻辑结构图，以 T0 为例介绍工作方式 0 的工作过程。

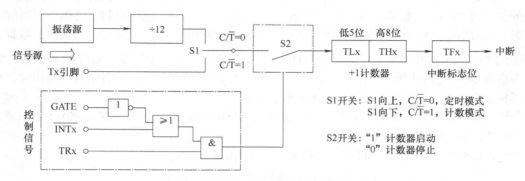

图 6-7　T0 在工作方式 0 下的逻辑结构图

从图 6-7 中可以看出，整个结构包括信号源、逻辑控制电路、控制开关、计数寄存器以及中断标志位。信号源由 $C/\overline{T}$ 位控制，若 $C/\overline{T}=0$，定时/计数器工作在定时模式，信号源由晶振电路经过 12 分频产生，即每个机器周期计数+1；若 $C/\overline{T}=1$，定时/计数器工作在计数模式，信号源来自 T0 对应的外部引脚 P3.4，当检测引脚上的脉冲为一下降沿时计数+1。逻辑控制电路用于控制信号源的计数，当 GATE 位为 0 时，只需令 TR0 为 1，即可开启控制开关 S2，使得信号源进入计数寄存器 T0 开始计数；当 GATE 位为 1 时，需要令 TR0 与 $\overline{INT0}$ 同时为 1，才能启动控制开关 S2，信号源进入计数寄存器 T0 开始计数。该方式下 T0 由 TL0 的低 5 位和 TH0 的 8 位组成 13 位的定时/计数器进行计数，计数范围为 1~8192（2^{13}），当 TL0 的低 5 位溢出时，向 TH0 进位；TH0 计满溢出时，对应的中断标志位 TF0 自动置 1，向 CPU 发出中断请求信号。

【例 6-4】　定时/计数器工作在方式 0 时，计数个数 N 为 2，求计数初值。

1）公式法计算：$X = 8192 - 2 = 8190 = 1FFEH$

2）求补法计算：对 0 0000 0000 0010B 取反加 1 为：1 1111 1111 1110B（1FFEH）

将得到的结果赋给定时器 T0：TH0 = 1FH；TL0 = FEH。

2. 工作方式 1（16 位定时/计数方式）

当 M1M0 = 01 时，定时/计数器工作在方式 1，利用 TLx 和 THx 构成 16 位定时/计数方式。方式 1 与方式 0 的工作过程相同，唯一的区别就是计数值的范围不同。图 6-8 为定时/计数器 T0 在工作方式 1 下的逻辑结构图，以 T0 为例介绍工作方式 1 的工作过程。

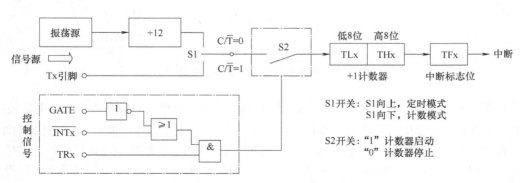

图 6-8　T0 在工作方式 1 下的逻辑结构图

信号源由 C/$\overline{\text{T}}$ 位控制，若 C/$\overline{\text{T}}$ = 0，定时/计数器工作在定时模式，信号源由晶振电路经过 12 分频产生，即每个机器周期计数+1；若 C/$\overline{\text{T}}$ = 1，定时/计数器工作在计数模式，信号源来自 T0 对应的外部引脚 P3.4，当检测引脚上的脉冲为一个下降沿时计数+1。逻辑控制电路用于控制信号源的计数，当 GATE 位为 0 时，只需令 TR0 为 1，即可开启控制开关 S2，使得信号源进入计数寄存器 T0 开始计数；当 GATE 位为 1 时，需要令 TR0 与 $\overline{\text{INT0}}$ 同时为 1，才能启动控制开关 S2，信号源进入计数寄存器 T0 开始计数。该方式下 T0 的计数范围为 1~65536（2^{16}），当计数计满溢出时，对应的中断标志位 TF0 自动置 1，向 CPU 发出中断请求信号。

【例 6-5】 若要求定时计数器 T0 工作于方式 1，定时时间为 1ms，当晶振频率为 6MHz 时，求送入 TH0 和 TL0 的计数初值各为多少？

由于晶振频率为 6MHz，所以机器周期 T_{cy} = 2μs，因此：

1）求计数值：$N = t/T_{cy} = 1 \times 10^{-3}/2 \times 10^{-6} = 500$

2）求初值：$X = 2^{16} - N = 65536 - 500 = 65036 = \text{FE0CH}$

分别将 FEH 送入 TH0 中，0CH 送入 TL0 中即可。

也可以利用以下 2 条语句完成：

```
TH0=(65536-500)/256;          //商为计数初值的高字节
TL0=(65536-500)%256;          //余数为计数初值的低字节
```

存在问题：工作方式 0 和工作方式 1 最大的特点是计数溢出后，计数器全为 0。因此在循环定时或循环计数应用时就存在用指令反复装入计数初值的问题，这会影响定时精度。

3. 工作方式 2（8 位自动重装定时/计数方式）

当 M1M0 = 10 时，定时/计数器工作在方式 2，该方式为 8 位自动重装定时/计数方式，利用 TLx 作为 8 位计数器，THx 用以保存定时/计数初值，当 TLx 计满溢出时 THx 内容会自动装载进 TLx 继续计数。图 6-9 为定时/计数器 T0 在工作方式 2 下的逻辑结构图，以 T0 为例介绍工作方式 2 的工作过程。

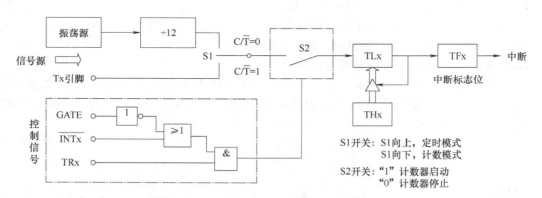

图 6-9 T0 在工作方式 2 下的逻辑结构图

信号源由 C/$\overline{\text{T}}$ 位控制，若 C/$\overline{\text{T}}$ = 0，定时/计数器工作在定时模式，信号源由晶振电路经过 12 分频产生，即每个机器周期计数+1；若 C/$\overline{\text{T}}$ = 1，定时/计数器工作在计数模式，信号源来自 T0 对应的外部引脚 P3.4，当检测引脚上的脉冲为一下降沿时计数+1。逻辑控制电路用于控制信号源的计数，当 GATE 位为 0 时，只需令 TR0 为 1，即可开启控制开关 S2，使得信号源进入计数寄存器 T0 开始计数；当 GATE 位为 1 时，需要令 TR0 与 $\overline{\text{INT0}}$ 同时为 1，才能启动控制开关 S2，信号源进入计数寄存器 T0 开始计数。该方式下 T0 的计数范围为 1~256（2^8），TL0 和 TH0 同时装入初值，当 TL0 计数计满溢出时，对应的中断标志位 TF0 自动置 1，向 CPU 发出中断请求信号，并完成将 TH0 的内容自动重装入 TL0 寄存器。

不同工作方式下，定时/计数器赋初值公式如下：

1）工作方式 0：$TH0=(2^{13}-N)/32$；$TL0=(2^{13}-N)\%32$。

2）工作方式 1：$TH0=(2^{16}-N)/256$；$TL0=(2^{16}-N)\%256$。

3）工作方式 2：$TH0=2^8-N$；$TL0=2^8-N$。

不同工作方式下，计时最大值如下：

当晶振频率为 12MHz 时，机器周期为 $1\mu s$。

1）工作方式 0：$8192×1\mu s=8.192ms$。

2）工作方式 1：$65536×1\mu s=65.536ms$。

3）工作方式 2：$256×1\mu s=0.256ms$。

可以看出，若计时时间超出定时/计数器的容量，需要利用程序使定时/计数器多次重复计数以达到要求。对于工作方式 0 和工作方式 1，在进行循环重复定时/计数时，在每次计满溢出后定时/计数器初值为 0，若要进行新一轮计数时，需要通过软件编程将初值重新装入定时/计数器，使得定时/计数存在误差。工作方式 2 的自动重装功能是由硬件自动完成，省去用户软件重装初值的程序，解决了方式 0 和方式 1 存在的精度问题，特别适合作为脉冲信号发生器，该方式常用作串行通信的波特率发生器使用。

4. 工作方式 3

当 M1M0=11 时，定时/计数器工作在方式 3 时仅适用于定时/计数器 T0。该方式下将 T0 分解成 2 个独立的 8 位定时/计数器使用。图 6-10 为定时/计数器 T0 在工作方式 3 下的逻辑结构图。

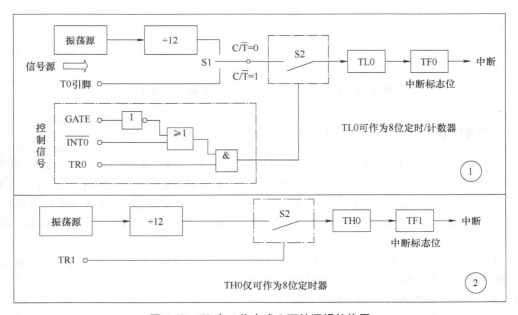

图 6-10　T0 在工作方式 3 下的逻辑结构图

在该工作方式下，TL0 使用 T0 的信号源、控制信号及中断标志位 TF0 作为一个独立的 8 位定时/计数器使用。TH0 在该工作方式下只能作为定时器使用，信号源为晶振信号的 12 分频，控制信号借用定时/计数器 T1 的启动控制位 TR1，中断标志位占用 T1 的标志位 TF1，当 TH0 计数计满溢出后，TF1 自动置 1 向 CPU 发出中断申请。

定时/计数器 T0 工作在方式 3 时，定时/计数器 T1 只能工作在方式 0、1、2，如图 6-11 所示。由于 TH0 借用了 T1 的启动控制位 TR1 和中断标志位 TF1，因此 T1 在信号源到来时即开始计数，当计数计满后产生溢出信号，由于没有中断标志位不会产生定时器中断。T1 在 3 种工作方式中，由于方式 2 可实现初值的自动重装，因此会周期性地产生溢出信号，该信号常作为串行口的波特率发生器使用。

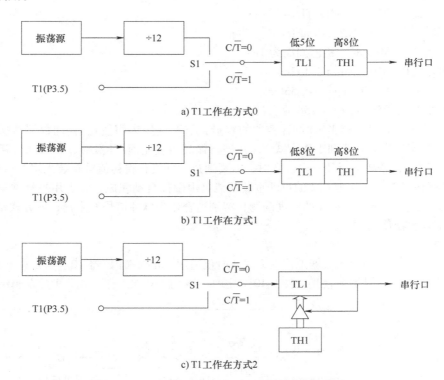

图 6-11　T0 工作在方式 3 时 T1 的各种工作方式图

6.2.4　定时/计数器 T2 的结构及工作原理

STC89C52RC 单片机的定时/计数器 T2 与定时/计数器 T0 和 T1 相比增加了 3 个功能：①T0 和 T1 都是 +1 计数的定时/计数器，T2 支持增/减计数，对于定时器的初值可以往上增也可以往下减，功能更为强大；②定时器 T2 具有 16 位的自动重载模式，相较于定时器 T0 和 T1 的 8 位自动重装模式，T2 可计数范围更广；③定时器 T2 具有捕获模式，通过"陷阱寄存器"准确地捕获外部脉冲的宽度或周期。

定时/计数器 T2 有 3 种工作模式：16 位自动重载模式（可实现增计数或减计数）、捕获模式以及波特率发生器，可通过特殊功能寄存器 T2CON 和 T2MOD 来设置其具体工作方式。

1. T2 的控制寄存器 T2CON 和 T2MOD

特殊功能寄存器 T2CON（T2 Control）为定时/计数器 T2 的控制寄存器，地址为 C8H，可实现位寻址，其各位功能如下：

	D7	D6	D5	D4	D3	D2	D1	D0	
T2CON	TF2	EXF2	RCLK	TCLK	EXEN2	TR2	C/$\overline{T2}$	CP/$\overline{RL2}$	C8H

1）TF2（Timer 2 Overflow Flag）：定时/计数器 T2 溢出标志位。T2 启动后，从初值开始进行+1 计数，当计满溢出时单片机内部硬件将 TF2 置 1，向 CPU 发出中断请求。TF2 必须由软件清 0。当定时器 T2 作为波特率发生器时，即 RCLK 或 TCLK = 1 时，T2 溢出时将不会对 TF2 置位。

2）EXF2（Timer 2 External Flag）：定时/计数器 T2 外部标志位。当 EXEN2 = 1，且 T2EX 引脚（P1.0）出现负跳变而造成 T2 的捕获或重装的时候，EXF2 置位并申请中断。EXF2 也是只能通过软件来清除的。

3）RCLK（Receive Clock Flag）：串行接收时钟标志位，只能通过软件的置位或清除；用来选择 T1（RCLK = 0）还是 T2（RCLK = 1）作为串行接收的波特率发生器。

4）TCLK（Transmit Clock Flag）：串行发送时钟标志位，只能通过软件的置位或清除；用来选择 T1（TCLK = 0）还是 T2（TCLK = 1）作为串行发送的波特率发生器。

5）EXEN2（Timer 2 External Enable Flag）：T2 的外部允许标志位，只能通过软件置位或清除；EXEN2 = 0：禁止外部时钟触发 T2；EXEN2 = 1：当 T2 未用作串行波特率发生器时，允许外部时钟触发 T2，当 T2EX 引脚输入一个负跳变时，将引起 T2 的捕获或重装，并置位 EXF2，申请中断。

6）TR2（Timer 2 Run Control）：T2 的启动控制标志位；TR2 = 0：T2 停止计数；TR2 = 1：T2 启动计数。

7）C/$\overline{\text{T2}}$（Counter/Timer2）：T2 的定时方式或计数方式选择位。只能通过软件置位或清除；C/$\overline{\text{T2}}$ = 0：选择 T2 为定时器方式；C/$\overline{\text{T2}}$ = 1：选择 T2 为计数器方式，下降沿触发。

8）CP/$\overline{\text{RL2}}$（Capture/T2 Reload Flag）：捕获/重装载标志位，只能通过软件置位或清除。CP/$\overline{\text{RL2}}$ = 0：选择重装载方式，这时若 T2 溢出（EXEN2 = 0 时）或者 T2EX 引脚（P1.0）出现负跳变（EXEN2 = 1 时），将会引起 T2 重装载；CP/$\overline{\text{RL2}}$ = 1：选择捕获方式，这时若 T2EX 引脚（P1.0）出现负跳变（EXEN2 = 1 时），将会引起 T2 捕获操作。但是如果 RCLK = 1 或 TCLK = 1 时，CP/$\overline{\text{RL2}}$ 控制位是不起作用的，被强制工作于定时器溢出自动重装载模式。

特殊功能寄存器 T2MOD（T2 Mode）为定时/计数器 T2 的模式设置寄存器，地址为 C9H，不可位寻址，其各位功能如下：

	D7	D6	D5	D4	D3	D2	D1	D0	
T2MOD	—	—	—	—	—	—	T2OE	DCEN	C9H

1）T2OE（T2 Output Enable）：T2 输出使能位，当 T2OE = 1 时，允许时钟输出到 P1.0（仅对 80C54/80C58 有效）。

2）DCEN（Down Count Enable）：向下计数使能位。DCEN = 1：允许 T2 向下计数，否则向上计数。

T2 的数据寄存器 TH2、TL2 和 T0、T1 的用法一样，而捕获寄存器 RCAP2H、RCAP2L 只是在捕获方式下，产生捕获操作时自动保存 TH2、TL2 的值。

2．T2 的工作方式

T2 是一个 16 位定时/计数器，通过设置特殊功能寄存器 T2CON 中的 C/$\overline{\text{T2}}$ 位可将其设置为定时器或是计数器；通过设置 T2CON 中的工作模式选择位可将定时器 2 设置为 3 种工作模式：捕获模式、自动重装模式（递增或递减）以及波特率发生器，见表 6-5。

（1）捕获模式

当 CP/$\overline{\text{RL2}}$ = 1 并且 TR2 = 1 时，T2 可进入捕获模式。通过对控制寄存器 T2CON 的外部使能标志位 EXEN2 的置位和清 0，又可以分为如下两种工作模式：

表 6-5　定时/计数器 T2 的 3 种工作方式

RCLK+TCLK	CP/$\overline{RL2}$	EXEN2	模式		
0	0	0	16 位自动重装定时器		
		1	DCEN=0：16 位自动重装定时/计数器		
			DCEN=1	T2EX=1：加计数	
				T2EX=0：减计数	
0	1	0	16 位定时/计数器		
		1	16 位捕获模式		
1	×	×	波特率发生器		

1）EXEN2=0：此时 T2 作为一个 16 位的定时/计数器使用，计数溢出时相应的中断标志位 TF2 置 1，并向 CPU 发出中断请求。

2）EXEN2=1：此时定时器 T2 在前者功能的基础上增加一个特性，即可对外部脉冲进行捕获。T2 捕获模式原理图如图 6-12 所示。当 T2EX 引脚（P1.0）外部输入信号由 1 至 0 出现负跳变时，捕获功能开启，定时器 T2 中的 TH2 和 TL2 中的值将被存入陷阱寄存器 RCAP2H 和 RCAP2L 中，并将外部标志位 EXF2 置位，向 CPU 发出中断申请。该中断与前者的中断同时存在并共用同一中断程序（在中断中可检测 TF2 和 EXF2 位确定是哪一个引起的中断）。除此之外，该模式下，当中断是由 T2EX 位引发时，虽然引发了中断，但是由于不产生溢出，并且计数器没有停止计数，因此，此时 TH2 和 TL2 不用重新装载值。

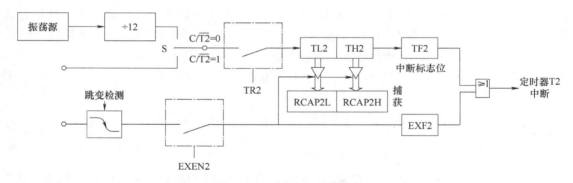

图 6-12　T2 捕获模式原理图

（2）自动重装模式（递增/递减计数器）

在 CP/$\overline{RL2}$=0 并且 TR2=1 时，T2 可进入 16 位自动重装模式，可通过 C/$\overline{T2}$ 位配置为定时/计数器，根据外部使能标志位 EXEN2 的置位和清零，可分为两种情况：

1）EXEN2=0：T2 为 16 位自动重装的普通定时器（见图 6-13），由陷阱寄存器 RCAP2H 和 RCAP2L 提供重装的值，与 T0、T1 的 8 位自动重装工作方式相同，将初值同时装入 TH2、TL2 和 RCAP2H、RCAP2L 中，当 TH2、TL2 计满溢出时，RCAP2H、RCAP2L 的值自动装入其中，使中断标志位 TF2 置 1，并向 CPU 发出中断请求，该方式定时精度要求高，可定时时间范围为 1～2^{16}。

2）EXEN2=1，根据递减计数使能位 DCEN 的置位和清 0 可分为两种情况：

① T2MOD=0x00（DCEN=0；默认情况）：与上一种情况相比，此时 16 位自动重新装载可由外部 T2EX 的负跳变和溢出任意一种触发，且都能产生中断。

② T2MOD=0x01（DCEN=1）：此时允许 T2EX 控制计数的方向，如图 6-14 所示。T2EX =1

时，T2 加计数，当计数到 0FFFFH 向上溢出时，置位 TF2，同时把 16 位计数寄存器 RCAP2H 和 RCAP2L 重装载到 TH2 和 TL2 中。T2EX = 0 时，T2 减计数，当 TH2 和 TL2 中的数值等于 RCAP2H 和 RCAP2L 中的值时，计数溢出置位 TF2，同时将 0FFFFH 数值重新装入定时寄存器中。

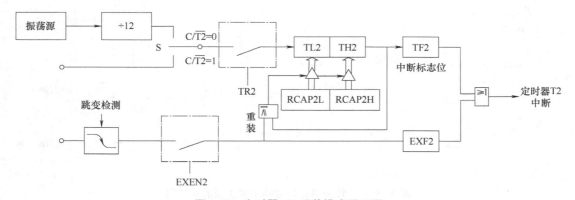

图 6-13　定时器 T2 重装模式原理图

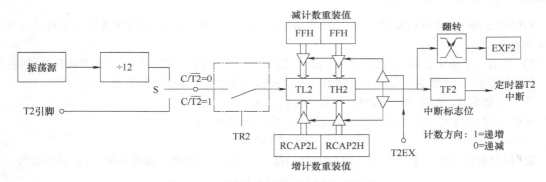

图 6-14　定时器 T2 增/减计数模式原理图

3. 波特率发生器模式

当 T2CON 的 TCLK 或 RCLK 位为 1 时，定时/计数器 T2 作为串行口的波特率发生器使用。原理如图 6-15 所示。波特率发生器的工作方式与自动重装载方式相仿，在此方式下，当定时器 TL2、TH2 计满溢出时，由 RCAP2H 和 RCAP2L 寄存器中的 16 位数值自动重新装载，溢出时不会置位 TF2，因此不会产生中断信号。若 EXEN2 置位，且 T2EX 端产生由 1 至 0 的负跳变，则会使 EXF2 置位，此时并不能将 RCAP2H 和 RCAP2L 的内容重新装入 TH2 和 TL2 中。所以，当定时器 T2 作为波特率发生器使用时，T2EX 可作为附加的外部中断源来使用。

需要注意的是，T2 作为定时器时，它的递增频率为晶振频率的 12 分频，而 T2 作为波特率发生器时，它的递增频率为晶振频率的 2 分频。

波特率发生器工作在模式 1 和模式 3 时，波特率与定时器 T2 的溢出率有关。

$$波特率 = \frac{f_{osc}}{32} \times (65536 - RCAP2H、RCAP2L)$$

T2 作为波特率发生器时，计数器每个状态时间增加 1，因此不能对 TH2 和 TL2 读写，读写结果不正确。T2 的陷阱寄存器 RCAP2H 和 RCAP2L 可读而不可写，写操作可能引起交叠重载或者重载出错。因此对陷阱寄存器进行访问时，应关闭定时器令 TR2 = 0。

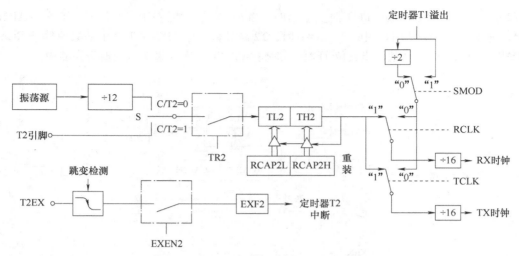

图 6-15 T2 作为串行口波特率发生器的原理图

6.2.5 定时/计数器的应用

STC89C52RC 单片机在使用定时/计数器编程时，首先需要对定时/计数器进行初始化，具体编程步骤如下：

1）根据需求确定定时/计数器 T0 和 T1 的工作方式，完成对特殊功能寄存器 TMOD 的赋值；

2）确定定时/计数器初值：计算初值，并将初值写入寄存器 TH0、TL0 或 TH1、TL1。

若计数值为 N，初值为 X，定时/计数器位数为 m。

定时/计数器工作在计数模式，此时定时/计数器初值为

$$X = 2^m - N$$

定时/计数器工作在定时模式，若 t 为定时时间，T_{cy} 为机器周期，此时定时/计数器初值为

$$N = t/T_{cy}, \quad X = 2^m - N$$

3）根据需求开放定时器中断，设置特殊功能寄存器 IE 或设置各中断控制位 EA、ET0、ET1。

4）完成各项设置后启动定时/计数器开始计数，设置特殊功能寄存器 TCON 使 TR0 或 TR1 置位。

【例 6-6】 方波发生器。假设系统时钟为 12MHz，设计电路并编写程序实现从 P1.0 引脚上输出一个周期为 2ms 的方波。

分析：要在 P1.0 上产生周期为 2ms 的方波，定时器应产生 1ms 的定时中断，定时时间到则在中断服务程序中对 P1.0 求反。使用定时器 T0，方式 1 定时中断，GATE 不起作用。其中在 P1.0 引脚接有虚拟示波器，用来观察产生的周期 2ms 的方波。方波波形如图 6-16 所示。

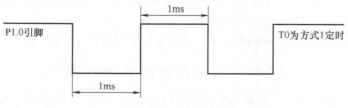

图 6-16 方波波形

1）设置 TMOD 寄存器：T0 为定时器模式，工作在方式 1，TMOD＝0x01。

2）计算定时器 T0 的计数初值：设定时间 1ms（即 1000μs），$N = t/T_{cy} = 1ms/1μs = 1000$，$X = 65536 - N = 64536 = $ 0xfc18，将高 8 位 0xfc 装入 TH0，低 8 位 0x18 装入 TL0。

3）开启 EA、ET0 中断允许控制位，令 TR0 = 1 启动定时器 T0 开始计时。

方波发生器仿真图如图 6-17 所示。

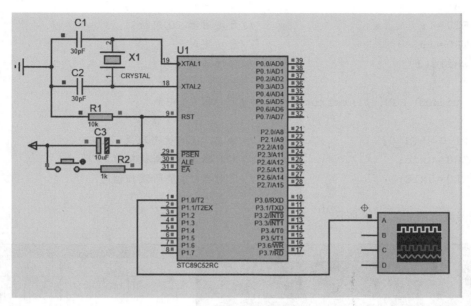

图 6-17　方波发生器仿真图

（1）采用查询方式

```
#include <reg52.h>              //头文件 reg52.h
sbit P1_0 = P1^0;               //定义特殊功能寄存器 P1 的位变量 P1_0
void main( )                    //主函数
{
    TMOD = 0x01;                //设置 T0 为方式 1
    TR0 = 1;                    //接通 T0
    while(1)                    //无限循环
    {
        TH0 = 0xfc;             //定时器 T0 赋初值
        TL0 = 0x18;             //定时器 T0 赋初值
        do{}while(! TF0);       //TF0 为 0 原地循环,为 1 则 T0 溢出,往下执行
        P1_0 = ! P1_0;         //P1.0 状态求反
        TF0 = 0;                //TF0 标志清 0
    }
}
```

（2）采用中断方式

```
#include<reg52.h>               //头文件 reg52.h
sbit P1_0 = P1^0;               //定义特殊功能寄存器 P1 的位变量 P1_0
void main( )                    //主函数
```

```
{
    TMOD=0x01;                      //设置 T0 为方式 1
    TH0=0xfc;                       //定时器 T0 赋初值
    TL0=0x18;                       //定时器 T0 赋初值
    EA=1;                           //开总中断
    ET0=1;                          //开定时器 T0 中断
    TR0=1;                          //启动定时
    while(1);                       //循环等待
}
void timer0_FUN( )interrupt 1      //定时器 T0 中断
{
    P1_0=~P1_0;                     //令 P1^0 的状态取反
    TH0=0xfc;                       //定时器 T0 重新赋初值
    TL0=0x18;                       //定时器 T0 重新赋初值
}
```

示波器波形图如图 6-18 所示。

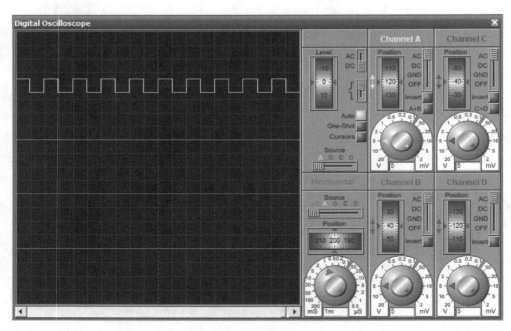

图 6-18   示波器波形图 1

若例题改为使定时/计数器 T0 工作在模式 1 下，在 P1.0 上产生一个高电平 1ms、低电平 5ms 的方波信号。仿真图仍可参考图 6-17，程序如下：

```
#include<reg52.h>                  //头文件 reg52.h
sbit P1_0=P1^0;                    //定义特殊功能寄存器 P1 的位变量 P1_0
void main( )                       //主函数
{
    TMOD=0x01;                      //设置 T0 为方式 1
```

```
    TH0=0xfc;                      //定时器 T0 赋初值
    TL0=0x18;                      //定时器 T0 赋初值
    EA=1;                          //开总中断
    ET0=1;                         //开定时器 T0 中断
    TR0=1;                         //启动定时器 T0
    while(1);                      //循环等待
}
void T0_Interrupt( ) interrupt 1   //定时器 T0 中断函数
{
    TF0=0;
    if(P1_0==1)                    //判断若 P1_0 位高电平
    {
        P1_0=0;                    //设置低电平持续时间
        TH0=0xEC;                  //定时器 T0 赋低电平初值
        TL0=0x78;                  //定时器 T0 赋低电平初值
    }
    else
    {
        P1_0=1;                    //设置高电平持续时间
        TH0=0xfc;                  //定时器 T0 赋高电平初值
        TL0=0x18;                  //定时器 T0 赋高电平初值
    }
}
```

示波器波形图如图 6-19 所示。

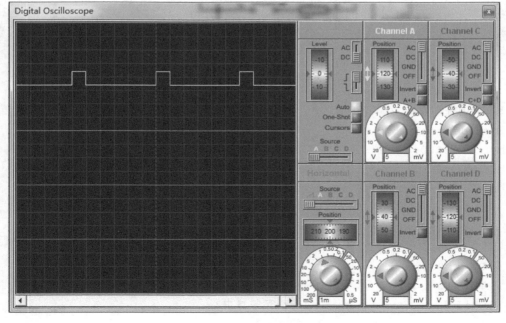

图 6-19　示波器波形图 2

【例 6-7】 LED 定时闪烁。

在单片机的 P2 口上接有 8 只 LED，仿真图如图 6-20 所示。定时器 T1 采用工作方式 2 实现定时中断方式，使 P2 口外接的 8 只 LED 每隔 1s 闪烁一次。

程序分析：

1）设置 TMOD 寄存器：T1 为定时器模式，工作在方式 2，TMOD = 0x20。

2）计算定时器 T1 的计数初值：设定时时间为 1s，工作方式 2 每次计时 200μs，需要循环计数 5000 次（即 200μs * 5000 次 = 1s），设 T1 计数初值为 X，假设晶振的频率为 12MHz，机器周期为 1μs，计算初值：$N = t/T_{cy} = 200μs/1μs = 200$；$X = 256 - N = 56$；将初值 56 分别放入 TH1 和 TL1 中。

3）开启 EA、ET1 中断允许位，令 TR1 = 1 启动定时器 T1 开始计时。

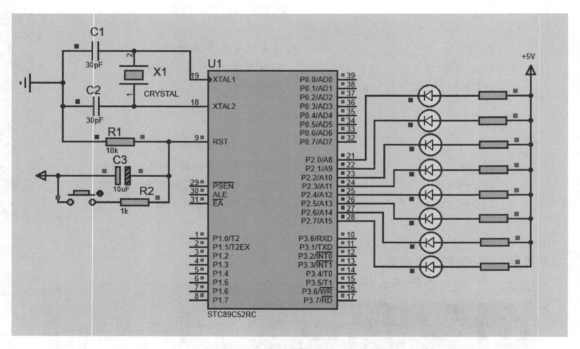

图 6-20　LED 定时闪烁仿真图

（1）采用查询方式

```
#include<reg52.h>          //头文件
char  i=5000;              //循环计时次数
void main ( )             //主函数
{
    TMOD=0x20;            //T1 工作在方式 2
    TL1=56;              //设置定时器初值
    TH1=56;              //设置定时器重装值
    P2=0x00;             //P2 口 8 个 LED 点亮
    TR1=1;               //启动 T1
    while(1)              //循环等待中断
    {
```

```
        if(TF1)                     //判断定时器 T1 标志位是否置位
        {
            TF1=0;                  //软件清空标志位
            i--;                    //计数次数-1
            if(i==0)                //判断若计满 5000 次
            {
                P2=~P2;             //P2 口按位取反
                i=5000;             //重置循环次数
            }
        }
    }
}
```

(2) 采用中断方式

```
#include<reg52.h>              //头文件
char  i=5000;                 //循环计时次数
void main()                   //主函数
{
    TMOD=0x20;                //T1 工作在方式 2
    TL1=56;                   //设置定时器初值
    TH1=56;                   //设置定时器重装值
    P2=0x00;                  //P2 口 8 个 LED 点亮
    EA=1;                     //总中断开
    ET1=1;                    //开 T1 中断
    TR1=1;                    //启动 T1
    while(1);                 //循环等待
}
void timer1() interrupt 3     //T1 中断程序
{
    i--;                      //循环次数减 1
    if(i==0)
    {
        P2=~P2;               //P2 口按位取反
        i=5000;               //重置循环次数
    }
}
```

【例 6-8】　计数器。用定时器 T0 作为外部脉冲计数器，在 T0（P3.4）引脚外接一个按键，每按下按键，T0 计数一个脉冲，并将计数值发送到 P2 口，通过 8 个发光二极管显示计数值。

程序分析：

1）设置 TMOD 寄存器：T0 工作在计数器模式，采用工作方式 1，因此 TMOD=0x05。

2）通过 T0 对外部脉冲计数，仅需令 TR0=1 开启 T0 计数，不需要开启中断允许控制位。

3）发光二极管低电平点亮，需对计数值按位取反后输出到 P2 口。

计数器仿真图如图 6-21 所示。

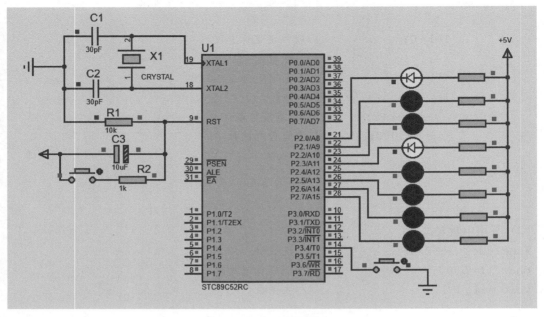

图 6-21　计数器仿真图

程序如下：

```c
#include<reg52.h>            //头文件
void main( )                //主函数
{
    TMOD=0x05;              //T0 工作在计数器模式
    TH0=0x00;               //初值为 0
    TL0=0x00;               //初值为 0
    TR0=1;                  //启动 T0
    while(1)                //循环等待
    {
        P2=~TL0;            //将计数值按位取反显示在 P2 口
    }
}
```

6.3　STC89C52RC 单片机的串行通信

单片机的通信通常是指单片机与计算机或者单片机与单片机之间的信息交换。单片机与计算机之间的交互是上位机与下位机之间的交互，单片机通常是在现场进行数据采集、控制，或者作为线下的仪表显示；计算机通常作为图形化的监控系统，通过串行通信实现与下位机的数据传输或者控制命令的传输。在用串口调试助手进行程序调试时，单片机采用串行口作为调试的输出窗口，把程序调试过程中的参数及数据能够通过串行口传输给计算机。单片机与单片机之间进行数据交互通常也是采用串行通信；另外单片机进行系统构建时，外围器件、芯片、模块作为单片机接口时通常也是采用串行口实现，如蓝牙模块、无线 ZigBee 模块、移动通信 4G 模块。

6. 3. 1　串行通信基础

STC89C52RC 单片机具有一个全双工异步串行通信接口 UART（Universal Asynchronous Receiver/Transmitter），能同时接收和发送数据。利用单片机的串行口可实现单片机之间的单机通信、多机通信或单片机与计算机之间的通信。

1. 基本通信方式的分类

单片机通信有并行通信和串行通信两种形式，如图 6-22 所示。在单片机系统中，经常使用的是串行通信。

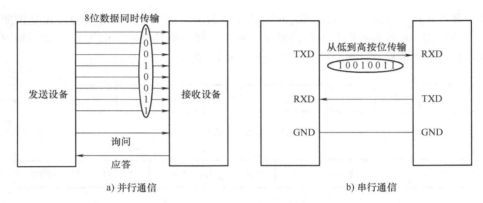

图 6-22　通信的两种基本形式

并行通信是指将数据字节的各位用多条数据线同时进行传输，每一位数据都需要一条传输线，8 位数据总线的通信系统，一次传送 8 位数据，需要 8 条数据线。并行通信的特点是传输速度快，缺点是需要的物理线束比较多，硬件成本高，传输距离近，容易受到外部干扰。

串行通信是指所传送的数据按顺序一位一位地进行传送，因为一次只能传送一位数据，所以对于 1 个字节的数据，至少要分 8 次才能传送完毕。串行通信的特点是需要的数据传输线较少，只要一对发送和接收传输线就可以实现通信，通信线路简单，成本低，适用于数据的远距离通信，但与并行通信相比，速度较慢。随着串行通信技术的快速发展，每位数据之间的传输速率能够满足应用系统的需求，因此串行通信目前应用更为广泛。

2. 串行通信的制式

串行通信的通信制式分为单工、半双工和全双工，用来表示数据传输的流向，如图 6-23 所示。单工制式是指数据只能单向传输。例如电视或者广播，只能发出信息，或者寻呼机，只能接收信息。半双工制式指收发双方都可以发送和接收数据，但是不能同时进行，只能分时进行。例如对讲机，在说话的时候不能收听，收听的时候不能讲话。全双工制式指收发双方可同时进行数据传输。发送的同时可接收，接收的同时可发送。例如手机，讲话的时候也可以收听到对方的声音。51 单片机均采用全双工制式实现串行通信。

3. 串行通信的分类

串行通信分成同步通信和异步通信，数据格式如图 6-24 所示。同步通信除了一根数据线之外，还需要一个时钟信号线同步收发双方的时钟，数据的传输需要依靠收发双方的时钟信号控制。典型的同步通信包括 SPI 总线和 I^2C 总线。

异步通信是指通信的发送和接收设备使用各自的时钟控制数据的发送和接收的过程。不要求有同步时钟信号线同步收发双方信号，但一般为了提高收发双方通信的准确度，收发双方的时钟尽可能保持一致。异步通信是以字符为单位的一帧数据进行传输，一帧数据包括起始位、数据位、

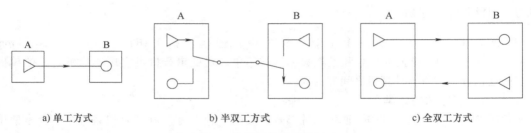

a) 单工方式   b) 半双工方式   c) 全双工方式

图 6-23 传统通信数据传输方式

奇偶校验位和停止位。字符与字符之间的间隔是任意的，但每个字符中各位的传输是按照一个固定时间进行传送的，也就是我们常说的波特率。在每一帧数据传输中，收发双方采用相同的波特率来保证数据传输的准确性。典型的异步通信包括 CAN 总线和 SCI 总线。

| 起始位 | D0 | D1 | … | Dn | 奇偶校验位 | 停止位 |

a) 异步通信字符格式

| 同步字符 | 数据1 | 数据2 | … | 数据n | 校验字符1 | 校验字符2 | 同步字符 |

b) 同步通信字符格式

图 6-24 串行通信数据格式

4. 串行通信的波特率

异步串行通信为了保证数据传输的正确性，收、发双方的波特率必须一致。串行口的 4 种工作方式中，方式 0 和方式 2 的波特率是固定的；方式 1 和方式 3 的波特率是可变的，由 T1 溢出率确定。

（1）波特率的定义

波特率的定义：串行口每秒发送（或接收）的位数。设发送一位所需要的时间为 T，则波特率为 $1/T$。

定时器的不同工作方式，得到的波特率的范围不一样，这是由 T1 在不同工作方式下计数位数的不同所决定。

（2）定时器 T1 产生波特率的计算

波特率与串行口的工作方式有关。

1）工作方式 0 时，波特率固定为时钟频率 f_{osc} 的 1/12，不受 SMOD 位值的影响。若 f_{osc} = 12MHz，波特率为 1Mbit/s。

2）工作方式 2 时，波特率仅与 SMOD 位的值有关。

$$波特率 = \frac{2^{SMOD}}{64} f_{osc}$$

若 f_{osc} = 12MHz：SMOD = 0，波特率为 187.5kbit/s；SMOD = 1，波特率为 375kbit/s。

3）工作方式 1 或工作方式 3 定时，常用 T1 作为波特率发生器，其关系式为

$$波特率 = (2^{SMOD}/32) \times (T1 溢出率) \tag{6-1}$$

该方式的波特率由 T1 溢出率和 SMOD 的值共同决定。

在实际设定波特率时，T1 常设置为工作方式 2 定时（自动重装初值），即 TL1 作为 8 位计数

器，TH1 存放备用初值。这种方式操作方便，也避免因软件重装初值带来的定时误差。

设定时器 T1 方式 2 的初值为 N，则有

$$T1 \text{ 溢出率} = f_{osc}/\left[12\times(256-N)\right] \tag{6-2}$$

溢出率指 T1 溢出的频繁程度，即 T1 溢出一次所需时间的倒数。

将式（6-2）代入式（6-1），则有

$$\text{波特率} = \frac{2^{SMOD}\times f_{osc}}{32\times12\times(256-N)} \tag{6-3}$$

由式（6-3）可见，波特率与 f_{osc}、SMOD 和初值 N 有关。

实际使用时，经常根据已知波特率和时钟频率 f_{osc} 来计算定时器 T1 的初值 N。常用的波特率和初值 N 间的关系列成表 6-6 的形式，以供查用。

表 6-6　常用波特率与初值对应表

波特率/（bit/s）	19.2k	9600	4800	2400	1200
初值 N	FDH	FDH	FAH	F4H	E8H
SMOD	1	0	0	0	0

当单片机使用的时钟振荡频率 f_{osc} 为 12MHz 或 6MHz 时，在确定某一波特率的情况下根据公式计算出的定时器初值不是整数，设置后会存在一定误差。为了消除这个误差，通常采用时钟频率 11.0592MHz 的晶振产生时钟信号。

【例 6-9】　若时钟频率为 11.0592MHz，选用 T1 的工作方式 2 定时作为波特率发生器，波特率为 2400bit/s，求串行口工作在方式 1 时的定时器初值。

解： 设 T1 为工作方式 2 定时，选 SMOD = 0。将已知条件代入波特率计算公式

$$2400 = \frac{2^0\times11.0592\times10^6}{32\times12\times(256-N)}$$

求得 $N = 244 = F4H$，只需将 F4H 装入 TH1 和 TL1 中即可使定时器 T1 产生 2400bit/s 的波特率。

6.3.2　串行口的结构与控制寄存器

1. 串行口内部结构

STC89C52RC 单片机串行口内部结构主要包括发送缓冲器 SBUF、发送控制器、接收控制器、接收缓冲器 SBUF、输入移位寄存器等，如图 6-25 所示。单片机有两个物理上独立的接收、发送缓冲器 SBUF，它们共用同一个地址 99H，但是并不会发生冲突，接收缓冲器只读不写，发送缓冲器只写不读。这就像公交车有两个门，一个只能上车，一个只能下车的情况一样。

发送控制器的作用是在门电路和定时器 T1 配合下，将发送缓冲器中的并行数据转换成串行数据，并自动添加起始位、校验位、停止位完成一帧数据的打包。这一过程结束后自动使发送中断标志位 TI 置 1，通知 CPU 将发送缓冲器中的数据在时钟信号的作用下以一定的波特率从低到高一位一位输出到 TXD 引脚。

接收控制器的作用是在输入移位寄存器和定时器 T1 的配合下按照波特率一位一位接收数据，并将 RXD 引脚的串行数据转为并行数据后，自动将起始位、校验位、停止位剔除。这一过程结束后自动使接收中断请求标志位 RI 置 1，通知 CPU 将接收的数据存入接收缓冲器中。

其中，接收器是双缓冲结构（输入移位寄存器+接收缓冲器 SBUF），以避免在数据接收过程中出现数据重叠。串行口接收数据的过程中，当前一个字节从接收缓冲区取走之前，就已经开始接收第二个字节数据（串行输入至移位寄存器），此时如果在第二个字节接收完毕而前一个字节还未

被读走，那么就会丢失前一个字节。发送缓冲器为单缓冲，因为发送数据是 CPU 主动进行的，不会产生数据的重叠。

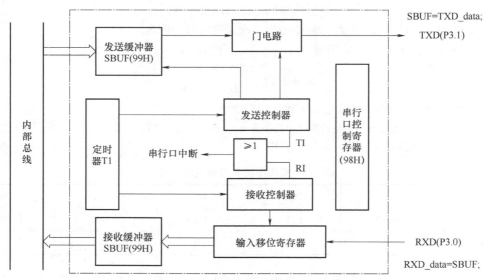

图 6-25 串行口结构框图

2. 串行口控制寄存器

单片机用于串行口控制的寄存器主要包括串行口控制寄存器 SCON（Serial Control）、电源控制寄存器 PCON（Power Control），接收/发送缓冲寄存器 SBUF（Serial Buffer）、中断允许控制寄存器 IE（Interrupt Enable）及中断优先级寄存器 IP（Interrupt Priority）。其中 SCON 用于设置串口工作方式及监测串口工作状态信息，PCON 用于设置串行口波特率加倍时使用，SBUF 用于发送和接收缓冲数据，IE 用于控制允许串行口中断，IP 用于设置串行口中断优先级。

（1）串行口控制寄存器 SCON

串行口控制寄存器 SCON（地址 98H，可位寻址）用于设置串行口工作方式、接收/发送控制位并监测串行口状态标志位，各位的功能如下：

	D7	D6	D5	D4	D3	D2	D1	D0	
SCON	SM0/FE	SM1	SM2	REN	TB8	RB8	TI	RI	98H

1）SM0/FE（Serial Mode 0/Framing Error）：帧错误检测位。

当 PCON 寄存器中的 SMOD0 位置 1 时，该位用于帧错误检测。当检测到一个无效的停止位时，通过 UART 接收器设置该位，它必须由软件清 0。当 PCON 寄存器中的 SMOD0 位置 0 时，该位与 SM1 位一起用于设置串行通信工作方式。

2）SM0、SM1（Serial Mode 0、Serial Mode 1）：串行口工作方式控制位。

通过设置 SM0、SM1 的值，可确定串行口 4 种工作方式，见表 6-7。

表 6-7 串行口工作方式

SM0	SM1	工作方式	说明	波特率
0	0	0	8 位同步移位寄存器	$f_{osc}/12$（12T 模式下）
0	1	1	10 位异步收发器	$\dfrac{2^{SMOD}}{32} \times$ T1 溢出率

（续）

SM0	SM1	工作方式	说明	波特率
1	0	2	11 位异步收发器	$\dfrac{2^{\text{SMOD}}}{64}f_{\text{osc}}$
1	1	3	11 位异步收发器	$\dfrac{2^{\text{SMOD}}}{32}\times$T1 溢出率

3）SM2（Serial Mode 2）：多机通信控制位。

当串行口工作在方式 2 或者方式 3 时，SM2 用于多机通信控制位。若 SM2＝1，则只有当接收到的第 9 位数据 RB8＝1 时，接收中断标志位 RI 才置 1，并将接收到的数据送到接收缓冲器 SBUF 中。如果接收到的第 9 位数据 RB8＝0，则 RI 不会被激活，数据将丢失。若 SM2＝0 时，不论 RB8 是否为 1，均可将数据送入接收缓冲器 SBUF 中，并激活 RI。

需要注意的是，当一个主机与多个从机通信时，若 SM2＝1，则多机通信协议规定，所有从机在接收到数据后将第 9 位数据存入 RB8 中，若 RB8＝1，说明数据为地址帧，该片从机被选中，将 8 位数据送入接收缓冲器 SBUF 中，并将 RI＝1 向主机请求中断处理；若 RB8＝0，说明数据为数据帧，该片从机未被选中，并将 RI＝0 数据丢失。

4）REN（Receive Enable）：串行接收允许位。

该位可用于控制串行口是否接收数据，若 REN＝1，则允许串行口接收数据；若 REN＝0，则禁止串行口接收数据。

5）TB8（Transmit Bit 8）：发送数据位 8。

用于工作方式 2 或工作方式 3 多机通信时发送数据的第 9 位，由用户进行设置可用作数据校验位或多机通信中的地址帧/数据帧标志位。

6）RB8（Receive Bit 8）：接收数据位 8。

在工作方式 2 或工作方式 3 多机通信时接收到的第 9 位数据，作为数据校验位或多机通信中的地址帧/数据帧标志位。

7）TI（Transmitter Interrupt）：发送中断标志位。

串行口在工作方式 0（同步移位寄存器）时，当串行数据发送第 8 位结束时，由内部硬件自动置位 TI＝1，向 CPU 请求中断，响应中断后需要用软件复位 TI＝0。其他工作方式时，在停止位开始发送时，由内部硬件自动置位 TI＝1，响应中断后需要用软件复位 TI＝0。

8）RI（Receiver Interrupt）：接收中断标志位。

串行口在工作方式 0（同步移位寄存器）时，当串行数据接收第 8 位结束时，由内部硬件自动置位 RI＝1，向 CPU 请求中断，响应中断后需要用软件复位 RI＝0。其他工作方式时，在接收到停止位的中间时刻，由内部硬件自动置位 RI＝1，响应中断后需要用软件复位 RI＝0。

需要注意的是，由于 51 单片机只有一个串行口中断服务函数，当 CPU 响应中断后，不能判断出是 TI 还是 RI 发出中断请求，此时需要在中断服务子程序中加入查询程序语句进行判别；串行口中断标志位与其他几种中断不同的是无法实现硬件清 0，因此在中断服务程序中需要写入 TI＝0 或 RI＝0 实现软件清 0。

（2）电源控制寄存器 PCON

电源控制寄存器 PCON（地址 97H，不可位寻址）主要用于设置单片机处于正常工作状态、掉电模式还是空闲模式。其中只有最高位与串行口通信相关，用于设置串行口波特率是否加倍。

	D7	D6	D5	D4	D3	D2	D1	D0	
PCON	SMOD	SMOD0							97H

1）SMOD（Serial Mode）：波特率倍增位。

当串行口工作于方式 1、方式 2、方式 3 时，若 SMOD = 1，则波特率提高一倍；若 SMOD = 0，则波特率不变。

2）SMOD0（Serial Mode 0）：帧错误检测有效控制位。

当 SMOD0 = 1 时，SCON 寄存器中的 SM0/FE 用于 FE 帧错误检测功能；当 SMOD0 = 0 时，SCON 寄存器中的 SM0/FE 用于 SM0 功能，用于设置串行口工作方式。

（3）从机地址控制寄存器 SADEN 和 SADDR

为了方便多机通信，STC89 系列单片机设置了从机地址控制寄存器 SADEN 和 SADDR。其中 SADEN 是从机地址掩膜寄存器，SADDR 是从机地址寄存器。

需要注意的是，串行口对应的特殊功能寄存器 SBUF、SCON、PCON、SADEN 及 SADDR 在单片机上电复位时均为 00H。

6.3.3 串行口的工作方式

STC89C52RC 单片机串行通信有 4 种工作方式，根据 SCON 寄存器中 SM0、SM1 两位的设置可分为工作方式 0、工作方式 1、工作方式 2 和工作方式 3。下面对各种工作方式进行详细介绍。

1. 工作方式 0

当 SM0 SM1 = 00 时，串行口工作在方式 0，为同步移位寄存器输入输出方式。在工作方式 0 下，串行口不用于单片机与 PC 之间的串行通信，而是作为同步移位寄存器用于扩展 I/O 口使用。串行口的数据通过 RXD（P3.0）引脚输入或输出，TXD 引脚输出同步时钟信号，控制数据的同步传送。该方式下，以固定的波特率传送 8 位数据，低位在先，高位在后，不设置起始位和停止位。当单片机工作在 6T 模式时，其波特率为 $f_{osc}/6$；当单片机工作在 12T 模式时，其波特率为 $f_{osc}/12$。

（1）工作方式 0 发送数据

采用方式 0 发送数据时，CPU 将数据写入发送缓冲器 SBUF 后，TXD 引脚提供同步移位脉冲，数据通过 RXD 引脚在同步脉冲指令下，以固定的波特率 $f_{osc}/12$ 或 $f_{osc}/6$ 从低位到高位一位一位输出，8 位数据传输结束后 TI 置 1，向 CPU 提出中断申请。中断服务程序结束后，TI 需要通过软件清 0。时序图如图 6-26 所示。

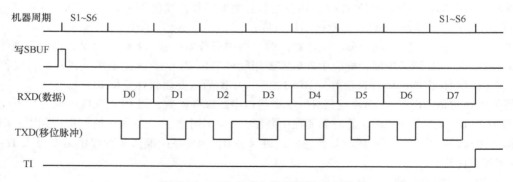

图 6-26 工作方式 0 发送数据时序图

（2）工作方式 0 接收数据

采用工作方式 0 接收数据，需要在接收允许标志位 REN = 1 的前提下进行。当检测到 RI = 0 时，可以开始接收数据，数据通过 RXD 引脚在同步脉冲指令下，以固定的波特率 $f_{osc}/12$ 或 $f_{osc}/6$ 从低位到高位一位一位输入，8 位数据传输结束后送入接收缓冲器 SBUF，并将 RI 置 1，向 CPU 提出中断申请。中断服务程序结束后，RI 需要通过软件清 0，从而启动下一次数据接收。时序图如图 6-27 所示。

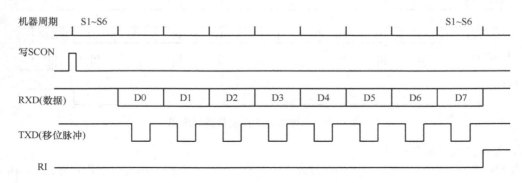

图 6-27　工作方式 0 接收数据时序图

2. 工作方式 1

当 SM0 SM1＝01 时，串行口工作在方式 1，为 10 位异步通信方式（波特率可变）。一帧数据包括：1 位起始位、8 位数据位和 1 位停止位。TXD 引脚作为数据发送端，RXD 引脚作为数据接收端。数据在传输过程中的波特率是由 T1 与波特率倍增位 SMOD 共同决定的，可根据需要进行设置。

$$方式 1：波特率 = \frac{2^{SMOD}}{32} \times T1 溢出率$$

$$T1 溢出率 = \frac{f_{osc}}{12 \times (256 - N)}$$

（1）工作方式 1 发送数据

串行口发送数据时，通过写指令将数据送入输出缓冲器 SBUF 中，并由硬件自动添加起始位和停止位打包成一帧格式的完整数据。一帧数据按照定时器 T1 产生的波特率一位一位地出现在 TXD 引脚。在发送停止位时，发送中断标志位 TI 置 1，向 CPU 发出中断请求。在发送下一帧数据前，需要通过软件将 TI 清 0。时序图如图 6-28 所示。

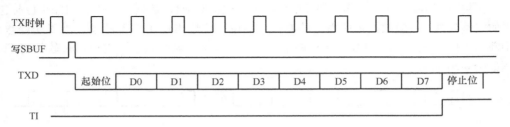

图 6-28　工作方式 1 发送数据时序图

（2）工作方式 1 接收数据

串行口接收数据时，需要通过软件设置 REN＝1 允许串行口接收数据，串行口以波特率的 16 倍速采样 RXD 引脚电平，当检测电平由 1 变为 0 的负跳变时，则开始接收数据。采样时为了消除信号干扰，确保接收数据的可靠性，将 16 分频的采样值的 7、8、9 三位状态取出比对，若 3 次采样中至少有 2 次数值相同，则认为采样值无误。数据接收完毕（接收到停止位），若此时 RI＝0，

SM2 = 0 或者接收的停止位为 1 时，接收到的数据有效，将 8 位数据送入接收缓冲器 SBUF，第 9 位停止位放入 RB8 中，并将 RI 置 1，向 CPU 发出中断请求；若不满足上述条件，则放弃接收到的数据。在接收下一帧数据前，需要通过软件将 RI 清 0。时序图如图 6-29 所示

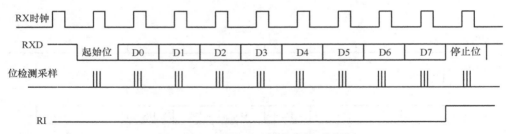

图 6-29　工作方式 1 接收数据时序图

3. 工作方式 2 与工作方式 3

当 SM0 SM1 = 10 时，串行口工作在方式 2；当 SM0 SM1 = 11 时，串行口工作在方式 3。两者均为 11 位异步通信方式，一帧数据包括：1 位起始位、8 位数据位、1 位可编程位及 1 位停止位。TXD 引脚作为数据发送端，RXD 引脚作为数据接收端。发送数据时第 9 位由 SCON 寄存器中的 TB8 提供，用户可通过软件进行设置；接收数据的第 9 位由 SCON 寄存器中的 RB8 提供。两者唯一的区别是波特率不同，工作方式 2 传输数据的波特率为固定值，根据 SMOD 的取值波特率为 $f_{osc}/64$ 或 $f_{osc}/32$。

$$工作方式 2：波特率 = \frac{2^{SMOD}}{64} f_{osc}$$

工作方式 3 在传输数据过程中的波特率是由 T1 与波特率倍增位 SMOD 共同决定的，可根据需要进行设置。

$$工作方式 3：波特率 = \frac{2^{SMOD}}{32} \times T1 溢出率$$

$$T1 溢出率 = \frac{f_{osc}}{12 \times (256 - N)}$$

（1）工作方式 2、3 发送数据

串行口发送数据时，通过写指令将数据送入输出缓冲器 SBUF 中，并由硬件自动添加起始位、SCON 寄存器中的 TB8 位（可用作奇偶校验位或多机通信时地址/数据标志位）和停止位打包成一帧格式的完整数据。一帧数据按照固定的波特率一位一位地出现在 TXD 引脚。在发送停止位时，发送中断标志位 TI 置 1，向 CPU 发出中断请求。在发送下一帧数据前，需要通过软件将 TI 清 0。时序图如图 6-30 所示。

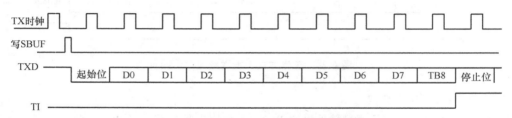

图 6-30　工作方式 2、3 发送数据时序图

（2）工作方式 2、3 接收数据

串行口接收数据时，需要通过软件设置 REN = 1 允许串行口接收数据，串行口以波特率的 16

倍速采样 RXD 引脚电平，当检测电平由 1 变为 0 的负跳变时，则开始接收数据。采样时为了消除信号干扰，确保接收数据的可靠性，将 16 分频的采样值的 7、8、9 三位状态取出比对，若 3 次采样中至少有 2 次数值相同，则认为采样值无误。接收数据时，①RI = 0，CPU 将接收缓冲器中的数据读走，并允许再次写入；②若 SM2 = 0，则不论 RB8 为何值都可接收数据；若 SM2 = 1，则只有当 RB8 = 1 时接收数据（此处可参看前文中 SM2 位功能讲解），将 8 位数据送入接收缓冲器 SBUF，并将 RI 置 1，向 CPU 发出中断请求；若不满足上述条件，则放弃接收到的数据。在接收下一帧数据前，需要通过软件将 RI 清 0。时序图如图 6-31 所示。

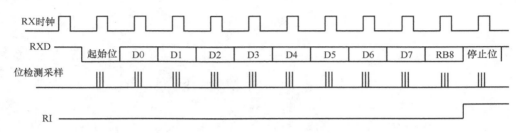

图 6-31　工作方式 2、3 接收数据时序图

6.3.4　串行口的应用

1. 串行口程序初始化设置

编写串行口通信程序时，首先需要根据设计要求进行串行口初始化配置。具体配置步骤如下：

1）设置 TMOD 寄存器，配置定时器 T1 工作在方式 2 自动重装模式（TMOD = 0x20），作为串行口波特率发生器。

2）设置 SCON 寄存器，配置串行口工作方式（单机通信时常采用工作方式 1，SCON = 0x50）。

3）根据串行口通信波特率，计算定时器 T1 的初值 N，并放入 TH1 与 TL1 中。若需要波特率加倍，可设置 PCON 寄存器中的 SMOD 波特率倍增位。

4）设置 IE 寄存器，开总中断 EA = 1，开串行口中断 ES = 1。

5）设置 IP 寄存器，确定各中断优先等级。

6）启动定时器 T1，TR1 = 1。

2. 单片机与 PC 通信

（1）仿真环境搭建

当仿真单片机串行口与计算机通信时，需要将 Proteus 仿真系统和串口调试软件同时安装在 PC 上，PC 的两个物理串口，两者分别占用一个端口，然后采用交叉连线方式使双方的 RXD 与 TXD 相连，并将两个串行端口的属性设置一致。若采用虚拟串口实现串行口通信仿真，需要使用虚拟串口驱动软件（Virtual Serial Port Driver，VSPD）虚拟一对串行端口 COM2 和 COM3 配对连接。将 COM3 分配给 Proteus 仿真模型中的串行口 COMPIM，COM2 分配给串口调试助手，运行同一台 PC 上的串口调试助手软件与 Proteus 软件的单片机仿真系统，可实现两者之间的通信。虚拟串口界面如图 6-32 所示。

在 Proteus 仿真软件中找到 COMPIM 器件，利用该器件实现与 PC 的串行口通信，参数设置对话框如图 6-33 所示。将 COMPIM 的物理串口（Physical Port）设置成 COM2。单片机的数据发送给 COM2，借助 COM2 将数据发送给 PC 端的虚拟串行口 COM3。COM2 与 COM3 这一对虚拟串口在配置时已实现交叉连接，所以在搭建 Proteus 仿真模型时需要注意，单片机与 COM2 之间 RXD 与 RXD 相连、TXD 与 TXD 相连。串口调试助手中设置串口号为 COM3，即完成了串行口虚拟硬件连接。

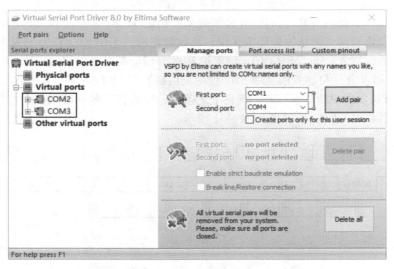

图 6-32   虚拟串口界面

通过串口监视仪器 Virtual Terminal 可以将数据线上的符合 RS232 协议的数据捕捉到，并显示出来，也可以往数据线上发送 RS232 协议的数据。STC 烧写软件设置如图 6-34 所示。

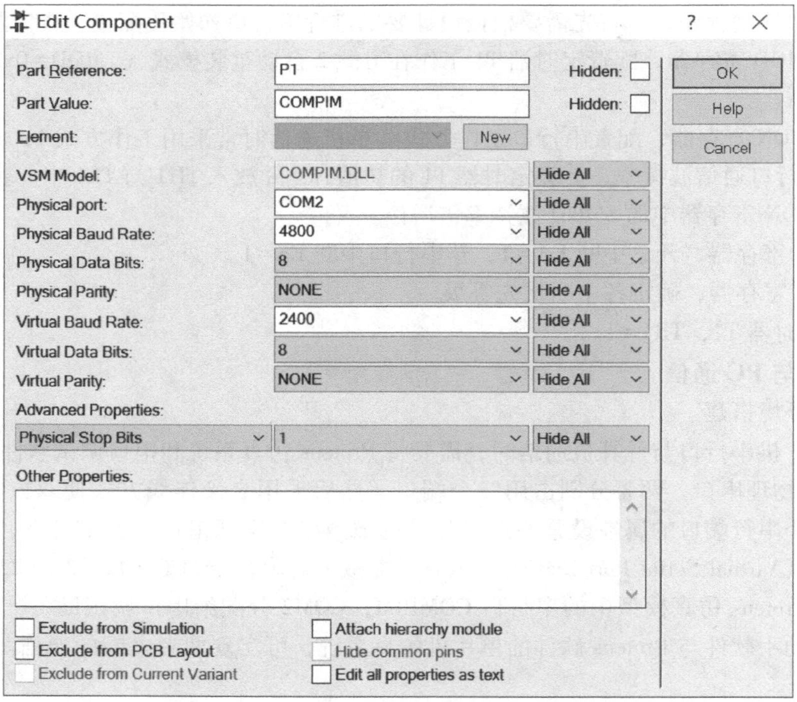

图 6-33   COMPIM 器件参数设置

由于 Proteus 仿真环境提供了很多的便利，例如无须搭建晶振与复位电路，单片机也可以正常使用，同样地，在串行口仿真时不加入 RS232 电平转换电路也可实现串行口数据的转换，在这里为了简化电路，仿真中直接采用单片机与 COMPIM 相连完成串行口部分搭建。

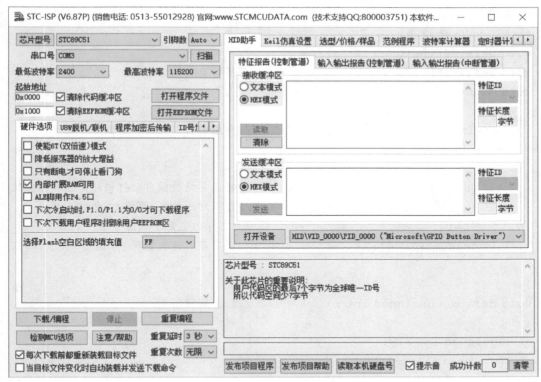

图 6-34　STC 烧写软件设置

（2）程序编写

【例 6-10】　单片机串行口工作在方式 1，以 9600bit/s 的波特率将数据 20H 发送到 PC 端。单片机与 PC 通信仿真模型如图 6-35 所示。

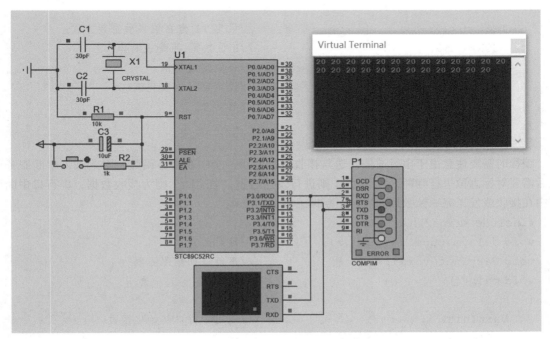

图 6-35　单片机与 PC 通信仿真模型

① 采用查询方式

```c
#include <reg52.h>
void delayms(unsigned int z);           //延时函数
void UartInit(void);                     //串行口初始化函数
void main()
{
    UartInit();                          //调用串行口初始化函数
    while(1)
    {
        SBUF=0x20;                       //发送一帧数据自动打包起始位和停止位
        while(! TI);                     //数据发送结束,等待 TI 标志位置 1
        TI=0;                            //TI 标志位需手动清 0
        delayms(1000);                   //调用延时函数实现 1s 延时
    }
}
void delayms(unsigned int z)             //1ms 延时函数
{
    unsigned int x,y;
    for(x=z;x>0;x--)
    {
        for(y=125;y>0;y--);
    }
}
void UartInit(void)                      //串行口初始化 9600bit/s@11.0592MHz
{
    TMOD=0x20;                           //设定 T1 为 8 位自动重装方式
    SCON=0x50;                           //8 位数据,可变波特率
    TL1=0xFD;                            //设定定时初值
    TH1=0xFD;                            //设定定时器重装值
    TR1=1;                               //启动 T1
}
```

② 采用中断方式

编程时需要注意由于串行通信发送与接收数据共用一个中断服务函数,因此进入中断服务函数后需要对标志位进行判断,若 TI 为 1 则进行发送数据,若 RI=1 则为接收数据;串行口中断函数中在接收或发送完一帧数据后需对中断标志位手动清 0。

```c
#include <reg52.h>
void delayms(unsigned int z);            //延时函数
void UartInit(void);                     //串行口初始化函数
void main( )
{
    UartInit( );                         //调用串行口初始化函数
    while(1)
```

```
    {
        SBUF=0x20;                      //一帧数据自动打包起始位和停止位
        delayms(1000);                  //调用延时函数实现 1s 延时
    }
}
void delayms(unsigned int z)            //1ms 延时程序
{
    unsigned int x,y;
    for(x=z;x>0;x--)
    {
        for(y=125;y>0;y--);
    }
}
void UartInit(void)                     //串行口初始化 9600bit/s@11.0592MHz
{
    TMOD=0x20;                          //设定 T1 为 8 位自动重装方式
    SCON=0x50;                          //8 位数据,可变波特率
    TL1=0xfd;                           //设定定时初值
    TH1=0xfd;                           //设定定时器重装值
    TR1=1;                              //启动 T1
    EA=1;                               //开总中断
    ES=1;                               //开串行口中断
}
void interruptUART( ) interrupt 4       //串行口中断程序
{
    if(TI)                              //判断是否为发送数据
    {
        TI=0;                           //手动清 0 标志位 TI
    }
}
```

3. 单片机双机通信

单片机之间双机通信时接收端与发送端的 RXD 与 TXD 引脚交叉连接，单片机的串行口工作方式 1、2、3 均可实现双机通信，下面以工作方式 1 为例分析双机通信的原理和方法。

【例 6-11】　为产生精确的波特率，双机均采用 11.0592MHz 的晶振频率，设定波特率为 9600bit/s，由定时器 T1 工作在方式 2 条件下产生。编写串行口程序实现数据由发送端向接收端方向传输，使得接收端 8 个发光二极管运行流水灯程序。

单片机双机通信仿真模型如图 6-36 所示。

程序分析：

1) 串行口波特率由 T1 工作在方式 2 下产生，因此 TMOD=0x20。

2) 根据波特率可通过查表得到定时器初值为 0xFD。

3) 发送端单片机的串行口设置为：SCON=0x40。

4) 接收端单片机的串行口设置为：SCON=0x50（REN=1）。

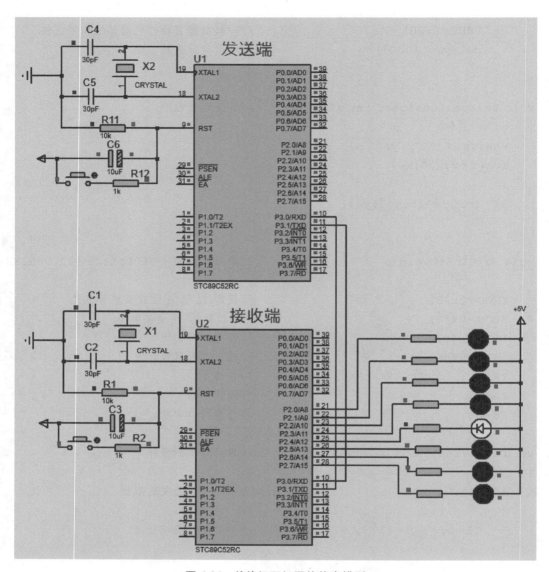

图 6-36　单片机双机通信仿真模型

（1）发送端程序

```
#include<reg52.h>                    //头文件
#define uchar unsigned char         //宏定义
uchar code Tab[]={0XFE,0XFD,0XFB,0XF7,0XEF,0XDF,0XBF,0X7F};
                                    //流水灯控制码
void Send(uchar dat)                //发送子函数
{
    SBUF=dat;                       //数据送到发送缓冲器 SBUF
    while(TI==0);                   //等待数据发送
    TI=0;                           //清除发送标志位
}
```

```
void delay()                             //延时函数
{
    uchar m,n;
    for(m=0;m<200;m++)
    for(n=0;n<250;n++)
    ;
}
void main()
{
    uchar i;
    TMOD=0x20;                           //T1 工作在方式 2
    SCON=0x40;                           //串行口工作在方式 1
    TL1=0xfd;                            //T1 初值
    TH1=0xfd;                            //T1 重装值
    TR1=1;                               //启动 T1
    while(1)                             //循环
    {
        for(i=0;i<8;i++)                 //循环发送 Tab 数组的值
        {
            Send(Tab[i]);                //发送数组第 i 位数据
            delay();                     //延时
        }
    }
}
```

（2）接收端程序

```
#include<reg52.h>                        //头文件
#define uchar unsigned char              //宏定义
uchar Receive()                          //接收函数
{
    uchar dat;
    while(RI==0);                        //等待数据接收
    RI=0;                                //清除中断标志位
    dat=SBUF;                            //将接收缓冲器 SBUF 的内容送给 dat
    return dat;                          //函数返回值
}
void main()
{
    TMOD=0x20;                           //T1 工作在方式 2
    SCON=0x50;                           //串行口工作在方式 1,REN=1
    TL1=0xfd;                            //T1 初值
    TH1=0xfd;                            //T1 重装值
    TR1=1;                               //启动 T1
```

```
    while(1)                                //循环
    {
        P2=Receive();                       //将接收到的数据送到 P2 口
    }
}
```

4. 单片机多机通信

实际应用中经常需要多个微处理器协调工作，由于单片机具有多机通信功能，利用这一点很容易组成各种多机系统，典型的通信系统如图 6-37 所示。

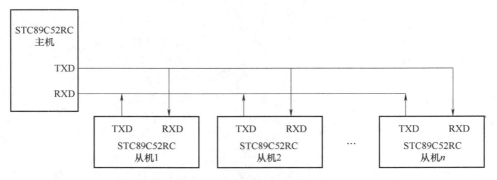

图 6-37   单片机多机通信接线图

一台单片机作为主机，主机的 TXD 端与其他从机的 RXD 端相连，主机的 RXD 端与其他从机的 TXD 端相连，主机发送的信息可以被各个从机接收，而各个从机发送的信息只能被主机接收，由主机决定与哪个从机进行通信。

在多机系统中要保证主机与从机之间的可靠通信，必须让通信接口具有识别功能，单片机的串行口控制器 SCON 中的控制位 SM2 正是为了满足这一要求而设置的。当串行口以方式 2 或者方式 3 工作时，发送或接收的每一帧数据都是 11 位，其中除了包含 SBUF 寄存器传送的 8 位数据外，还包括一个可编程的第 9 位数据 TB8 或 RB8，主机可通过对 TB8 赋值 1 或 0，来区别发送的是地址信息还是数据信息。

根据串行口接收有效条件可知，若从机的 SCON 控制位 SM2 为 1，则当接收的是地址信息时，接收数据将被装入 SBUF 并将 RI 标志位置 1，向 CPU 发出中断请求；若接收的是数据信息，则不会产生中断标志，信息将丢失。若从机的 SCON 的控制位 SM2 为 0 时，则无论主机发送的是地址信息还是数据信息，接收数据都会被装入 SBUF 并将标志位 RI 置 1，向 CPU 发出中断请求。因此可以规定如下通信规则：

1）所有从机的 SM2 位置 1，使之处于只能接收地址帧的状态。

2）主机发送地址帧，其中包含 8 位地址信息，第 9 位为 1，进行从机寻址。

3）从机接收到地址帧后，将 8 位地址信息与其自身地址值比较，若相同则将控制位 SM2 清 0；若不同则保持控制位 SM2 为 1。

4）主机从第 2 帧开始发送数据，其中第 9 位为 0。对于已经被寻址的从机，因其 SM2 为 0，故可以接收主机发来的数据信息，而对于其他从机，因其 SM2 为 1，将对主机发来的信息不予理睬，直到发来一个新的地址帧。

5）若主机需要与其他从机联系，可再次发送地址帧来进行从机寻址，而先前被寻址过的从机在分析主机发来的地址帧是对其他从机寻址时，恢复其自身的 SM2 为 1，对主机随后发来的数据信息不予理睬。

思考题及习题 6

一、填空

1. STC89C52RC 的外部中断 0 的中断标志位为＿＿＿＿＿，中断向量为＿＿＿＿＿；T1 中断的中断标志位为＿＿＿＿＿，中断向量为＿＿＿＿＿；串行口中断的中断标志位为＿＿＿＿＿，中断向量为＿＿＿＿＿；当中断获得响应后，相应中断标志被硬件自动清 0，但其中中断标志＿＿＿＿＿必须由软件清 0。

2. STC89C52RC 单片机有＿＿＿＿＿个中断源，中断源可编程为＿＿＿＿＿个中断优先级，能实现＿＿＿＿＿中断嵌套。

3. 定时/计数器工作方式 0 是＿＿＿＿＿位定时/计数器，工作方式 1 是＿＿＿＿＿位定时/计数器，定时/计数器工作方式 2 是＿＿＿＿＿位定时/计数器，又称作＿＿＿＿＿方式。

4. 定时器工作方式 0 的最大定时时间是＿＿＿＿＿μs，方式 1 的最大定时时间是＿＿＿＿＿μs，方式 2 的最大定时时间是＿＿＿＿＿μs。

5. 定时器＿＿＿＿＿在方式＿＿＿＿＿时可作为串行口方式 1、3 的波特率发生器。

6. 定时/计数器 Tx（x=0，1）用作计数器模式时，外部输入的计数脉冲的最高频率为系统时钟频率的＿＿＿＿＿。

7. 定时/计数器 Tx（x=0，1）用作定时器模式时，其计数脉冲由＿＿＿＿＿＿＿＿＿＿提供，定时时间与＿＿＿＿＿＿＿＿＿＿有关。

8. STC89C52RC 单片机的晶振频率为 6MHz，若利用 T1 的工作方式 1 定时 2ms，则（TH1）=＿＿＿＿＿，（TL1）=＿＿＿＿＿。

9. STC89C52RC 的串行异步通信口为＿＿＿＿＿＿＿＿＿＿（单工/半双工/全双工）。

10. 串行通信波特率的单位是＿＿＿＿＿＿＿＿＿＿。

二、简答

1. 中断响应需要满足哪些条件？

2. STC89C52RC 单片机响应外部中断的典型时间是多少？在哪些情况下，CPU 将推迟对外部中断请求的响应？

3. 定时/计数器 T1、T0 的工作方式 2 有什么特点？适用于哪些应用场合？

4. STC89C52RC 单片机的串行口有几种工作方式？有几种帧格式？各种工作方式的波特率如何确定？

三、编程

1. 若 STC89C52RC 单片机系统晶振频率为 12MHz，利用 T0 在 P1.0 引脚上产生周期为 4ms 的方波输出，编写程序。

2. 利用定时/计数器 T1 产生定时时钟，由 P1 口控制 8 个指示灯。编写程序，使 8 个指示灯依次闪烁，闪烁频率是 1 次/s。

第7章
STC89C52RC单片机系统的并行扩展

【学习目标】

（1）了解单片机系统并行扩展结构及扩展内容；

（2）掌握单片机扩展片外并行三总线的构造方法；

（3）熟悉线选法和译码法两种编制方式。

【学习重点】

（1）掌握存储器与I/O接口的扩展方法；

（2）掌握扩展存储器芯片的地址范围方法；

（3）熟悉常用接口芯片的特点及使用方法。

51单片机在一片芯片上集成了CPU、ROM、RAM、定时/计数器及I/O口等基本部件，早期的单片机由于性能不够完善，在很多实际应用中，仅靠片内资源无法满足需求，因此需要进行系统扩展，即在最小系统基础上，增加一些外围功能部件进行扩充，一般包括外部存储器扩展、I/O接口扩展和A/D转换器（ADC）扩展。随着技术的发展，单片机的性能越来越强大，单片机的存储器容量足够满足用户需求，有些单片机内部集成了ADC。因此，这一章主要学习并行扩展的方法。

这些器件的特点是：所使用引脚较多（数据线、地址线和控制线等），如果直接采用普通的连接方式会出现单片机的引脚不够用的情况。目前常用的扩展有两种：并行扩展和串行扩展，串行扩展目前是主流技术，将在第9章进行介绍。

7.1 系统总线扩展技术

7.1.1 系统总线扩展概述

单片机内部CPU与各功能部件都是通过经典的三总线形式进行连接，即地址总线、数据总线和控制总线。如果进行外部扩展存储器或者I/O接口也需要使其满足三总线的结构，才能实现数据的正确传输。单片机系统并行扩展结构如图7-1所示。

1. 系统三总线结构

（1）地址总线（Address Bus，AB）

地址总线用于传输单片机发送的地址信号，用以选择外部存储单元或I/O端口。地址总线方向为单向，只能由单片机指向外部存储单元或I/O端口。地址总线的数目决定了可访问的存储单元数量，若有 n 条地址总线可扩展 2^n 个存储空间。单片机地址总线有16条，高8位地址线由P2口提供，低8位地址线由P0口提供，可扩展64KB范围的存储空间。

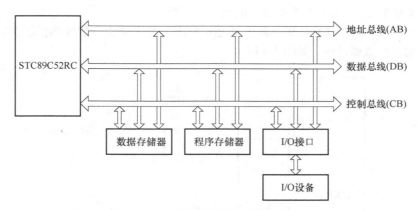

图 7-1　单片机系统并行扩展结构图

（2）数据总线（Data Bus，DB）

数据总线用于单片机与存储单元或 I/O 口之间进行数据传送。数据总线方向为双向，即可向外部存储器发送数据，也可从外部存储器中读取数据。由于单片机内部每个存储单元长度为 8bit，因此由 P0 口提供 8 位数据总线。

（3）控制总线（Control Bus，CB）

控制总线用于单片机与外部扩展存储器或 I/O 口进行数据传输时施加的控制信号，包括 $\overline{EA}$、ALE、$\overline{RD}$、$\overline{WR}$、$\overline{PSEN}$ 等。

1）$\overline{EA}$：程序存储器选择控制引脚。$\overline{EA}=1$，采用内部程序存储器；$\overline{EA}=0$，采用外部程序存储器。

2）ALE：地址锁存允许控制引脚。

3）$\overline{RD}$：片外数据存储器"读"选通控制引脚。

4）$\overline{WR}$：片外数据存储器"写"选通控制引脚。

5）$\overline{PSEN}$：外部程序存储器选通控制引脚。

2. STC89C52 单片机并行扩展总线

（1）P0 口作为低 8 位地址/数据总线

51 单片机受引脚数目限制，P0 口既用作低 8 位地址总线，又用作数据总线（分时复用），因此需对地址信息和数据信息进行分离。51 单片机对外部扩展的存储器单元或 I/O 接口寄存器进行访问时，CPU 先发出低 8 位地址送到地址锁存器，锁存器将低 8 位地址（A7～A0）锁存在其输出端。随后，P0 口转换为数据总线口（D7～D0）进行数据传输。

（2）P2 口作为高 8 位地址总线

P2 口的全部 8 位口线用作系统高 8 位地址线，再加上地址锁存器输出提供的低 8 位地址，便形成了系统的 16 位地址总线，从而使单片机系统的寻址范围达到 64KB。实际使用时未必用到 16 根地址线，根据需求选用即可，其他未用到的线可作为通用 I/O 口使用。

除了地址线和数据线外，还要有控制总线。这些信号有的就是单片机引脚的第一功能信号，有的则是 P3 口第二功能信号。其中包括：

1）$\overline{PSEN}$ 引脚作为外部扩展的程序存储器的读选通控制信号。

2）$\overline{RD}$ 和 $\overline{WR}$ 引脚作为外部扩展的数据存储器和 I/O 接口寄存器的读、写选通控制信号。

3）ALE 引脚作为 P0 口发出的低 8 位地址的锁存控制信号。

4）EA引脚为片内、片外程序存储器访问允许控制端。

由上述分析可知，进行系统扩展实际上就是扩展出三总线结构，使外部扩展存储器与单片机内部能够正确地进行数据传输，如图 7-2 所示。

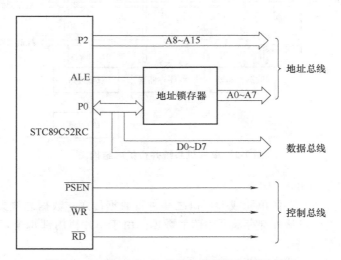

图 7-2　STC89C52RC 单片机扩展外部三总线图

3. 地址锁存器

地址锁存器是系统扩展的重要部件，常用的芯片有 74LS373、74LS573 等。

图 7-3 为 74LS373 的结构图，表 7-1 为 74LS373 的真值表，对照图表对 74LS373 的工作方式进行介绍。引脚说明如下：

1）D7～D0：8 位数据输入线，与单片机的 P0 口相连，用于分离地址与数据信号。

2）Q7～Q0：8 位数据输出线，用于锁存单片机输出的低 8 位地址信号。

3）G：数据输入锁存选通信号，与单片机的 ALE 引脚相连，当 ALE 引脚为高电平时可将输入端 D7～D0 的数据传送到输出端 Q7～Q0；当 ALE 引脚由高电平变为低电平，即产生一个下降沿时，传输的数据将锁存在输出端 Q7～Q0。

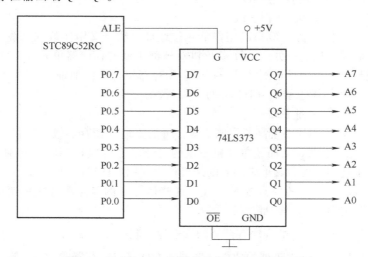

图 7-3　STC89C52RC 单片机与 74LS373 连接图

表 7-1　74LS373 真值表

$\overline{OE}$	G	D	Q
0	1	1	1
0	1	0	0
0	0	×	不变
1	×	×	高阻态

4）$\overline{OE}$：数据输出允许信号，即片选端。$\overline{OE}=1$：该芯片不工作，输出为高阻态；$\overline{OE}=0$：芯片被选中，因此该引脚常接地使用。

7.1.2　外部扩展芯片的地址空间分配

存储器扩展的核心问题是存储器的编址问题。所谓编址就是给存储器单元分配地址。由于存储器通常由多个芯片组成，为此存储器的编制分为两个层次，即存储器芯片的选择和存储器芯片内部存储单元的选择。

如何把片外两个 64KB 地址空间分配给各个存储器与 I/O 接口芯片，使一个存储单元只对应一个地址，避免单片机对一个地址单元访问时，发生数据冲突。这就是存储器地址空间的分配问题（编址）。

在外扩的多片存储器芯片中，STC89C52 单片机要完成这种功能，必须进行两种选择：

1）必须选中该存储器芯片或 I/O 接口芯片，这称为"片选"，每个存储器芯片都有片选信号引脚。

2）在"片选"的基础上再选择该芯片的某一单元，称为"单元选择"。

常用的存储器地址空间分配方法有两种：线选法和译码法。

1. 线选法

线选法直接利用系统的高位地址线作为外扩存储器芯片（或 I/O 接口芯片）的片选信号。以图 7-4 为例介绍线选法的用法。

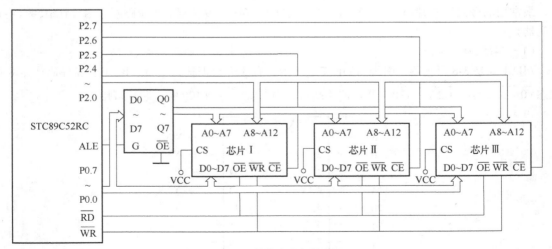

图 7-4　线选法实例接线图

【例 7-1】　绘制单片机片外扩展 3 片 6264 芯片的接线图，并分析各芯片的地址范围。

解析：6264 芯片为 8KB×8 容量的数据存储器，需要 12 根地址线寻址内部各存储单元地址空间。P0 口作为数据总线与芯片的 8 位数据线 D0~D7 相连。P0 口同时复用为低 8 位的地址线通过 74LS373 与 6264 的 A0~A7 相连。P2.0~P2.4 提供高 5 位地址线与 6264 的 A8~A12 相连。单片机的 $\overline{\text{RD}}$ 引脚与 3 片扩展芯片的 $\overline{\text{OE}}$ 端相连作为读取数据控制信号，$\overline{\text{WR}}$ 引脚与 3 片扩展芯片的 $\overline{\text{WR}}$ 端相连作为写数据的控制信号。3 片扩展芯片的片选端分别与剩余的高位地址线 P2.5~P2.7 相连，P2.5 为低电平时选通芯片 I，P2.6 为低电平时选通芯片 II，P2.7 为低电平时选通芯片 III。编址后芯片 I 地址范围为 C000H~DFFFH，芯片 II 地址范围为 A000H~BFFFH，芯片 III 地址范围为 6000H~7FFFH，见表 7-2。

表 7-2 各芯片地址范围表

芯片编号	P2.7	P2.6	P2.5	P2.4~P2.0	P0.7~P0.0	地址范围	存储容量
芯片 I	1	1	0	0000 ... 1111	00000000 ... 11111111	C0000H ~ DFFFH	8KB
芯片 II	1	0	1	0000 ... 1111	00000000 ... 11111111	A000H ~ BFFFH	8KB
芯片 III	0	1	1	0000 ... 1111	00000000 ... 11111111	6000H ~ 7FFFH	8KB

线选法小结：线选法电路简单，不需要地址译码器硬件，体积小，成本低；但是可寻址的器件数目受到限制，地址空间不连续，地址不唯一，不能充分有效地利用存储空间。只适于外扩芯片不多、规模不大的单片机系统。

2. 译码法

使用译码器对单片机的高位地址进行译码，将译码器的译码输出作为存储器芯片的片选信号是最常用的地址空间分配的方法，它能有效地利用存储器空间，适用于多芯片的存储器扩展。

最常用的译码器芯片有 74LS138（3-8 译码器）、74LS139（双 2-4 译码器）和 74LS154（4-16 译码器）。

（1）74LS138 译码器

74LS138 是 3-8 译码器，引脚图如图 7-5 所示，有 3 个数据输入端 A、B、C，经译码产生 8 种状态 $\overline{Y0}$~$\overline{Y7}$。G1、$\overline{\text{G2A}}$、$\overline{\text{G2B}}$ 为芯片使能端口，当三者状态为 100 时，芯片可用。

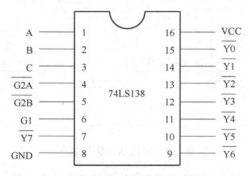

图 7-5　74LS138 译码器引脚图

当译码器输入为某一固定编码时，其 8 个输出引脚$\overline{Y0} \sim \overline{Y7}$中仅有 1 个引脚输出为低，其余全为高。而输出低电平的引脚恰好作为片选信号。74LS138 真值表见表 7-3。

表 7-3　74LS138 真值表

输入端						输出端							
G1	$\overline{G2A}$	$\overline{G2B}$	C	B	A	$\overline{Y7}$	$\overline{Y6}$	$\overline{Y5}$	$\overline{Y4}$	$\overline{Y3}$	$\overline{Y2}$	$\overline{Y1}$	$\overline{Y0}$
1	0	0	0	0	0	1	1	1	1	1	1	1	0
1	0	0	0	0	1	1	1	1	1	1	1	0	1
1	0	0	0	1	0	1	1	1	1	1	0	1	1
1	0	0	0	1	1	1	1	1	1	0	1	1	1
1	0	0	1	0	0	1	1	1	0	1	1	1	1
1	0	0	1	0	1	1	1	0	1	1	1	1	1
1	0	0	1	1	0	1	0	1	1	1	1	1	1
1	0	0	1	1	1	0	1	1	1	1	1	1	1
其他状态			×	×	×	1	1	1	1	1	1	1	1

（2）74LS139 译码器

74LS139 是双 2-4 译码器。内部集成了两个完全独立的译码器，分别有各自的数据输入端、译码状态输出端以及数据输入允许端。74LS139 引脚图如图 7-6 所示，真值表见表 7-4。

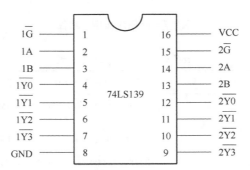

图 7-6　74LS139 译码器引脚图

表 7-4　74LS139 真值表

输入端			输出端			
允许	选择					
$\overline{G}$	B	A	$\overline{Y3}$	$\overline{Y2}$	$\overline{Y1}$	$\overline{Y0}$
0	0	0	1	1	1	0
0	0	1	1	1	0	1
0	1	0	1	0	1	1
0	1	1	0	1	1	1
1	×	×	1	1	1	1

下面以 74LS139 为例，介绍采用译码法如何进行地址分配。

【例 7-2】 要扩展 4 片 16KB 的 RAM 62128，如何通过 74LS139 把 64KB 空间分配给各个芯片？

解析：单片机无法通过片选法来扩展 4 片 16KB 的 RAM 62128，因为高位空闲的地址线只剩 2 根，无法作为 4 片芯片的片选信号。因此扩展多片存储器时需要用到译码法来高效地利用高位地址线。接线图如图 7-7 所示，单片机的 P0 口及 P2 口的 P2.0 ~ P2.5 构成了 RAM62128 的 14 位地址引脚，剩余 P2.6 和 P2.7 未被使用，因此将其作为存储器扩展的译码控制信号使用。P2.6 和 P2.7 接译码器的输入端 A 和 B，译码器输出 4 位信号线分别作为 4 片 RAM 62128 的片选信号，编址后芯片 Ⅰ 地址范围为 0000H ~ 3FFFH，芯片 Ⅱ 地址范围为 4000H ~ 7FFFH，芯片 Ⅲ 地址范围为 8000H ~ BFFFH，芯片 Ⅳ 地址范围为 C000H ~ FFFFH，见表 7-5。

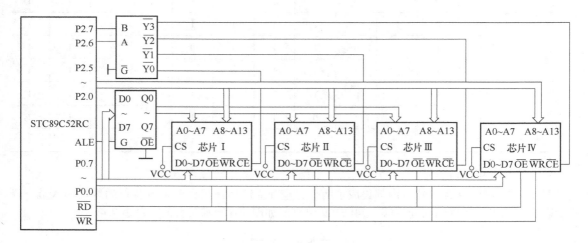

图 7-7 译码法实例接线图

表 7-5 各芯片地址范围表

芯片编号	P2.7	P2.6	译码信号	P2.5~P2.0 P0.7~P0.0	地址范围	存储容量
芯片 Ⅰ	0	0	$\overline{Y0}$	00000 00000000 ... 11111 11111111	00000H ~ 3FFFH	16KB
芯片 Ⅱ	0	1	$\overline{Y1}$	00000 00000000 ... 11111 11111111	4000H ~ 7FFFH	16KB
芯片 Ⅲ	1	0	$\overline{Y2}$	00000 00000000 ... 11111 11111111	8000H ~ BFFFH	16KB
芯片 Ⅳ	1	1	$\overline{Y3}$	00000 00000000 ... 11111 11111111	C000H ~ FFFFH	16KB

译码法小结：译码法通过译码器将高位地址线转换为片选信号。扩展多片外部芯片时，采用译码法可实现全地址译码方式，地址空间连续，存储芯片空间对应地址唯一。同类存储器间不会产生地址重叠的问题。

7.2　存储器的并行扩展

7.2.1　程序存储器的扩展

1. 程序存储器的分类

程序存储器 ROM 的特点是掉电后数据不丢失，因此常用于存放程序及一些重要的原始数据。由于程序存储器为只读存储器，因此程序下载后不能改写，只能进行读操作。按照原理程序存储器分为以下几种：

1）掩膜 ROM：在制造过程中编程，只适合于大批量生产。

2）可编程 ROM（PROM）：用独立的编程器写入，只能写入一次。

3）EPROM：电信号编程，紫外线擦除的只读存储器芯片。

4）E^2PROM（EEPROM）：电信号编程，电擦除。读写操作与 RAM 相似，写入速度稍慢。断电后能够保存信息。

5）Flash ROM：又称闪烁存储器，简称闪存。电改写，电擦除，读写速度快（70ns），读写次数多（1 万次）。

2. 常用 ROM 芯片介绍

典型芯片是 27 系列 EPROM 产品，28 系列 E^2PROM 产品。其中"27/28"表示 ROM 类型，后面的数字表示其位存储容量。例如：2764 为 8KB×8 容量的 EPROM，27128 为 16KB×8 容量的 EPROM，28256 为 32KB×8 容量的 E^2PROM，27512 为 64KB×8 容量的 E^2PROM。

下面以 2732 为例，介绍 ROM 芯片的主要引脚功能，引脚图如图 7-8 所示。

1）A0~A11：地址线引脚。由型号可知该芯片的容量为 4KB×8，对应的地址线为 12 根。

2）Q7~Q0：数据线引脚。8 位数据线与单片机匹配。

3）$\overline{CE}$：片选输入端。$\overline{CE}=1$：该芯片不可用；$\overline{CE}=0$：该芯片被选用。

4）$\overline{OE}$：输出允许控制端。该引脚与单片机的$\overline{PSEN}$相连，当$\overline{PSEN}$输出低电平时，单片机将从 ROM 中读取数据。

5）VPP：编程时，编程电压（+12V 或+25V）输入端。

6）VCC：+5V，芯片的工作电压。

7）GND：数字地。

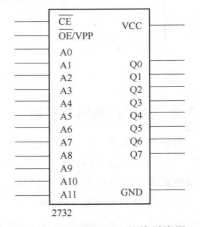

图 7-8　EPROM2732 芯片引脚图

3. 典型的程序存储器扩展电路

以扩展 ROM 芯片 2732 为例讲解单片机外部扩展程序存储器的连线方式及工作过程。

从图 7-9 中可以看出，2732 容量为 4KB×8，因此扩展时需要单片机提供 12 根地址线。地址线的低 8 位由 P0 口提供，通过锁存器连接到 2732 芯片的 A7~A0 引脚。地址线的高 4 位由 P2.3~P2.0 引脚与 2732 芯片的 A11~A8 相连，构成 12 位地址线。P0 口还作为外部扩展的数据总线与2732 芯片的数据线 D7~D0 相连。单片机的 ALE 引脚与锁存器 74LS373 的控制引脚 LE 相连，用于控制锁存单片机发出的低 8 位地址信息。单片机的$\overline{PSEN}$引脚与 2732 的$\overline{OE}$引脚相连，用来控制读取外部程序存储器的程序。2732 的片选信号线$\overline{CE}$由高位 P2.4 引脚提供，当 P2.4 引脚为低电平时芯片被选通，因此 2732 的地址范围为 E000H~EFFFH。每个机器周期中，前半个周期 ALE 为高电平时，P0 口输出低 8 位地址信息到锁存器，ALE 变为低电平（即产生一个下降沿）时，将低 8 位地址锁存到锁存器输出端；后半个周期 P0 口转换为数据总线，用于接收外部程序存储器的程序；当单片机要从外部程序存储器中读取程序时，令 $\overline{PSEN}$ 为低电平，ROM 中的程序通过 P0 口读入单片机内。

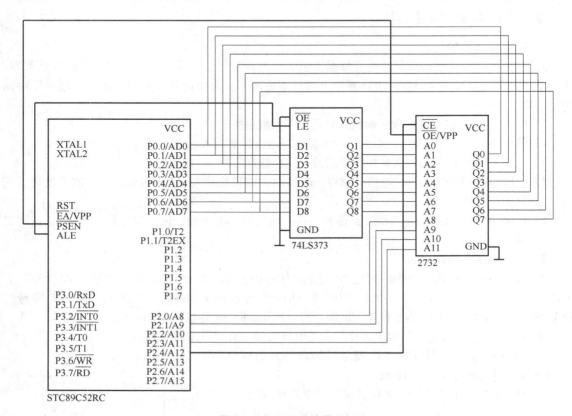

图 7-9　EPROM 扩展实例

7.2.2　数据存储器的扩展

数据存储器 RAM 即随机存储器，由于其断电后信息会丢失，因此常用于存放一些临时的数据信息。RAM 中的数据可以进行读、写操作。按照其工作方式可分为静态 RAM 和动态 RAM 两种。STC89C52RC 片内有 512B 的 RAM，如设计时不能满足需要，可扩展外部数据存储器。

单片机对外部数据存储器访问，由 P2 口提供高 8 位地址，P0 口分时提供低 8 位地址和 8 位双向数据总线。片外数据存储器 RAM 的读和写由 52 单片机的 $\overline{RD}$（P3.7）和 $\overline{WR}$（P3.6）引脚控制，而片外程序存储器 EPROM 的输出端允许 $\overline{OE}$ 由单片机的读选通信号 $\overline{PSEN}$ 控制。尽管与 EPROM 地址空间范围都相同，但由于是两个不同空间，控制信号不同，采用的指令也不同，故不会发生数据冲突。

1. 常用 RAM 芯片介绍

典型芯片是 61/62 系列产品，例如：6116（2KB×8）、6264（8KB×8）、62128（16KB×8）、62256（32KB×8），"61/62" 后面的数字表示其位存储容量。下面以 6264 为例，介绍 RAM 芯片的主要引脚功能，引脚图如图 7-10 所示。

1）A0~A12：地址输入线。由型号可知该芯片的容量为 8KB×8，对应的地址线为 13 根。

2）Q0~Q7：双向三态数据线。8 位数据线与单片机匹配。

3）$\overline{CE}$、CS：片选信号输入线，CE低电平有效，CS 高电平有效。

4）$\overline{OE}$：读选通信号输入线，与单片机的 $\overline{RD}$ 引脚相连，当单片机发出 $\overline{RD}$ 信号时，可读取片外存储器数据。

5）$\overline{WE}$：写允许信号输入线，与单片机的 $\overline{WR}$ 引脚相连，当单片机发出 $\overline{WR}$ 信号时，可向片外存储器写数据。

6）VCC：工作电源+5V。

7）GND：地。

2. 典型的数据存储器扩展电路

以扩展 RAM 芯片 6264 为例讲解单片机外部扩展数据存储器的连线方式及工作过程。从图 7-11 中可以看出，6264 芯片容量为 8KB×8，因此扩展时需要单片机提供 13 根地址线。地址线的低 8 位由 P0 口提供，通过锁存器连接到 6264 芯片的 A7~A0 引脚。地址线的高 5 位由 P2.4~P2.0 引脚与 6264 芯片的 A12~A8 相连，构成 13 位地址线。P0 口还作为外部扩展的数据总线与 6264 芯片的

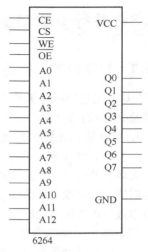

图 7-10　RAM6264 芯片引脚图

数据线 Q7~Q0 相连。单片机的 ALE 引脚与锁存器 74LS373 的控制引脚 LE 相连用于控制锁存单片机发出的低 8 位地址信息。单片机的 $\overline{RD}$ 引脚与 6264 的 $\overline{OE}$ 引脚相连用来控制读取外部数据存储器的数据，$\overline{WR}$ 引脚与 6264 的 $\overline{WE}$ 引脚相连用来控制向外部数据存储器写数据。6264 的片选信号线与单片机的 P2.7 引脚相连，当 P2.7 发出低电平时芯片被选通，所以 6264 的地址范围为 6000H~7FFFH。

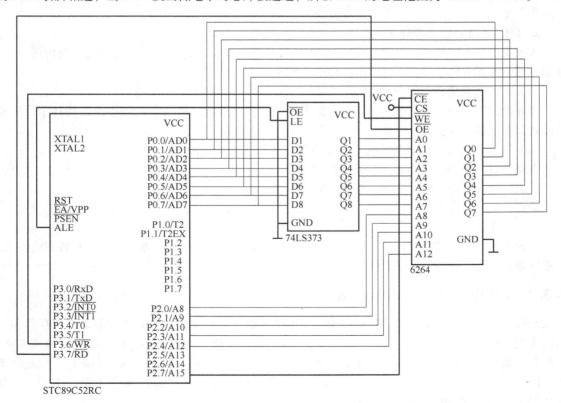

图 7-11　RAM 扩展实例

7.3　并行 I/O 口的扩展

7.3.1　I/O 口扩展概述

I/O 口是连接单片机与外设之间的桥梁，单片机真正可用作 I/O 口的引脚只有 P1 口的 8 位 I/O 引脚及 P3 口的部分引脚，当系统设计需要用到较多 I/O 口时，需要进行 I/O 口的扩展。

1. I/O 接口电路的功能

（1）实现与不同外设速度的匹配

大多数的外设运行速度较慢，无法与单片机 CPU 的处理速度相比。单片机只有在确认外设已为数据传送做好准备的前提下才能进行 I/O 操作，否则将出现数据丢失。因此需要一个外部接口设备来进行内外速度的匹配，通过查询外设的状态使得不同速度的器件可以协调工作。

（2）输出数据的锁存

由于单片机处理数据很快，数据在总线上保存的时间十分短暂，无法满足慢速外设的数据接收。因此外接 I/O 接口电路若具有数据锁存功能，便可保证接收设备能够接收到单片机发出的数据。

（3）输入数据三态缓冲

单片机一般都具有多个输入设备，使得数据总线上可能挂多个数据源，为了不发生冲突，只允许当前正在进行数据传送的数据源使用数据总线，其余的设备应处于高阻状态。

I/O 接口采用统一编址方式，将 I/O 口等同于外部的数据存储单元，即每个 I/O 口芯片的端口地址相当于一个 RAM 单元，统一进行编址。不需要专门的 I/O 控制指令，直接使用访问数据存储器的指令即可对 I/O 口进行操作，简单便捷。

2. I/O 接口的数据传送方式

为了实现和不同的外设之间速度匹配，I/O 口必须根据不同的外设选择恰当的数据传送方式。数据传送的方式有同步传送、查询传送和中断传送。

（1）同步传送方式（无条件传送）

当外设速度和单片机的速度相近时，常采用同步传送方式，最典型的同步传送就是单片机和外部数据存储器之间的数据传送。

（2）查询传送方式（条件传送，异步传送）

查询外设"准备好"后再进行数据传送。

优点：通用性好，硬件连线和查询程序简单。

缺点：效率不高。

（3）中断传送方式

外设准备好后，发中断请求，单片机进入与外设数据传送的中断服务程序，进行数据的传送。中断服务完成后又返回主程序继续执行，工作效率高。

7.3.2　利用锁存器、缓冲器扩展并行 I/O 口

当所需扩展的外部 I/O 接口数量较少且功能单一时，可以使用常规的逻辑电路、锁存器和三态门实现简单的 I/O 口扩展。在很多应用中，采用 74 系列 TTL 电路或者 4000 系列 MOS 电路芯片，扩展并行数据输入输出。该方式通常用于 P0 口的扩展，系统总线中地址总线是单向的，因此驱动器可以选用单向的，如 74LS244，还带三态控制，能实现总线缓冲和隔离。数据总线为双向的，其驱动器也要选用双向的，如 74LS273。

74LS244 为三态缓冲器，可用于扩展输入 I/O 口，外接 8 个按键，当 CPU 发出读信号且 P2.0 为低电平时选通该芯片，按键信号通过 P0 口输入到总线。

74LS273 为 8D 锁存器，时钟信号为低电平时数据直通 Q=D，时钟信号为上升沿时将数据锁存。可用于扩展输出 I/O 接口，外接 8 个 LED 灯，将 CPU 中的数据通过 P0 口送出，控制 8 个灯，在写信号有效且 P2.0 为低电平时选通该芯片。

图 7-12 是一个简单 I/O 口扩展实例。

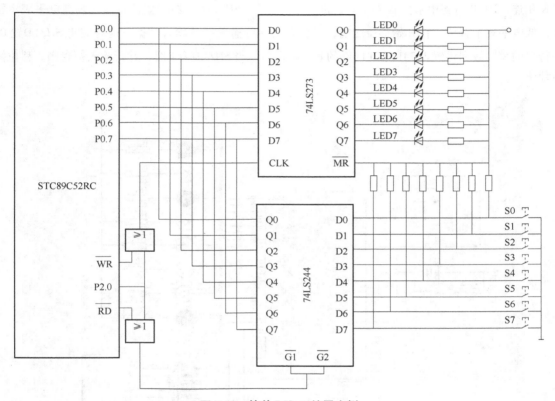

图 7-12　简单 I/O 口扩展实例

分析电路工作原理如下：

当 P2.0=0，$\overline{RD}$=0 时，选中 74LS244 芯片，此时若无按键按下，输入全为高电平。当某按键按下时则对应位输入 "0"，74LS244 的输入端不全为 "1"，其输入状态通过 P0 口数据线被读入单片机内。

当 P2.0=0，$\overline{WR}$=0 时，选中 74LS273 芯片，CPU 通过 P0 口将检测到的按键状态输出给数据锁存 74LS273，74LS273 的输出端低电平位对应的 LED 点亮。

7.3.3　利用串行口工作方式 0 扩展并行 I/O 口

单片机的 I/O 口不足时，可通过串行口工作在方式 0 同步移位寄存器方式，来扩展一个或者多个 8 位并行 I/O。这种扩展方法不会占用片外 RAM 地址，而且可节省单片机的硬件开销，但扩展的移位寄存器芯片越多，口的操作速度也越慢。单片机的 P3.0 口作为串行数据输入/输出端，P3.1 口作为同步移位脉冲输出端，串行移位寄存器的波特率为 $f_{osc}/12$（每个机器周期传输 1 位数据）。

1. 用串行口扩展并行输入口

可采用一片 8 位并行输入/串行输出移位寄存器，如 74LS165 实现并行输入口的扩展。

【例 7-3】 通过 74LS165 输入移位寄存器将拨码开关的状态对应的二进制数反馈到发光二极管上。

分析：利用串行口实现并行输入实例如图 7-13 所示。RXD（P3.0）引脚作为串行输入端与 74LS165 的串行输出端 SO 相连，TXD（P3.1）引脚作为移位脉冲输出端与 74LS165 的时钟信号 CLK 相连，P1.0 引脚用来控制 74LS165 的移位和置入。SH/LD 为移位/置位控制端。高电平表示移位，低电平表示置位。在开始移位之前，需要先从并行输入端口读入数据，这时应将 SH/$\overline{\text{LD}}$ 置 0，并行口的 8 位数据将置入 74LS165 内部的 8 个触发器，当 SH/$\overline{\text{LD}}$ 为 1 时，并行输入被封锁，移位操作开始。

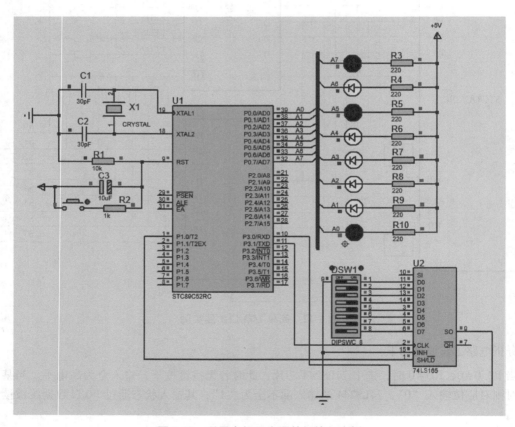

图 7-13 利用串行口实现并行输入实例

程序如下：

```
#include<reg52.h>              //头文件
#define uchar unsigned char   //宏定义
#define uint unsigned int     //宏定义
sbit shft=P1^0;               //位定义 P1.0 口为控制位
void DelayMs(uint n)          //1ms 延时函数
{
    uchar j;
```

```
while(n--)
{
    for(j=0;j<113;j++); //空循环
}
}
void main()                     //主函数
{
    while(1)                    //循环
    {
        shft=0;                 //置数,读入并行输入口 8 位数据
        shft=1;                 //移位,并口输入被封锁,开始串行转换
        SCON=0x10;              //串行口工作方式 0,REN=1 允许接收数据
        while(! RI);            //等待接收完一个字节数据
        P0=SBUF;                //将接收到的数据在 P0 口显示
        RI=0;                   //软件清除 RI 标志位
        DelayMs(10);            //延时
    }
}
```

2. 用串行口扩展并行输出口

可采用一片 8 位串行输入/并行输出移位寄存器，如 74LS164 构成单片机的输出接口电路。

【例 7-4】 单片机采用串行口扩展方式，通过 74LS164 芯片控制 8 个发光二极管点亮。

分析：利用串行口实现并行输出实例如图 7-14 所示。74LS164 芯片的 A、B 引脚为数据输入引脚，使用时可将两个引脚连接在一起与单片机的 RXD（P3.0）引脚相连，用于传输数据。CP 时钟引脚与单片机的 TXD（P3.1）引脚相连，当 CP 每次由低变高时，数据右移一位，输入到 Q0。

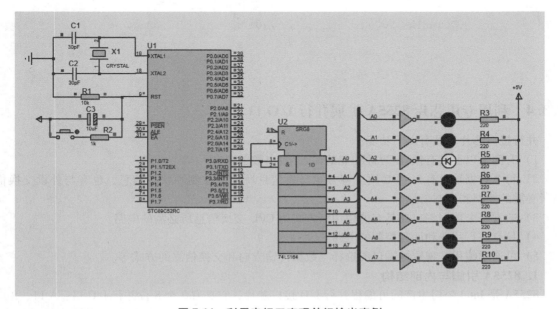

图 7-14　利用串行口实现并行输出实例

程序如下：

```
#include<reg52.h>                     //头文件
#define uchar unsigned char           //宏定义
#define uint unsigned int             //宏定义
uchar Dat[8]={0x01,0x02,0x04,0x08,0x10,0x20,0x40,0x80};
                                      //定义显示数组
void DelayMs(uint n)                  //1ms 延时函数
{
    uchar j;
    while(n--)
    {
        for(j=0;j<113;j++);           //空循环
    }
}
void main()                           //主函数
{
    uchar i;
    while(1)                          //循环
    {
        SCON=0x00;                    //串行口工作在方式 0
        for(i=0;i<8;i++)              //循环输出 8 个状态
        {
            SBUF=Dat[i];              //将数组第 i 位送到输出缓冲器
            while(! TI);              //等待发送结束
            TI=0;                     //软件清零 TI 标志位
            DelayMs(500);             //延时
        }
    }
}
```

7.3.4　利用专用芯片 8255A 扩展并行 I/O 口

并行接口芯片应具有以下功能：

1）有两个以上具有锁存/缓冲功能的输入/输出数据端口。

2）每个数据端口有与 CPU 用应答方式交换信息所需的控制和状态信息，也有与外设交换信息所必需的控制和状态信息。

3）通常每个数据端口还具有能用中断方式与 CPU 交换信息所必需的电路。

4）具有进行片选和读写控制的电路。

5）可通过编程实现数据端口的选择、数据传输方向和交换信息的方式等。

1. 8255A 引脚与内部结构

8255A 是 Intel 公司生产的可编程并行 I/O 接口芯片，它具有 3 个 8 位并行 I/O 口：A 口、B 口和 C 口，3 种工作方式，通用性强，使用灵活，该芯片作为单片机与多种外设之间连接的桥梁。8255A 引脚及内部结构如图 7-15 和图 7-16 所示。

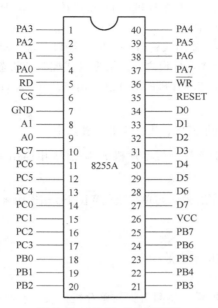

图 7-15　8255A 芯片引脚图

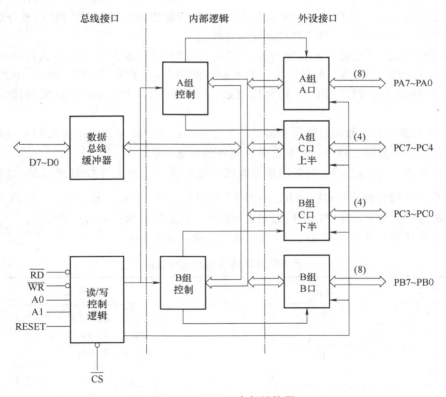

图 7-16　8255A 内部结构图

（1）引脚说明

双列直插封装结构的 40 个引脚功能如下：

1）D7～D0：三态双向数据线，与单片机的 P0 口连接，可实现单片机 CPU 与 8255A 之间的数据、控制字及状态字的读和写操作。

2）PA7～PA0：端口 A 输入/输出线；PB7～PB0：端口 B 输入/输出线；PC7～PC0：端口 C 输入/输出线。32 个引脚作为 8255A 与外设之间的数据（或控制、状态信号）的传输。

3）A1、A0：地址信号线，与单片机的地址总线相连，A0 和 A1 经片内译码产生 4 个有效地址用于选择 8255A 内部 4 个端口。

4）$\overline{\text{CS}}$：片选信号线，低电平有效，表示本芯片被选中。

5）$\overline{\text{RD}}$：读信号线，低电平有效，与单片机的 $\overline{\text{RD}}$ 信号相连用来读取 8255A 端口数据的控制信号。

6）$\overline{\text{WR}}$：写信号线，低电平有效，与单片机的 $\overline{\text{WR}}$ 信号相连用来向 8255A 写入端口数据的控制信号。

7）VCC：接 +5V 电源。

8）RESET：复位引脚，高电平有效。

（2）内部结构

8255A 内部结构如图 7-16 所示。左侧引脚与单片机连接，右侧引脚与外设连接。各部件功能如下：

1）端口 PA、PB、PC。3 个 8 位并行口 PA、PB 和 PC，它们都可选为输入/输出工作模式，但功能和结构上有些差异。当 PA 口和 PB 口作为选通输入/输出端口使用时，PC 口被分成高 4 位和低 4 位，分别用于 PA 口和 PB 口控制和应答信号线使用。

2）A 组和 B 组控制电路。A 组和 B 组控制电路接收 CPU 送来的工作方式控制字，实现对 8255A 工作方式的控制电路。A 组用于控制 PA 口和 PC 口的高 4 位 PC7～PC4；B 组用于控制 PB 口和 PC 口的低 4 位 PC3～PC0，还可以通过命令字对端口 PC 的每一位实现按位置位复位操作。

3）数据总线缓冲器。数据总线缓冲器是一个三态双向 8 位缓冲器，作为 8255A 与系统总线之间的接口，用来传送数据、指令、控制命令以及外部状态信息。

4）读/写控制逻辑电路。读/写控制逻辑电路是负责管理 8255A 与 CPU 之间的数据传送过程。它接收单片机发来的控制信号 $\overline{\text{RD}}$、$\overline{\text{WR}}$、RESET，地址信号 A1、A0。将它们组合后得到对 A 组和 B 组控制电路的控制命令，并由它们控制完成对数据、状态信息和控制信息的传送。

各端口工作状态与地址信号 A1、A0 及控制信号关系见表 7-6。

表 7-6　8255A 工作状态设置表

A1	A0	$\overline{\text{RD}}$	$\overline{\text{WR}}$	$\overline{\text{CS}}$	工 作 状 态
0	0	0	1	0	PA 口数据→数据总线（读 A 口）
0	1	0	1	0	PB 口数据→数据总线（读 B 口）
1	0	0	1	0	PC 口数据→数据总线（读 C 口）
0	0	1	0	0	总线数据→PA 口（写 A 口）
0	1	1	0	0	总线数据→PB 口（写 B 口）
1	0	1	0	0	总线数据→PC 口（写 C 口）
1	1	1	0	0	总线数据→控制寄存器（写控制字）

2. 工作方式选择控制字及端口 PC 置位/复位控制字

单片机可向 8255A 控制寄存器写入两种不同控制字：工作方式选择控制字及端口 PC 置位/复位控制字。首先来介绍工作方式选择控制字。

（1）工作方式选择控制字

8255A 有 3 种工作方式：

1）工作方式 0：基本输入/输出方式。若 PA 口工作在输出模式下，单片机向 8255 发出写命令时，即把当前数据总线内容发送到 PA 端口输出；若 PA 口工作在输入模式下，单片机向 8255 发出读命令时，即把 PA 端口的数据读取到单片机数据总线。该方式为同步传送方式，无条件进行数据的传输。

2）工作方式 1：应答输入/输出方式；只有 PA 口和 PB 口具有该工作方式。若 PA 口工作在应答输入/输出方式时，需要占用部分 PC 口的引脚作为状态反馈信号线与单片机进行握手应答。当查询到有效的状态信息表明 PA 口已准备好后，单片机才与 PA 口进行数据传输。此状态下 PA 口仅可作为单向的输入口或者输出口使用。

3）工作方式 2：双向传送方式（仅 PA 口有此工作方式）。此时 PA 口占用整个 PC 口作为其状态反馈信号线，并且既可作为输入口也可作为输出口使用。

3 种工作方式由写入控制寄存器的方式控制字决定。方式控制字格式如图 7-17 所示。最高位 D7 = 1，为本控制字标志，以便与端口 PC 口置位/复位控制字相区别（端口 PC 置位/复位控制字最高位 D7 = 0）。

3 个端口中 PC 口被分为两个部分，上半部分随 PA 口称为 A 组，下半部分随 PB 口称为 B 组。其中 PA 口可工作于方式 0、1 和 2，而 PB 口只能工作在方式 0 和 1。

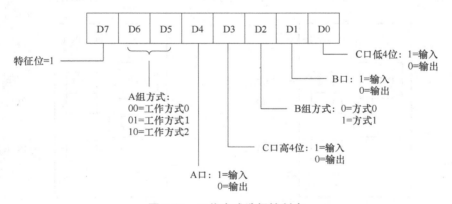

图 7-17　工作方式选择控制字

（2）PC 口按位置位/复位控制字

为写入 8255A 另一个控制字，即 PC 口 8 位中任一位，可用一个写入 8255A 控制口的置位/复位控制字对 PC 口按位置位或复位。该功能主要用于位控。PC 口按位置位/复位控制字如图 7-18 所示。

3. 8255A 的 3 种工作方式

（1）工作方式 0

工作方式 0 为基本输入/输出方式，8255A 无须与外设联络可直接进行数据的输入和输出操作，即输入/输出已处于准备好的状态，无须应答。例如，单片机从 8255A 的某一输入口读入一组开关状态，从 8255A 输出来控制一组指示灯亮、灭。这些操作并不需任何条件，外设 I/O 数据可在 8255A 各端口得到锁存和缓冲。

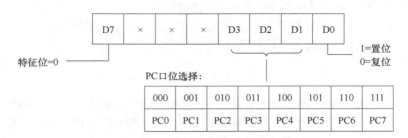

图 7-18 PC 口按位置位/复位控制字

8255A 的 PA 口、PB 口和 PC 口均可设定为工作方式 0，并可根据需要，向控制寄存器写入工作方式控制字，来规定各端口为输入或输出方式。

（2）工作方式 1

工作方式 1 为应答联络的输入/输出工作方式。与工作方式 0 相比，该工作方式下 PA 口和 PB 口通常用于 I/O 数据传送，PC 口的某些 I/O 口线被规定为 PA 口和 PB 口的工作时所需的应答联络信号线，不能被用户改变。

下面介绍 8255A 工作在方式 1 时，输入和输出两种状态下的应答联络信号与工作原理。

1）工作方式 1 输入。PA 口工作于方式 1 时，用 PC5~PC3 作为联络线；PB 口工作于方式 1 时，用 PC2~PC0 作为联络线。PC 口剩余的两根 I/O 口线 PC7 和 PC6 可作为输入/输出口使用，由工作方式控制字的 D3 位决定输入/输出状态，D3 = 1 时输入，D3 = 0 时输出。

方式 1 输入各端口线功能如图 7-19 所示。其中 $\overline{STB}$ 与 IBF 为一对应答联络信号。

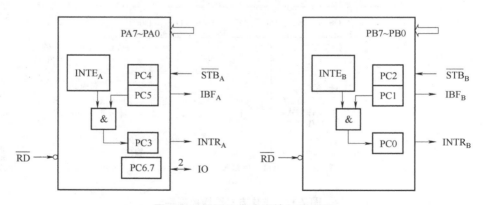

图 7-19 8255A 方式 1 输入原理图

① $\overline{STB}$（Strobe Input）：输入外设发给 8255A 的选通输入信号，是外设向 8255A 发来的选通信号（低电平有效）。在该信号有效期间，8255A 将外设发来的数据锁存在芯片内置的缓冲器中，并向外设发出缓冲器满的信号（IBF：高电平有效）作为对外设的应答，用来告诉外设暂时不能发送下一个数据。

② IBF（Input Buffer Full）：输入缓冲器满，应答信号。8255A 通知外设已收到外设发来的数据。

③ INTR（Interrupt Request）：8255A 向单片机发出的中断请求信号。中断允许 INTE = 1 且 IBF = 1 的条件下，由 $\overline{STB}$ 信号上升沿产生，该信号可接到 STC89C52 的外部中断引脚。若 CPU 响应

此中断请求，则读入数据端口数据，并由 $\overline{RD}$ 信号的下降沿使 INTR 复位。

④ INTE（Interrupt Enable）：中断允许信号。$INTE_A$ 是 PA 口是否允许中断的控制信号，由 PC4 的置位/复位控制。$INTE_B$ 是 PB 口是否允许中断的控制信号，由 PC2 置位/复位来控制。它是 8255A 内部控制是否发出中断请求信号（INTR）的控制信号，由软件通过对 PC 口的置位或复位实现对中断请求的允许或禁止。

工作方式 1 输入情况下 A 组方式控制字和 B 组方式控制字的设置见表 7-7 和表 7-8。

表 7-7　工作方式 1 输入情况下 A 组方式控制字

D7	D6	D5	D4	D3	D2	D1	D0
1	0	1	1	0/1	×	×	×

表 7-8　工作方式 1 输入情况下 B 组方式控制字

D7	D6	D5	D4	D3	D2	D1	D0
1	×	×	×	×	1	1	×

工作方式 1 输入时序图如图 7-20 所示，以 PA 口方式 1 输入为例进行介绍。

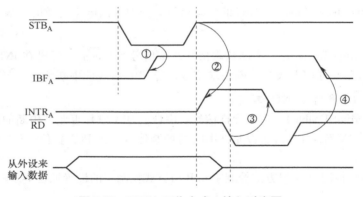

图 7-20　8255A 工作方式 1 输入时序图

① 当外设向 8255A 输入一个数据并送到 PA7～PA0 上时，外设自动在选通输入线 $\overline{STB_A}$ 上向 8255A 发送一个低电平选通信号。

② 8255A 收到选通信号 $\overline{STB_A}$ 后，首先把 PA7～PA0 上输入的数据存入 PA 口的输入数据缓冲/锁存器，然后使输出应答线 IBF_A 变为高电平来通知输入外设，8255A 的 PA 口已收到它送来的输入数据。

③ 8255A 检测到 $\overline{STB_A}$ 由低电平变为高电平，IBF_A（PC5）为"1"状态和中断允许 $INTE_A$（PC4）= 1 时，使 $INTR_A$（PC3）变为高电平，向单片机发出中断请求 $INTR_A$。$INTE_A$ 状态可由 PC4 置位/复位控制字来控制。

④ 单片机响应中断后，进入中断服务子程序读取 PA 口的外设发来的输入数据。当输入数据被单片机读走后，8255A 撤销 $INTR_A$ 的中断请求，并使 IBF_A 变为低电平，以通知输入外设可以传送下一个输入数据。

2）工作方式 1 输出。工作方式 1 输出时各端口线功能如图 7-21 所示。$\overline{OBF}$ 与 $\overline{ACK}$ 构成了一对应答联络信号，功能如下：

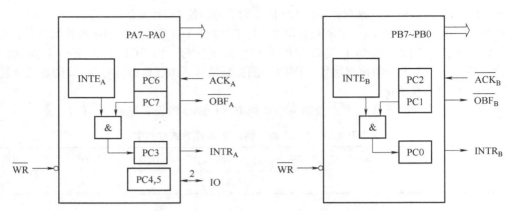

图 7-21　8255A 工作方式 1 输出原理图

① $\overline{OBF}$（Output Buffer Full）：端口输出缓冲器满信号，当 CPU 把数据写入端口 PA 或者 PB 的输出缓冲器时，写信号 $\overline{WR}$ 的上升沿把 $\overline{OBF}$ 置成低电平，通知外设到端口 PA 或者 PB 取数据，当外设取走数据后使 8255A 发应答联络信号 $\overline{ACK}$，$\overline{ACK}$ 的下降沿使 $\overline{OBF}$ 恢复高电平。

② $\overline{ACK}$（Acknowledge Input）：外设的应答信号。当 $\overline{ACK}$ 低电平有效时，表示外设已把 8255A 端口的数据取走。

③ INTR（Interrupt Request）：中断请求信号。该信号在 $\overline{ACK}$ 的上升沿在 INTE = 1 且 $\overline{OBF}$ = 1 的条件下有效，使 8255A 向 CPU 发出中断请求信号。若 CPU 响应此中断请求，向数据口写入一个新的数据，写信号 $\overline{WR}$ 上升沿使 INTR 复位。

④ INTE（Interrupt Enable）：中断允许信号。$INTE_A$：PA 口是否允许中断的控制信号，由 PC6 置位/复位来控制。$INTE_B$：PB 口是否允许中断的控制信号，由 PC2 置位/复位来控制。工作方式与方式 1 输入类似。

工作方式 1 输出情况下 A 组方式控制字和 B 组方式控制字的设置见表 7-9 和表 7-10。

表 7-9　工作方式 1 输出情况下 A 组方式控制字

D7	D6	D5	D4	D3	D2	D1	D0
1	0	1	0	0/1	×	×	×

表 7-10　工作方式 1 输出情况下 B 组方式控制字

D7	D6	D5	D4	D3	D2	D1	D0
1	×	×	×	×	1	0	×

工作方式 1 输出时序图如图 7-22 所示，以 PB 口方式 1 输出为例进行介绍。

① 单片机可通过传送指令把输出数据送到 B 口的输出数据锁存器，当写信号 $\overline{WR}$ 为上升沿时，8255A 收到数据后便令输出缓冲器满引脚 $\overline{OBF_B}$（PC1）变为低电平，以通知输出外设单片机输出的数据已在 PB 口的 PB7 ~ PB0 上。

② $\overline{OBF_B}$ 输出外设收到低电平后，先从 PB7 ~ PB0 上取走输出数据，然后使 $\overline{ACK_B}$ 变为低电平，通知 8255A 输出外设已收到 8255A 输出给外设的数据。

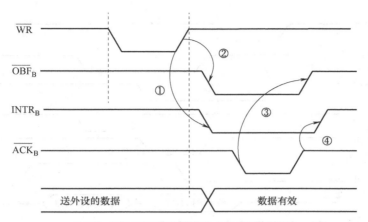

图 7-22　8255A 工作方式 1 输出时序图

③ 8255A 从应答输入线 $\overline{ACK_B}$ 收到低电平后就对 $\overline{OBF_B}$ 和中断允许控制位 $INTE_B$ 状态进行检测，若它们皆为高电平，则 $INTR_B$ 变为高电平而向单片机请求中断。

④ 单片机响应 $INTR_B$ 中断请求后，在中断服务程序中把下一个输出数据送到 PB 口的输出数据锁存器。重复上述过程，完成数据输出。

（3）工作方式 2

工作方式 2 是选通双向输入/输出方式，即同一端口的 I/O 线既可以输入也可以输出，只有 PA 口才能设定为工作方式 2，实质上是工作方式 1 输入和工作方式 1 输出组合。此时 PC 口的 5 条线（PC7~PC3）被规定为联络信号线，剩下的 3 条线（PC2~PC0）可作为 PB 口工作在方式 1 的联络线，也可与 PB 口一起工作在方式 0。工作方式 2 特别适用于像键盘、显示器一类外设，有时需要把键盘上输入的编码信号通过 PA 口送给单片机，有时又需把单片机发出的数据通过 PA 口送给显示器显示。工作方式 2 时各端口线功能如图 7-23 所示。

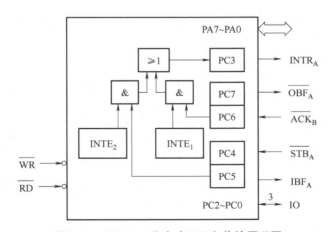

图 7-23　8255A 工作方式 2 双向传输原理图

图 7-24 所示为工作方式 2 双向传输时序图。在工作方式 2 下，PA7~PA0 为双向 I/O 总线。当作为输入端口使用时，PA7~PA0 受 $\overline{STB_A}$ 和 IBF_A 控制，其工作过程和工作方式 1 输入相同；当作为输出端口使用时，PA7~PA0 受 $\overline{OBF_A}$、$\overline{ACK_A}$ 控制，其工作过程和工作方式 1 输出时相同。

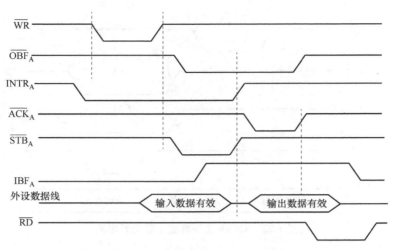

图 7-24　8255A 工作方式 2 双向传输时序图

思考题及习题 7

一、简答

1. 单片机在进行片外扩展时，外部总线如何形成？

2. 当单片机应用系统中 RAM 和 ROM 地址重叠时，是否会发生数据冲突，为什么？

3. 单片机与 I/O 设备的数据传送方式有哪几种？

二、设计

1. STC89C52RC 扩展 4KB EPROM。要求：片外 EPROM 的地址范围为 B000H～BFFFH。绘制 STC89C52RC 与片外 EPROM 的硬件连接图。

2. STC89C52RC 扩展 8KB RAM。要求：片外 RAM 的地址范围为 C000H～DFFFH。绘制 STC89C52RC 片外 RAM 的硬件连接图。

8

第8章
STC89C52RC单片机系统的接口技术

【学习目标】

(1) 掌握单片机外围接口技术，理解单片机三总线扩展的硬件设计基础；

(2) 基本掌握模拟量接口、键盘与显示接口等方面硬件电路设计方法；

(3) 熟练运用单片机中断、定时器等内部资源，掌握模拟量接口、键盘与显示接口等方面的软件设计方法。

【学习重点】

(1) 掌握单片机并口扩展 ADC 的硬件接口与程序设计；

(2) 掌握单片机并口扩展 DAC 的硬件接口与程序设计；

(3) 掌握单片机并口扩展按键与显示装置的硬件接口与程序设计。

STC89 系列单片机是基于 51 单片机发展出来的，其本质上是一种通用控制芯片，所以在应用中时常需要扩展更多的功能模块，来实现特定的控制任务。

本章将针对 STC89C52RC 单片机的接口技术进行讲解，列举了几种常用功能模块的扩展方法。

8.1 A/D 转换器（ADC）

模/数转换器即 A/D 转换器，或简称 ADC，通常是指一个将模拟信号转变为数字信号的电子元器件。通常的 ADC 是将一个输入电压信号转换为一个输出的数字信号。由于数字信号本身不具有实际意义，仅仅表示一个相对大小。故任何一个 ADC 都需要一个参考模拟量作为转换的标准，比较常见的参考标准为最大的可转换信号大小。而输出的数字量则表示输入信号相对于参考信号的大小。

在很多控制系统中，所测量的均为模拟量信号，这就需要使用 ADC，将模拟量转换为数字量，供单片机使用，如图 8-1 所示。

大部分 51 单片机中并没有集成 A/D 模块，因此往往需要对单片机进行扩展。所以单片机与 ADC 接口电路的设计就至关重要。

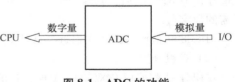

图 8-1　ADC 的功能

目前市场上的 A/D 转换芯片，按照数据传输接口的不同，可以分为并口通信的芯片与串口通信的芯片。对于串口通信，将安排在第 9 章进行统一串口扩展的讲解。本节主要介绍并行通信的 A/D 转换芯片如何与单片机相连。

8.1.1　ADC 概述

ADC 的作用是将时间连续、幅值也连续的模拟量转换为时间离散、幅值也离散的数字信号。

A/D 转换一般要经过取样、保持、量化及编码 4 个过程。在实际电路中，这些过程有的是合并进行的，例如，取样和保持、量化和编码往往都是在转换过程中同时实现的。A/D 转换的基本原理如图 8-2 所示。

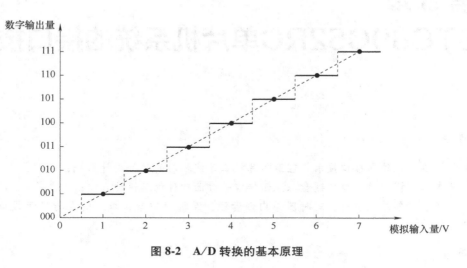

图 8-2 A/D 转换的基本原理

1. ADC 简介

ADC 的分类方式有很多，在工程实践中，常按技术指标划分，这样做的好处是可以很方便地根据应用需要进行器件筛选。

还有根据工作原理进行分类的，通常可以分为直接 ADC 和间接 ADC。

1）直接 ADC：将模拟信号直接转换成数字信号。

2）间接 ADC：先将模拟量转换成中间量，然后再转换成数字量，如电压/时间转换型、电压/频率转换型、电压/脉宽等。

目前，市场上常用的 ADC 的工作原理有：逐次逼近型、双积分型、∑-Δ 型、并行比较/串行比较型、压频变换型等。

下面简单介绍几种 ADC 的工作原理，主要介绍以下三种方法：逐次逼近法、双积分法、电压频率转换法。

（1）逐次逼近型

逐次逼近型 ADC 的工作原理如图 8-3 所示。从最高位开始通过试探值逐次进行测试，直到试探值经过 DAC 转换后，其输出 U_f 与 U_i 相等或达到允许误差范围为止，则该试探值就为 A/D 转换所需的数字量。

ADC0809 是典型的逐次逼近型 A/D 转换芯片。

（2）双积分型

双积分型 ADC 又称双斜率 ADC。它的工作原理是，对输入模拟电压和参考电压进行两次积分，变换成和输入电压平均值成正比的时间间隔，并利用计数器测出时间间隔，计数器的输出就是转换后的数字量，如图 8-4 所示。

第一段对模拟输入积分。此时，电容 C 放电为 0，计数器复位，控制电路使 S1 接通模拟输入 u_I，积分器 A 开始对 u_I 积分，积分输出为负值，比较器的输出 u_C 为 1，计数器开始计数。计数器溢出后，控制电路使 S1 接通参考电压 V_{ref}，积分器结束对 u_I 积分。这段的积分输出波形为一段负值的线性斜坡。积分时间 $T_1 = 2^n T_{CP}$，n 为计数器的位数。因此，此阶段又称为定时积分，T_{CP} 为计数时钟周期。

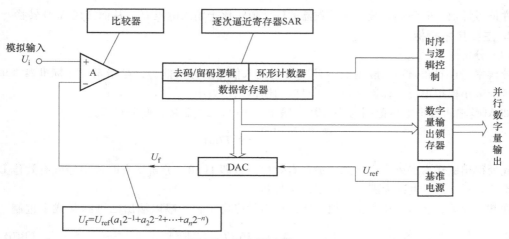

图 8-3　逐次逼近型 ADC

$$U_f = U_{ref}(a_1 2^{-1} + a_2 2^{-2} + \cdots + a_n 2^{-n})$$

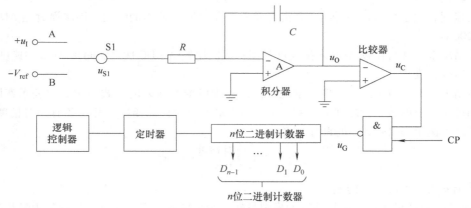

图 8-4　双积分型 ADC

第二段对参考电压积分，又称定压积分。因为参考电压与输入电压极性相反，可使积分器的输出以斜率相反的线性斜坡恢复为 0。回 0 后结束，比较器的输出 u_C 为 0。通过控制门 G 的作用，禁止时钟脉冲输入，计数器停止计数。此时计数器的计数值 $D_0 \sim D_{n-1}$ 就是转换后的数字量。此阶段的积分时间 $T_2 = N_i T_{CP}$，N_i 为此定压积分段计数器的计数个数。输入电压 u_I 越大，N_i 越大。

波形图如图 8-5 所示。

ICL7135 是 MAXIM 公司的双积分型 ADC，4 位半的输出精度，相当于二进位的 14 位精度。

（3）压频转换型

采用电压频率转换法的 ADC，由计数器、控制门及一个具有恒定时间的时钟门控制信号组成，它的工作原理是 U/F 转换电路把输入的模拟电压转换成与模拟电压成正比的脉冲信号。电压频率转换法的工作过程是：当模拟电压 U_i 加到 U/F 的输入端，便产生频率 F 与 U_i 成正比的脉冲，在一定的时间内对

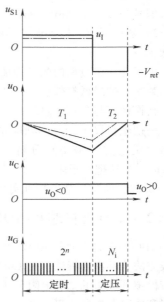

图 8-5　双积分型 ADC 波形图

该脉冲信号计数。时间到，统计到计数器的计数值正比于输入电压 U_i，从而完成 A/D 转换。

2. 主要技术指标

（1）分辨率

分辨率（resolution）一般用来表明 ADC 对输入信号的分辨能力，是指系统在标准参考电压时可分辨的最小模拟电压，即数字量 1 所对应的模拟电压大小。

如 ADC 输入模拟电压范围为 0～10V，输出为 10 位二进制数，则分辨率为

$$\frac{\Delta U}{2^n} = \frac{10V}{2^{10}} = 9.77\text{mV} \tag{8-1}$$

此处得出的还有另外一个概念，最低有效位，也即 1LSB。分辨率有时也用最低有效位 LSB 的量化步长表示。10V 也称为满量程电压，即 FSR。

通常情况下，参考电压为标准值，所以在实际应用中，一般以输出二进制（或十进制）数的位数表示，如：4 位、6 位、8 位、10 位、14 位、16 位（二进制）；或 $3\frac{1}{2}$ 位、$5\frac{1}{2}$ 位（BCD 码）。

（2）转换速度

转换速度有时也称为转换时间，是指完成一次 A/D 转换所需的时间。逐次逼近型 ADC 的典型值为 1～200μs。

通常情况下，并行比较 ADC 转换速度最高；逐次比较型 ADC 次之；间接 ADC 的速度最慢。

（3）转换精度

转换精度，有时也称绝对精度、量化误差，通常以绝对误差的形式给出，它表示实际输出的数字量和理论输出的数字量之间的误差，可表示为最低有效位的倍数。此外还有相对精度的概念，用绝对精度占满量程（FSR）的百分比表示：

$$相对精度 = \frac{绝对精度}{FSR} \times 100\% \tag{8-2}$$

这种偏差由以下两部分构成：

1）量化误差：量化误差是把连续的模拟量转换为离散的数字量（这一过程称为量化）时必然存在的，是不可避免的。例如，8 位 ADC，单极性输入 0～5V，数字量为 0～255，它能分辨的最小输入信号是 $\Delta = 5V/256 = 20\text{mV}$，如 4.98～5.02V 输入对应的数字均为 255，这是不可避免的。

2）器件误差：器件误差是由于器件制造精度、温度漂移等造成的，可以通过提高产品质量来降低。

由于在一定范围内的模拟值产生相同的数字量，取该范围内的中间模拟值计算。A/D 转换精度用数字量的最低有效位（LSB）来表示。

转换精度与分辨率息息相关，举个例子帮助大家理解两者的不同：

一把塑料尺子，最小刻度是 1mm，如果用来测量，就不能读出 1mm 以下的数来，那么这个 1mm 就是它的（最小）分辨率，即最小可分辨的度量。如果已经知道一个物体的实际长度是 100mm，拿这把尺子来测量，量出来的数据是 102mm，那么这把尺子的准确度就是（102-100）/100 = 0.02，即测量结果与真实数值之间的误差。

8.1.2　A/D 转换芯片 ADC0808

ADC0808 是含 8 位 ADC、8 路多路开关，以及与微型计算机兼容的控制逻辑的 CMOS 组件，其转换方法为逐次逼近法。ADC0808 的精度为 1/2 LSB。在其内部有一个高阻抗斩波稳定比较器，一个带模拟开关组的 256 电阻分压器，以及一个逐次逼近型寄存器。8 路的模拟开关的通断由地址锁存器和译码器控制，可以在 8 个通道中任意访问一个单边的模拟信号。

ADC0808 和 ADC0809 在功能方面相似，在精确度、运行速度及设计上有所差异。但是在 Proteus 仿真软件中，因为 ADC0809 没有模型库，无法进行仿真，所以本书讲解以 ADC0808 为例。

1. 芯片功能及引脚

图 8-6 为芯片 ADC0808 的实物图，生产 ADC0808 芯片的厂家不止一家，常用的封装有 DIP 封装、PDIP 封装以及 PLCC 封装。

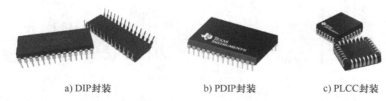

a) DIP封装　　　　　b) PDIP封装　　　　　c) PLCC封装

图 8-6　ADC0808 芯片实物

芯片的引脚分布如图 8-7 所示。其中：

1）引脚 1~5 和引脚 26~28（IN0~IN7）：8 路模拟量输入端。

2）引脚 8、14、15 和引脚 17~21：8 位数字量输出端。

3）引脚 22（ALE）：地址锁存允许信号，输入端，高电平有效。

4）引脚 6（START）：A/D 转换启动脉冲输入端，输入一个正脉冲（至少 100ns 宽）使其启动（脉冲上升沿使 0808 复位，下降沿启动 A/D 转换）。

5）引脚 7（EOC）：A/D 转换结束信号，输出端，当 A/D 转换结束时，此端输出一个高电平（转换期间一直为低电平）。

6）引脚 9（OE）：数据输出允许信号，输入端，高电平有效。当 A/D 转换结束时，此端输入一个高电平，才能打开输出三态门，输出数字量。

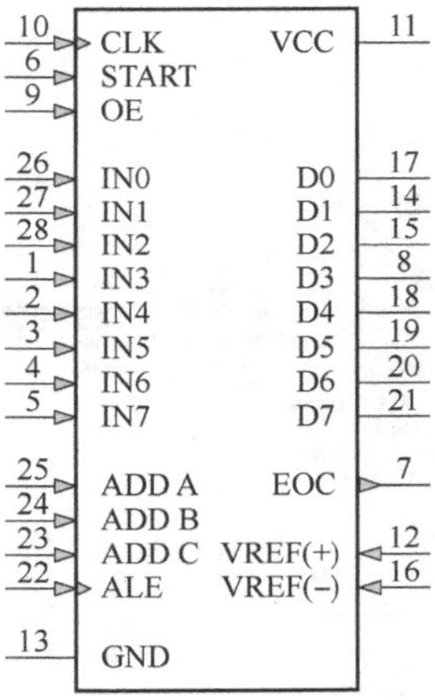

图 8-7　芯片引脚分布图

7）引脚 10（CLK）：时钟脉冲输入端。要求时钟频率不高于 640kHz。

8）引脚 12［VREF（+）］和引脚 16［VREF（-）］：参考电压输入端。

9）引脚 11（VCC）：主电源输入端。

10）引脚 13（GND）：接地。

11）引脚 23~25（ADDA、ADDB、ADDC）：3 位地址输入线，用于选通 8 路模拟输入中的一路。

在实际应用中，VCC 一般接 4.5~6.0V 的直流电压源，最大可接 6.5V 电压源。控制输入端引脚可接电压的最大范围是-0.3~15V，其他非控制端的引脚可接电压的最大范围是-0.3V~（VCC+0.3V）。芯片最大工作温度为-40~85℃，芯片能承受的最大温度为-65~150℃。

图 8-8 为 Proteus 仿真软件中 ADC0809 与 ADC0808 的原理图模型，但如图 8-9 中右上角所示，芯片 ADC0809 属于"No Simulator Model"，即没有仿真模型。在进行 Proteus 仿真时，所有添加的器件，都存在同样的问题，要避免选择没有仿真模型的器件。

2. 芯片内部结构

芯片内部结构如图 8-10 所示。采用逐次比较法完成 A/D 转换，单一的 5V 电源供电。片内带有锁存功能的 8 选 1 模拟开关，由 C、B、A 的编码来决定所选的通道。完成一次转换需 100μs 左右（转换时间与 CLK 脚的时钟频率有关），具有输出 TTL 三态锁存缓冲器，可直接连到单片机数据总线上。通过适当的外接电路，ADC0808 可对 0~5V 的模拟信号进行转换。

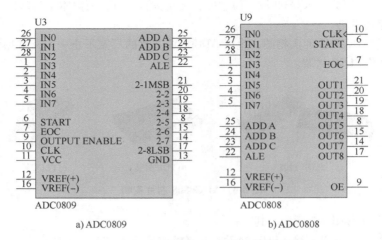

图 8-8　ADC0809 与 ADC0808 原理图

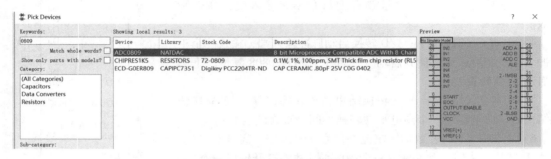

图 8-9　Proteus 仿真软件截图

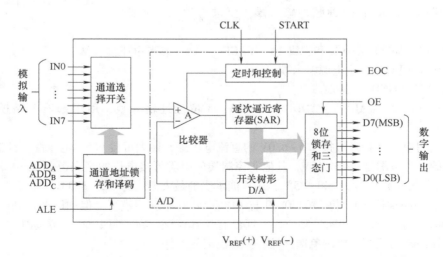

图 8-10　ADC0808 芯片内部结构

表 8-1 为模拟通道选择的真值表，给定相应的地址线，就可以将指定的模拟输入端口所输入的模拟量转换为数字量进行输出。

表 8-1　模拟通道选择

选择模拟通道	地址线		
	C	B	A
IN0	0	0	0
IN1	0	0	1
IN2	0	1	0
IN3	0	1	1
IN4	1	0	0
IN5	1	0	1
IN6	1	1	0
IN7	1	1	1

3. 输入模拟量与输出数字量之间的关系

ADC0808 是一个线性转换系统，其测量的模拟电压值必须满足式（8-3）。

$$\frac{V_{IN}}{V_{fs}-V_z}=\frac{D_X}{D_{MAX}-D_{MIN}} \tag{8-3}$$

式中，V_{IN} 为输入模拟电压值；V_{fs} 为满值参考电压；V_z 为零点电压；D_X 为所测得的数字量；D_{MAX} 和 D_{MIN} 分别为数字量的最大可能值和最小可能值。

从而可以推导出 ADC0808 的转换公式，如式（8-4）所示。

$$D_X=\frac{V_{IN}-V_{REF(-)}}{V_{REF(+)}-V_{REF(-)}}\times255 \tag{8-4}$$

通常情况，$V_{REF(-)}$ 接地，$V_{REF(+)}$ 接 5V 或者 VCC，所以式（8-4）可以简化为式（8-5）。

$$D_X=\frac{V_{IN}}{V_{REF(+)}}\times255 \tag{8-5}$$

4. A/D 转换过程

图 8-11 为 ADC0808 的工作时序。

在芯片开始工作之前，有两个条件必须满足：一是要确保模拟信号已经连接到相应的模拟量输入端口；二是要确保地址线配置正确，并已经通过 ALE 端口锁存。

以上两个条件均满足后，芯片就准备就绪，可以随时开始工作。

首先，输入控制端口 START 接受正脉冲，芯片开始启动 A/D 转换。芯片启动 A/D 转换后，输出端口 EOC 的状态由高变低，并在整个转换过程中保持低电平。

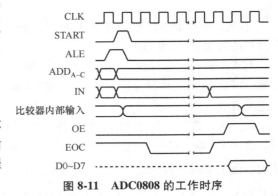

图 8-11　ADC0808 的工作时序

芯片根据锁存的地址线，将对应模拟通道的信号送入后端 A/D 转换电路，芯片采用逐次逼近的方式，获得最终结果后，将数字量送入输出锁存器中。A/D 转换过程结束，端口 EOC 的状态恢复高电平。

此时 ADC0808 处于待机状态，可以随时读取转换结果。此时，若 OE 端为低电平，输出数字端口 D0~D7 处于高阻状态，读取转换结果的方法是将控制端 OE 置为高电平，则输出锁存器中的转换结果可以输出到输出数字端口上，供单片机读取。单片机读取完毕后可以将 OE 端恢复为低电平，则数据端口 D0~D7 恢复高阻状态。

8.1.3 ADC 与单片机的接口

1. 接口电路设计

前面介绍了 ADC0808 的工作原理，接下来使用单片机 STC89C52RC 对 ADC0808 进行控制。最简单的方法就是将 ADC0808 的所有控制引脚和数字量输入端口均连接到单片机的通用 I/O 引脚上，编程对单片机引脚进行控制，实现对 ADC0808 的控制。但程序设计会比较复杂。

除此之外，还可以采用前文所介绍的单片机三总线扩展端口的方法，将 ADC0808 作为一个单片机的扩展端口使用。下面将对此进行详细介绍。

图 8-12 所示为 ADC0808 与单片机的接口电路设计。可以根据单片机的三总线结构依次进行连接。

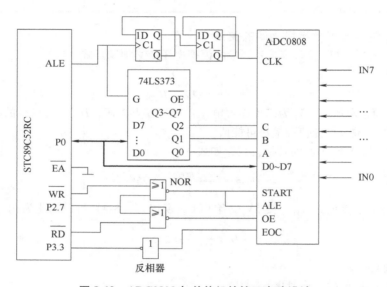

图 8-12　ADC0808 与单片机的接口电路设计

首先，从最简单的数据总线（DB）开始。ADC0808 的数字端口是 D0～D7，可以直接连接到单片机的数据总线 P0 口上。

其次，进行地址总线（AB）的设计。单片机地址总线的低 8 位为 P0 口，经过 373 锁存器，连接到 ADC0808 的三位地址线上，ALE 接锁存器的控制端口。P2.7 作为扩展地址线备用，应设计为低电平有效。

接下来，进行控制总线的连接，并完成 ADC0808 剩余控制端口的连接。当单片机读片外 RAM 时，会在 RD 端口产生低电平，而当单片机写片外 RAM 时，会在 WR 端口产生低电平。因此可以使用前面预留的扩展地址线 P2.7 与 $\overline{WR}$ 配合，当两者均为低电平时，通过或非门，向 START 和 ALE 端写入正脉冲，可以启动 A/D 转换过程。P2.7 与 $\overline{RD}$ 端口配合，两者均为低电平时，通过或非门在 OE 端口写入正脉冲，对数据总线进行读操作。

EOC 端口作为表明转换结束的状态指示端，可以连接到任意单片机 I/O 端口，但是为了实现更多工作方式，可以将 EOC 经反相器后连接到单片机的外部中断端口（P3.2 或 P3.3）

最后，单片机 ALE 端口经过分频后，生成一个适用于 ADC0808 的脉冲，送入 CLK 端作为时钟信号使用。CLK 的频率要求不能超过 640kHz，当单片机时钟频率为 6MHz 时，ALE 输出的脉冲频率为 1MHz，经二分频后为 500kHz，符合 ADC0808 的要求。但是，如果单片机本身的时钟频率高于 6MHz，如 12MHz，则需要经过更多的分频处理。

2. 具体的控制过程

如图 8-12 所示，地址线对应单片机地址总线的低 3 位，再加上 P2.7 低电平有效。模拟量端口的地址分配见表 8-2，每个模拟量通道被分配了一个外部数据存储器的端口地址。

表 8-2　模拟量端口地址

模拟量通道	单片机端口地址	
	二进制	16 进制
IN0	01111111 11111000	0x7FF8
IN1	01111111 11111001	0x7FF9
IN2	01111111 11111010	0x7FFa
IN3	01111111 11111011	0x7FFb
IN4	01111111 11111100	0x7FFc
IN5	01111111 11111101	0x7FFd
IN6	01111111 11111110	0x7FFe
IN7	01111111 11111111	0x7FFf

控制 ADC0808 过程如下：

1）先选择一个模拟量端口，如 IN0，其端口地址为 0x7FF8。向端口 0x7FF8 写入一个任意值，则单片机 $\overline{WR}$ 引脚产生一个反向脉冲，从而在 START 上产生一个启动脉冲，并在 ADC0808 的 ALE 引脚产生一个脉冲信号，进行片内地址锁存，将单片机地址总线的低 3 位锁存在 ADC0808 的通道地址锁存器内。

2）ADC0808 开始进行转换，EOC 从高电平变为低电平，并保持。

3）当转换结束后，ADC0808 发出转换结束 EOC（高电平/上升沿）信号，该信号可供单片机查询，也可反相后作为向单片机发出的中断请求信号。

4）使用单片机读取端口 0x7FF8，可以在单片机 $\overline{RD}$ 引脚上产生一个反向脉冲，从而在 ADC0808 的 OE 端产生一个正向脉冲，并将数据锁存器中的数据读取到单片机数据总线中。

下面分别用查询法和中断法编写例程。

【例 8-1】　利用 ADC0808 以查询方式实现 IN0~IN7 的 8 次转换。电气连接如图 8-12 所示。

要求：

（1）IN0~IN7 的地址为 7FF8H~7FFFH；

（2）利用 P3.3 引脚查询转换状态；

（3）转换结果依次存入 30H~37H 中。

程序如下：

```
#include<reg52.h>
#include<absacc.h>
unsigned char data ADC_result[8]_at_0x30;   //直接地址访问方式二
sbit EOC=P3^3;                              //定义引脚 P3.3 为 EOC
main()
{
    unsigned char i;
```

```
    for(i=0;i<8;i++)
    {
        XBYTE[0x7FF8+i]=0;              //启动 ADC,使用指针方位外部 RAM
        while(EOC==1);                  //等待 ADC 开始转换
        while(EOC==0);                  //等待 ADC 转换结束
        ADC_result[i]=XBYTE[0x7FF8+i];  //将转换结果存储
    }
    while(1);
}
```

【例 8-2】 利用 ADC0808 以中断方式实现 IN0 模拟输入 8 次转换。电气连接如图 8-12 所示。
要求:

(1) IN0 的地址为 7FF8H;

(2) 利用 P3.3 引脚,使用外部中断的方式响应;

(3) 转换结果依次存入 30H~37H 中。

程序如下:

```
#include<reg52.h>
#include<absacc.h>
#define ADC0808_IN0 XBYTE[0x7FF8]        //直接地址访问方式一
unsigned char data ADC_result[8]_at_0x30; //直接地址访问方式二
unsigned char i;
main()
{
    EX1=1;                          //使能外部中断 1;
    EA=1                            //使能总中断允许 EA=1;
    IT1=1;                          //设置外部中断 1 位跳沿触发
    ADC0808_IN0=0;                  //启动 ADC
    while(1)
    {;}
}
void int1()interrupt 2
{
    ADC_result[i]=ADC0808_IN0;      //将转换结果存储
    i++;
    if(i==8)i=0;
    ADC0808_IN0=0;                  //启动 ADC
}
```

8.1.4 设计案例: ADC 与单片机的接口

【例 8-3】 使用 ADC0808 设计一个数字电压表。

要求:使用 Proteus 仿真软件设计一个基于 51 单片机的数字电压表。显示采用 4 位共阳极 7 段数码管。A/D 转换芯片使用 ADC0808,模拟量输入由变阻器分压得到,并且送入 ADC0808 的 IN0 输入通道。

仿真模型如图 8-13 所示。

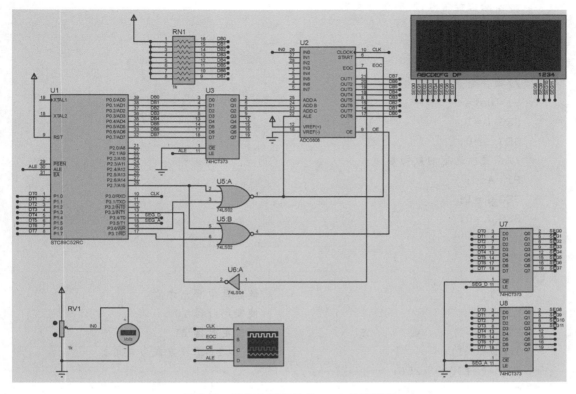

图 8-13　数字电压表的 Proteus 仿真模型

在 Proteus 中，由于 ALE 不能像实物的单片机一样发出 $f_{osc}/2$ 的脉冲信号，所以使用单片机的 P3.1 口模拟时钟信号，作为 ADC0808 的时钟信号。4 位数码管为共阳极，采用动态显示的方式。锁存器 U7 存储的是数码管所显示的数据，锁存器 U8 存储的是数码管的位选信号，高电平有效。

源程序如下：

```c
#include<reg52.h>
#include<absacc.h>
#define ADC0808_IN0 XBYTE[0x7FF8]      //定义 IN0 的端口地址为 7FF8H
//数码管显示码。tab[16]为不显示,tab[17]为负号。tab[0]~tab[15]为 0~f 的十六进制显示
unsigned char code tab[]={  0xc0,0xF9,0xA4,0xB0,0x99,0x92,0x82,0xf8,
                            0x80,0x90,0x88,0x83,0xc6,0xa1,0x86,0x8e,0xff,
                            0xbf};
unsigned char seg[4];
sbit EOC=P3^3;                          //P3.3 为 EOC 输入
sbit SEG_D=P3^4;                        //P3.4 为数码管数字量锁存控制
sbit SEG_A=P3^5;                        //P3.5 为数码管位选锁存控制
sbit CLK=P3^0;                          //为 ADC0808 提供工作时钟
unsigned int result;
void SegDisplay(unsigned char Data,unsigned char Add) //显示一位数码管
```

```
{
    //清除位控信号,所有数码管熄灭
    P1=0;
    SEG_A=1;
    SEG_A=0;
    //锁存需显示的数据
    P1=Data;
    SEG_D=1;
    SEG_D=0;
    //点亮所选定的数码管
    P1=Add;
    SEG_A=1;
    SEG_A=0;
}
main()
{
    EA=1;                               //使能总中断允许位
    ET0=1;                              //使能定时器 T0
    ET1=1;                              //使能定时器 T1
    TMOD=0x11;                          //T0 和 T1 工作方式为方式 1
    TL0=(-1000)%256;
    TH0=(-1000)/256;
    TR0=1;                              //T0 开始计时
    TH1=(-50000)/256;
    TL1=(-50000)%256;
    TR1=1;                              //T1 开始计时
    while(1);
}
//使用 T0 中断实现显示
void SegDis()interrupt 1
{
    static char cont_t;
    TL0=(-2000)%256;
    TH0=(-2000)/256;
    cont_t++;
    //每 10 个计时周期显示一位数码管
    if(cont_t==10)SegDisplay(tab[seg[3]],1);
    if(cont_t==20)SegDisplay(tab[seg[2]]-0x80,2);
    if(cont_t==30)SegDisplay(tab[seg[1]],4);
    if(cont_t>=40)
    {
        SegDisplay(tab[seg[0]],8);
```

```
        cont_t=0;
    }
}
//使用 T1 中断控制 ADC0808 的工作频率。如果频率太高,仿真会有较大延迟
void timer1()interrupt 3
{
    TH1=(-50000)/256;                //初始化
    TL1=(-50000)%256;
    ADC0808_IN0=0;                   //开始转换
    while(EOC==0)CLK=~CLK;           //等待 EOC 上升沿,并为 ADC 提供时钟
    while(EOC==1)CLK=~CLK;           //等待 EOC 下降沿,并为 ADC 提供时钟
    result=ADC0808_IN0;              //读取转换结果
    //将采样结果转换为数码管显示数据
    result*=5;
    seg[3]=16;
    seg[2]=result/256;
    result%=256;
    result*=10;
    seg[1]=result/256;
    result%=256;
    result*=10;
    seg[0]=result/256;
}
```

在图 8-13 所示 Proteus 仿真模型中，通过可调电阻 RV1，设定电压值为 3.0V，该电压给到 ADC0808 的 IN0 引脚，可得单片机显示转换结果为 2.98V，如图 8-14 所示。

图 8-15 为仿真过程中的波形图。A 为时钟信号，B 为 EOC 信号，C 为 OE 信号，D 为单片机的 ALE 信号。

D 通道第一个脉冲，单片机发出开始指令。然后 A 通道的 CLK 脉冲开始工作。EOC 在转换期间维持低电平。EOC 恢复高电平后，单片机读 ADC0808，此时 ALE 和 OE 信号可测得脉冲。

【例 8-4】　设计一个数字温度计。

要求：基于单片机的室温检测系统设计。室内温度采集范围：-50.0～99.9℃。温度显示：采用 4 位 7 段 LED 显示，其中 1 位显示"-"符号，3 位显示温度值，温度显示精确到小数点后一位。采用 PT100 热敏电阻式温度传感器，其阻值 R_t 和温度 t 的近似关系如下：

$$R_t=100\times(1+3.85\times0.001\times t) \tag{8-6}$$

PT100 的电阻值与温度线性相关。如果希望测得的电压与温度也线性相关，则需要使用电流源激励 PT100。

由于 ADC0808 有 8 位 ADC，0～5V 的模拟量，最多分辨 256 个不同的数值，而温度跨度 150℃，那么测量精度不可能达到 0.1℃。所以我们期望测量误差在 1℃ 之内。

解与例 8-3 数字电压表相同，采用 4 位数码管显示，第一位数码管显示正、负极性，后面三位显示温度，第三位数码管需要显示小数点，显示内容保留一位小数。

图 8-16 所示为温度测量电路，采用 LM324 构建电流源电路将温度信号转换为电压信号，再用差分放大电路，对信号进行调理。图 8-17 所示为全系统仿真原理图。

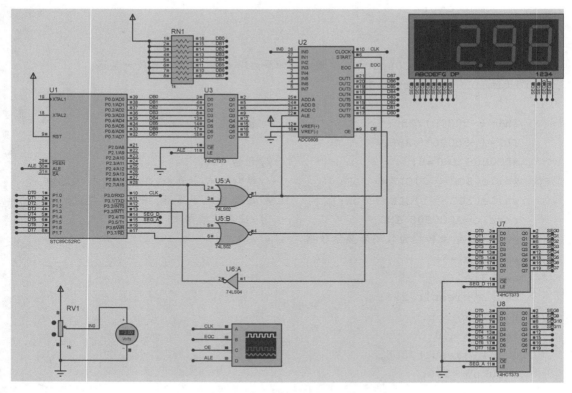

图 8-14 数字温度计仿真实例

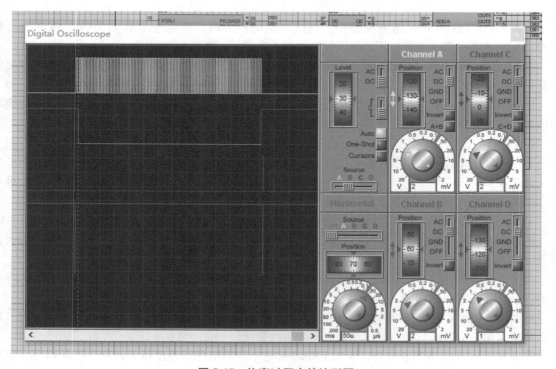

图 8-15 仿真过程中的波形图

调理后输出到 ADC0808 的 IN0 端口的模拟电压，在理论上可以用式（8-7）进行计算。

$$V_{IN0} = \frac{100 \times (1 + 3.85 \times 0.01 \times t)}{40} \tag{8-7}$$

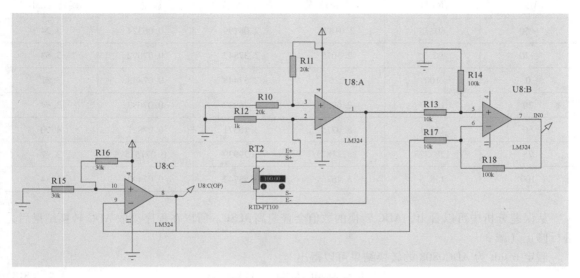

图 8-16　温度测量电路

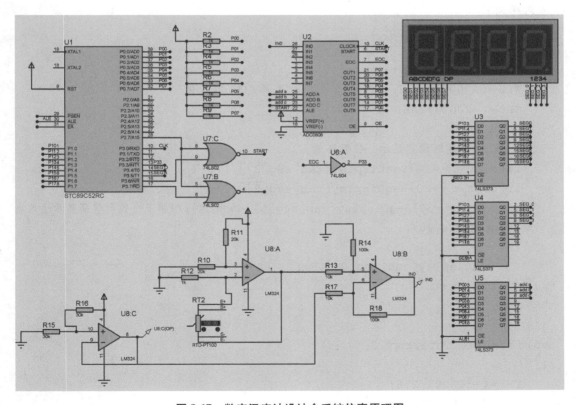

图 8-17　数字温度计设计全系统仿真原理图

通过仿真可以看到，IN0 处测得的电压和式（8-7）计算的结果之间存在误差。表 8-3 中对几个典型温度值进行了仿真实测，并和理论计算数值进行了对比。

表 8-3 仿真误差分析

温度℃	R_t/Ω	V_{IN0}理论值/V	仿真测量值/V	误差/V	误差（LSB）
−50	80.75	2.01875	2.08199	0.06324	3.24
−20	92.3	2.3075	2.37842	0.07092	3.63
0	100	2.5	2.57448	0.07448	3.81
20	107.7	2.6925	2.76937	0.07687	3.94
60	123.1	3.0775	3.15571	0.07821	4.00
75	128.875	3.221875	3.29939	0.077515	3.97
100	138.5	3.4625	3.53742	0.07492	3.84

从误差分析中可以看出，ADC 转换的数值会普遍高 3LSB。所以在程序读取 ADC 转换结果后先进行修正（减 3）。

假定 result 为 ADC0808 的转换结果可以得出

$$10t = (result - 128 + (-3)) \times 203 \tag{8-8}$$

源程序中，数据处理部分是在 T1 中断中实现的，小数点显示部分是在 T0 中断中实现的。
源程序如下：

```
void SegDis()interrupt 1
{
    static char cont_t;
    TL0=(-2000)%256;                    //T0 初始化
    TH0=(-2000)/256;
    cont_t++;
    //每 10 个定时周期显示一位数码管
    if(cont_t==10)SegDisplay(tab[seg[3]],1);
    if(cont_t==20)SegDisplay(tab[seg[2]],2);
    if(cont_t==30)SegDisplay(tab[seg[1]]-0x80,4);//第三个数码管需显示小数点
    if(cont_t>=40)
    {
        SegDisplay(tab[seg[0]],8);
        cont_t=0;
    }
}
void timer1()interrupt 3
{
    TH1=(-50000)/256;
    TL1=(-50000)%256;
    ADC0808_IN0=0;                      //启动 ADC0808
    while(EOC==0)CLK=~CLK;              //等待转换开始,并为 ADC 提供 CLK 信号
```

```
    while(EOC==1)CLK=~CLK;                //等待转换结束,并为 ADC 提供 CLK 信号
    result=ADC0808_IN0;                   //读取转换结果
    //数据处理
result-=131;                             //已修正(-3),原公式推导,应为-128
result*=203;
//提取正、负符号
if(result<0)                             //显示负号
    {
        seg[3]=17;
        result=0-result;
    }
    else seg[3]=16;                       //不显示
    seg[2]=result/1000;                   //提取温度t的十位
    result%=1000;
    seg[1]=result/100;                    //提取温度t的个位
    result%=100;
    seg[0]=result/10;                     //提取温度t的十分位
}
```

图 8-18 分别为温度设定在 100℃、0℃和-50℃时的仿真结果，误差在 1℃之内。

a) 100℃　　　　　　　　b) 0℃　　　　　　　　c) -50℃

图 8-18　数字温度计仿真结果

8.2　D/A 转换器（DAC）

8.2.1　DAC 概述

　　单片机只能输出数字量，但是对于某些控制场合，常常需要输出模拟量，例如直流电动机的转速控制。在对输出模拟量动态特性要求不高的时候，工程上常采用 PWM 控制代替 DAC。但是在很多场合对 DAC 的转换速度要求非常高，这就需要专用的转换芯片来完成。

　　下面介绍单片机如何扩展 DAC。

　　目前集成化的 DAC 芯片种类繁多，设计者只需要合理选用芯片，了解它们的性能、引脚外特性以及与单片机的接口设计方法即可。由于现在部分单片机的芯片中集成了 DAC，位数一般在 10位左右，且转换速度也很快，所以单片的 DAC 开始向高的位数和高转换速度上转变。而低端的并行 8 位 DAC，开始面临被淘汰的危险，但是在实验室或涉及某些工业控制方面的应用，低端 8 位DAC 以其优异的性价比还是具有较大的应用空间。

1. D/A 转换简介

DAC 完成"数字量→模拟量"的转换，这在计算机和虚拟信号发生器中应用非常普遍。在工程实践中，如果对于 D/A 转换的速度要求不高时，常采用 PWM 信号串联低通滤波器的方式实现 D/A 转换。但这种方式对于模拟量的响应速度不高，不适用于需要快速变化的模拟量控制。

DAC 基本上由 4 个部分组成，即权电阻网络、运算放大器、基准电源和模拟开关。用存于数字寄存器的数字量的各位数码，分别控制对应位的模拟电子开关，使数码为 1 的位在位权网络上产生与其位权成正比的电流值，再由运算放大器对各电流值求和，并转换成电压值。

根据位权网络的不同，可以构成不同类型的 DAC，如权电阻网络 DAC、R-2R 倒 T 形电阻网络 DAC 和单值电流型网络 DAC 等。权电阻网络 DAC 的转换精度取决于基准电压 V_{REF}，以及模拟电子开关、运算放大器和各权电阻值的精度。它的缺点是各权电阻的阻值都不相同，位数多时，其阻值相差甚远，这对保证测量精度带来很大困难，特别是对于集成电路的制作很不利，因此在集成 DAC 中很少单独使用该电路。

在购买和使用 DAC 时，要注意有关 DAC 选择的几个问题。

（1）DAC 的输出形式

DAC 有两种输出形式：电压输出和电流输出。电流输出的 DAC 在输出端加一个运算放大器构成的 I-V 转换电路，即可转换为电压输出。

（2）DAC 与单片机的接口形式

单片机与 DAC 的连接，早期多采用 8 位并行传输的接口，现在除了并行接口外，带有串行口的 DAC 品种也不断增多，目前较为流行的多采用 SPI 串行接口。在选择单片 DAC 时，要根据系统结构考虑单片机与 DAC 的接口形式。

2. 主要技术指标

DAC 的指标很多，设计者最关心的几个指标如下。

（1）分辨率

分辨率指单片机输入给 DAC 的单位数字量的变化，所引起的模拟量输出的变化，通常定义为输出满刻度值与 $2n$ 之比（n 为 DAC 的二进制位数），习惯上用输入数字量的位数表示。例如，8 位的 DAC，若满量程输出为 10V，根据分辨率定义，则分辨率为 $10V/2n$，分辨率为 $10V/256 = 39.1mV$，即输入的二进制数最低位数字量的变化可引起输出的模拟电压变化 39.1mV，该值占满量程的 0.391%，常用符号 1LSB 表示。如：

10 位 D/A 转换：1LSB = 9.77mV = 0.1% 满量程；

12 位 D/A 转换：1LSB = 2.44mV = 0.024% 满量程；

16 位 D/A 转换：1LSB = 0.076mV = 0.00076% 满量程。

使用时，应根据对 DAC 分辨率的需要选定 DAC 的位数。

（2）建立时间

建立时间是描述 DAC 转换速度的参数，表明转换时间长短。其值为从输入数字量到输出达到终值误差 ±(1/2) LSB（最低有效位）时所需的时间。电流输出的转换时间较短，而电压输出的转换器，由于要加上完成 I-V 转换的时间，因此建立时间要长一些。快速 DAC 的建立时间可控制在 1μs 以下。

（3）转换精度

理想情况下，转换精度与分辨率基本一致，位数越多，精度越高。但由于电源电压、基准电压、电阻、制造工艺等各种因素存在误差，严格地讲，转换精度与分辨率并不完全一致。两个相同位数的不同 DAC，只要位数相同，分辨率则相同，但转换精度会有所不同。例如，某种型号的 8 位 DAC 精度为 ±0.19%，而另一种型号的 8 位 DAC 精度为 ±0.05%。

8.2.2　D/A 转换芯片 DAC0832

美国国家半导体（NI）公司的 DAC0832 芯片具有两级输入数据寄存器的 8 位 DAC，能直接与 51 单片机连接，特性如下。

DAC0832 主要特性如下：

1）分辨率：8 位。

2）电流建立时间：$1\mu s$。

3）数据输入可采用双缓冲、单缓冲或直通方式。

4）输出电流线性度可在满量程下调节。

5）输入逻辑电平与 TTL 兼容。

6）单电源供电（5～15V）。

7）低功耗：20mW。

1. 芯片功能及引脚

DAC0832 引脚图如图 8-19 所示。

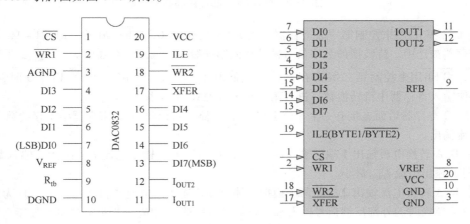

图 8-19　DAC0832 引脚

1）电源引脚（3、10、20）：AGND，模拟地；DGND，数字地；VCC，电源正极。

2）输入数字引脚（4～7、13～16）：DI0～DI7，8 位数字量输入端，DI0 是最低位，DI7 为高位端。

3）模拟量输出引脚（11、12、9）：I_{OUT1}、I_{OUT2}，两个模拟量输出端口，输出为电流源型；R_{fb} 运放反馈端口（DAC0832 需要在输出端接运算放大器才能输出模拟电压信号）。

4）控制端口（1、2、17、18、19）：ILE、$\overline{CS}$、$\overline{WR1}$ 为第一级缓冲器控制信号端；$\overline{WR2}$、$\overline{XFER}$ 为第二级缓冲器控制信号端。

2. 芯片内部结构

如图 8-20 所示，DAC0832 内部共有两级 8 位寄存器。

第一级为 8 位输入寄存器，用于存放单片机送来的数字量，使得该数字量得到缓冲和锁存，由 $\overline{LE1}$（即 M1 = 1 时）加以控制。

第二级为 8 位 DAC 寄存器，用于存放待转换的数字量，由 $\overline{LE2}$ 控制（即 M3 = 1 时）。

这两级 8 位寄存器，构成两级输入数字量缓存。"8 位 D/A 转换电路"受"8 位 DAC 寄存器"输出数字量控制，输出和数字量成正比的模拟电流。如要得到模拟输出电压，需外接 $I\text{-}V$ 转换电路。

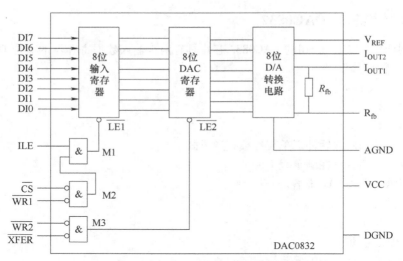

图 8-20 DAC0832 芯片内部结构

ILE、$\overline{\text{CS}}$、$\overline{\text{WR1}}$ 用来控制第一级寄存器。当 ILE = 1，$\overline{\text{CS}}$ = 0，$\overline{\text{WR1}}$ = 0 时，即 M1 = 1，第一级 8 位输入寄存器被选中。待转换的数字信号被锁存到第一级 8 位输入寄存器中。

$\overline{\text{WR2}}$、$\overline{\text{XFER}}$ 用来控制第二级寄存器，均为低电平有效。当 $\overline{\text{WR2}}$ = 0、$\overline{\text{XFER}}$ = 0 时，M3 = 1，第一级 8 位输入寄存器中待转换数字进入第二级 8 位 DAC 寄存器中。

8 位 DAC 寄存器后面连接有一个 8 位 D/A 转换电路，可以将 DAC 寄存器中寄存的数字量转换为模拟电流输出。

I_{OUT1}：D/A 转换电流输出 1 端，输入数字量全为"1"时，输出电流 I_{OUT1} 最大，输入数字量全为"0"时，输出电流 I_{OUT1} 最小。

I_{OUT2}：D/A 转换电流输出 2 端。两个模拟量输出端口输出的电流之和（$I_{\text{OUT2}} + I_{\text{OUT1}}$）为常数。

R_{fb}：I-V 转换时的外部反馈信号输入端，内部已有反馈电阻 R_{fb}，根据需要也可外接反馈电阻。

3. 输入数字量与输出模拟量之间的关系

DAC0832 为电流输出型 D/A 转换芯片，其转换原理如图 8-21 所示。

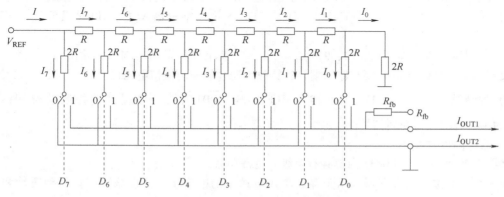

图 8-21 D/A 转换电路原理图

其中总电流 I 为

$$I = \frac{V_{\text{REF}}}{R} \tag{8-9}$$

分支电流为

$$I_7 = \frac{I}{2^1}; I_6 = \frac{I}{2^2}; \cdots; I_0 = \frac{I}{2^8} \tag{8-10}$$

转换电流为

$$I_{\mathrm{OUT1}} = \sum_{i=0}^{n-1} D_i I_i = \sum_{i=0}^{n-1} D_i \frac{I}{2^{n-i}} = \sum_{i=0}^{n-1} D_i \frac{V_{\mathrm{REF}}}{R \cdot 2^{n-i}}$$

$$= (D_7 \cdot 2^7 + D_6 \cdot 2^6 + \cdots + D_1 \cdot 2^1 + D_0 \cdot 2^0)\frac{V_{\mathrm{REF}}}{256R} \tag{8-11}$$

如图 8-22 所示，增加外围运算放大器电路后，转换电压为

$$V_{\mathrm{o}} = -I_{\mathrm{OUT1}} R_{\mathrm{fb}} = -(D_7 \cdot 2^7 + D_6 \cdot 2^6 + \cdots + D_0 \cdot 2^0)\frac{V_{\mathrm{REF}}}{256R} R_{\mathrm{fb}}$$

$$= -(D_7 \cdot 2^7 + D_6 \cdot 2^6 + \cdots + D_0 \cdot 2^0)\frac{V_{\mathrm{REF}}}{256} = -B\frac{V_{\mathrm{REF}}}{256} \tag{8-12}$$

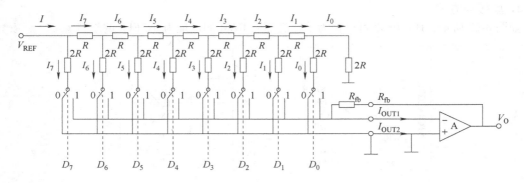

图 8-22　模拟电压输出

即转换电压正比于待转换的二进制数和参考电压。

4. DAC0832 的控制方式

DAC0832 的转换是由内部的 DAC 完成的，如何将数字量从单片机送到 DAC，可以采取不同的控制方式。

DAC0832 有 3 种控制方式。

（1）直通方式

两个寄存器都处于直通状态。直通方式不能直接与系统的数据总线相连，需另加锁存器，故较少应用。

采用直通控制方式，在接口电路的设计上，可以将 5 个控制端口全部接为有效电平，即 ILE 为高电平，$\overline{\mathrm{CS}}$、$\overline{\mathrm{WR1}}$、$\overline{\mathrm{WR2}}$、$\overline{\mathrm{XFER}}$ 全部接地。

（2）单缓冲方式

一个寄存器处于直通，另一个寄存器处于受控状态。

单缓冲方式中，对 DAC0832 的二级缓冲结构进行简化控制，使其等效为一级缓冲结构。在接口电路的设计上，可以令输入寄存器直通、DAC 寄存器处于受控状态，ILE 接高电平，$\overline{\mathrm{CS}}$、$\overline{\mathrm{WR1}}$ 接地，$\overline{\mathrm{WR2}}$、$\overline{\mathrm{XFER}}$ 中至少有一个受单片机控制；或者令输入寄存器受控，DAC 寄存器直通，ILE、$\overline{\mathrm{CS}}$、$\overline{\mathrm{WR1}}$ 中至少有一个受单片机控制，$\overline{\mathrm{WR2}}$、$\overline{\mathrm{XFER}}$ 接地。

（3）双缓冲方式

两个寄存器都分别处于受控状态。

在接口电路设计上，可以令 ILE、$\overline{CS}$、$\overline{WR1}$ 中至少有一个受单片机控制，$\overline{WR2}$、$\overline{XFER}$ 中至少有一个受单片机控制。

此外，还有一种特殊的控制方式，使用单片机的同一个 I/O 引脚同时控制两级寄存器的全部低电平有效的控制端口。此时两个寄存器同时受控，同一时间处于相同的直通或锁存状态。此种控制方式一般可以划分为单缓冲方式，原因是只有一个控制端口进行控制，输入寄存器虽然也受控，但是在实际效果上等同于直通。

8.2.3　DAC 与单片机的接口

直通方式需要增加锁存器，在此不再做讲解，大家可以将此时的 DAC0832 看作一个 8 位数字端口，接口电路可以参照带锁存器的数码管的设计方式。

下面具体介绍单缓冲与双缓冲两种连接方式。

1. 单缓冲方式

如图 8-23 所示，DAC0832 可以视为单片机片外 RAM 的地址为 0x7FFF 的端口。

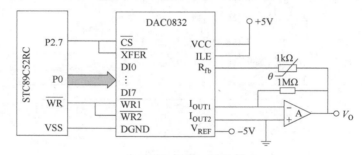

图 8-23　单缓冲方式

1）DI0~DI7 连在单片机的数据总线 P0 口，其中 DI0 为低位，与 P0.0 相连；

2）$\overline{CS}$、$\overline{XFER}$ 分别作为第一级输入寄存器和第二级 DAC 寄存器的片选信号，由 P2.7 控制，低电平有效；

3）$\overline{WR1}$、$\overline{WR2}$ 作为写控制信号，与单片机的 $\overline{WR}$ 引脚相连，均为低电平有效。

4）ILE 端口高电平有效，直接连接到 5V 直流电源。

5）模拟量输出端口外接运算放大器，接成负反馈电路。

6）DAC0832 的参考电压端口，接在 -5V，这样可以从 V_o 输出大于零的正电压。

在图 8-23 所示接口电路设计中，单片机可以将 DAC0832 作为片外扩展端口 0x7FFF 直接进行读写，完成 D/A 转换。

【例 8-5】　定义 DAC0832 为外部端口 0x7FFF，使用 C51 语言对该端口的读写进行编程。

例程如下：

```
xdata unsigned char DAC0832_at_0x7FFF;   //定义 DAC0832 为外部端口 0x7FFF
...

DAC0832=0x7F;                            //将 8 位数字量 0x7F 送入 DAC0832,并完成
                                           转换
...
```

还有另外一种直接地址访问的方式，在之前的 ADC 程序设计中也有提及。

```
#include<reg52.h>
#include<absacc.h>
#define DAC0832　XBYTE[0x7FFF]
...
DAC0832=0x7F;
...
```

2. 双缓冲方式

双缓冲方式需要对两级寄存器进行分别控制，其接口电路如图 8-24 所示。

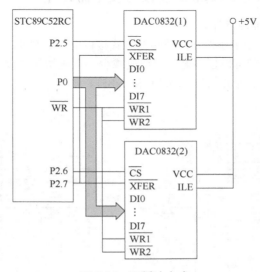

图 8-24　双缓冲方式

双缓冲方式通常用于需要同时控制输出至少两个模拟量的应用场合。因为需要两路模拟量输出的相位保持同步，不能存在明显的时间差。DAC0832 双缓冲控制方式可以完美地实现这一要求。

对比图 8-23 和图 8-24，可以看到单缓冲和双缓冲的接口电路设计基本是一致的，区别在于第一级寄存器的片选信号和第二级寄存器的片选信号控制上进行了分离。

使用单片机 P2.5 端选定 DAC0832(1) 的第一级输入寄存器；使用 P2.6 选定 DAC0832(2) 的第一级输入寄存器；使用 P2.7 同时选定两个 DAC0832 的第二级 DAC 寄存器。

因此，DAC0832(1) 的第一级输入寄存器对应的端口地址为 0xDFFF，DAC0832(2) 的第一级输入寄存器对应的端口地址为 0xBFFF，两个 DAC0832 第二级 DAC 寄存器共同对应端口地址 0x7FFF。

【例 8-6】　接线方式如图 8-24 所示，使用 C51 语言，对 DAC0832(1) 和 DAC0832(2) 的端口进行定义，并完成对端口读写的程序设计。

程序设计参考如下：

```
#define uchar unsigned char
uchar xdata DAC_a1_at_0xDFFF;      //DAC 0832(1)的输入寄存器
uchar xdata DAC_b1_at_0xBFFF;      //DAC 0832(2)的输入寄存器
uchar xdata DAC_ab2_at_0x7FFF;     //DAC 0832(1)和 DAC 0832(2)的 DAC 寄存器
...
```

```
DAC_a1=0x7F;                    //将数字量 0x7F 送入 DAC0832(1)的输入寄存器
                                //进行锁存
DAC_b1=0xFF;                    //将数字量 0xFF 送入 DAC0832(2)的输入寄存器
                                //进行锁存
DAC_ab2=0;                      /*将两片 DAC0832 的 DAC 寄存器进行操作,分别锁
                                  存前端输入寄存器已经锁存的数字量,并开始进行
                                  D/A 转换。*/
…
```

8.2.4　设计案例：程控电压基准源及波形发生器设计

【例 8-7】　程控电压基准源设计。

单片机控制 DAC0832 实现数字调压的单缓冲方式接口电路如图 8-25 所示。DAC0832 参考电压使用−5V 电源供电。两个按键可以控制电压增加或减少。电压初始值设定为 2.5V。数码管显示采用并口扩展方式连接，端口地址分别为 0xDFFF 和 0xBFFF。

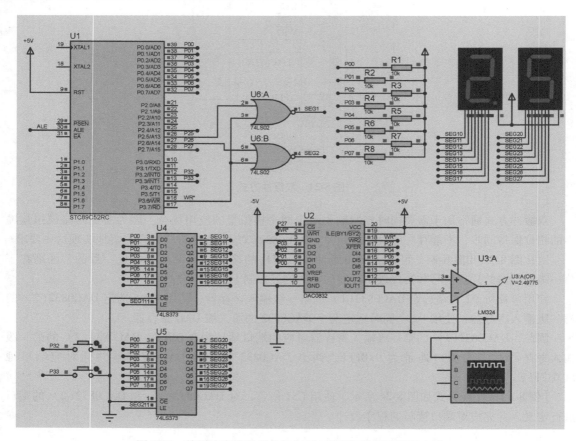

图 8-25　单缓冲方式的单片机与 DAC0832 的接口原理电路

DAC0832 输出电压 V_o 与输入数字量 B 之间的关系为

$$V_o = -B \frac{V_{\mathrm{REF}}}{256} \tag{8-13}$$

由式（8-13）可见，输出模拟电压 V_o 与输入数字量 B 以及基准电压 V_{REF} 成正比，且 $B = 0$ 时，

$V_0=0$，$B=255$ 时，V_0 为最大的绝对值输出，且不会大于 V_{REF}。

源程序如下：

```
#include<reg52.h>
//数码管字码
unsigned char code tab[]={  0xc0,0xF9,0xA4,0xB0,0x99,0x92,0x82,0xf8,
                            0x80,0x90,0x88,0x83,0xc6,0xa1,0x86,0x8e,
                            0xff,0xbf};
xdata unsigned char DAC0832_at_0x7fff;      //DAC0832 端口
xdata unsigned char SEG1_at_0xDfff;          //个位数码管端口,显示小数点
xdata unsigned char SEG2_at_0xBfff;          //十分位数码管端口

unsigned char vo=25;
unsigned int vo_DAC;
void delay(unsigned int i)
{
    unsigned char j;
    for(;i>0;i--)for(j=125;j>0;j--);
}
main()
{
    IE=0x85;                                 //或 EA=1;EX0=1;EX1=1;
    IT0=1;
    IT1=1;
    while(1)
    {
        vo_DAC=vo*256/50;
        if(vo_DAC>255)vo_DAC=255;            //计算数字量
        DAC0832=vo_DAC;                      //刷新 DAC 输出
        SEG1=tab[vo/10]-0x80;                //数码管显示,带小数点
        SEG2=tab[vo%10];                     //数码管显示
        delay(100);
    }
}

void key1()interrupt 0                       //增加电压值
{
    if(vo<50)vo++;
}
void key2()interrupt 2                       //减小电压值
{
    if(vo>0)vo--;
}
```

【例 8-8】 波形发生器设计。使用单片机控制 DAC0832 输出指定波形：方波、三角波、锯齿波，频率和幅值可调。同样使用并口扩展的方式显示，使用 2 个数码管显示频率，单位为 kHz，使用 1 个数码管显示幅值，单位为 V。使用两个按键对频率进行控制，每次加、减 0.5kHz，使用两个按键调整幅值，每次加、减 1V。使用 1 个数码管显示模式，用 1 个按键修改输出模式，0 代表方波、1 代表三角波、2 代表锯齿波。

使用 Proteus 仿真模型如图 8-26 所示，方波的仿真结果如图 8-27 所示，三角波仿真结果如图 8-28 所示，锯齿波仿真结果如图 8-29 所示。

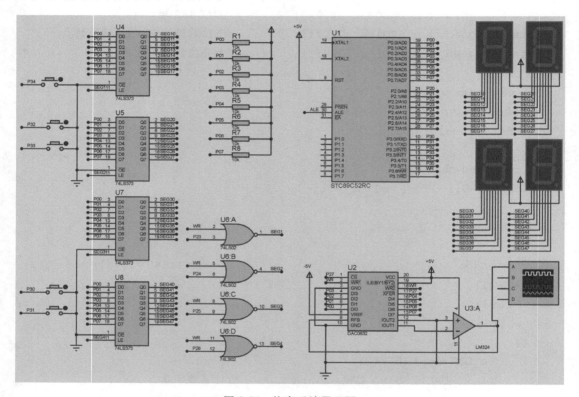

图 8-26　仿真系统原理图

源程序如下：

```c
#include<reg52.h>
#define Timer0 0
//定义数码管显示码
unsigned char code tab[]={ 0xc0,0xF9,0xA4,0xB0,0x99,0x92,0x82,0xf8,
                           0x80,0x90,0x88,0x83,0xc6,0xa1,0x86,0x8e,0xff,
                           0xbf};
xdata unsigned char DAC0832_at_0x7fff;        //DAC0832 端口地址为 7FFFH
xdata unsigned char SEG1_at_0xf7ff;           //SEG1 端口地址为 F7FFH
xdata unsigned char SEG2_at_0xefff;           //SEG2 端口地址为 EFFFH
xdata unsigned char SEG3_at_0xdfff;           //SEG3 端口地址为 DFFFH
xdata unsigned char SEG4_at_0xbfff;           //SEG4 端口地址为 BFFFH
//定义按键
```

```c
sbit key1 = P3^0;
sbit key2 = P3^1;
sbit key3 = P3^2;
sbit key4 = P3^3;
sbit key5 = P3^4;
//定义变量
unsigned int Timer1;
unsigned char vo = 25;
unsigned int vo_DAC;
unsigned char fre,amp,mod;
unsigned char Ampl;
unsigned t1_cont,t0_cont;
main()
{
    fre = 5;                      //初始化频率
    amp = 50;                     //初始化幅值
    mod = 0;                      //初始化工作模式
    IE = 0x8A;                    //中断使能,EA=1,ET1=1,ET0=1
    TMOD = 0x21;                  //T0 工作方式 1,T1 工作方式 2
    TH0 = Timer0/256;
    TL0 = Timer0%256;
    Timer1 = 500/fre;
    TH1 = 256-Timer1;
    TL1 = 256-Timer1;
    TR0 = 1                       //T0 开始计时
    TR1 = 1;                      //T1 开始计时
    while(1);
}
void tim0()interrupt 1
{
    TH0 = Timer0/256;
    TL0 = Timer0%256;
    t0_cont++;
    if(t0_cont>4)
        {    //响应按键
          if(key1 == 0)if(fre<30)fre+=5;
          if(key2 == 0)if(fre>5)fre-=5;
          if(key3 == 0)if(amp<50)amp+=10;
          if(key4 == 0)if(amp>10)amp-=10;
          if(key5 == 0)
          {
              mod++;
```

```
            if(mod>=3)mod=0;
        }
        TH1=256-500/fre;
        Ampl=amp/10*51;
        //显示到数码管
        SEG1=tab[fre/10]-0x80;
        SEG2=tab[fre%10];
        SEG3=tab[amp/10];
        SEG4=tab[mod];
        t0_cont=0;
    }
}
void DACout()interrupt 3
{
    switch(mod)
    {
        case 0:if(t1_cont<10)DAC0832=Ampl;                //方波
              else DAC0832   =0;
              break;
        case 1:if(t1_cont<10)DAC0832=Ampl/10*t1_cont;     //三角波
              else DAC0832=Ampl/10*(20-t1_cont);
              break;
        case 2:DAC0832=Ampl/19*t1_cont;                   //锯齿波
              break;
    }
    t1_cont++;
    if(t1_cont>=20)t1_cont=0;
}
```

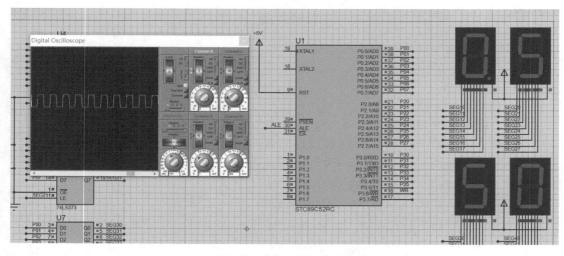

图 8-27 仿真波形——方波

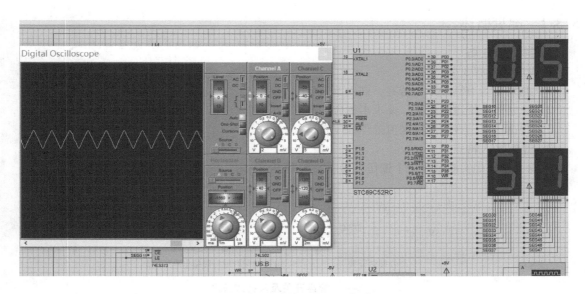

图 8-28　仿真波形——三角波

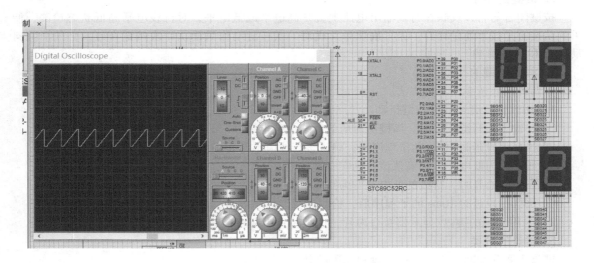

图 8-29　仿真波形——锯齿波

8.3　键盘与单片机的接口

键盘可以实现向单片机输入数据、命令等功能，是人机对话的主要手段。

键盘由若干按键按照一定规则组成。每一个按键实质上是一个按键开关，按构造可分为有触点开关按键和无触点开关按键。

有触点开关按键常见的有：触摸式键盘、薄膜键盘、导电橡胶键盘和按键式键盘等，最常用的是按键式键盘。无触点开关按键有电容式按键、光电式按键和磁感应按键等。下面介绍按键式键盘的工作原理、方式以及与键盘接口设计与软件编程。

8.3.1 键盘概述

1. 键盘的任务

键盘的任务有 3 项：

1）判别是否有键按下，若有，进入下一步。

2）识别哪一个键被按下，并求出相应的键值。

3）根据键值，找到相应键值处理程序入口。

2. 键盘输入特点

键盘一个按键实质就是一个按钮，如图 8-30 所示。

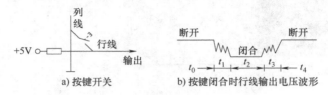

a) 按键开关   b) 按键闭合时行线输出电压波形

图 8-30 键盘开关及其行线波形

3. 按键的识别

按键闭合与否，反映在行线输出电压上就是高电平或低电平，对行线电平高低状态检测，便可确认按键是按下还是松开。为了确保单片机对一次按键动作只确认一次按键有效，必须消除抖动期 t_1 和 t_3 的影响。

4. 消除按键的抖动

有两种消除按键抖动的方法。

1）用软件延时来消除按键抖动。

① 在检测到有键按下时，该键所对应的行线为低电平。

② 执行一段延时 10ms 的子程序后，确认该行线电平是否仍为低电平。

③ 如果仍为低电平，则确认该行确实有键按下。

④ 当按键松开时，行线的低电平变为高电平。

⑤ 执行一段延时 10ms 的子程序后，检测该行线为高电平，说明按键确实已经松开。

2）采用专用的键盘/显示器接口芯片，这类芯片中都有自动消除抖动的硬件电路。

5. 键盘的分类

键盘主要分为两类：非编码键盘和编码键盘。

非编码键盘是利用按键直接与单片机相连接而成，常用在按键数量较少的场合。该类键盘，系统功能比较简单，需要处理任务较少，成本低，电路设计简单。按下键号的信息通过软件来获取。

非编码键盘一般包含有独立式键盘和矩阵式键盘两种。

8.3.2 键盘扫描方式选择

单片机在忙于其他各项工作任务时，如何兼顾非编码键盘的输入，这取决于键盘扫描的工作方式。键盘扫描工作方式选取的原则是，既要保证及时响应按键操作，又不要过多占用单片机执行其他任务的工作时间。

通常，键盘的扫描工作方式有 3 种：查询扫描、定时扫描和中断扫描。

1. 查询扫描

利用单片机空闲时，调用键盘扫描子程序，反复扫描键盘，但如果单片机查询频率过高，虽能及时响应键盘输入，但也会影响其他任务的进行。如果查询频率过低，有可能出现键盘输入漏判现象。所以要根据单片机系统的繁忙程度和键盘的操作频率，来调整键盘扫描频率。

2. 定时扫描

也可每隔一定的时间对键盘扫描一次，即定时扫描。这种方式中，通常利用单片机内的定时器产生的定时中断，进入中断子程序后对键盘进行扫描，在有键按下时识别出按下的键，并执行相应键的处理程序。

由于每次按键的时间一般不会小于 100ms，所以为了不漏判有效按键，定时中断周期一般应小于 100ms。

3. 中断扫描方式

为进一步提高单片机扫描键盘工作效率，可采用中断扫描方式，即键盘只有在键盘有按键按下时，才会向单片机发出中断请求信号，单片机响应中断，执行键盘扫描中断服务子程序，识别出按下的按键，并跳向该按键的处理程序。如无键按下，单片机将不理睬键盘。该方式的优点是，只有按键按下时，才进行处理，所以实时性强，工作效率高。

8.3.3 独立式按键与单片机的接口

独立式键盘特点各键相互独立，每个按键各接一条 I/O 口线，通过检测 I/O 输入线的电平状态，易判断哪个按键被按下。图 8-31 所示为一种典型的独立式键盘的接口电路设计。使用 P1 口连接 8 个独立按键 KEY1~KEY8，使用 P2 口连接 8 个 LED 灯，D1~D8 作为指示输出，分别对应 8 个按键。按键 1 次，对应的 LED 点亮，再次按下该键，对应 LED 熄灭。

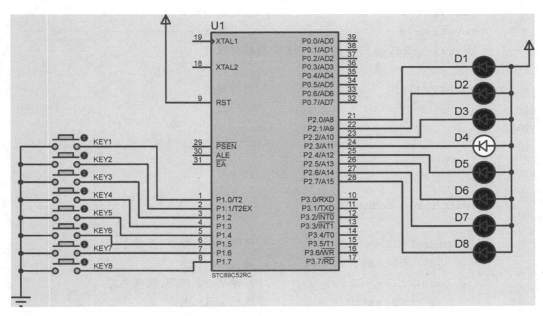

图 8-31 独立式键盘的接口电路

1. 独立式键盘的查询工作方式

【例 8-9】 对如图 8-31 所示独立式键盘，用查询方式实现键盘扫描，根据按下不同按键，对其进行处理。

参考程序如下：

```
#include<reg52.h>
```

```c
sbit D1 = P2^0;
sbit D2 = P2^1;
sbit D3 = P2^2;
sbit D4 = P2^3;
sbit D5 = P2^4;
sbit D6 = P2^5;
sbit D7 = P2^6;
sbit D8 = P2^7;
void delay(void)
{
    unsigned int j;
    for(j=20000;j>0;j--);
}
unsigned char key_scan(void)
{
    unsigned char keyval;           //定义临时变量
    P1=0xff;                        //读引脚前先写入1
    if(P1 ! =0xff)
    {
        delay();                    //按键去抖动
        keyval=P1;                  //读引脚状态
        keyval=~keyval;             //按位取反
    }

    return keyval;                  //返回键值
}
main()
{
    while(1)
    {
        switch(key_scan())
        {
        case 1:D1=~D1;              //按键 KEY1 按下,反转 D1
                break;              //跳出 switch
        case 2:D2=~D2;              //按键 KEY2 按下,反转 D2
                break;              //跳出 switch
        case 4:D3=~D3;              //按键 KEY3 按下,反转 D3
                break;              //跳出 switch
        case 8:D4=~D4;              //按键 KEY4 按下,反转 D4
                break;              //跳出 switch
        case 16:D5=~D5;             //按键 KEY5 按下,反转 D5
                break;              //跳出 switch
        case 32:D6=~D6;             //按键 KEY6 按下,反转 D6
```

```
                break;                //跳出 switch
        case 64:D7 = ~D7;             //按键 KEY7 按下,反转 D7
                break;                //跳出 switch
        case 128:D8 = ~D8;            //按键 KEY8 按下,反转 D8
                break;                //跳出 switch
        }
    }
}
```

如图 8-32 所示, 依次按下按键 KEY1、KEY4 和 KEY6 后, 对应的 3 个 LED 灯点亮。

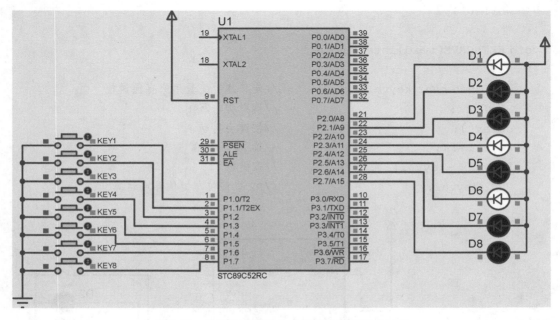

图 8-32　虚拟仿真的独立式键盘以查询方式工作

2. 独立式键盘的中断扫描方式

前面介绍查询方式独立式键盘接口设计与程序设计。为提高单片机扫描键盘的工作效率, 可采用中断扫描方式, 只有在键盘有键按下时, 才进行扫描与处理。可见中断扫描方式的键盘实时性强, 工作效率高。

【例 8-10】　设计采用中断扫描方式独立式键盘, 只有在键盘有按键按下时, 才进行处理, 要求实现的功能同例 8-9 一样。接口电路如图 8-33 所示。

参考程序如下:

```
#include<reg52.h>
sbit D1 = P2^0;
sbit D2 = P2^1;
sbit D3 = P2^2;
sbit D4 = P2^3;
sbit D5 = P2^4;
sbit D6 = P2^5;
sbit D7 = P2^6;
```

```
sbit D8 = P2^7;
void delay(void)                        //延迟函数,用来延迟一定时间
{
    unsigned int j;
    for(j = 20000;j>0;j--);
}
main()
{
    IE = 0x81;                          //总中断允许,外部中断 0 允许
    while(1);
}
void KEYSERVE(void)interrupt 0
{
    unsigned char keyval;               //定义临时变量用来存储键值
    P1 = 0xff;                          //读引脚前写 1
    delay();                            //按键去抖动
    keyval = P1;                        //读 P1 引脚值
    keyval = ~ keyval;                  //取键值
    P2^ = keyval;                       //P2 口按位与键值异或运算
}
```

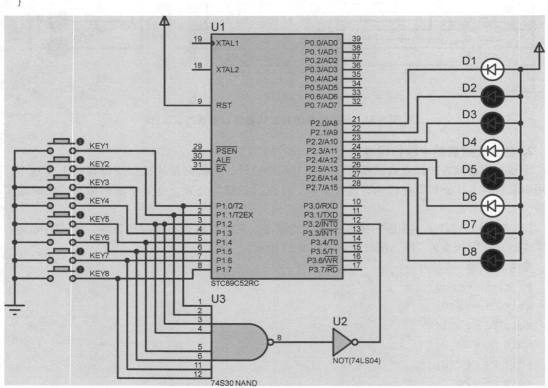

图 8-33　中断扫描方式的独立式键盘虚拟仿真电路

程序中用到了外部中断INT0，当没有按键按下时，标志 keyflag＝0，程序一直执行"while(1)"循环。当有键按下时，则 74LS04 输出端产生低电平，向单片机INT0端发中断请求信号，单片机响应中断，执行中断函数。

如果确实按键按下，得到键值。当执行完中断函数后，再进入"while(1)"循环。

本例中，按键处理采用了异或运算符。若有按键按下，keyval 的对应位置 1，与 P2 异或运算后，可以将对应的 LED 灯反转，从而实现例题要求的功能。

8.3.4　矩阵式按键与单片机的接口

矩阵式（也称行列式）键盘用于按键数目较多的场合，由行线和列线组成，按键位于行、列交叉点上，如图 8-34 所示，一个 4×4 的行、列结构可以构成一个 16 个按键的键盘，只需要一个 8 位的并行 I/O 口即可。

如果采用 8×8 的行、列结构，可以构成一个 64 按键的键盘，只需要两个并行 I/O 口即可。在按键数目较多场合，矩阵式键盘要比独立式键盘节省较多 I/O 口线。在图 8-34 中行线通过上拉电阻接 5V 电源。

键盘矩阵中无键按下时，行线处于高电平状态；当有键按下时，行线电平状态将由与此行线相连的列线的电平决定。

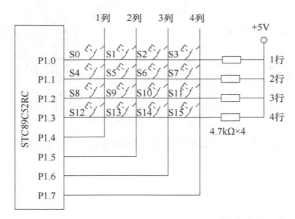

图 8-34　矩阵式（行列式）键盘的接口电路

列线的电平如果为低，则行线电平为低；列线的电平如果为高，则行线的电平也为高，这一点是识别矩阵式键盘是否有按键按下的关键所在。

由于矩阵式键盘中行、列线为多键共用，各按键均影响该键所在行和列的电平，因此各按键彼此将相互发生影响，所以必须将行、列线信号配合，才能确定闭合键的位置。下面讨论矩阵式键盘按键的扫描法工作原理。

识别矩阵键盘有无键被按下，可分两步进行：①识别键盘有无键按下；②如有键被按下，识别出具体的键号。

下面以图 8-34 所示的 S3 键被按下为例，说明扫描法识别此键的过程。

第 1 步，识别键盘有无键按下。首先把所有列线均置为 0 电平，然后检查各行线电平是否都为高电平，如果不全为高电平，说明有键按下，否则说明无键被按下。例如，当 S3 键按下时，第 1 行线电平为低电平，但还不能确定是 S3 被按下，因为如果同一行的 S2、S1 或 S0 之一被按下，行线也为低电平。所以，只能得出第 1 行有键被按下的结论。

第 2 步，识别哪个按键被按下。采用逐行扫描法，在某一时刻只让 1 条列线处于低电平，其余所有列线处于高电平。当第 1 列为低电平，其余各列为高电平时，因为是 S3 被按下，所以第 1 行的行线仍处于高电平状态；而当第 2 列为低电平，其余各列为高电平时，同样也会发现第 1 行的行线仍处于高电平状态；直到让第 4 列为低电平，其余各列为高电平时，此时第 1 行的行线电平变为低电平，据此，可判断第 1 行第 4 列交叉点处的按键，即 S3 被按下。

与独立式键盘类似，常见的矩阵式键盘扫描的工作方式也分为查询方式和中断方式。

1. 矩阵式键盘的查询方式扫描

下面介绍矩阵式键盘的查询方式的设计。

【例 8-11】　单片机的 P1.7~P1.4 接 4×4 矩阵键盘的行线，P1.3~P1.0 接矩阵键盘的列线，键盘各按键的编号如图 8-35 所示，使用数码管来显示 4×4 矩阵键盘中按下键的键号。数码管的显示由 P2 口控制，当矩阵键盘的某一键按下时，在数码管上显示对应的键号。

例如，1 号键按下时，数码管显示 "1"；E 键按下时，数码管显示 "E" 等。

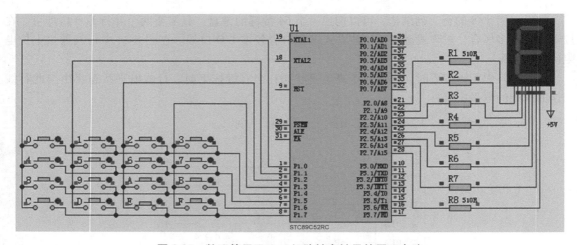

图 8-35　数码管显示 4×4 矩阵键盘键号的原理电路

参考程序如下：

```c
#include<reg52.h>
#define uchar unsigned char
//定义键盘的 4 列线
sbit L1=P1^0;
sbit L2=P1^1;
sbit L3=P1^2;
sbit L4=P1^3;
//共阳极数码管字符 0~F 对应的段码
uchar code dis[16]={ 0xc0,0xf9,0xa4,0xb0,0x99,0x92,0x82,0xf8,
                     0x80,0x90,0x88,0x83,0xc6,0xa1,0x86,0x8e};
//延时函数
void delay(unsigned int time)
{
    unsigned int i,j;
    for(j=0;j<time;j++)for(i=0;i<1000;i++);
}
```

```
//主函数
main()
{
    uchar temp;
    uchar k,i;
    while(1)
    {
        temp=0x10;
        for(i=0;i<=3;i++)              //按行扫描,i 为行变量,一共 4 行
        {
            P1=~(temp<<i);            //行扫描初值,P1 低 4 位置 1,准备读引脚
            delay(500);
            //判第 1 列是否有键按下,若有,键号可能为 0,4,8,C,键号的段码送显示
            if(L1==0)P2=dis[i*4+0];
            //判第 2 列是否有键按下,若有,键号可能为 1,5,9,d,键号的段码送显示
            if(L2==0)P2=dis[i*4+1];
            //判第 3 列是否有键按下,若有,键号可能为 2,6,A,E,键号的段码送显示
            if(L3==0)P2=dis[i*4+2];
            //判第 4 列是否有键按下,若有,键号可能为 3,7,b,F,键号的段码送显示
            if(L4==0)P2=dis[i*4+3];
            delay(500);               //延时
        }
    }
}
```

程序说明：本例的关键是如何获取键号。具体采用了逐行扫描,先驱动行 P1.4=0,然后依次读入各列的状态,P1.4 脚对应的行变量 i=0,P1.5 脚对应的行变量 i=1,P1.6 脚对应的行变量 i=2,P1.7 脚对应的行变量 i=3。

假设 4 号键按下,此时 4 号键所在的 P1.5 脚对应的行变量 i=1,又 L2=0(P1.5=0),执行语句 "if(L2==0) P2=dis [i*4+1]" 后,i*4+1=5,从而查找到字形码数组 dis [] 中显示 "4" 的段码 "0x99"(见表 8-4),把段码 "0x99" 送 P2 口,从而驱动数码管显示 "4"。

2. 矩阵式键盘的中断方式扫描

在查询扫描方式中,不管键盘有无键按下,程序总要扫描键盘,而在实际应用中,键盘并不经常工作,因此单片机经常处于空扫描状态,工作效率低。为提高工作效率,可采用中断扫描方式,即当键盘上有键闭合时产生中断请求,单片机响应中断后,转去执行中断服务程序,判断闭合键的键号,并做出相应的处理。

【例 8-12】　图 8-36 是一种常用的中断扫描式的矩阵键盘接口电路。键盘的列线与 P1 口的 P1.4~P1.7 相连,是扫描输入线,键盘的行线与 P1 口的 P1.0~P1.3 相连,是扫描输出线,图中的与门 4 输入端与行线相连,与门的输出产生按键中断请求信号。

工作过程如下：程序首先把所有列线置为低电平,然后检测各行线的状态,若所有行线均为高电平,说明键盘中无键按下。当有键按下时,相应行线为低电平,与门输出也为低电平,向单片机申请中断,单片机响应中断,转去执行键盘扫描子程序。

键盘扫描原理与查询扫描相同。

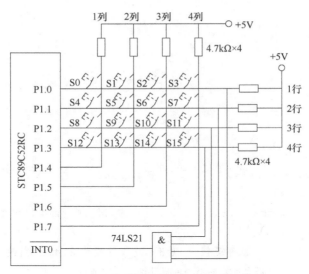

图 8-36　中断方式的 4×4 矩阵键盘的接口电路

参考程序如下：

```c
#include<reg52.h>
main()
{
    ITO=1;              //设置外部中断 0 跳沿触发
    IP=0x01;            //设置外部中断 0 高优先级
    EA=1;               //总中断允许
    EX0=1;              //允许外部中断 0 中断
    while(1);           //等待中断
}
void int0()interrupt 0   //有键按下,则执行中断函数
{
    …;                  //键盘扫描程序同上
}
```

需要指出的是，按键接口的设计原理、含矩阵式按键的设计案例，均参考于文献［2］。

8.4　显示器与单片机的接口

8.4.1　LED 的原理及应用

LED 即发光二极管，常用来指示系统工作状态，制作节日彩灯、广告牌匾等。

大部分 LED 的工作电流在 1～5mA 之间，其内阻为 20～100Ω。电流越大，亮度也越高。为保证 LED 正常工作，同时减少功耗，限流电阻选择十分重要，若供电电压为 5V，则限流电阻可选 1～3kΩ。

第 2 章已介绍，P0 口作通用 I/O 用，由于漏极开路，需外接上拉电阻。而 P1～P3 口内部有 30kΩ 左右的上拉电阻。

下面讨论 P1～P3 口如何与 LED 驱动连接。单片机并行端口 P1～P3 直接驱动 LED，电路如图 8-37 所示。

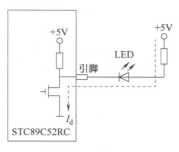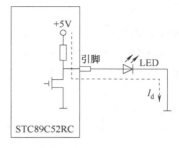

a) 不恰当连接：高电平驱动　　　　　　　b) 恰当连接：低电平驱动

图 8-37　LED 与单片机并行口的连接

与 P1、P2、P3 口相比，P0 口每位可驱动 8 个 LSTTL 输入，而 P1～P3 口每一位驱动能力只有 P0 口的一半。

当 P0 口某位为高电平时，可提供 400μA 的拉电流；当 P0 口某位为低电平（0.45V）时，可提供 3.2mA 的灌电流，而 P1～P3 口内有 30kΩ 左右上拉电阻，如高电平输出，则从 P1、P2 和 P3 口输出的拉电流 I_d 仅几百 μA，驱动能力较弱，亮度较差，如图 8-37a 所示。

如果端口引脚为低电平，能使灌电流 I_d 从单片机外部流入内部，则将大大增加流过的灌电流值，如图 8-37b 所示。51 单片机的任一端口要想获得较大的驱动能力，要用低电平输出。

如果一定要高电平驱动，可在单片机与 LED 管间加驱动电路，如 74LS04、74LS244 等。

【例 8-13】　在 Proteus 中使用并口扩展的方式实现 LED 灯的驱动，完成硬件电路设计和 C51 程序设计。

采用 74LS373 锁存器实现。如图 8-38 所示，74LS373 扩展了一个并行端口，端口地址为 0x7fff。在实际应用中，LED 需要串联限流电阻，仿真时如果串联电阻值过大，LED 亮度很低，为了演示效果，所以没有放置限流电阻。

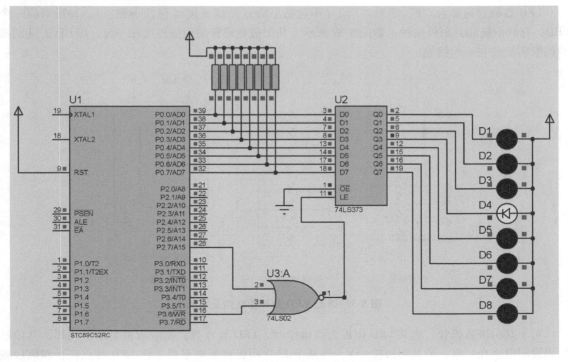

图 8-38　并口扩展 LED 驱动原理图

程序如下：

```
#include<reg52.h>
xdata unsigned char LEDs_at_0x7fff;        //扩展端口地址 0x7fff,8 个 LED
void delay(unsigned int i)                 //延时函数
{
    unsigned int j;
    for(;i>0;i--)for(j=125;j>0;j--);
}
unsigned char led;
void main(void)
{
    led=1;
    while(1)
    {
        led<<=1;
        if(led==0)led=1;
        LEDs=~led;                         //写端口 0x7fff
        delay(500);
    }
}
```

8.4.2 LED 数码管与单片机的接口

1. LED 数码管显示的原理

LED 数码管通常为"8"字形，7 段（不包括小数点）或 8 段（包括小数点），每段对应一个 LED，有共阳极和共阴极两种，如图 8-39 所示。共阳极数码管的阳极连接在一起，接+5V；共阴极数码管阴极连在一起接地。

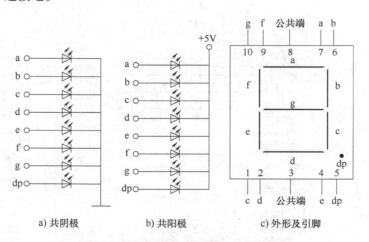

a) 共阴极   b) 共阳极   c) 外形及引脚

图 8-39   8 段 LED 数码管结构及外形

对于共阴极数码管，当某 LED 阳极为高电平时，LED 管点亮，相应段被显示。同样，共阳极数码管阳极连在一起，公共阳极接+5V，当某个 LED 阴极接低电平时，该 LED 被点亮，相应段被显示。

为使 LED 数码管显示不同字符，要把某些段点亮，就要为数码管各段提供一字节的二进制码，即字形码（也称段码）。习惯上以"a"段对应字形码字节的最低位。各字符段码见表 8-4。

表 8-4　LED 数码管的字形码

显示字符	共阴极字形码	共阳极字形码	显示字符	共阴极字形码	共阳极字形码	显示字符	共阴极字形码	共阳极字形码
0	3FH	C0H	8	7FH	80H	P	73H	8CH
1	06H	F9H	9	6FH	90H	U	3EH	C1H
2	5BH	A4H	A	77H	88H	H	76H	89H
3	4FH	B0H	b	7CH	83H	L	38H	C7H
4	66H	99H	C	39H	C6H	—	BFH	40H
5	6DH	92H	d	5EH	A1H	全灭	00H	FFH
6	6DH	82H	E	79H	86H			
7	07H	F8H	F	71H	8EH			

要在数码管显示某字符，只需将该字符字形码加到各段上即可。

例如某存储单元中的数为"02H"，想在共阳极数码管上显示"2"，需要把"2"的字形码"A4H"加到数码管各段。把欲显示字符的字形码作成一个表（数组），根据显示字符从表中查找到相应字形码，然后把该字形码输出到数码管各个段上，同时数码管的公共端接+5V，此时在数码管上显示字符"2"。

2. LED 数码管的静态显示与动态显示

（1）静态显示方式

无论多少位 LED 数码管，都同时处于显示状态，如图 8-40 所示。

优点：显示无闪烁，亮度较高，软件控制较容易。

缺点：占用 I/O 口端口线较多。

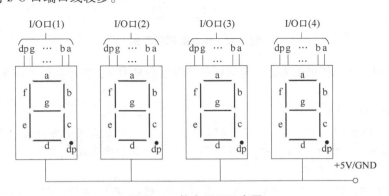

图 8-40　静态显示示意图

（2）动态显示方式

每一时刻，只有 1 位位选线有效；每隔一定时间逐位轮流点亮各数码管（扫描方式），如图 8-41 所示。动态显示的实质是以执行程序时间来换取 I/O 端口减少。

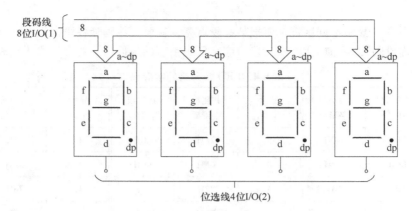

图 8-41 动态显示示意图

3. 并口扩展显示方式

使用 74LS373，将并口扩展为外部数据存储器中的一个端口，如图 8-42 所示。

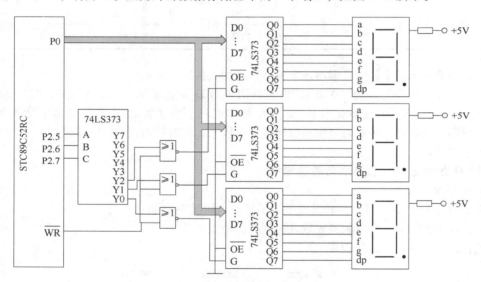

图 8-42 驱动数码管示例

【例 8-14】 使用并口扩展的方式，对数码管实现静态显示。仿真原理图如图 8-43 所示。
程序如下：

```c
#include<reg52.h>
xdata unsigned char SEG1_at_0xbfff;        //数码管 1 端口为 0xbfff
xdata unsigned char SEG2_at_0x7fff;        //数码管 2 端口为 0x7fff
//共阳极字形码,存储在 ROM 中
unsigned char code tab[]={ 0xc0,0xf9,0xa4,0xb0,0x99,0x92,0x82,0xf8,0x80,
                           0x90,0x88,
                           0x83,0xc6,0xa1,0x86,0x8e,0x8c,0xc1,0x89,
                           0xc7,0x40,0xff};
void delay(unsigned int i)
```

```
{
    unsigned int j;
    for(;i>0;i--)for(j=125;j>0;j--);
}
void main(void)
{
    unsigned char m,n;
    while(1)
    {
        SEG1=tab[n];                    //数码管 1 显示轮次
        for(m=0;m<22;m++)               //数码管 2 循环显示 1 轮
        {
            SEG2=tab[m];                //在数码管 2 显示第 m 个字形码
            delay(200);                 //延时
        }
        n++;
        if(n>9)n=0;
    }
}
```

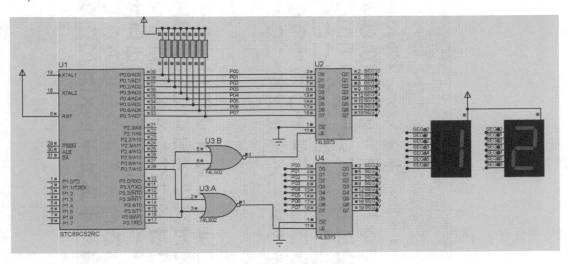

图 8-43　数码管的静态显示

8.4.3　LCD 与单片机的接口

液晶显示器（Liquid Crystal Display，LCD）具有省电、体积小、抗干扰能力强等优点，LCD 分为字段型、字符型和点阵图形型。

1）字段型。以长条状组成字符显示，主要用于数字显示，也可用于显示西文字母或某些字符，广泛用于电子表、计算器、数字仪表中。

2）字符型。专门用于显示字母、数字、符号等。一个字符由 5×7 或 5×10 的点阵组成，在单片机系统中已广泛使用。

3）点阵图形型。广泛用于图形显示，如笔记本计算机、彩色电视和游戏机等。它是在平板上排列的多行列的矩阵式晶格点，点的大小与多少决定了显示的清晰度。

1. LCD1602 液晶显示模块简介

单片机系统中常用字符型液晶显示模块。由于 LCD 显示面板较为脆弱，厂商已将 LCD 控制器、驱动器、RAM、ROM 和液晶显示器用 PCB 连接到一起，称为液晶显示模块（LCD Module, LCM），购买现成的即可。单片机只需向 LCD 显示模块写入相应命令和数据就可显示需要的内容。

（1）字符型液晶显示模块 LCD1602 特性与引脚

字符型 LCD 模块常用的有 16 字×1 行、16 字×2 行、20 字×2 行、20 字×4 行等模块，型号常用×××1602、×××1604、×××2002、×××2004 来表示，其中×××为商标名称，16 代表液晶显示器每行可显示 16 个字符，02 表示显示 2 行。

LCD1602 内有字符库 ROM（CGROM），能显示出 192 个字符（5×7 点阵），如图 8-44 所示。

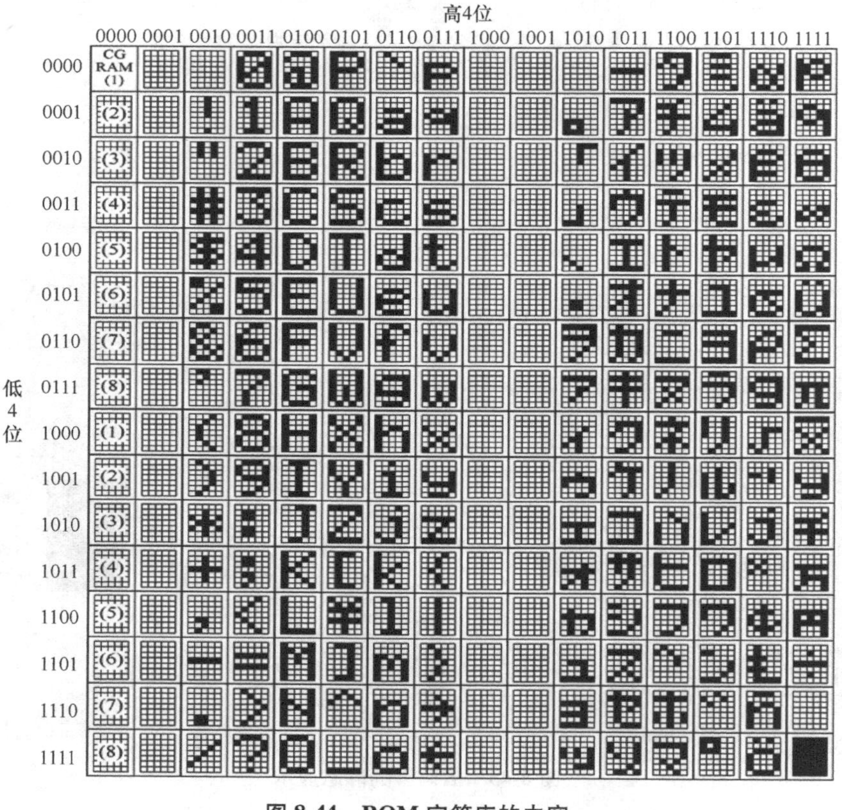

图 8-44　ROM 字符库的内容

由字符库可看出显示器显示的数字和字母部分代码，恰是 ASCII 码表中编码。

单片机控制 LCD1602 显示字符，只需将待显示字符的 ASCII 码写入显示数据存储器（DDRAM），内部控制电路就可将字符在显示器上显示出来。

例如，显示字符 "A"，单片机只需将字符 "A" 的 ASCII 码 41H 写入 DDRAM，控制电路就会将对应的字符库 ROM（CGROM）中的字符 "A" 的点阵数据找出来显示在 LCD 上。

模块内有 80B 数据显示 RAM（DDRAM），除显示 192 个字符（5×7 点阵）的字符库 ROM（CGROM）外，还有 64B 的自定义字符 RAM（CGRAM），用户可自行定义 8 个 5×7 点阵字符。

LCD1602 工作电压为 4.5~5.5V，典型值为 5V，工作电流为 2mA。标准的 14 引脚（无背光）或 16 个引脚（有背光）的外形及引脚分布如图 8-45 所示。

a) LCD1602外形　　　　　　　　　　　　　　b) LCD1602引脚

图 8-45　LCD1602 的外形和引脚分布

LCD1602 引脚包括 8 条数据线、3 条控制线和 3 条电源线，功能见表 8-5。通过单片机向模块写入命令和数据，就可对显示方式和显示内容做出选择。

表 8-5　LCD1602 的引脚功能

引　脚	引脚名称	引脚功能
1	VSS	电源地
2	VDD	+5V 逻辑电源
3	VEE	液晶显示偏压（调节显示对比度）
4	RS	寄存器选择（1：数据寄存器；0：命令/状态寄存器）
5	R/$\overline{\text{W}}$	读/写操作选择（1：读；0：写）
6	E	使能信号
7~14	D0~D7	数据总线
15	BLA	背光板电源，+5V，可串联电位器。如接地，则无背光
16	BLK	背光板电源地

（2）LCD1602 字符的显示及命令字

显示字符首先要解决待显示字符的 ASCII 码产生。用户只需在 C51 程序中写入欲显示的字符常量或字符串常量，C51 程序在编译后会自动生成标准的 ASCII 码，然后将生成的 ASCII 码送入显示用数据存储器（DDRAM），内部控制电路就会自动将该 ASCII 码对应的字符在 LCD1602 显示出来。

让液晶显示器显示字符，首先对其进行初始化设置：对有无光标、光标移动方向、光标是否闪烁及字符移动方向等进行设置，才能获得所需的显示效果。

对 LCD1602 的初始化、读、写、光标设置、显示数据的指针设置等，都是单片机向 LCD1602 写入命令字来实现。命令字见表 8-6。

表 8-6　LCD1602 的命令字

编号	命令	RS	R/$\overline{\text{W}}$	D7	D6	D5	D4	D3	D2	D1	D0
1	清屏	0	0	0	0	0	0	0	0	0	1
2	光标返回	0	0	0	0	0	0	0	0	0	×

（续）

编号	命令	RS	R/$\overline{W}$	D7	D6	D5	D4	D3	D2	D1	D0
3	光标和显示模式设置	0	0	0	0	0	0	0	1	I/D	S
4	显示开/关及光标设置	0	0	0	0	0	0	1	D	C	B
5	光标或字符移位	0	0	0	0	0	1	S/C	R/L	×	×
6	功能设置	0	0	0	0	1	DL	N	F	×	×
7	CGRAM 地址设置	0	0	0	1	字符发生存储器地址					
8	DDRAM 地址设置	0	0	1	显示数据存储器地址						
9	读忙标志或地址	0	1	BF	计数器地址						
10	写数据	1	0	写入的数据							
11	读数据	1	1	读出的数据							

表 8-6 中 11 个命令功能说明如下：

命令 1：清屏，光标返回到地址 00H 位置（显示屏的左上方）。

命令 2：光标返回到地址 00H 位置（显示屏的左上方）。

命令 3：光标和显示模式设置。

I/D：地址指针加 1 或减 1 选择位。

I/D = 1，读或写一个字符后地址指针加 1；

I/D = 0，读或写一个字符后地址指针减 1。

S：屏幕上所有字符移动方向是否有效的控制位。

S = 1，当写入一字符时，整屏显示左移（I/D = 1）或右移（I/D = 0）；

S = 0，整屏显示不移动。

命令 4：显示开/关及光标设置。

D：屏幕整体显示控制位。0：关显示；1：开显示。

C：光标有无控制位。0：无光标；1：有光标。

B：光标闪烁控制位。0：不闪烁；1：闪烁。

命令 5：光标或字符移位。

S/C：光标或字符移位选择控制位。0：移动光标；1：移动显示的字符。

R/L：移位方向选择控制位。0：左移；1：右移，

命令 6：功能设置命令。

DL：传输数据的有效长度选择控制位。1：8 位数据线接口；0：4 位数据线接口。

N：显示器行数选择控制位。0：单行显示；1：两行显示。

F：字符显示的点阵控制位。0：显示 5×7 点阵字符；1：显示 5×10 点阵字符。

命令 7：CGRAM 地址设置。

命令 8：DDRAM 地址设置。LCD 内部有一个数据地址指针，用户可通过它访问内部全部 80B 的数据显示 RAM。

命令格式：80H+地址码。其中，80H 为命令码。

命令 9：读忙标志或地址。

BF：忙标志。1：LCD 忙，此时 LCD 不能接受命令或数据；0：LCD 不忙。

命令 10：写数据。

命令 11：读数据。

例如，将显示模式设置为"16×2 显示，5×7 点阵，8 位数据接口"，只需要向 1602 写入光标和显示模式设置命令（命令 3）"00111000B"，即 38H 即可。

再如，要求液晶显示器开显示，显示光标且光标闪烁，那么根据显示开关及光标设置命令（命令 4），只要令 D=1，C=1 和 B=1，也就是写入命令"00001111B"，即 0FH，就可实现所需的显示模式。

（3）字符显示位置的确定

80B 的 DDRAM，与显示屏上字符显示位置一一对应，图 8-46 给出 LCD1602 显示 RAM 地址与字符显示位置的对应关系。

当向 DDRAM 的 00H~0FH（第 1 行）、40H~4FH（第 2 行）地址的任一处写数据时，LCD 立即显示出来，该区域也称为可显示区域。

而当写入 10H~27H 或 50H~67H 地址处时，字符不会显示出来，该区域也称为隐藏区域。如果要显示写入隐藏区域的字符，需要通过字符移位命令（命令 5）将它们移入可显示区域方可正常显示。

需说明的是，在向 DDRAM 写入字符时，首先要设置 DDRAM 定位数据指针，此操作可通过命令 8 完成。

例如，要写字符到 DDRAM 的 40H 处，则命令 8 的格式为

$$80H+40H=C0H$$

其中，80H 为命令代码，40H 为要写入字符处的地址。

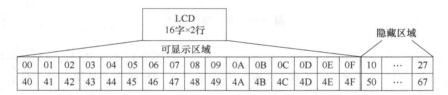

图 8-46　LCD 内部显示 RAM 地址映射图

（4）LCD1602 的复位

LCD1602 上电后复位状态为：

清除屏幕显示；

设置为 8 位数据长度，单行显示，5×7 点阵字符；

显示屏、光标、闪烁功能均关闭；

输入方式为整屏显示不移动，I/D=1。

LCD1602 的一般初始化设置为：

写命令 38H，即显示模式设置（16×2 显示，5×7 点阵，8 位接口）；

写命令 08H，显示关闭；

写命令 01H，显示清屏，数据指针清 0；

写命令 06H，写一个字符后地址指针加 1；

写命令 0CH，设置开显示，不显示光标。

2．LCD1602 程序设计

下面针对 LCD1602 的各功能的实现方式，有针对性地进行 C51 语言的程序设计。

（1）LCD1602 基本操作

LCD 为慢显示器件，所以在写每条命令前，一定要查询忙标志位 BF，即是否处于"忙"状

态。如 LCD 正忙于处理其他命令，就等待；如不忙，则向 LCD 写入命令。标志位 BF 连接在 8 位双向数据线的 D7 位上。如果 BF=0，表示 LCD 不忙；如果 BF=1，表示 LCD 处于忙状态，需等待。

LCD1602 的读写操作规定见表 8-7。

表 8-7　LCD1602 的读写操作规定

操　作	单片机发给 LCD1602 的控制信号	LCD1602 的输出
读状态	RS=0, R/$\overline{\text{W}}$=1, E=1	D0~D7=状态字
写命令	RS=0, R/$\overline{\text{W}}$=0, D0~D7=指令, E=正脉冲	无
读数据	RS=1, R/$\overline{\text{W}}$=1, E=1	D0~D7=数据
写数据	RS=1, R/$\overline{\text{W}}$=0, D0~D7=数据, E=正脉冲	无

LCD1602 与 51 单片机的接口电路如图 8-47 所示。

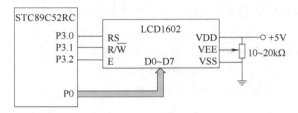

图 8-47　接口电路设计

由图 8-47 可看出，LCD1602 的 RS、R/$\overline{\text{W}}$ 和 E 这 3 个引脚分别接在 P3.0、P3.1 和 P3.2 引脚，只需通过对这 3 个引脚置 1 或清 0，就可实现对 LCD1602 的读写操作。具体来说，显示一个字符的操作过程为"读状态→写命令→写数据→自动显示"。

1）读状态（检测忙标志）。对 LCD1602 的"忙"标志 BF 进行检测，如果 BF=1，说明 LCD 处于忙状态，不能对其写命令；如果 BF=0，则可写入命令。

检测忙标志函数具体如下：

```
void check_busy(void)              //检查忙标志函数
{
  unsigned char dt;
  do
  {
    dt=0xff;                       //dt 为变量单元,初值为 0xff
    E=0;
    RS=0;                          //RS=0,E=1 时才可读忙标志
    RW=1;
    E=1;
    dt=out;                        //out 为 P0 口,P0 口的状态送入 dt 中
  }while(dt & 0x80);               //如果忙标志 BF=1,继续循环检测,等待 BF=0
  E=0;                             //BF=0,LCD 不忙,结束检测
}
```

函数检测 P0.7 脚电平，即检测忙标志 BF，如 BF=1，说明 LCD 处于忙状态，不能执行写命令；如 BF=0，可执行写命令。

2）写命令。写命令函数如下：

```
void write_command(unsigned char com)    //写命令函数
{
    check_busy();                         //已命名函数
    E=0;                                  //按规定 RS 和 E 同时为 0 时可以写入命令
    RS=0;
    RW=0;
    out=com;                              //将命令 com 写入 P0 口
    E=1;                                  //E 应为正脉冲，即正跳变，所以前面先置 E=0
    _nop_();                              //空操作 1 个机器周期，等待硬件反应
    E=0;                                  //E 由高电平变为低电平，LCD 开始执行命令
    delay(1);                             //延时，等待硬件响应
}
```

3）写数据。将要显示字符的 ASCII 码写入 LCD 中的数据显示 RAM（DDRAM），例如将数据"dat"，写入 LCD 模块。

写数据函数如下：

```
void write_data(unsigned char dat)       //写数据函数
{
    check_busy();                         //检测忙标志若 BF=1，则等待，若 BF=0，则可
                                          //  对 LCD 操作
    E=0;                                  //按规定写数据时，E 应为正脉冲，所以先置 E=0
    RS=1;                                 //按规定 RS=1 和 RW=0 时可以写入数据
    RW=0;
    out=dat;                              //将数据 dat 从 P0 口输出，即写入 LCD
    E=1;                                  //E 产生正跳变
    _nop_();                              //空操作，给硬件反应时间
    E=0;                                  //E 由高变低，写数据操作结束
    delay(1);
}
```

4）自动显示。数据写入 LCD 后，自动读出字符库 ROM（CGROM）中的字形点阵数据，并自动将字形点阵数据送到液晶显示屏上显示。

（2）LCD1602 初始化

使用 LCD1602 前，需对其显示模式进行初始化设置，初始化函数如下：

```
void LCD_initial(void)                   //液晶显示器初始化函数
{
    write_command(0x38);                 //写入命令 0x38:两行显示，5×7 点阵，8 位数据
    _nop_();                             //空操作，给硬件反应时间
    write_command(0x0C);                 //写入命令 0x0C:开整体显示，光标关，无黑块
    _nop_();                             //空操作，给硬件反应时间
```

```
write_command(0x06);          //写入命令 0x06:光标右移
_nop_();                      //空操作,给硬件反应时间
write_command(0x01);          //写入命令 0x01:清屏
delay(1);
}
```

注意：在函数开始处，由于 LCD 尚未开始工作，所以不需检测忙标志，但是初始化完成后，每次再写命令、读写数据操作，均需检测忙标志。

【例 8-15】　前面介绍了 LCD1602 和单片机的接口以及软件设计。采用通用 I/O 接口直接控制 LCD1602。过程简单、直观，容易理解和修改。本例中将采用不同的接口设计，希望带给大家更多思考的角度。在 51 单片机三总线扩展架构的基础上，实现 LCD1602 的控制。具体的电路连接如图 8-48 所示。

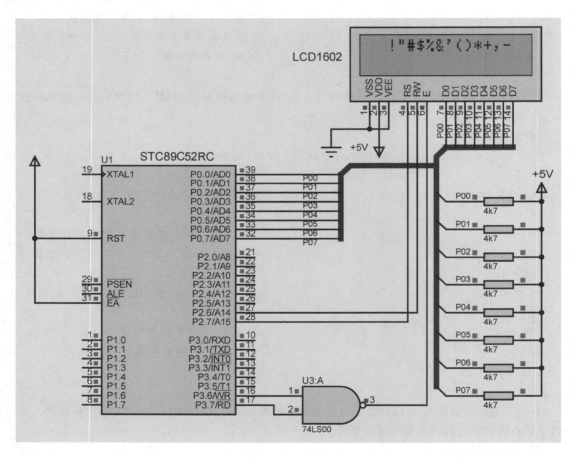

图 8-48　扩展三总线方式的接线原理图

其中，D0~D7 连接到单片机数据总线 P0 上；地址总线位 P2.6 和 P2.7 分别于 LCD1602 的 R/$\overline{\text{W}}$ 和 RS 相连。E 作为使能端，需要正脉冲或高电平才能发挥作用，通过与非门，受 $\overline{\text{WR}}$ 和 $\overline{\text{RD}}$ 控制。当单片机对外部数据进行读或写时，在 E 端产生正脉冲。仿真结果在图 8-48 中可以看到。

参照表 8-7 和图 8-48 可以得到如表 8-8 的端口分配地址。

表 8-8　LCD1602 的端口分配地址

操　作	单片机发给 LCD1602 的控制信号	数据总线（DB）	端 口 地 址
读状态	RS＝0，R/$\overline{W}$＝1，E＝1	LCD 状态→DB	0x7fff
写命令	RS＝0，R/$\overline{W}$＝0，D0~D7＝指令，E＝正脉冲	LCD 命令←DB	0x3fff
读数据	RS＝1，R/$\overline{W}$＝1，E＝1	LCD 数据→DB	0xffff
写数据	RS＝1，R/$\overline{W}$＝0，D0~D7＝数据，E＝正脉冲	LCD 数据←DB	0xbfff

由此，我们可以重构前面的所有函数。

（1）首先对端口进行定义

```
xdata unsigned char Write_Command_at_0x3fff;   //写命令
xdata unsigned char Read_Command_at_0x7fff;    //读状态
xdata unsigned char Write_Data_at_0xbfff;      //写数据
xdata unsigned char Read_Data_at_0xffff;       //读数据
```

（2）重构函数

```
//读状态,等待 LCD 空闲
void check_busy(void)
{
  while(Read_Command & 0x80)delay(1);          //等待 LCD 空闲
}
//写命令
void write_command(unsigned char com)
{
    check_busy();                              //等待空闲
    Write_Command=com;                         //写命令
    delay(1);
}
//写数据
void write_data(unsigned char dat)
{
    check_busy();
    Write_Data=dat;
    delay(1);
}
//读数据
unsigned char read_data(void)
{
    check_busy();
    return Read_Data;
```

```
        delay(1);
    }
//初始化函数小调整
    void LCD_initial(void)              //液晶显示器初始化函数
    {
      write_command(0x38);              //写入命令 0x38:两行显示,5×7 点阵,8 位数据
      _nop_();                          //空操作,给硬件反应时间
      write_command(0x0C);              //写入命令 0x0C:开整体显示,光标关,无黑块
      _nop_();                          //空操作,给硬件反应时间
      write_command(0x06);              //写入命令 0x06:光标右移,整屏左移
      _nop_();                          //空操作,给硬件反应时间
      write_command(0x01);              //写入命令 0x01:清屏
      delay(1);
    }
主函数如下:
    void main(void)
    {
        unsigned char n=32;            //ASCII 码前面都是空字符
        LCD_initial();
        write_command(0x8f);           //从屏幕第一行最右侧开始显示字符
        while(1)
        {
            write_data(n);             //显示 ASCII 码 n 对应的字符
            delay(200);
            n++;
        }
    }
```

8.4.4　专用芯片 HD7279A 与单片机的接口

　　目前各种专用键盘/显示器接口芯片种类繁多,早期流行的是 Intel 公司的并行接口的专用键盘/显示器芯片 8279,目前流行的键盘/显示器接口芯片与单片机的接口多采用串行连接方式,占用 I/O 口线少。常见的专用键盘/显示器芯片有:HD7279A、ZLG7289A、CH451 等。这些芯片对所驱动的 LED 数码管全都采用动态扫描方式,并可对键盘自动扫描,直接得到闭合键的键号(编码键盘),且自动去除按键抖动。

　　专用键盘/显示器接口芯片 HD7279A 与单片机间采用串行连接,功能强,具有一定的抗干扰能力,可控制与驱动 8 位 LED 数码管以及实现 8×8 的键盘管理。由于其外围电路简单,价格低廉,目前在键盘/显示器接口的设计中得到较为广泛的应用。

1. HD7279A 简介

　　HD7279A 能同时驱动 8 个共阴极 LED 数码管(或 64 个独立的 LED)和 8×8 编码键盘。对 LED 数码管采用的是动态扫描的循环显示方式,特性如下:

　　1)与单片机间采用串行接口方式,仅占用 4 条口线,接口简单;具有自动消除键抖动并识别有效键值功能。

2）内部含有译码器，可接收 BCD 码或十六进制码，同时具有两种译码方式，实现 LED 数码管位寻址和段寻址，也可方便控制每位 LED 数码管中任一段是否发光。

3）内部含驱动器，可直接驱动不超过 25.4mm LED 数码管。

4）多种控制命令，如消隐、闪烁、左移、右移和段寻址、位寻址等。

5）含有片选信号输入端，容易实现多于 8 位显示器或多于 64 键的键盘控制。

（1）引脚说明与电气特性

HD7279A 芯片采用 28 脚双列直插封装，+5V 供电，引脚如图 8-49 所示，功能见表 8-9。

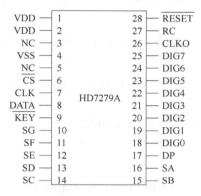

图 8-49　HD7279A 引脚

表 8-9　HD7279A 的引脚功能

引　脚	名　称	说　明
1, 2	VDD	正电源（+5V）
3, 5	NC	悬空
4	VSS	地
6	$\overline{CS}$	片选信号，低电平有效
7	CLK	同步时钟输入端
8	DATA	串行数据 I/O 端
9	$\overline{KEY}$	按键信号输入端，低电平有效
10~16	SG~SA	数码管的 7 段驱动输出
17	DP	小数点驱动输出
18~25	DIG0~DIG7	数码管的位驱动输出
26	CLKO	时钟信号输出端
27	RC	RC 振荡器连接端
28	$\overline{RESET}$	复位，低电平有效

DIG0~DIG7 为位驱动输出端，可分别连接 8 只 LED 数码管的共阴极；段驱动输出端 SA~SG 分别连接至 LED 数码管的 a~g 段的阳极，而 DP 引脚连至小数点 dp 的阳极。DIG0~DIG7、DP 和 SA~SG 还分别是 64 键键盘的列线和行线，完成对键盘的译码和键值识别。8×8 矩阵键盘中的每个

键值可用读键盘命令读出，键值的范围是 00H~3FH。

HD7279A 与单片机连接仅需 4 条口线：$\overline{\text{CS}}$、DATA、CLK 和 $\overline{\text{KEY}}$。

1）$\overline{\text{CS}}$：当单片机访问 HD7279A 芯片（写入命令、显示数据、位地址、段地址或读出键值等）时，应置低电平。

2）DATA：串行数据输入/输出端，当单片机向 HD7279A 发送数据时，DATA 为输入端；当单片机从 HD7279A 读键值时，DATA 为输出端。

3）CLK：数据串行传送的同步时钟输入端，时钟的上升沿将数据写入 HD7279A 中或从 HD7279A 中读出数据。

4）$\overline{\text{KEY}}$：按键信号输出端，无键按下为高电平，有键按下为低电平，且一直保持到该键释放为止。

$\overline{\text{RESET}}$：复位端，通常该端接+5V。若对可靠性要求较高，则可外接复位电路，或直接由单片机控制。

RC：该脚外接振荡元件，其典型值为 $R = 1.5\text{k}\Omega$，$C = 15\text{pF}$。

NC：悬空。

HD7279A 的电气特性见表 8-10。

表 8-10　HD7279A 的电气特性

参　　数	符　　号	测 试 条 件	最 小 值	典 型 值	最 大 值
工作电压	V_{DD}	—	4.5V	5.0V	5.5V
工作电流	I_{CC}	不接 LED	—	3mA	5mA
		LED 全亮	—	60mA	100mA
按键响应时间	T_{KEY}	含去抖动时间	10ms	18ms	40mA
$\overline{\text{KEY}}$引脚输入电流	I_{KL}	—	—	—	10mA
$\overline{\text{KEY}}$引脚输出电流	I_{KO}	—	—	—	7mA

（2）控制命令

控制命令由 6 条不带数据的单字节纯命令、7 条带数据的命令和 1 条读键盘命令组成。

1）纯命令（6 条）。所有纯命令都是单字节命令，见表 8-11。

表 8-11　HD7279A 的纯命令

命　　令	命令代码	操作说明
右移	A0H	所有 LED 显示右移 1 位，最左位为空（无显示），不改变消隐和闪烁属性
左移	A1H	所有 LED 显示左移 1 位，最右位为空（无显示），不改变消隐和闪烁属性
循环右移	A2H	所有 LED 显示右移 1 位，原来最右 1 位移至最左 1 位，不改变消隐和闪烁属性
循环左移	A3H	所有 LED 显示左移 1 位，原来最左 1 位移至最右 1 位，不改变消隐和闪烁属性
复位（消除）	A4H	清除显示、消隐、闪烁等属性
测试	BFH	点亮全部 LED，并处于闪烁状态，用于显示器的自检

2）带数据命令（7 条）。均由双字节组成，第 1 字节为命令标志码（有的还有位地址），第 2 字节为显示内容。

① 方式 0 译码显示命令见表 8-12。

表 8-12　方式 0 译码显示命令

第 1 字节								第 2 字节							
D7	D6	D5	D4	D3	D2	D1	D0	D7	D6	D5	D4	D3	D2	D1	D0
1	0	0	0	0	a2	a1	a0	dp	×	×	×	d3	d2	d1	d0

a2、a1、a0：8 只数码管位地址，表示显示数据应送给哪一位数码管；000：最低位数码管；111：最高位数码管。

d3、d2、d1、d0：显示数据，HD7279A 收到这些数据后，将按表 8-13 所示的规则译码和显示。

dp：小数点显示控制位。1：小数点显示；0：小数点不显示。

×：无用位。

表 8-13　方式 0 的译码显示

d3~d0（十六进制）	显示的字符	d3~d0（十六进制）	显示的字符
0H	0	8H	8
1H	1	9H	9
2H	2	AH	—
3H	3	BH	E
4H	4	CH	H
5H	5	DH	L
6H	6	EH	P
7H	7	FH	无显示

例如，命令第 1 字节为 80H，第 2 字节为 08H，则 L1 位（最低位）数码管显示 8，小数点 dp 熄灭；命令第 1 字节为 87H，第 2 字节为 8EH，则 L8 位（最高位）数码管显示 P，小数点 dp 点亮。

② 方式 1 译码显示命令，见表 8-14。

表 8-14　方式 1 译码显示命令

第 1 字节								第 2 字节							
D7	D6	D5	D4	D3	D2	D1	D0	D7	D6	D5	D4	D3	D2	D1	D0
1	1	0	0	1	a2	a1	a0	dp	×	×	×	d3	d2	d1	d0

该命令与方式 0 译码显示的含义基本相同，不同的是译码方式为 1，数码管显示的内容与十六进制相对应，见表 8-15。

表 8-15 方式 1 的译码显示

d3~d0（十六进制）	显示的字符	d3~d0（十六进制）	显示的字符
0H	0	8H	8
1H	1	9H	9
2H	2	AH	A
3H	3	BH	B
4H	4	CH	C
5H	5	DH	D
6H	6	EH	E
7H	7	FH	F

    例如，命令第 1 字节为 C8H，第 2 字节为 09H，则 L1 位数码管显示 9，小数点 dp 熄灭；命令第 1 字节为 C9H，第 2 字节为 8FH，则 L2 位数码管显示 F，小数点 dp 点亮。

    ③ 不译码显示命令，见表 8-16。

表 8-16 不译码显示命令

第 1 字节								第 2 字节							
D7	D6	D5	D4	D3	D2	D1	D0	D7	D6	D5	D4	D3	D2	D1	D0
1	0	0	1	0	a2	a1	a0	dp	A	B	C	D	E	F	G

    命令中的 a2、a1、a0 为显示位的位地址，第 2 字节为数码管显示内容，其中 dp 和 A~G 分别代表数码管的小数点和对应的段，当取值为 1 时，该段点亮；取值为 0 时，该段熄灭。

    该命令可在指定位上显示字符。例如，若命令第 1 字节为 95H，第 2 字节为 3EH，则在 L6 位数码管上显示字符 U，小数点 dp 熄灭。

    ④ 闪烁控制命令，见表 8-17。

表 8-17 闪烁控制命令

第 1 字节								第 2 字节							
D7	D6	D5	D4	D3	D2	D1	D0	D7	D6	D5	D4	D3	D2	D1	D0
1	0	0	0	1	0	0	0	d8	d7	d6	d5	d4	d3	d2	d1

    该命令规定了每个数码管的闪烁属性。d8~d1 分别对应 L8~L1 位数码管，其值为 1 时，数码管不闪烁；其值为 0 时，数码管闪烁。该命令的默认值是所有数码管均不闪烁。

    例如，命令第 1 字节为 88H，第 2 字节为 97H，则 L7、L6、L4 位数码管闪烁。

    ⑤ 消隐控制命令，见表 8-18。

表 8-18 消隐控制命令

第 1 字节								第 2 字节							
D7	D6	D5	D4	D3	D2	D1	D0	D7	D6	D5	D4	D3	D2	D1	D0
1	0	0	1	1	0	0	0	d8	d7	d6	d5	d4	d3	d2	d1

该命令规定了每个数码管的消隐属性。d8～d1 分别对应 L8～L1 位数码管，其值为 1 时，数码管显示；值为 0 时消隐。应注意至少要有 1 个 LED 数码管保持显示，如果全部消隐，则该命令无效。

例如，命令第 1 字节为 98H，第 2 字节为 81H，则 L7～L2 位的 6 位数码管消隐。

⑥ 段点亮命令，见表 8-19。

表 8-19　段点亮命令

第 1 字节								第 2 字节							
D7	D6	D5	D4	D3	D2	D1	D0	D7	D6	D5	D4	D3	D2	D1	D0
1	1	1	0	0	0	0	0	×	×	d5	d4	d3	d2	d1	d0

该命令是点亮某位数码管中的某一段。

××为无影响位，d5～d0 取值为 00H～3FH，所对应的点亮段见表 8-20。

例如，命令第 1 字节为 E0H，第 2 字节为 00H，则点亮 L1 位数码管的 g 段；如果第 2 字节为 19H，则点亮 L4 位数码管的 f 段；再如第 2 字节为 35H，则点亮 L7 位数码管的 b 段。

表 8-20　段点亮对应表

数码管	L1								L2							
d5～d0	00	01	02	03	04	05	06	07	08	09	0A	0B	0C	0D	0E	0F
点亮管	g	f	e	d	c	b	a	dp	g	f	e	d	c	b	a	dp
数码管	L3								L4							
d5～d0	10	11	12	13	14	15	16	17	18	19	1A	1B	1C	1D	1E	1F
点亮管	g	f	e	d	c	b	a	dp	g	f	e	d	c	b	a	dp
数码管	L5								L6							
d5～d0	20	21	22	23	24	25	26	27	28	29	2A	2B	2C	2D	2E	2F
点亮管	g	f	e	d	c	b	a	dp	g	f	e	d	c	b	a	dp
数码管	L7								L8							
d5～d0	30	31	32	33	34	35	36	37	38	39	3A	3B	3C	3D	3E	3F
点亮管	g	f	e	d	c	b	a	dp	g	f	e	d	c	b	a	dp

⑦ 段关闭命令见表 8-21。

表 8-21　段关闭命令

第 1 字节								第 2 字节							
D7	D6	D5	D4	D3	D2	D1	D0	D7	D6	D5	D4	D3	D2	D1	D0
1	1	0	0	0	0	0	0	×	×	d5	d4	d3	d2	d1	d0

关闭某个数码管中的某一段。××为无影响位，d5～d0 的取值为 00H～3FH，所对应的关闭段类似于表 8-20，仅仅是将点亮段变为关闭段。

例如，命令第 1 字节为 C0H，第 2 字节为 00H，则关闭 L1 位数码管的 g 段；第 2 字节为 10H，则关闭 L3 位数码管的 g 段。

3）读键盘命令（1 条）。本命令是从 HD7279A 读出当前按下的键值，格式见表 8-22。

表 8-22 读键盘命令

第 1 字节								第 2 字节							
D7	D6	D5	D4	D3	D2	D1	D0	D7	D6	D5	D4	D3	D2	D1	D0
0	0	0	1	0	1	0	1	d7	d6	d5	d4	d3	d2	d1	d0

命令的第 1 字节为 15H，表示单片机写到 HD7279A 的是读键值命令，而第 2 字节 d7~d0 为从 HD7279A 中读出的按键值，其范围为 00H~3FH。当按键按下时，HD7279A 的 $\overline{KEY}$ 脚从高电平变为低电平，并保持到按键释放为止。在此期间，若 HD7279A 收到来自单片机的读键盘命令 15H，则 HD7279A 向单片机发出当前的按键代码。

应注意，HD7279A 只给其中 1 个按下键的代码，不适合 2 个或 2 个以上键同时按下的场合。如果确实需要双键组合使用，可在单片机某位 I/O 引脚接 1 个键，与 HD7279A 所连键盘共同组成双键功能。

4）时序。HD7279A 采用串行方式与单片机通信，串行数据从 DATA 引脚送入或输出，并与 CLK 端同步。当片选信号变为低电平后，DATA 引脚上的数据在 CLK 脉冲上升沿作用下写入或读出 HD7279A 的数据缓冲器。

（3）时序

1）纯命令时序。单片机发出 8 个 CLK 脉冲，向 HD7279A 发出 8 位命令，DATA 引脚最后为高阻态，如图 8-50 所示。

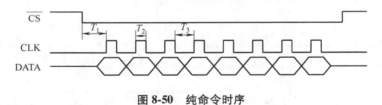

图 8-50 纯命令时序

2）带数据命令时序。单片机发出 16 个 CLK 脉冲，前 8 个向 HD7279A 发送 8 位命令；后 8 个向 HD7279A 传送 8 位显示数据，DATA 引脚最后为高阻态，如图 8-51 所示。

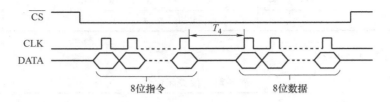

图 8-51 带数据命令时序

3）读键盘命令时序。单片机发出 16 个 CLK 脉冲，前 8 个向 HD7279A 发送 8 位命令；发送完之后 DATA 引脚为高阻态；后 8 个 CLK 由 HD7279A 向单片机返回 8 位按键值，DATA 引脚为输出状态。最后 1 个 CLK 脉冲的下降沿将 DATA 引脚恢复为高阻态，如图 8-52 所示。

保证正确时序是 HD7279A 正常工作的前提条件。当选定振荡元件 RC 和单片机晶振后，应调节延时时间，使时序中的 $T_1 \sim T_8$ 满足表 8-23 要求。由表 8-23 中数值可知 HD7279A 速度，应仔细调整 HD7279A 时序，使其运行时间接近最短。

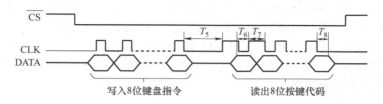

图 8-52　读键盘命令时序

表 8-23　$T_1 \sim T_8$ 数据值　　　　　　　　　　　　　　（单位：μs）

符号	最小值	典型值	最大值	符号	最小值	典型值	最大值
T_1	25	50	250	T_5	15	25	250
T_2	5	8	250	T_6	5	8	—
T_3	5	8	250	T_7	5	8	250
T_4	15	25	250	T_8	—	—	5

2. STC89S52 单片机与 HD7279A 接口设计

图 8-53 为单片机通过 HD7279A 控制 8 个数码管及 64 键矩阵键盘的接口电路。晶振频率为 12MHz。上电后，HD7279A 经过 15～18ms 时间才进入工作状态。

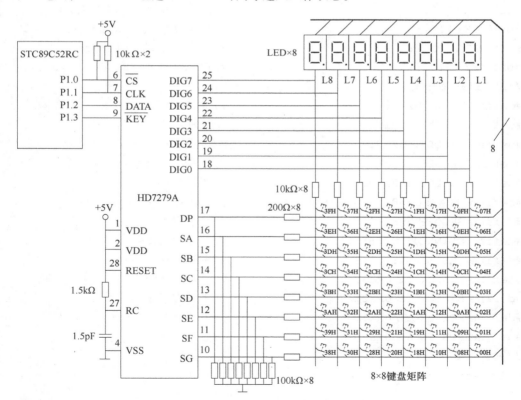

图 8-53　STC89C52RC 单片机与 HD7279A 的接口电路

单片机通过 P1.3 脚检测 $\overline{KEY}$ 脚电平，来判断键盘矩阵中是否有按键按下。HD7279A 采用动态循环扫描方式，如普通数码管亮度不够，可采用高亮度或超高亮度数码管。

图 8-53 所示电路中，HD7279A 的 3、5、26 引脚悬空。

【例 8-16】 程序设计，对图 8-53 所示的接线方式，对 HD7279A 进行 C51 程序设计，实现控制数码管显示及键盘监测的相关功能。

参考程序如下：

```c
#include<reg52.h>
//以下定义各种函数
void write7279(unsigned char,unsigned char);   //写 7279
unsigned char read7279(unsigned char);   //读 7279
void send_byte(unsigned char);            //发送 1B
unsigned receive_byte(void);              //接收 1B
void longdelay(void);                     //长延时函数
void shortdelay(void);                    //短延时函数
void delay10ms(unsigned char m);          //延时 m 个 10ms 函数
//变量及 I/O 口定义
unsigned char key_number,i,j;
unsigned int tmp;
unsigned long wait_cnter;
sbit CS=P1^0;                             //HD7279A 的 CS 端连 P1.0
sbit CLK=P1^1;                            //HD7279A 的 CLK 端连 P1.1
sbit DATA=P1^2;                           //HD7279A 的 DATA 端连 P1.2
sbit KEY=P1^3;                            //HD7279A 的 KEY 端连 P1.3
//HD7279A 命令定义
#define RESET 0xa4;                       //复位命令
#define READKEY 0x15;                     //读键盘命令
#define DECODE0 0x80;                     //方式 0 译码命令
#define DECODE1 0xc8;                     //方式 1 译码命令
#define UNDECODE 0x90;                    //不译码命令
#define SEGON 0xe0;                       //段点亮命令
#define SEGOFF 0xc0;                      //段关闭命令
#define BLINKCTL 0x88;                    //闪烁控制命令
#define TEST 0xbf;                        //测试命令
#define RTL_CYCLE 0xa3;                   //循环左移命令
#define RTR_CYCLE 0xa2;                   //循环右移命令
#define RTL_UNCYL 0xa1;                   //左移命令
#define RTR_UNCYL 0xa0;                   //右移命令
//主程序
void main(void)
{
  while(1)
  {
```

```
for(tmp=0;tmp<0x3000;tmp++);                //上电延时
send_byte(RESET);                           //发送复位 HD7279A 命令
send_byte(TEST);                            //发送测试命令,LED 全部点亮并闪烁
delay10ms(250);delay10ms(250);             //延时约 5s
send_byte(RESET);                           //发送复位命令,关闭显示器显示
/*键盘监测:如有键按下,则将键码显示出来,如 10ms 内无键按下或按下 0 键,则往下执
行*/
wait_cnter=0;
key_number=0xff;
write7279(BLINKCTL,0xfc);                  //把第 1、2 两位设为闪烁显示
write7279(UNDECODE,0x08);                  //在第 1 位上显示下划线"_"
write7279(UNDECODE+1,0x08);                //在第 2 位上显示下划线"_"
do
{
    if(! key)                              //如果键盘中有键按下
    {
        key_number=read7279(READKEY);      //读出键码
        write7279(DECODE1+1,key_number/16); //在第 2 位显示按键码高 8 位
        write7279(DECODE1,key_number&0x0f); //在第 1 位显示按键码低 8 位
        while(! key);                      //等待按键松开
        wait_cnter=0
    }
    wait_cnter++;
}
while(key_number! =0 && wait_cnter<0x30000);//按键为"0"和超时往下执行
write7279(BLINKCTL,0xff);                  //清除显示器的闪烁设置
//循环显示
write7279(UNDECODE+7,0x3b);                //第 8 位不译码方式,显示"5"
delay10ms(100);                            //延时
for(j=0;j<31;j++);                         //循环右移 31 次
{
    send_byte(RTR_CYCLE);                  //发送循环右移命令
    delay10ms(10);                         //延时
}
for(j=0;j<15;j++);                         //循环左移 31 次
{
    send_byte(RTL_CYCLE);                  //发送循环左移命令
    delay10ms(10);                         //延时
}
delay10ms(200);                            //延时
send_byte(RESET);                          //发送复位命令,关闭显示器
                                           //  显示
```

```c
       //不循环左移显示
       for(j=0;j<16;j++);                    //向左不循环移动
       {
           send_byte(RTL_UNCYL);             //发不循环左移命令
           write7279(DECODE0,j);             //译码方式 0 命令,在第 1 位显示
           delay10ms(10);                    //延时
       }
       delay10ms(200);                       //延时
       send_byte(RESET);                     //发送复位命令,关闭显示器显示
       //不循环右移显示
       for(j=0;j<16;j++);                    //向右不循环移动
       {
           send_byte(RTR_UNCYL);             //不循环右移命令
           write7279(DECODE1+7,j);           //译码方式 1 命令,显示在第 8 位
           delay10ms(50);                    //延时
       }
       delay10ms(200);                       //延时
       send_byte(RESET);                     //发送复位命令,关闭显示器显示
       //显示器的 64 个段轮流点亮并同时关闭前一段
       for(j=0;j<64;j++);
       {
           write7279(SEGON,j);               //将 8 个显示器的 64 个段逐段点亮
           write7279(SEGONOFF,j-1);          //点亮 1 个段的同时,将前 1 个显示段关闭
           delay10ms(50);                    //延时
       }
   }
}
//写 HD7279 函数
void write7279(unsigned char cmd,unsigned char data)
{
   send_byte(cmd);
   send_byte(data);
}
//读 HD7279 函数
unsigned char read7279(unsigned char cmd)
{
   send_byte(cmd);
   return(receive_byte());
}
//发送 1B 函数
void send_byte(unsigned char out_byte)
{
```

```
    unsigned char i;
    CS=0;
    longdelay();
    for(i=0;i<8;i++);
    {
        if(out_byte&0x_80){DATA=1;}
        else DATA=0;
        CLK=1;
        shortdelay()
        CLK=0;
        shortdelay()
        out_byte=out_byte*2
    }
    DATA=0;
}
//接收1B函数
void char receive_byte(void)
{
    unsigned char i,in_byte;
    DATA=1;                          //设置为输入
    longdelay();                     //长延时
    for(i=0;i<8;i++);
    {
        CLK=1;
        shortdelay();
        in_byte=in_byte*2;
        if(DATA)in_byte=in_byte|0x01;
        CLK=0;
        shortdelay();
    }
    DATA=0;
    return(in_byte);
}
```

程序中的长延时、短延时以及 10ms 延时 3 个函数没有给出，请读者自行编写。

需要指出的是，显示接口的设计原理，含 HD7279A 的设计案例，均参考于文献［2］。

思考题及习题 8

一、填空

1. 利用 DAC0832 产生两路同步模拟输出，则须将其置于＿＿＿＿＿＿工作方式。

2. 对于电流输出型的 DAC，为了得到电压输出，应使用＿＿＿＿＿＿。

3. 若单片机发送给 8 位 DAC 0832 的数字量为 65H，基准电压为 5V，则 DAC 的输出电压为＿＿＿＿＿＿。

4. 若 ADC 0809 的基准电压为 5V，输入的模拟信号为 2.5V 时，A/D 转换后的数字量是＿＿＿＿＿＿。

二、简答

1. DAC 的主要性能指标都有哪些？设某 DAC 为二进制 12 位，满量程输出电压为 5V，试问它的分辨率是多少？

2. 分析 ADC 产生量化误差的原因。一个 8 位的 ADC，当输入电压为 0 ~ 5V 时，其最大的量化误差是多少？

3. 简述 DAC0832 芯片的输入寄存器和 DAC 寄存器二级缓冲的原理。

4. 为什么要消除按键的机械抖动？消除按键机械抖动的方法有几种？分别加以说明。

5. 说明矩阵式键盘按键按下的识别原理。

6. 写出共阴极数码管显示数字"6"的段码。

7. 独立式按键与矩阵式按键有哪些相同点和不同点？

8. 简述数码管静态显示和动态显示的区别，以及各自的优点和缺点。

第 9 章
串行总线接口技术

随着半导体芯片技术的迅速发展，许多接口芯片逐渐采用串行接口方式。采用串行接口可减少大量的信号线，使系统的硬件设计简化，体积缩小，可靠性提高，成本下降。同时，系统的更改和扩充更为容易。

目前，常用的串行扩展总线接口有：单总线（1-Wire）、SPI（Serial Peripheral Interface）串行外设接口、I²C（Inter Interface Circuit）串行总线接口、USB 总线和 CAN 总线等。

由于 51 单片机不带有上述各种类型的串行总线接口，故常使用 I/O 口来模拟上述总线形式。本章介绍这几种串行扩展接口总线的工作原理、特点以及典型设计案例。

9.1 单总线串行接口

单总线（1-Wire）是美国 DALLAS 公司推出的外围串行扩展总线技术。

与 SPI、I²C 串行数据通信方式不同，它采用单根信号线，既传输时钟又传输数据，而且数据传输是双向的，具有节省 I/O 口线、资源结构简单、成本低廉、便于总线扩展和维护等诸多优点。

单总线适用于单主机系统，能够控制一个或多个从机。主机可以是微控制器，从机可以是单总线器件，它们之间的数据交换只通过一条信号线。当只有一个从机时，系统可按单节点系统操作；当有多个从机时，系统则按多节点系统操作。

9.1.1 单总线串行接口的原理

单总线的通信系统，一般由一个总线主节点、一个或多个从节点组成系统，通过一根信号线对从芯片进行数据的读取。每一个符合单总线协议的从芯片都有一个唯一的地址，包括 48 位的序列号、8 位的家族代码和 8 位的 CRC 代码。主芯片对各从芯片的寻址依据这 64 位的不同来进行。

单总线利用一根导线实现双向通信。因此其协议对时序的要求较严格，如应答等时序都有明确的时间要求。基本的时序包括复位及应答时序、写一位时序、读一位时序。在复位及应答时序中，主器件发出复位信号后，要求从器件在规定的时间内送回应答信号；在位读和位写时序中，主器件要在规定的时间内读回或写出数据。

主机和从机之间的通信可通过 3 个步骤完成，分别为初始化单总线器件、识别单总线器件和交换数据。由于它们是主从结构，只有主机呼叫从机时，从机才能应答，因此主机访问单总线器件都必须严格遵循单总线命令序列，即初始化、ROM 命令、功能命令。如果出现序列混乱，单总线器件将不响应主机（搜索 ROM 命令、报警搜索命令除外）。

单总线的数据传输速率一般为 16.3kbit/s，最大可达 142kbit/s，通常情况下采用 100kbit/s 以下的速率传输数据。主机 I/O 口可直接驱动 200m 范围内的从机，经过扩展后可达 1km 范围。

9.1.2　单总线串行接口的结构

单总线即只有一根数据线，系统中的数据交换、控制都由这根线完成。设备（主机或从机）通过一个漏极开路或三态端口连至该数据线，以允许设备在不发送数据时能够释放总线，而让其他设备使用总线。单总线通常要求外接一个约为 4.7kΩ 的上拉电阻，这样，当总线闲置时，其状态为高电平。

单总线器件内部设置有寄生供电电路（Parasite Power Circuit）。当单总线处于高电平时，一方面通过二极管 VD 向芯片供电，另一方面对内部电容 C（约 800pF）充电；当单总线处于低电平时，二极管截止，内部电容 C 向芯片供电。由于电容 C 的容量有限，因此要求单总线能间隔地提供高电平以不断地向内部电容 C 充电、维持器件的正常工作。这就是通过网络线路"窃取"电能的"寄生电源"的工作原理。要注意的是，为了确保总线上的某些器件在工作时（如温度传感器进行温度转换、E^2PROM 写入数据时）有足够的电流供给，除了上拉电阻之外，还需要在总线上使用 MOSFET（场效应晶体管）提供强上拉供电。其内部等效电路如图 9-1 所示。

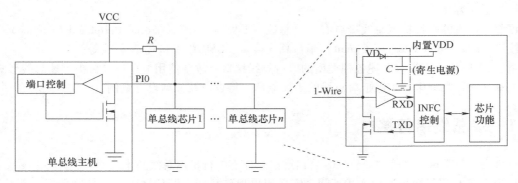

图 9-1　单总线接口内部结构示意图

在单总线主机/从机配置中，所有设备共享一条公共数据线，从机芯片借助这条单总线实现数据传输与供电。

典型的单总线主机包括一个漏极开路 I/O 口，通过电阻上拉到 3~5V 电源，也可以选用更完善的主控制器，这种控制器具有专用的线驱动器。

单总线系统的另一个重要特性是：每个从机有一个唯一的、不能更改（ROM）的 64 位光刻序列号（ID）。除了为终端产品提供唯一的电子 ID 外，64 位 ID 还允许主机从挂接在同一条总线上的许多从机芯片中选择一个，由此实现主、从机通信。

单总线通信由主机启动，控制所有的数据传输。

单总线通信波形与脉宽调制类似，数据位传输按照宽脉冲（逻辑 1）或窄脉冲（逻辑 0）发送数据。总线主机首先发出"复位"脉冲启动通信过程，并通过该脉冲同步整个总线系统。单总线读写示意图如图 9-2 所示。

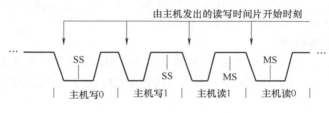

图 9-2　单总线读写示意图

SS—单总线芯片采样　MS—主机采样

在没有专用总线主机的情况下，单片机可以产生单总线时序信号。对单片机系统要求如下：

1）单片机的通信端口必须是双向的，其输出为漏极开路，且具有弱上拉功能。这也是所有单总线的基本要求。

2）单片机必须能产生标准速度单总线通信所需的精确 1μs 延时和高速通信所需要的 0.25μs 延时。

3）通信过程不能被中断。

9.1.3　单总线串行接口的命令序列

单总线协议定义了复位脉冲、应答脉冲、写 0、读 0 和读 1 时序等几种信号类型。所有的单总线命令序列（初始化、ROM 命令、功能命令）都是由这些基本的信号类型组成。在这些信号中，除了应答脉冲外，其他均由主机发出同步信号、命令和数据，都是字节的低位在前。典型的单总线命令序列如下：

第 1 步：初始化。

第 2 步：ROM 命令，跟随需要交换的数据。

第 3 步：功能命令，跟随需要交换的数据。

每次访问单总线器件，都必须遵守这个命令序列。如果序列出现混乱，则单总线器件不会响应主机。但是这个准则对于搜索 ROM 命令和报警命令例外，在执行两者中任何一条命令后，主机不能执行其他功能命令，必须返回至第 1 步。

1. 初始化

单总线上的所有传输都是从初始化开始的，初始化过程由主机发出的复位脉冲和从机响应的应答脉冲组成。应答脉冲使主机知道总线上有从机，且准备就绪。

2. ROM 命令

当主机检测到应答脉冲后，就发出 ROM 命令，这些命令与各从机的唯一 64 位 ROM 代码相关，允许主机在单总线上连接多个从机时，指定操作某个从机，使得主机可以操作某个从机。这些命令能使主机检测到总线上有多少个从机以及设备类型，或者有没有设备处于报警状态。从机支持 5 种 ROM 命令，每种命令长度为 8 位。主机在发出功能命令之前，必须发出 ROM 命令。

3. 功能命令

主机发出 ROM 命令，访问指定的从机，接着发出某个功能命令。这些命令允许主机写入或读出从机暂存器、启动工作以及判断从机的供电方式。

9.1.4　单总线数字温度传感器 DS18B20

美国 DALLAS 半导体公司的数字化温度传感器 DS18B20 是世界上第一片支持"单总线"接口

的温度传感器。单总线独特而且经济的特点，使用户可轻松地组建传感器网络，为测量系统的构建引入全新概念。现在，新一代的 DS18B20 体积更小、更经济、更灵活。现场温度直接以"单总线"的数字方式传输，大大提高了系统的抗干扰性。

1. DS18B20 的主要特性

1）适应电压范围更宽，电压范围为 3~5.5V，在寄生电源方式下可由数据线供电。

2）独特的单线接口方式，DS18B20 在与微处理器连接时仅需要一条口线即可实现微处理器与 DS18B20 的双向通信。

3）DS18B20 支持多点组网功能，多个 DS18B20 可以并联在唯一的三线上，实现组网多点测温。

4）DS18B20 在使用中不需要任何外围元器件，全部传感元器件及转换电路集成在形如一只晶体管的集成电路内。

5）测温范围为 -55~125℃，在 -10~85℃时精度为 0.5℃。

6）可编程的分辨率为 9~12 位，对应的可分辨温度分别为 0.5℃、0.25℃、0.125℃ 和 0.0625℃，可实现高精度测温。

7）在 9 位分辨率时最多在 93.75ms 内把温度转换为数字，12 位分辨率时最多在 750ms 时间内把温度值转换为数字，速度更快。

8）测量结果直接输出数字温度信号，以"单总线"串行传送给 CPU，同时可传送 CRC 校验码，具有极强的抗干扰纠错能力。

9）负电压特性：电源极性接反时，芯片不会因发热而烧毁，但不能正常工作。

2. DS18B20 的引脚排列及工作原理

DS18B20 的外形及引脚排列如图 9-3 所示。

图 9-3　DS18B20 的外形及引脚排列图

DS18B20 引脚定义如下：DQ 为数字信号输入/输出端；GND 为电源地；VDD 为外接供电电源输入端（在寄生电源接线方式时接地）。

DS18B20 测温原理框图如图 9-4 所示。

图 9-4 中低温度系数晶振的振荡频率受温度影响很小，用于产生固定频率的脉冲信号送给计数器 1。高温度系数晶振随温度变化其振荡频率明显改变，所产生的信号作为计数器 2 的脉冲输入。计数器 1 和温度寄存器被预置在 -55℃所对应的一个基数值。计数器 1 对低温度系数晶振产生的脉冲信号进行减计数，当计数器 1 的预置值减到 0 时，温度寄存器的值将

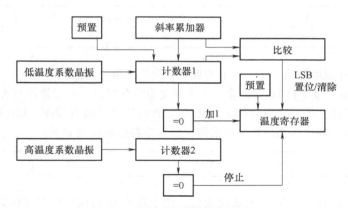

图 9-4 DS18B20 测温原理框图

加 1，计数器 1 的预置将重新被装入，计数器 1 重新开始对低温度系数晶振产生的脉冲信号进行计数，如此循环直到计数器 2 计数到 0 时，停止温度寄存器值的累加，此时温度寄存器中的数值即为所测温度。斜率累加器用于补偿和修正测温过程中的非线性，其输出用于修正计数器 1 的预置值。

3. 内部结构与通信协议

DS18B20 内部结构主要由 4 部分组成：64 位光刻 ROM、温度传感器、非挥发的温度报警触发器 TH 和 TL、配置寄存器，如图 9-5 所示。其中，DQ 为数字信号输入/输出端，GND 为电源地，VDD 为外接供电电源输入端（在寄生电源接线方式时接地）。

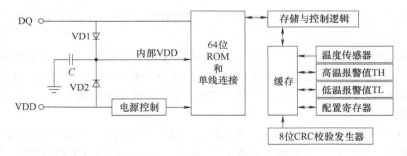

图 9-5 DS18B20 的内部结构

（1）64 位光刻 ROM

64 位光刻 ROM 的结构如下：

8 位校验 CRC		48 位序列号		8 位工厂代码（10H）	
MSB	LSB	MSB	LSB	MSB	LSB

光刻 ROM 中的 64 位序列号是出厂前被光刻好的，它可以看作是该 DS18B20 的地址序列码，这样就可以实现一根总线上挂接多个 DS18B20 的目的。

64 位光刻 ROM 的排列是：开始 8 位（10H）是产品类型标号，接着的 48 位是该 DS18B20 自身的序列号，最后 8 位是前面 56 位的循环冗余校验码（CRC=X8+X5+X4+1）。

（2）内部存储器

DS18B20 温度传感器的内部存储器格式如下：

温度低位	温度高位	TH	TL	配置	保留	保留	保留	8 位 CRC
MSB								LSB

第 1、2 字节保存温度数值，第 1 字节为低位，第 2 字节为高位。

第 3、4 字节锁存器 TH 和 TL 保存非易失性温度报警数据，可通过软件写入用户报警上下限。

第 5 字节是配置寄存器，其内容用于确定温度值的数字转换分辨率，DS18B20 工作时按此寄存器中的分辨率将温度转换为相应精度的数值。该字节各位的定义如下：

TM	R1	R0	1	1	1	1	1

该寄存器低 5 位都是 1，TM 是测试模式位，用于设置 DS18B20 在工作模式还是在测试模式。在 DS18B20 出厂时该位被设置为 0，用户不要去改动，R1 和 R0 决定温度转换的精度位数，即设置分辨率，见表 9-1（DS18B20 出厂时被设置为 12 位）。

表 9-1　设置分辨率

R1	R0	分辨率	最大温度转换时间/ms
0	0	9	93.75
0	1	10	187.50
1	0	11	275.00
1	1	12	750.00

由表 9-1 可知，设定的分辨率越高，所需要的温度数据转换时间就越长。

第 6~8 字节未用，表现为全逻辑 1。

第 9 字节读出的是前面所有 8B 的 CRC 码，可用来保证通信正确。CRC 码在生成后，被厂商刻录在 64 位 ROM 的最高 8 位有效字节中进行存储。处理器根据 ROM 的前 56 位来计算 CRC 值，并和存入 DS18B20 中的 CRC 值做比较，以判断主机收到的 ROM 数据是否正确。

（3）温度值格式

当 DS18B20 接收到温度转换命令后，开始启动转换。转换完成后的温度值就以 16 位带符号扩展的二进制补码形式存储在内部存储器的第 1、2 字节。单片机可通过单线接口读到该数据，读取时低位在前，高位在后，数据格式以 0.0625℃/LSB 形式表示。温度值格式见表 9-2。

表 9-2　温度值格式

位	7	6	5	4	3	2	1	0
低字节	2^3	2^2	2^1	2^0	2^{-1}	2^{-2}	2^{-3}	2^{-4}
高字节	S	S	S	S	S	2^6	2^5	2^4

可以知道，当符号位 S=0 时，直接将二进制位转换为十进制；当 S=1 时，先将补码变换为原码（取反再加 1），再计算十进制值。表 9-3 是一部分温度值对应表。

表 9-3　温度值对应表

温度/℃	二进制		十六进制
+125	0000 0111	1101 0000	0x07D0
+25.0626	0000 0001	1001 0001	0x0191

（续）

温度/℃	二进制		十六进制
+0.5	0000 0000	0000 1000	0x0008
0	0000 0000	0000 0000	0x0000
−0.5	1111 1111	1111 1000	0xFFF8
−25.0625	1111 1110	0110 1111	0xFE6F
−55	1111 1100	1001 0000	0xFC90

9.1.5　设计案例：DS18B20 电子温度计的设计

【例 9-1】　使用 DS18B20 实现电子温度计设计。

1. 硬件接口设计

DS18B20 与 51 单片机的典型接口设计如图 9-6 所示。

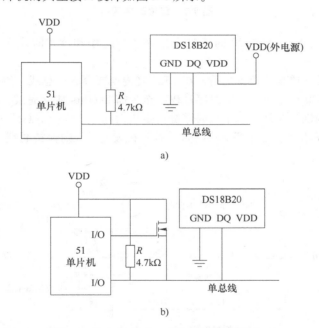

图 9-6　DS18B20 与 51 单片机的典型接口

图 9-6a 是具有独立电源线的 DS18B20 接线图，由于数据线空闲时为高电平，因此需要加一个上拉电阻 4.7kΩ，另外两个引脚分别接电源和地。

图 9-6b 是寄生电源供电方式，为保证在有效的 DS18B20 时钟周期内提供足够的电流，51 单片机的 I/O 口控制场效应晶体管对单线总线上拉，当 DS18B20 处于写存储器操作和温度测量操作时，场效应晶体管导通，使总线有强上拉，上拉开启时间最大为 10μs。采用寄生电源供电方式时 VDD 和 GND 端均接地。

2. 软件设计

（1）复位与读、写时序

由于 DS18B20 是在一根 I/O 线上读写数据，对读写有着严格的时序要求，因此有通信协议来保证各位数据传输的正确性和完整性。

1）DS18B20 的复位时序。如图 9-7 所示，复位要求主 CPU 将数据线下拉 500μs，然后释放，DS18B20 收到信号后等待 16~60μs 左右，然后发出 60~240μs 低脉冲，主 CPU 收到此信号表示复位成功。

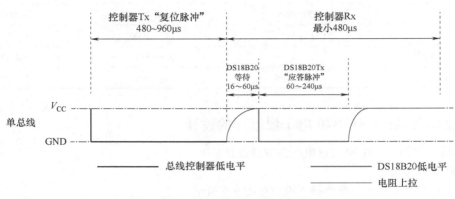

图 9-7　复位时序图

2）DS18B20 的读时序。DS18B20 的读时序分为读 0 时序和读 1 时序两个过程。读时序图如图 9-8 所示。

读时序是从单片机把单总线拉低之后，在 15μs 之内就要释放单总线，以让 DS18B20 把数据传输到单总线上。DS18B20 在完成一个读时序过程，至少需要 60μs 才能完成，且在两次独立的读时隙之间至少需要 1μs 的恢复时间。每个读时序都由主机发起，至少拉低总线 1μs。在主机发出读时隙之后单总线器件才开始在总线上发送 0 或 1。若从机发送 1，则保持总线为高电平；若发出 0，则拉低总线。

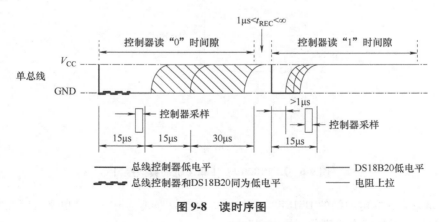

图 9-8　读时序图

3）DS18B20 的写时序。DS18B20 的写时序仍然分为写 0 时序和写 1 时序两个过程。写时序图如图 9-9 所示。

DS18B20 写 0 时序和写 1 时序的要求不同，当要写 0 时序时，单总线要被拉低至少 60μs，保证 DS18B20 能够在 15~45μs 之间正确地采样 I/O 总线上的"0"电平，当要写 1 时序时，单总线被拉低之后，在 15μs 之内就要释放单总线。

（2）操作命令介绍

1）ROM 命令。

① 读 ROM（33h）。该命令允许从 DS18B20 芯片中读出 8 位编码、序列号和 8 位 CRC 码，总

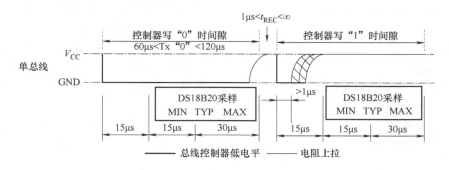

图 9-9　写时序图

线上只有一个 DS18B20 的时候才可用。

② 匹配 ROM 命令（55h）。该命令后跟 64 位 ROM 序列，可以在总线上找到一个唯一的 DS18B20，只有这个匹配的芯片才能响应随后的命令，而所有不匹配的芯片都等待复位，总线上有 1 个或多个器件时，都可以使用这个命令。

③ 跳过 ROM 命令（CCh）。在总线上只有单芯片时，可以使用这条命令跳过 ROM 搜索，节省时间，如果有多个芯片，则会发生数据冲突。

④ 搜索 ROM 命令（F0h）。当不知道总线上有多少芯片和各芯片序列号时，这条命令采用排除法识别总线上的芯片的 64 位编码。

⑤ 报警搜索命令（Ech）。最近一次测温后，满足报警条件的芯片，将响应这条命令报警。

2）DS18B20 的操作命令。

① 写暂存器命令（4Eh）。写入开始地址为 TH（字节 2），随后是 TL（字节 3）和配置字节（字节 4），所有写入操作必须在 DS18B20 芯片复位之前完成。

② 读暂存器命令（BEh）。该命令从字节 0 开始，一直读完所有字节（字节 8），如果只需要读取部分数据，则可以使用复位命令终止。

③ 复制暂存器命令（48h）。将暂存器内容复制到 E^2PROM 中。

④ 启动温度转换命令（44h）。启动总线上的 DS18B20 进行温度转换。

⑤ 读 E^2PROM 命令（B8h）。将 E^2PROM 内的数据读回暂存器。

⑥ 读供电模式命令（B4h）。若是寄生电源，芯片返回 0；若是外部电源，返回 1。

3. 系统设计

使用 LCD1602 显示 DS18B20 测量的温度。

用独立电源向 DS18B20 芯片供电，DS18B20 芯片的信号线与 51 单片机的 P3.7 引脚相连。系统的仿真原理图如图 9-10 所示。

程序如下：

```
#include<reg52.h>
#include<INTRINS.h>                    //本程序运行时钟为 11.0592MHz
//整数部分译码表
unsigned char code dispcode[]={ 0xC0,0xF9,0xA4,0xB0,0x99,0x92,0x82,0xF8,
                0x80,0x90,0x7c,0x39,0x5e,0x79,0x71,0x00};
//温度小数部分译码表
unsigned char timecount;              //中断次数变量
unsigned char readdata[2];            //保存温度值的数组
```

```
unsigned char test,test1,test0;        //保存温度值的中间变量
sbit DQ=P3^7;                          //DS18B20 的信号端
sbit P0_7=P0^7;
bit sflag;                             //正负号标志
void delay(unsigned int i)             //延时函数
{while(i--);}
//复位 DS18B20 的函数
void reset(void)
{
  unsigned char x=0;
  DQ=1;
  delay(8);
  DQ=0;
  delay(80);
  DQ=1;
  delay(14);
  x=DQ;
  delay(20);
}
//写字节到 DS18B20 的函数
void writecommandtods18b20(unsigned char command)
{
  unsigned char i=0;
  for(i=8;i>0;i--)
  {
    DQ=0;
    DQ=command & 0x01;
    delay(5);
    DQ=1;
    command>>=1;
  }
}
//从 DS18B20 读取 1B
unsigned char readdatafromds18b20(void)
{
  unsigned char i=0;
  unsigned char temp=0;
  for(i=8;i>0;i--)
  {
    DQ=0;
    temp>>=1;
    DQ=1;
```

```
        if(DQ)
        temp|=0x80;
        delay(4);
    }
    return(temp);
}
//主函数
main()
{
    TMOD=0x01;                               //定时/计数器 0 工作在模式 1
    TH0=(65536-4000)/256;                    //设置初值
    TL0=(65536-4000)%256;                    //设置初值
    ET0=1;                                   //允许定时器 0 中断
    EA=1;                                    //允许总中断
    TR0=1;                                   //启动 T0
    while(1)
    {
        P0=dispcode[test/10];                //P1 口相连的数码管显示温度值高位
        P2=dispcode[test%10]-0x80;           //P0 口相连的数码管显示温度值低位
                                             //  和小数点
        P1=dispcode[(test0&0x0f)*10/32];     //P2 口连接的数码管显示小数部分
        P0_7=~sflag;                         //高位数码管显示负号,亮表示负制
                                             //  温度值

    }
}
void t0(void)interrupt 1                     //T0 的中断服务函数
{
    unsigned char result;
    TH0=(65536-4000)/256;                    //重置 T0 的初值
    TL0=(65536-4000)%256;
    timecount++;                             //中断次数每次增加 1
    if(timecount==150)                       //当 150 次中断后,执行如下语句
    {
        timecount=0;                         //清 0 中断次数
        reset();                             //复位 DS18B20
        writecommandtods18b20(0xcc);         //发送跳过 ROM 搜索命令
        writecommandtods18b20(0xbe);         //发送读命令
        //读温度值低 8 位,高 4 位为整数部分,低 4 位为小数
        readdata[0]=readdatafromds18b20();
        //读温度值高 8 位,高 5 位为符号位,0 表示正数,1 表示负数,低 3 位为温度值
        readdata[1]=readdatafromds18b20();
        sflag=0;                             //判断正负号
```

```
//如果高8位与0xf8相与不等于0(按位"与"运算)
if((readdata[1]& 0xf8)! =0x00)
{
    sflag=1;                          //则是负温度值,是补码
    readdata[1]=~readdata[1];         //求高8位反码
    readdata[0]=~readdata[0];         //求低8位反码
    result=readdata[0]+1;             //低8位加1,形成补码送变量result
    readdata[0]=result;               //形成补码送回原变量
    if(result>255)                    //如果低8位大于255
    {readdata[1]++;}                  //向高3位进位
}
test0=readdata[0];                    //将温度值低8位送变量test0
test1=readdata[1];                    //将温度值高8位送变量test1
test=((readdata[1]*256)+readdata[0])/16;  //求整数部分的实际温度值
reset();                              //复位DS18B20
writecommandtods18b20(0xcc);          //向DS18B20发送跳过ROM搜索命令
writecommandtods18b20(0x44);          //启动下一次转换
    }
}
```

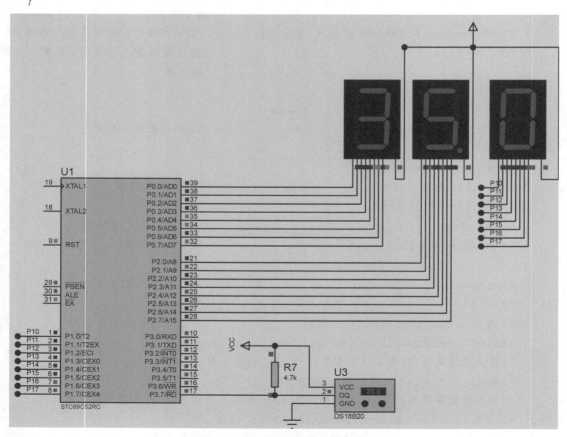

图 9-10 数字温度计仿真原理图

该例程序为读 DS18B20 ROM 的程序，购买回 DS18B20 芯片后，在安装到现场之前，应该将其 ROM 内容读出。在此就不再给出该程序的例程，感兴趣的读者可以自己尝试编写程序完成。

9.2 SPI 总线串行接口

SPI（Serial Peripheral Interface）串行总线是 Motorola 公司推荐的一种串行外围接口，允许单片机与多个厂家生产的带有标准 SPI 接口的外设直接连接，以串行方式交换信息。它是一种高速、全双工、同步通信总线，一般应用于 E²PROM，实时时钟、ADC、DAC 等器件上；并且在芯片的引脚上只占用 4 根线，节约了芯片的引脚，同时为 PCB 的布局上节省空间，提供方便，正是出于这种简单易用的特性，现在越来越多的芯片集成了这种通信协议。

9.2.1 SPI 基本原理

SPI 的主要特点有：

1）可以同时发出和接收串行数据。

2）可以当作主机或从机工作。

3）提供频率可编程时钟。

4）发送结束中断标志。

5）写冲突保护。

6）总线竞争保护等。

SPI 的通信原理很简单，它以主从方式工作，通常有一个主机和一个或多个从机，需要至少 4 根线。SPI 有 3 个寄存器，分别为：控制寄存器 SPCR、状态寄存器 SPSR 和数据寄存器 SPDR。

该接口一般使用 4 条线：串行时钟线 SCLK，主机输入/从机输出线 MISO、主机输出/从机输入的数据线 MOSI 和从设备选择线。图 9-11 为 SPI 外围串行扩展接口图。

1）MOSI——主机数据输出，从机数据输入。

2）MISO——主机数据输入，从机数据输出。

3）SCLK——时钟信号，由主机产生。

4）$\overline{CS}$——从机使能信号（片选信号），由主机控制。

SPI 的串行数据线有两条，分别承担主机到从机和从机到主机的数据传输。比如 MOSI，数据从主机到从机，因而在电路板上，主机的 MOSI 和从机的 MOSI 相连，双方的 MISO 也应该接在一起。当然有些厂家（例如 MicroChip 公司）是按照 SDI 和 SDO 的方式命名的，是站在器件的角度命名，这种情况下一方的 SDI 要接另一方的 SDO，反之亦然。

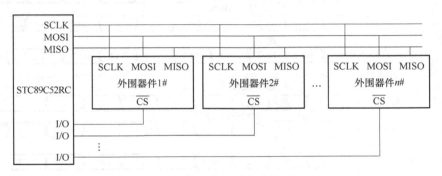

图 9-11 SPI 外围串行扩展接口

在点对点的通信中，SPI 不需要进行寻址操作，且为全双工通信，显得高效。在多个从设备的系统中，每个从设备需要独立的使能信号，硬件上比 I²C 系统要复杂一些。

SPI 在内部硬件电路上实际是两个简单的移位寄存器，传输的数据为 8 位，在主设备产生的从设备使能信号和移位脉冲下，按位传输，高位在前、低位在后。数据传输的时序如图 9-12 所示。

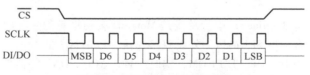

图 9-12 SPI 数据传输的时序

SPI 的缺点：没有指定的流控制，没有应答机制确定是否接收到数据。

标准的 51 单片机没有配置 SPI，但是可以利用其并行接口线模拟 SPI 串行总线时序，以实现与 SPI 的器件连接。

单片机读操作（从设备输出）时，在 $\overline{CS}$ 信号有效时，SCLK 的下降沿时从设备将数据移位到 MISO 线上，单片机经过延时后采样 MISO 线，并将相应数据位读入，然后将 SCLK 线置位高电平形成的上升沿，数据被锁存。

单片机写操作（从设备输入）时，在 $\overline{CS}$ 信号有效的情况下，在 SCLK 的下降沿时单片机将数据移位到 MOSI 线上，从设备经延时后采样 MOSI 线，并将相应的数据位移入，在 SCLK 的上升沿数据被锁存。

9.2.2 SPI 通信协议概述

SPI 总线的 4 种时序模式（SP0，SP1，SP2，SP3）受 CPOL 和 CPHA 控制，其中使用的最为广泛的是 SPI0 和 SPI3 方式。SPI 通信时序图如图 9-13 所示。

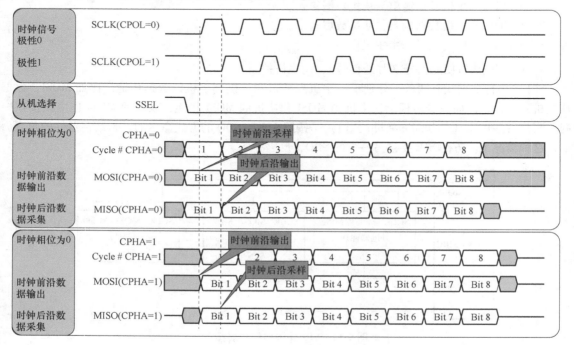

图 9-13 SPI 通信时序图

SPI 模块为了和外设进行数据交换，根据外设工作要求，其输出串行同步时钟极性和相位可以进行配置，时钟极性（CPOL）对传输协议没有重大的影响。

1. 极性选择位：CPOL

如果 CPOL=0，串行同步时钟的空闲状态为低电平。

如果 CPOL=1，串行同步时钟的空闲状态为高电平。时钟相位（CPHA）能够配置用于选择两种不同的传输协议之一进行数据传输。

2. 时钟相位选择位：CPHA

如果 CPHA=0，在串行同步时钟的第一个跳变沿（上升或下降）数据被采样。

如果 CPHA=1，在串行同步时钟的第二个跳变沿（上升或下降）数据被采样。SPI 主模块和与之通信的外设时钟相位和极性应该一致。

需要说明的是，不同的从机可能在出厂时就是配置为某种模式，这是不能改变的；但通信双方必须是工作在同一模式下，所以可以对主机的 SPI 模式进行配置，通过 CPOL（时钟极性）和 CPHA（时钟相位）来控制主机的通信模式，具体如下：

模式 0：CPOL=0，CPHA=0；

模式 1：CPOL=0，CPHA=1；

模式 2：CPOL=1，CPHA=0；

模式 3：CPOL=1，CPHA=1。

需要注意的是：主机能够控制时钟，因为 SPI 通信并不像 UART 或者 I^2C 通信那样有专门的通信周期、专门的通信起始信号和专门的通信结束信号；所以 SPI 协议能够通过控制时钟信号线，当没有数据交流的时候，时钟线要么保持高电平，要么保持低电平。

9.2.3　SPI 总线接口

图 9-14 是 SPI 总线接口，共有 4 根信号线，分别是设备选择线 $\overline{CS}$、时钟线 SCLK、串行输出数据线 MISO、串行输入数据线 MOSI。

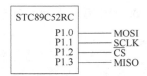

图 9-14　SPI 总线接口

使用 51 单片机时，通常使用 P1 口中的 4 个引脚模拟 4 根信号线。

1. SPI 总线的 C51 接口定义

```
#include<reg52.h>
#define uchar unsigned char
#define uint8 unsigned char
#define uint unsigned int
#define ulong unsigned long

sbit MOSI=P1^0;
sbit SCLK=P1^1;
sbit CS=P1^2;
sbit MISO=P1^3;
```

2. SPI 读（接收）字节函数

```
/*
    **函数名:SPI_Read_OneByte
    **返回值:temp--SPI 读取的 1B 数据
    **参数:None
```

```
        * *描述:下降沿读数据,每次读取 1bit
 */
uint8 SPI_Read_OneByte(void)
{
    uint8 i;
    uint8 temp=0;
    for(i=0;i<8;i++)
    {
        temp<<=1;        //读取 MISO 8 次输入的值,存入 temp。之所以不放在"SCLK=
                         //   0"语句之后的位置,是因为:读取最后 1B 的最后一位(即 LSB)
                         //   之后,不能再左移了
        SCLK=1;
        if(MISO)         //读取最高位,保存至最末尾,通过左移位完成读整个字节
            temp|=0x01;
        elsetemp &=~0x01;
        SCLK=0;          /*下降沿来了(SCLK 1→0),MISO 上的数据将发生改变,稳定后
                            读取存入 temp */
    }
    return temp;
}
```

3. SPI 写（发送）字节函数

```
/*
    * *函数名:SPI_Write_OneByte
    * *返回值:None
    * *参数:u8_writedata--SPI 写入的 1B 数据
    * *描   述:上升沿写数据,每次写入 1 bit
 */
void SPI_Write_OneByte(unsigned char u8_writedata)
{
    uint8 i;
    for(i=0;i<8;i++)
    {
        if(u8_writedata & 0x80)   //判断最高位,总是发送最高位
            MOSI=1;               //MOSI 输出 1,数据总线准备数据 1
        else
            MOSI=0;               //MOSI 输出 0,数据总线准备数据 0
        SCLK=1;                   //上升沿(SCLK0→1),数据总线上的数据写入器件
        u8_writedata<<=1;         //左移抛弃已经输出的最高位
        SCLK=0;                   //拉低 SCLK 信号,初始化为 0
    }
}
```

4. 整合为一个读写函数

程序如下：

```
/*
    **函数名:SPI_WriteAndRead_OneByte
    **返回值:u8_readdata--SPI 读取的 1B 数据
    **参 数:u8_writedata--SPI 写入的 1B 数据
    **描 述:上升沿写,下降沿读
*/
uint8 SPI_WriteAndRead_OneByte(unsigned char u8_writedata)
{
    uint8 i;
    uint8 u8_readdata=0x00;
    for(i=0;i<8;i++)
    {
        u8_readdata<<=1;            //读取 MISO 8 次输入的值,存入 u8_readdata
        if(u8_writedata & 0x80)     //判断最高位,总是写最高位(输出最高位)
            MOSI=1;                 //MOSI 输出 1,数据总线准备数据 1
        else
            MOSI=0;                 //MOSI 输出 0,数据总线准备数据 0
        u8_writedata<<=1;           //左移抛弃已经输出的最高位
        SCLK=1;                     //上升沿(SCLK0→1),数据总线上的数据写入器件
        if(MISO)                    //读取最高位,保存至最末,通过左移完成读整个
                                    //  字节
            u8_readdata |=0x01;
        else
            u8_readdata &=~0x01;
        SCLK=0;                     //下降沿(SCLK 1→0),MISO 上将产生新的数据,读
                                    //  取存入 u8-readdata
    }
    return u8_readdata;
}
```

9.2.4　设计案例：SPI 总线与 10 位 DAC TLC5615 芯片的接口

本节采用单片机控制 TLC5615,完成一个三角波发生器的设计。

1. TLC5615 芯片简介

TLC5615 为美国德州仪器公司 1999 年推出的产品,是具有串行接口的 DAC,其输出为电压型,最大输出电压是基准电压值的两倍。带有上电复位功能,即把 DAC 寄存器复位至全零。性能比早期电流型输出的 DAC 要好,只需要通过 3 根串行总线就可以完成 10 位数据的串行输入,易于和工业标准的微处理器或微控制器(单片机)接口,适用于电池供电的测试仪表、移动电话,也适用于数字失调与增益调整以及工业控制场合。

TLC5615 的引脚分布如图 9-15 所示。

DIN:串行数据输入端;

SCLK：串行时钟输入端；

$\overline{CS}$：芯片选通端，低电平有效；

DOUT：用于级联时的串行数据输出端；

AGND：模拟地；

REFIN：基准电压输入端，2V ~（VDD-2）；

OUT：DAC 模拟电压输出端；

VDD：正电源端，4.5~5.5V，通常取 5V。

图 9-15 TLC5615 的引脚

图 9-16 所示为 TLC5615 的功能框图。

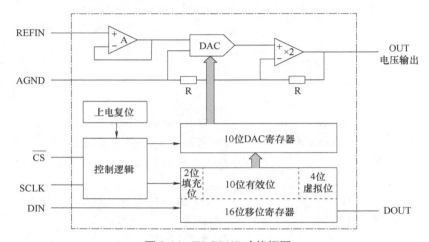

图 9-16 TLC5615 功能框图

从图 9-16 中可以看出，TLC5615 有两种工作方式：

1) 16 位移位寄存器分为高 4 位虚拟位、低 2 位填充位以及 10 位有效位。在单片 TLC5615 工作时，只需要向 16 位移位寄存器按先后输入 10 位有效位和低 2 位填充位，2 位填充位数据任意，这是第一种方式，即 12 位数据序列。

2) 级联方式，即 16 位数据列，可以将本片的 DOUT 接到下一片的 DIN，需要向 16 位移位寄存器按先后输入高 4 位虚拟位、10 位有效位和低 2 位填充位，由于增加了高 4 位虚拟位，所以需要 16 个时钟脉冲。

只有当片选$\overline{CS}$为低电平时，串行输入数据才能被移入 16 位移位寄存器。当$\overline{CS}$为低电平时，在每一个 SCLK 时钟的上升沿将 DIN 的一位数据移入 16 位移位寄存器。注意，二进制最高有效位被导前移入。接着，$\overline{CS}$的上升沿将 16 位移位寄存器的 10 位有效数据锁存于 10 位 DAC 寄存器，供 DAC 电路进行转换；当片选$\overline{CS}$为高电平时，串行输入数据不能被移入 16 位移位寄存器。注意，$\overline{CS}$的上升和下降都必须发生在 SCLK 为低电平期间。

2. 电路连接与程序设计

【例 9-2】 通过单片机控制 TLC5615 实现三角波输出。

接口电路如图 9-17 所示，采用 P2.0~P2.2 作为控制端口，参考电压接 2.5V。DIN 等同于 SPI 总线中的 MOSI。

程序如下：

```
#include<reg52.h>

#define uchar unsigned char
```

```
#define uint8 unsigned char
#define uint unsigned int
#define ulong unsigned long

sbitSCLK = P1^0;
sbitSCLK = P1^1;
sbitSS = P1^2;
sbitMISO = P1^3;

/*
    ** 函数名:SPI_Write_OneByte
    ** 返回值:None
    ** 参　数:u8_writedata--SPI 写入的 1B 数据
    ** 描　述:上升沿写数据,每次写入 1 位
*/
void SPI_Write_OneByte(uint8 u8_writedata)
{
    uint8 i;
    for(i=0;i<8;i++)
    {
        if(u8_writedata & 0x80)    //判断最高位,总是发送最高位
            MOSI = 1;              //MOSI 输出 1,数据总线准备数据 1
        else
            MOSI = 0;              //MOSI 输出 0,数据总线准备数据 0
        SCLK = 1;                 //上升沿(SCLK 0→1),数据总线上的数据写入设备
        u8_writedata<<=1;         //左移抛弃已经输出的最高位
        SCLK = 0;                 //拉低 SCLK 信号,初始化为 0
    }
}
uint Data;
uchar data1,data2;
main()
{
    unsigned int i;
    while(1)
    {
        for(i=0;i<1000;i+=10)
        {
            Data = i<<2;
            data1 = Data/256;
            data2 = Data%256;
            CS = 0;
```

```
            SPI_Write_OneByte(data1);
            SPI_Write_OneByte(data2);
            CS=1;
        }
        for(;i>0;i-=10)
        {
            Data=i<<2;
            data1=Data/256;
            data2=Data%256;
            CS=0;
            SPI_Write_OneByte(data1);
            SPI_Write_OneByte(data2);
            CS=1;
        }
    }
}
```

图 9-18 和图 9-19 为 Proteus 软件仿真波形。

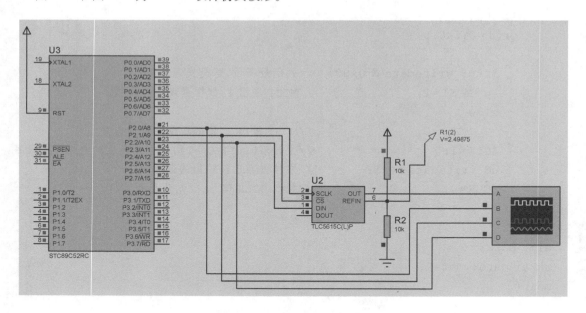

图 9-17 Proteus 仿真原理图

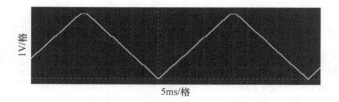

图 9-18 模拟量输出

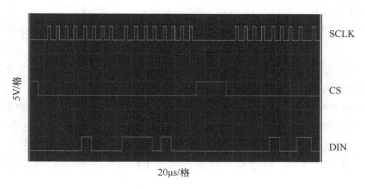

图 9-19　串口时序

9.3　I²C 串行总线接口

I²C（Inter Interface Circuit）总线是 Philips 公司推出的一种串行总线，用于连接微处理器及其外设。它是具备多主机系统所需的包括总线裁决和高低速设备同步等功能的高性能串行总线，是近年来应用较多的串行总线。目前许多接口芯片也采用了 I²C 总线接口，如存储器 AT24C 系列 E²PROM 器件、LED 驱动器 SAA1064 等。

9.3.1　I²C 总线基本原理

I²C 总线只有两根信号线，一根是双向数据线 SDA，另一根是双向时钟线 SCL。I²C 总线支持所有的 NMOS、CMOS、I²C 工艺制造的器件，所有连接到 I²C 总线上的设备的串行数据线都接到总线的 SDA 线上，而所有设备的时钟均连接到总线的 SCL 上。典型的 I²C 总线结构如图 9-20 所示。

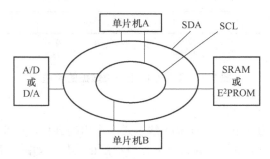

图 9-20　I²C 总线结构

由图 9-20 可见，I²C 总线是多主机总线，一条 I²C 总线可以有一台或两台以上的主机，总线运行由主机控制。所谓主机即启动数据的传送（发生启动信号），发出时钟信号，传送结束时发出停止信号的设备。通常主机由微处理器组成，被主机寻访的设备为从机，它可以是微处理器，也可以是其他器件，如存储器、LED 及 LCD 驱动器、ADC 及 DAC 等，为了进行通信，每个接到 I²C 总线上的设备都有一个唯一的地址，以便主机寻访。主机与从机之间的数据传送，可以通过由主机发数据到总线的设备，即发送器发送，再由从总线上接收数据的设备，即接收器接收来实现。

在多主机系统中，可能同时有几台主机企图启动总线传送数据。为了避免这种情况引起的混乱，保证数据的可靠传送，任一时刻总线只能由某一台主机控制。为此，该总线需要一个总线仲裁过程，决定由哪台主机来控制总线。

如果有两台或两台以上的主机企图占用总线，一旦一台主机送 "1"，而另一台（或多台）送 "0"，这台主机即退出总线竞争。在竞争过程中，时钟信号是各个主机产生的异步时钟相 "与" 的结果。

在 I²C 总线上产生的时钟总是对应于主机的。在传送数据时，每台主机产生自己的时钟。主机产生的时钟仅被慢速的从机拉低电平或在竞争中被另一台主机所改变。

I²C 总线都是双向 I/O 总线，通过上拉电阻接正电源。当总线空闲时，两根总线均为高电平。连到总线上的器件的输出级必须是开漏或集电极开路，任一设备输出的低电平，都将使总线的信号变低，也就是说，各设备的 SDA 是 "与" 的关系，SCL 也是 "与" 的关系。

I²C 总线数据传输速率分为：标准模式传输速率为 100kbit/s；快速模式为 400kbit/s；高速模式为 3.4Mbit/s。

在多主机方式时，要求单片机应配备有 I²C 总线接口。标准型的 51 单片机没有 I²C 总线接口，用 I/O 口线来模拟 I²C 总线，故只能工作于单主机方式（扩展外围器件）。

9.3.2 I²C 总线数据传输

I²C 总线上主—从机之间一次传送的数据为一帧，由启动信号、若干个数据字节和应答位及停止信号组成。数据传送的基本单元是一位数据的传送。

1. 一位数据的传送

I²C 总线规定，时钟线 SCL 上一个时钟周期只能传送一位数据，而且要求串行数据线 SDA 上的信号电平在 SCL 的高电平器件必须稳定（除启动信号和停止信号外），数据线上的信号变化只允许在 SCL 的低电平期间产生，如图 9-21 所示。

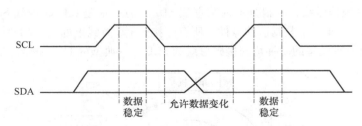

图 9-21 I²C 总线上一位数据的传送

2. 启动和停止信号

I²C 总线规定，SCL 线为高电平，向 SDA 线上送一个由高到低的电平，表示启动信号；SCL 线为高电平，向 SDA 线上送一个由低到高的电平，表示停止信号，如图 9-22 所示。

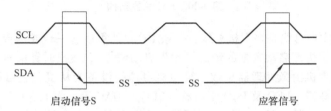

图 9-22 启动和停止信号

启动和停止信号都是由主机发生。在启动信号发生后，总线就处于被占用状态；在停止信号发生以后，总线就处于空闲状态。

如果接到总线上的设备有 I²C 的接口硬件，就可以很容易地检测到启动和停止信号。如果微处理器没有 I²C 接口电路，就必须在每个时钟周期内至少采样 SDA 线两次，才能检测到启动和停止信号。

3. 数字字节的传送

送到 SDA 线上的每个字节必须是 8 位长度，每次传送的字节数不受限制，每个字节后边必须跟一个应答位。

数据传送时，高位在先，低位在后。如果接收设备不能接收下一个字节，可将 SCL 线拉成低电平，使主机处于等待状态，当从机准备好接收下一个字节时，再释放时钟线 SCL 使之成为高电平，使数据传送继续进行。

4. 应答

每个字节传送完以后，都要有一个应答位。应答位的时钟脉冲也由主机产生。发送设备在应答时钟脉冲高电平期间置 SDA 线高电平，转由接收器控制，接收设备在这个时钟内必须将 SDA 线拉为低电平产生应答位，如图 9-23 所示。

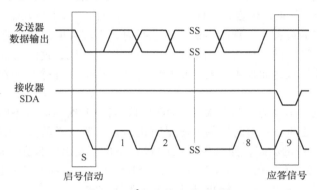

图 9-23　I²C 总线上的应答位

通常被寻址的接收设备必须在收到每个字节后产生应答信号，若不能继续接收更多数据时或不能产生应答时，从机必须使 SDA 线保持高电平，即产生一个"非应答"信号通知主机，此时主机产生一个结束信号，使传送异常结束。

当主机接收数据时，它收到最后一个数据字节后，必须向从机发生一个结束传输的"非应答"，然后从机释放 SDA 线，使主机能产生一个结束信号。

5. 一帧完整的数据

数据传送遵循的格式为：在开始信号以后送出一个从机地址，地址为 7 位，第 8 位为方向位（R/$\overline{\text{W}}$），0 表示主机发送（写）数据，"1"表示主机接收数据（读），之后为应答位，接着是 8 位数据位，再之后为应答位，最后产生结束信号。这是传送一个字节数据的一帧格式。如果主机可以产生另一个开始信号和寻址另一个从机，不需要先产生一个停止信号。

6. 寻址字节

串行总线和并行总线不同，并行总线中有专门的地址总线。I²C 只有一根数据线，不另设地址线或外设选通线，而是利用启动信号后的头几个字节数据传送地址信息及控制信息。

在主机发出起始信号后，要再传输一个字节的寻址信息：7 位从机地址，1 位传输方向控制位（R/$\overline{\text{W}}$）。格式如下：

D7	D6	D5	D4	D3	D2	D1	D0
从机地址信息							R/$\overline{\text{W}}$

D7～D1 位组成从机的地址信息，D0 位是数据传送方向位。主机发送地址时，总线上的每个

从机都将这 7 位地址信息与自己的地址进行比较，如果相同，则认为自己正被主机寻址。从机的地址由固定位和可编程位两部分组成。1 个从机地址的可编程位数取决于该设备可以用来编程的引脚数。

例如，1 个从机地址有 4 个固定位和 3 个可编程位，在总线上可以接 8 个相同的这种设备。

7. 时钟同步和仲裁

主机总是向 SCL 发生自己的时钟脉冲，以控制 I^{2}C 总线上数据传送。由于设备是经过开漏或开集电极电路接到 SCL 线上的，所以多台主机同时发生时钟时，只要有一台主机向 SCL 线输出低电平，SCL 线就是低电平，只有当所有主机向 SCL 线输出高电平时，SCL 线才是高电平，这是"与"的关系，时钟同步就是利用电路上的这个特点；SCL 线的高电平时间等于时钟周期最短的主机时钟的高电平时间，SCL 线的低电平时间等于时钟周期最长的主机时钟的低电平时间。几台主机同时工作时，时钟就是按这种方式同步。

为了保证 I^{2}C 总线上数据的传送，在任一时刻，总线应由一台主机控制。这就是要求总线上连接的多个具有主机功能的设备，在别的主机使用总线时，不应再向总线发送启动信号以试图控制总线。但几台主机可能同时向总线发送启动信号，要求控制总线，这时就需要一个仲裁过程，决定哪些主机放弃总线控制权，而仅由一台主机控制总线，这个过程称为仲裁，仲裁过程和时钟的同步是同时进行的。

仲裁是利用各主机数据线的"与"关系来实现的。当 SCL 线为高电平时，SDA 线上应出现稳定有效的数据电平。各主机在各自时钟的低电平时送出各自要发送的数据到 SDA 线上，并在 SCL 线为高电平时检测 SDA 线的状态，如果 SDA 线的状态与自己发出的数据不同，即发出的是"1"，而检测到的是"0"（必然有别的主机发送 0，因为 SDA 是各主机数据信号相"与"的结果），就失去仲裁，则自动放弃总线控制权，终止自己的主机工作方式。

仲裁从启动信号后的第一个字节的第一位开始，一位一位地进行。SDA 线在 SCL 线的高电平期间总是和不失去仲裁的主机发生的数据相同。所以，整个仲裁过程中，SDA 线上的数据完全和最终取得的总线控制权的主机发生的数据相同，并不影响主机数据的发送。

关于 I^{2}C 总线的电气特性，限于篇幅这里就不叙述了，请读者参阅相关资料。

9.3.3　51 单片机的 I^{2}C 总线时序模拟

本节将在 STC89C52RC 单片机的应用中，实现 I^{2}C 总线时序模拟。对于没有配置 I^{2}C 总线接口的单片机，可以利用并行 I/O 总线来模拟几个典型的信号，如启动信号、停止信号、应答信号及非应答信号，这些信号的时序如图 9-24 所示。

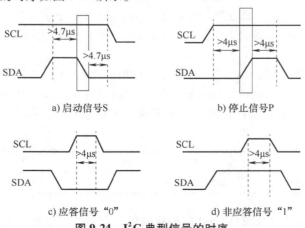

图 9-24　I^{2}C 典型信号的时序

【例 9-3】　对 I^2C 典型信号的模拟子程序进行设计。设单片机采用的晶振频率为 12MHz，则几个典型信号模拟子程序如下：

（1）启动信号

```
void I2CStart(void)
{
  SDA=1;              //发送启始条件的数据信号
  _nop_();
  SCL=1;
  SomeNop();          //大于 4.7μs
  SDA=0;              //发送起始信号
  SomeNop();          //大于 4.7μs
  SCL=0;              //钳住 I²C 总线,准备发送数据或接收数据
  _nop_();
  _nop_();
}
```

（2）停止信号

```
void I2CStop(void)
{
  SDA=0;              //发送结束条件的数据信号
  _nop_();
  SCL=1;
  SomeNop();          //大于 4μs
  SDA=1;
  SomeNop();          //大于 4μs
}
```

（3）应答信号函数

返回值为"0"时有应答，返回值为"1"时无应答。

```
bit I2CAsk(void)
{
  bit ack_bit;
  SDA=1;              //发送设备(主机)应在时钟脉冲的高电平期间(SCL=1)释放
                      //  SDA 线
  //让 SDA 线转由 I²C 设备控制
  _nop_();
  _nop_();
  SCL=1;              //根据上述规定,SCL 应为高电平
  SomeNop();          //大于 4μs
  ack_bit=SDA;        //I²C 设备向 SDA 送低电平,表示已经接收到 1B,若送高电平,表
                      //  示没有接收到,传送异常,结束发送
  SCL=0;              //SCL 为低电平时,SDA 上数据才允许变化(即允许以后的数据传
                      //  递)
  return ack_bit;     //返回 I²C 应答位
}
```

9.3.4 51 单片机与 AT24C08 的接口

串行 E²PROM 的优点是体积小、功耗低、性能价格比高、占用 I/O 口线少。代表器件如 Atmel 公司的 AT24C08，其引脚定义如图 9-25 所示，与 51 单片机的连接如图 9-26 所示。

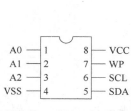

图 9-25 AT24C08 引脚

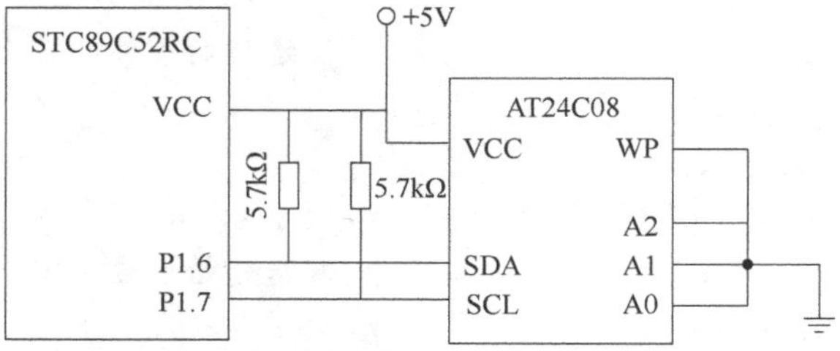

图 9-26 AT24C08 与单片机的连接

AT24C08 内含 1KB（8k 位），擦写次数大于 10 万次，写入速度小于 10ms。图 9-26 中仅扩展一个 AT24C08，故将 A2、A1、A0 地址线接地。WP 为写保护段，接地时或悬空时允许写入，接 VCC 则为保护状态。SDA 是数据输入/输出线，SCL 为时钟线。AT24C08 有 16B 的页面缓冲器。

1. 写器件的过程

对 AT24C08 写入时，单片机发出启动信号后再发送 1B 控制字，然后释放 SDA 线，在 SCL 线上再产生第 9 个时钟信号。被选中的器件在确认是自己的地址后，在 SDA 线产生一个应答信号，单片机在收到应答信号后，就可以传送数据了。

传送数据时，单片机首先发送 1B 的预写入存储单元的首址，收到正确的应答后，单片机就可以逐个发送各数据字节，每发 1B 数据后都要等待应答。单片机发生停止信号 P 后，启动 AT24C08 芯片的内部写周期，完成数据写入工作，时间约为 10ms。

AT24C08 片内地址指针在接收到 1B 后自动加 1，在芯片页面字节数限度内，只需输入首址，每写入 1B 数据，地址指针自动加 1。装载数据的字节数，不要超过芯片页面字节数，否则会将前面写入的数据覆盖。当写入的数据传送完，单片机应发出终止信号以结束写入操作。写入 n 个字节数据的格式如下：

S	写控制字节	A	写入首址	A	Data1	A…	Data$n$	A	P

2. 读器件的过程

读 AT24C08 时，单片机也要发出器件的控制字节（"伪写"），发完后释放 SDA 线并在 SCL 线上产生第 9 个时钟信号，被选中的存储器在确认是自己的地址后，在 SDA 线上产生一个应答信号作为响应。接着，单片机在发送 1B 的要读出器件的存储区首址，收到器件的应答后，单片机要再发一次启动信号并发出器件地址和读的位信号（"1"），收到器件的应答后，就可以连续读出数据字节，每读 1B，单片机都要回应答信号。最后 1B 读完以后，单片机应返回"非应答"（高电平）信号，并发出停止信号以结束读出操作。

读出 n 个字节的数据格式如下：

S	伪写字节	A	首址字节	A	S	读控制字节	A	Data1	A	…	Data$n$	$\overline{A}$	P

9.3.5　设计案例：I^2C 总线与 12 位 ADC MCP3221 芯片的接口

1. MCP3221 简介

Microchip 公司的 MCP3221 是一款具有 12 位分辨率的逐次逼近型 ADC，其封装形式为 SOT-23-5，此器件提供一个功耗很低的单端输入。基于先进的 CMOS 技术，MCP3221 可分别提供低至 250μA 和 1μA 的最大转换电流和待机电流。由于其电流消耗很低，且采用小型 SOT-23 封装形式，故此器件非常适用于电池供电和远程数据采集应用。

该款器件使用双线 I^2C 兼容的接口与 MCP3221 进行通信。此器件具有标准（100kHz）和快速（400kHz）I^2C 模式。片上转换时钟为 I^2C 和转换时钟提供相互独立的时序。此器件还可以被寻址，因此允许在一条双线总线上最多连接 8 个器件。

MCP3221 由单电源供电，电源电压范围为 2.7 ~ 5.5V。该器件还具有最大为 ±1LSB 的差分非线性和 ±2LSB 的积分非线性。

图 9-27 为 MCP3221 的引脚定义。

MCP3221 共有 5 个引脚。VDD：+ 2.7 ~ 5.5V 电源；VSS：地；AIN：模拟输入；SDA：串行数据输入/输出；SCL：串行时钟输入。

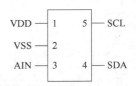

图 9-27　MCP3221 引脚图

如图 9-28 所示，MCP3221 通过 12 位逐次比较寄存器实现 A/D 转换，其主要应用领域包括：数据记录、多区域监视、手持便携式应用、电池供电的测试设备、远程或遥控的数据采集等。

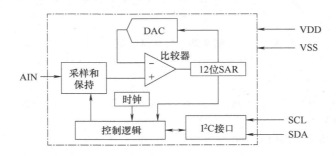

图 9-28　MCP3221 的功能框图

2. MCP3221 的工作时序

MCP3221 的工作过程可以分为以下几个阶段：①启动采样和保持阶段；②主机发送地址字节；③从机应答；④主机读取高位数据字节；⑤主机应答；⑥主机读取低位数据字节；⑦主机拒绝应答并发送结束信号。

通过上面的流程，单片机可以完成一次对 MCP3221 转换数据的读取。如果想要进行连续转换，则在主句读取低位数据字节后，主机继续应答，就可以在接下来的一个 SCL 上升沿开始下一轮读取数据，直到主机拒绝应答并发送结束信号为止。

3. 51 单片机控制 MCP3221

【例 9-4】　使用 51 单片机控制 MCP3221，通过单片机 I/O 口模拟 I^2C 总线与 MCP3221 进行通信，完成电路原理图设计、源程序编写及 Proteus 仿真。

仿真原理图如图 9-29 所示。

可以看到，单片机使用 P1.0 和 P1.1 引脚模拟 I^2C 总线，MCP3221 模拟量输入端给定为 1.58V，数码管显示为经过换算的转换结果：1.57V。数码管采用动态显示方式，位线由单片机引脚经反相器作为驱动。

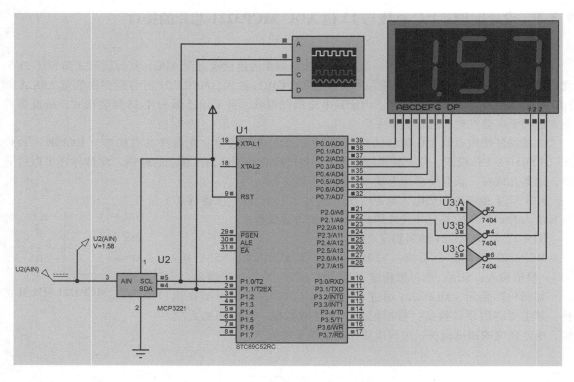

图 9-29 仿真原理图

程序如下:

```c
#include<reg52.h>
#include<intrins.h>
#define uchar unsigned char
#define uint unsigned int

sbit SCL=P1^0;          //P1.0 引脚作为 SCL
sbit SDA=P1^1;          //P1.1 引脚作为 SDA
sbit LED1=P2^0;         //数码管 1 的公共端控制
sbit LED2=P2^1;         //数码管 2 的公共端控制
sbit LED3=P2^2;         //数码管 3 的公共端控制

uint Adc_Result;        //存储 12 位 ADC 转换结果
uchar adc1,adc2,adc3;   //存储 3 个数码管需要显示的数据
uchar count;
//数码管显示码
uchar code tab[]={0xc0,0xF9,0xA4,0xB0,0x99,0x92,0x82,0xf8,0x80,0x90,
            0x88,0x83,0xc6,0xa1,0x86,0x8e,0xff,0xbf};
void SomeNop()          //延时 5 个机器周期,约 5μs
{
```

```
    _nop_();
    _nop_();
    _nop_();
    _nop_();
    _nop_();
}
//启动信号
void I²CStart(void)
{
    SDA=1;                    //发送起始条件的数据信号
    _nop_();
    SCL=1;
    SomeNop();                //大于 4.7μs
    SDA=0;                    //发送起始信号
    SomeNop();                //大于 4.7μs
    SCL=0;                    //钳住 I²C 总线,准备发送数据或接收数据
    _nop_();
    _nop_();
}
//停止信号
void I²CStop(void)
{
    SDA=0;                    //发送结束条件的数据信号
    _nop_();
    SCL=1;
    SomeNop();                //大于 4μs
    SDA=1;
    SomeNop();                //大于 4μs
}
//应答信号函数,返回值为"0"时有应答,返回值为"1"时无应答
bit I2CAsk(void)
{
    bit ack_bit;
    SDA=1;                    //发送设备(主机)应在时钟脉冲的高电平期间(SCL=1)释放
                             //SDA 线
    //让 SDA 线转由 I²C 设备控制
    _nop_();
    _nop_();
    SCL=1;                    //根据上述规定,SCL 应为高电平
    SomeNop();                //大于 4μs
    ack_bit=SDA;              //I²C 设备向 SDA 送低电平,表示已经接收到 B,若送高电平,
```

```
                                    //表示没有接收到,传送异常,结束发送
    SCL=0;                          //SCL 为低电平时,SDA 上数据才允许变化(即允许以后的数
                                    //据传递)
    return ack_bit;                 //返回 I²C 应答位
}
//单片机写 8 位数据
void I²CWrite(uchar addr)
{
    uchar i,i2cdata;
    i2cdata=addr;
    for(i=0;i<8;i++)
    {
        if(i2cdata&0x80)SDA=1;
        else SDA=0;
        _nop_();
        _nop_();
        SCL=1;
        SomeNop();
        SCL=0;
        i2cdata<<=1;
        _nop_();
    }
}
//单片机读 8 位数据
uchar I²CRead()
{
    uchar i,i2cdata;
    i2cdata=0;
    for(i=0;i<8;i++)
    {
        i2cdata<<=1;
        SCL=1;
        _nop_();_nop_();
        i2cdata+=(uchar)SDA;
        _nop_();_nop_();
        SCL=0;
        _nop_();_nop_();
    }
    return i2cdata;                 //返回读到的 8 位数据
}
```

```
main()
{
    EA=1;                                   //总中断允许位
    ET0=1;                                  //T0 允许中断
    TCON=0x01;                              //T0 工作方式 1
    TH0=(-50000)/256;                       //定时周期约为 50ms
    TL0=(-50000)%256;
    TR0=1;                                  //定时器开始计时
    while(1);
}
//T0 中断函数
void ADC()interrupt 1
{
    TH0=(-50000)/256;
    TL0=(-50000)%256;
    count++;
    switch(count)
    {
        case 1:                             //第一次进入中断,开始 A/D 转换
            I2CStart();                     //启动信号
            I2CWrite(0x9b);                 //写地址字节,器件码为 1001B,地址
                                            //码为 101B,读写位为 1,所以写入的
                                            //数据为 10011011B
            if(I2CAsk()==0)                 //MCP3221 应答
            {
                SomeNop();
                Adc_Result=I2CRead();       //读高位数据
                Adc_Result<<=8;
                //主机应答
                SDA=0;
                _nop_();_nop_();
                SCL=1;
                SomeNop();
                SCL=0;
                SDA=1;
                Adc_Result+=I2CRead();      //读低位数据
                //主机不应答,SDA=1
                SCL=1;
                SomeNop();
                SCL=0;
                I2CStop();                  //发送停止信号
```

```
                }
            else I²CStop();                      //MCP3221 无应答,主机发送停止信号
            //12 位转换结果处理
            Adc_Result * =5;
            adc1=Adc_Result>>12;                 //个位数
            Adc_Result & =0xfff;
            Adc_Result * =10;
            adc2=Adc_Result>>12;                 //小数点后 1 位
            Adc_Result & =0xfff;
            Adc_Result * =10;
            adc3=Adc_Result>>12;                 //小数点后 2 位,后面的位数舍去
            P2=0xff;
            P0=tab[adc1]-0x80;                   //在数码管显示个位,并显示小数点
            LED1=0;
            break;
        case 2:                                  //在数码管显示十分位
            P2=0xff;
            P0=tab[adc2];
            LED2=0;
            break;
        case 3:                                  //在数码管显示百分位
            P2=0xff;
            P0=tab[adc3];
            LED3=0;
            count=0;
            break;
        default:
            count=0;                             //若 count 计数异常,则重新计数
    }
}
```

由图 9-30 可以看到单片机与 MCP3221 通信的全部过程。

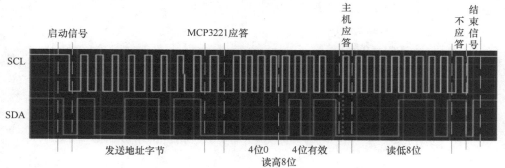

图 9-30   仿真时序图

思考题及习题 9

1. 说明单总线的结构。它支持哪几种基本的数据传送模式？

2. 说明 SPI 总线的结构及特点。

3. 说明 I^2C 总线的结构特点。I^2C 总线的启动信号和停止信号如何产生？

4. 对比三种总线的工作原理，说明其不同之处，并各列举几种工程应用实例。

第 10 章
单片机应用系统设计与仿真实践

10.1 单片机应用系统的设计

10.1.1 单片机应用系统的组成结构

单片机应用系统的组成结构如图 10-1 所示。该系统以单片机作为控制核心，通过模拟量接口（A/D 接口、D/A 接口）、开关量输入/输出接口、人机界面（按键、显示等）以及通信接口、存储器等外围电路或设备，实现系统与外界之间信息的交换。

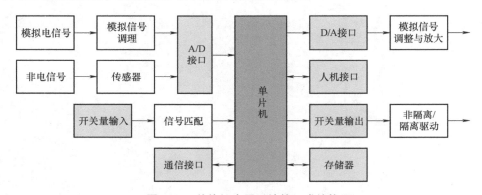

图 10-1　单片机应用系统的组成结构

1. 模拟量接口

单片机应用系统拟检测、处理或控制的实际物理对象多为模拟量。模拟量接口是外界的模拟信号与单片机内部的数字总线之间的接口。按照信号传送的方向，它分为模/数（A/D）接口和数/模（D/A）接口。

1）A/D 接口：负责将系统外部的模拟形式的物理量，如温度、电压等模拟信号，转换为数字量送至单片机的 I/O 口。①对于非电气类信号，通常需要各式各样的传感器，将待测量的不同类型的模拟量转换为模拟电信号，再送入 ADC；②弱电气信号一般经过简单的信号调理即可，如电压信号进行电阻分压或运放构成的电压调整，又如电流信号通过采样电阻转换为电压信号等；③对于大功率电气信号，为了实现强电与弱电之间的隔离，必须引入隔离型的电压/电流传感器，将强电信号转换为可以接受的弱电信号。

2）D/A 接口：负责将单片机 I/O 口输出的可编程数字量转换为可控的模拟量，即按需生成方波、三角波、正弦波等形式的模拟电信号，以实现对执行机构的控制、调节，如晶体管、继电器、电动机、可编程电源等。

2. 开关量输入输出接口

开关量输入输出接口的功能是通过开关信号实现单片机与外设之间的状态检测、控制与调节、故障预警等。例如：①单片机通过开关量输出接口发出一定频率的占空比可调的 PWM（脉宽调制）信号，该 PWM 输出信号经过前置驱动电路的放大、隔离、滤波后，驱动与控制外接电力电子电路中器件的开通和关断；②电机等旋转设备上安装的光电编码器，生成表征该设备运动位置、速度或方向的开关量，这些包含运动特征的信息通过开关量输入接口送入单片机的内部；③外部的过电压/过电流检测电路，以开关量的形式向单片机发送电力电子电路中的过电压/过电流故障信号等。

3. 人机界面

人机界面（Human Machine Interface，HMI）是单片机系统与用户之间进行交互和信息交换的媒介，它实现了信息的内部形式与人类可接受形式之间的转换。凡参与人机信息交流的领域都存在着人机界面。在现代商业办公、工业测控场合中，以单片机为核心的自动化网络化设备比比皆是，如键盘、鼠标、显示器、打印机、扫描仪、条码阅读仪等计算机外设，以及自动收款机、传真机、考勤机等计算机网络终端。这些设备的人机界面具备了输入、计算、存储、显示等功能，实现了系统的自动化、智能化、信息化、网络化。

4. 通信接口

通信接口实现单片机与其外设、其他单片机应用系统、上位 PC 之间的信息交换和远程传输。①近距离数据传送首选并行通信，但并行口常需通过缓冲/锁存器、I/O 专用芯片等进行系统扩展，以解决"单片机并行口的数量普遍不足而无法满足实际应用需求"的问题；②在远程传输或分布式采集系统中，推荐采用串行通信的方式，包含 UART、SCI、SPI、CAN 等常用的串行接口，如 CAN 总线网络广泛应用于节点繁多的汽车电子系统中，又如数字化温度传感器 DS18B20 采用单总线串行接口，仅需将单根传输线连接至单片机的 I/O 口，并执行既定的软件操作规程，即可读取到采集的温度信息，特别适用于测量点较多且分散的分布式温度采集系统。

10.1.2　单片机应用系统的设计方法

单片机应用系统是涵盖单片机芯片及其外围电路以及用户应用程序等硬件、软件有机结合的综合系统。其中，硬件是系统运行的物理载体或介质，它决定了系统的基本配置和性能；而软件是实现系统功能、满足设计要求的"思想或灵魂"，它决定了系统是否能达到令人满意的实测功能以及规定的性能指标。针对以上所述，单片机应用系统的设计方法或开发流程通常包含方案设计、硬件设计、软件设计以及系统测试等几个主要阶段，如图 10-2 所示。需要补充说明的是，上述的各个开发阶段并不是各自孤立的，在实际操作中往往存在各个开发阶段相互交叉、并行处理、反复修改的过程。

1. 方案设计

1）明确任务目标及要求：根据用户提出的单片机应用系统的功能要求、性能指标，明确研究或设计的内容及目标，撰写设计任务书。

2）项目调研与分析：在方案设计前，预先通过现场考察、市场调查、查阅文献等方法，对待研究或设计的对象或系统进行广泛的项目调研，了解系统的市场应用情况，了解系统中涉及理论、方法或技术的发展现状，并对其进行归纳总结。

3）制定整体设计方案：①根据项目调研的结果，初步甄选出若干合理的设计方案，并针对它们各自的优势、缺陷、待解决的关键科学或技术问题、存在的技术瓶颈等进行综合分析、比较；②选取与制定一种最佳的整体设计方案，预估设计中可能存在的问题并提出拟解决方案；如有必要则针对任务的新功能、新要求，进一步提出对现有方案的拟改进或完善之处，甚至提出创新性的设计方案；③绘制系统整体结构框图，初步确定系统中采用的电路结构、关键器件、控制算法、通信方式等。

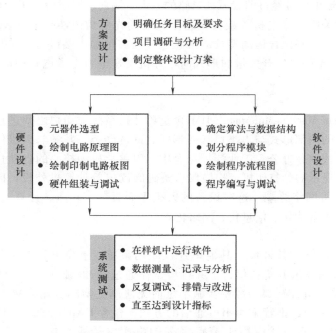

图 10-2 单片机应用系统设计流程

系统的硬件和软件应该进行统一规划。一种特定功能选择由硬件实现，还是由软件实现，需要根据系统各方面的性能要求综合权衡。一般情况下，采用硬件设计方案可以节省 CPU 的执行时间，故系统的运行速度较快，但其硬件接线复杂，整体成本较高；而软件实现方案较为经济，但要花费更多的程序运行时间。因此，在 CPU 工作时间不紧张的情况下，应尽量采用软件实现；而如果系统回路多、实时性要求强，则要考虑依靠硬件完成。例如，在显示接口电路设计时，为了降低成本，可以采用软件译码的动态显示电路；但如果系统的采样路数多、数据处理量大，则应改为硬件译码和静态显示。

2. 硬件设计

硬件设计的主要任务是根据系统总体设计要求，在完成单片机、元器件选型的基础上，设计出系统的硬件电路原理图，再进行印制电路板（PCB）的绘图和制作，之后完成电路焊接、系统组装以及功能调试等。

（1）元器件选型

元器件选型涵盖主控芯片（单片机）的选型、关键元器件的选型及其参数计算等。

单片机的选型原则是：①尽量选择货源稳定、用户广泛、技术成熟的主流系列产品；②所选产品的性能/体积比、性能/价格比要高，以适应嵌入式应用的基本需求；③片上资源的配置既要留有一定的功能冗余，又要避免过多的功能闲置，以获得最合理的芯片资源利用率以及最优的系统整体性价比。

在不影响电路整体成本的情况下，关键器件尽量选择功能强的集成芯片。较之功能上等效的分离元件电路，采用集成芯片不仅能够简化整机电路的设计、安装和调试，还可以使得系统的体积减小、可靠性增强、能耗降低、故障率下降等。

如果涉及电力电子电路，则应该首先分析并计算出电力电子器件在实际电路工作中承受的电压、通过的电流以及开关频率，然后参照元器件手册中的数据，选取参数最为合适的器件型号。一般情况下，所选元器件的电压额定值为 2~3 倍裕量的工作电压，而其电流额定值为 1.5~2 倍裕量的工作电流。

（2）绘制电路原理图

硬件电路的总体设计原则主要有：①尽可能选择标准化、模块化的典型电路，增强系统硬件的通用性、可移植性；②硬件资源的配置与扩展应留有一定裕量，有利于系统二次开发；③系统中相关器件尽可能做到性能匹配；④充分考虑单片机 I/O 口分配中的数量问题与驱动能力问题，如有必要，进行 I/O 口扩展或者附设口驱动器。

硬件电路原理图设计的内容主要包括最小应用系统设计、模拟量接口设计、开关量接口设计、人机界面设计（按键、显示、报警等）、通信接口设计、存储器扩展接口设计等。

1）单片机最小应用系统的设计：包括时钟电路、复位电路、供电电路等。

2）模拟量输入接口的设计：包括 A/D 转换电路、传感器、信号调理电路等。①A/D 转换电路通常采用集成化的 A/D 转换芯片实现，多数 A/D 转换芯片还内置了模拟通道多路开关、采样/保持器、输出缓冲器等；②传感器的功能是将各种电气类或非电气类模拟量转换成弱电信号；③传感器输出的弱电信号往往需要信号调理电路的电流采样或电压调整、RC 滤波、二极管钳位等，才能被 A/D 转换芯片的模拟输入通道所接受。

3）模拟量输出接口的设计：包括 D/A 转换电路、信号调整与功放电路等。①D/A 转换电路通常采用带有输入锁存功能的 D/A 转换芯片实现，如 DAC0832 的数字端带有二级输入锁存器；②信号调整与功放电路负责将可编程控制的输出模拟量进行电压/电流信号类型转换、幅值调整以及功率放大等。

模拟量输出接口的典型应用主要有：①作为波形发生器生成模拟方波、三角波、正弦波等；②提供模拟电压/电流基准值，以供系统中其他模拟量进行幅值变换、比较等；③控制和调节各种模拟量驱动的执行机构，如电动阀门、变频器、伺服电动机等，其中模拟电压/电流驱动信号的标准范围分别为 0~10V、4~20mA。

4）开关量输入接口的设计：开关量输入接口电路的功能主要有光耦隔离、电平匹配、滤波、钳位等。例如，51 单片机中的定时/计数器计数脉冲、外部中断请求脉冲就是典型的开关量。开关量输入信号还可以来自光电传感器、霍尔式传感器等，如光电编码器输出表示电机转子位置信息的开关量。①光耦隔离可以实现外设与单片机之间的电气隔离，特别是强电与弱电之间的隔离；②电平匹配的作用是实现不同电平标准的开关量之间的转换，如 3.3V 电平与 5V 电平之间、CMOS 电平与 TTL 电平之间的信号匹配问题。

5）开关量输出接口的设计：开关量输出接口电路负责将单片机输出的弱电开关信号，转换为执行机构所需的控制与驱动信号，如面向继电器、接触器、电机、阀门、功率开关等。常见的开关量输出驱动电路形式有晶体管输出驱动、达林顿输出驱动、继电器输出驱动、功率开关输出驱动等。特别是在功率较高的电力电子电路中，输出驱动电路的前级需要增设光耦隔离器，以实现强电与弱电之间的电气隔离。

6）按键电路的设计：包括独立式按键和矩阵式按键。按键的检测通常需要硬件电路与软件编程相结合的方式实现。独立式按键的检测方法有：①查询方式：每个按键分别与一根口线相连，并在程序中依次查询各个口线对应的按键状态；②中断方式：通过按下按键的方式发出外部中断请求，而如果按键的数量多于外部中断源的数量，则需按照外部中断源的数量对按键先进行分组、逻辑"与"，再连接至各个外部中断申请脉冲端。当按键较多时，在硬件设计中要考虑扩展 I/O 口或者采用矩阵式按键电路。在满足功能的前提下，系统按键的数量尽可能少，操作尽可能简单，这有利于实现友好便利的人机交互功能。

7）显示电路的设计：包括指示灯显示、数码管显示和液晶显示等。在硬件设计时，必须综合考虑所需 I/O 口数量及其驱动能力的问题。对于简单的指示灯/数码管显示电路，建议采用"低电平驱动"方式，以保证 LED 显示的亮度。而对于多位七段式数码管显示，可以采用以下 3 种解决方案：①利用缓冲/锁存器、I/O 专用芯片扩展并行 I/O 口；②动态显示方式：利用"视觉残留"原理，多位数码管共用一个"段码"口，并在"位码"口的控制下按照一定的时间间隔依次显示，这显著降低了对并行口数量的需求；③串行口级联扩展：利用串行口方式 0+移位输出寄存器级联的方式，可以扩展多个并行输出口，但其数据发送需经"并—串—并"两次转换，故要显示的位数越多，数据传输的延迟就会越长。

需要说明的是，单片机应用系统的仿真模型搭建及其电路设计也要尽量遵循上述的硬件电路设计方法与注意事项。

（3）绘制印制电路板（PCB）图

为了提高硬件电路的抗干扰能力与可靠性，在绘制 PCB 图的过程中，应该尽量遵循以下主要设计原则：

1）电源线、地线尽量加宽，以提高电路的载流能力以及抗干扰能力。

2）在电路板的空白处敷铜加大接地面积。

3）数字地、模拟地等不同性质的地线尽量分开走线。

4）属于同一功能模块的元器件和走线尽量集中布置，并在电路板端口附近将分属不同模块的各个地线汇至一处。

5）在各电压源的输出端并联若干个 $10 \sim 100\mu F$ 左右的铝或钽电解电容和一个 100nF 左右的非电解电容。

6）在各集成芯片的电源端布置一个 100nF 左右的退耦电容，并尽量靠近其电源引脚。

7）信号的走线角度尽量采用 135°、90°，尤其是高速信号的走线角度尽量采用 135°。

8）强电与弱电信号之间保持一定的安全距离。

（4）硬件组装与调试

在完成绘制 PCB 图后，可以通过外协加工的方式制作印制电路板，接着在印制电路板上进行元器件焊接，较大的系统还可能涉及对功率模块及其驱动电路板、传感器及其信号采集电路板等进行组装，最后完成电路功能调试。

对于大功率电力电子装置与系统，还需要综合考虑组装结构、电磁兼容、散热等方面的诸多设计问题：

1）装置外壳采用全封闭铝合金结构，以屏蔽外界电磁环境对内部电路的干扰，同时减少对外电磁泄漏。

2）功率器件涂有高导热硅脂并紧贴于水冷散热器之上，且一并封装于装置内部。

3）功率母线采用铜排结构的连接方式，以减小寄生电感。

4）主控电路采用 4 层电路板结构，其中，中间层用于布置电源线、地线，电源电路、模拟电路与数字电路合理分区、各自接地。

5）强电传感器的信号线选用优质的屏蔽电缆，其长度尽可能短，且屏蔽层双端接地，以降低周围电磁环境对电缆信号线的容性和感性耦合等。

3. 软件设计

软件（程序）设计的基本思想是：为了使用计算机求解某一问题或者完成某一特定功能，就要首先对问题或特定功能进行分析，确定适合的算法和步骤，然后选择合适的指令，按一定的顺序排列起来，最后就构成了求解某一问题或者实现特定功能的程序。

（1）确定算法与数据结构

对各种算法进行分析比较，根据要求的功能和指标寻找出最优的算法，或对现有算法加以合理的改进或完善，包含关键的数据定义、存储分配、I/O 口分配等，旨在将设计需求转换为计算机能够处理的算法。

（2）划分程序模块及绘制程序流程图

根据选用的算法及方案，对程序进行功能模块划分，拟定程序执行的顺序，绘制出程序流程图。程序流程图是程序设计的最基本依据，也是算法和程序结构的最直观描述。因此，程序流程图的质量将直接影响到程序设计中编写、测试、纠错等各个环节的工作质量和效率。

（3）程序编写与调试

根据程序流程图中描述的算法、结构与流程，选用适当的指令排列起来，并构成一个有机的整体，即可形成用户应用程序。在程序设计中，需要注意以下几个方面的问题：①尽量采用模块化、结构化的程序设计方法；②建议添加必要的注释，以提高程序代码的可读性，并便于后期调试、纠错；③采取必要的软件抗干扰措施，如引入看门狗对系统死机进行复位，采用数字滤波提高采集数据的可靠性，由延时程序实现按键去抖等。

一个完整的典型单片机应用程序至少包含主函数（有且只有 1 个）、自定义函数、中断服务函数（如必要）以及通用库函数等。在编写源程序文件过程中，建议按照如下规范化的方式安排各个函数的位置：主函数置于所有自定义函数、中断服务函数之前；自定义函数按照调用的顺序依次安放；全局变量定义在所有函数（包括主函数）之前。

主函数通常包含各种初始化函数。这些初始化函数主要负责完成系统初始化、数据初始化等。系统初始化包括系统时钟初始化、I/O 口初始化、定时/计数器初始化、中断系统初始化等，而数据初始化包括自定义常量与变量中数据类型、存储类型的定义以及赋初始值等。

在主函数的末尾处通常放置一个无限循环的程序段。这个循环结构体可以是空循环，也可以用于循环执行按键扫描、显示输出、数据接收等。尤其是在含有中断服务函数的应用程序中，它还用于循环等待中断，否则中断返回时程序将转移至一个不可知的位置，从而造成系统死机或跑飞。

常见的用户自定义函数有数据采集程序、控制算法程序、数据运算程序、按键扫描程序、显示程序、数据收发程序等。其中用于人机交互的按键扫描程序及显示程序使用频率颇高，在满足用户信息交互需求方面的作用日益凸显。

1）按键扫描子程序的设计：独立式按键对应口线的状态，可以在程序空闲时间利用循环结构查询，也可以按照小于 100ms 定时的方式扫描；或者采用中断扫描方式，即当按键按下时向系统发出外部中断请求，并在中断服务函数中，查询究竟是哪个按键按下之后，再转移至相应的按键处理程序。为了缓解多个按键需求和有限的 I/O 口数量之间的矛盾，可以采用矩阵式按键电路，它常用线扫描法进行按键的检测。需要注意的是，为了提高按键扫描的有效性和可靠性，一般采用延时 10ms 程序消除按键的抖动。

2）显示子程序的设计：对于简单的指示灯/流水灯显示，采用数组查表、移位运算符、移位库函数 3 种方法均可实现。在七段式数码管的显示子程序设计中，需要注意以下问题：①务必注意分清所使用的数码管是共阴型还是共阳型，因为两者的段码恰好是互补的；②多位数码管显示需要事先经过数据转换，如要先求出拟显示十进制数"69"的十位"6"和个位"9"，再通过数组查表找到各位的段码并送往对位的数码管；③多位数码管显示常用动态显示方式，即利用"位码"的移位运算，以约 10ms 间隔轮流选中并点亮各位数码管，并将欲显示的数据通过"段码"口同步发送至被选中的数码管。

需要补充说明的是，在函数内部定义的局部变量只在定义它的函数内有效，它的存储空间及其数值在此函数执行完毕后将被系统自动释放，故如果需要保留上次函数调用后这个变量的值，则应使用关键字"static"将其定义为静态局部变量。

4. 系统测试

系统测试是对系统硬件、软件整体功能以及性能的综合测试。首先在系统样机中运行软件，然后通过各种测量设备测量并记录下相关的数据、信号或波形，之后再据此分析系统能否正常运行并满足要求，如果不能正常工作，则需要排查出问题所在之处，并返回前面的开发阶段修改、完善硬件或软件设计；然而，如果经过反复调试后，所设计系统仍不能满足性能指标，则需要重新制定整体设计方案。上面的测试与调试过程往往是多次循环往复的，直至达到满意的设计指标为止。

10.2　单片机应用系统的仿真实践

10.2.1　单片机开发板

单片机是一门注重实践的课程，只是单纯学习书本的知识是远远不够的。单片机开发板是初学者学习单片机，用来开发设计的好帮手。单片机开发板一般会集成常用的外围接口电路，可以让初学者方便地实现各种功能，拥有一块自己的单片机开发板可以让学习事半功倍。目前市面上的单片机开发板种类较多，能实现的功能也各不相同，有些开发板集成了很多功能模块，对于初学者来说很难看懂原理图，增加了学习的难度，学习成本较高，无法满足每个学生都能做开发的需要。

Proteus 仿真软件不仅能仿真单片机 CPU 的工作情况，也能仿真单片机外围电路或没有单片机参与的其他电路的工作情况。采用仿真软件可减少学习的投入，面对实际工程问题研究时，可以先在软件环境中模拟通过，再进行硬件的投入，这样不仅省时省力，也可以节省因方案不正确所造成的硬件投入浪费。对同一类功能的接口电路，可以采用不同的硬件来搭建完成，而不需要花费任何硬件成本，鼓励学生的创造精神，这也是工科学生工程素养的重要内容。因此，采用 Proteus 仿真软件作为单片机课程教学平台，不仅克服了用单一开发板中硬件电路固定、学生不能更改、实验内容固定等方面的局限性，也可以扩展学生的思路和提高学生的学习兴趣。

本章通过 Proteus 仿真软件建立一个开发板仿真系统，如图 10-3 所示。该系统包含流水灯、数码管、独立按键、蜂鸣器、温度传感器、ADC、DAC、串行口及电机驱动模块。该仿真开发板支持本书案例的仿真验证，可用于单片机课程设计、电力电子实习、毕业设计等实践教学环节。

仿真开发板各部分电路的功能描述如下：

（1）主控电路

主控电路是整个单片机开发板的"大脑"。本系统采用 STC89C52RC 芯片，利用 11.0592MHz 晶振产生时钟信号，并具备上电复位及按键复位功能，从而组成了单片机最小应用系统，如图 10-4 所示。

（2）人机界面

人机界面是单片机与用户沟通的桥梁，包括按键和显示器。在单片机应用系统中，显示器是一个不可缺少的人机交互设备，是单片机应用系统中最基本的输出装置。通常显示器用于显示运行状态及中间结果等信息，便于实时检测单片机系统的运行情况。单片机应用系统最常用的显示器包括发光二极管（LED）、数码管与液晶显示屏，它们可以显示数字、字符以及系统的状态信息。例如，发光二极管显示模块可实现流水灯（见图 10-5）、交通指示灯等显示功能；数码管显示

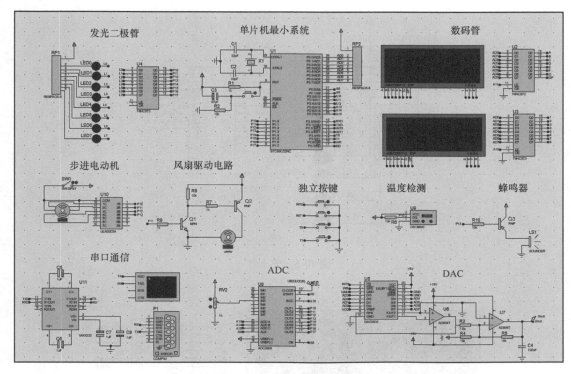

图 10-3　Proteus 仿真开发板

电路可实现时间、计分、数值等数据信息的显示，如图 10-6 所示。该部分驱动电路简单可行，便于实现。通过键盘或按键可以向单片机输入数据和命令，实现简单的人机对话，如图 10-7 所示。

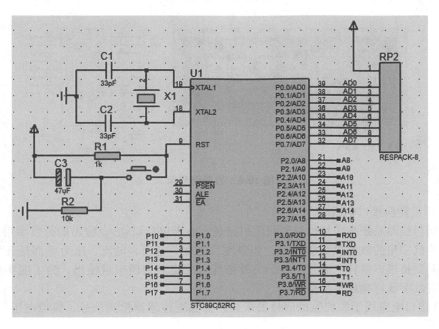

图 10-4　单片机最小系统

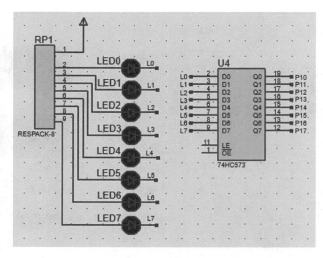

图 10-5　流水灯

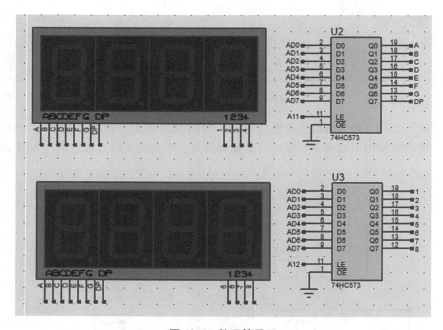

图 10-6　数码管显示

（3）模拟量转换接口电路

自动控制与检测系统是单片机重要的应用领域。由于单片机输入/输出的是数字量，而在大多数情况下单片机采集的数据多为模拟量，如温度、速度、电压、电流、压力等都是连续变化的物理量，因此需要将模拟量转化成数字量。另外被控对象也多为模拟量输出，为了能实现数字化控制，也需要将数字量转换成模拟量。

1）A/D 接口电路用于实现模拟信号的采集，如温度传感器检测信号、模拟电压信号采集等，如图 10-8 所示。

2）D/A 接口电路用于对输出模拟量进行控制，如波形发生器产生方波、三角波、正弦波等信号，如图 10-9 所示。

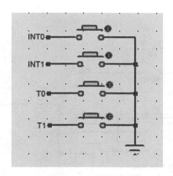

图 10-7 独立式按键

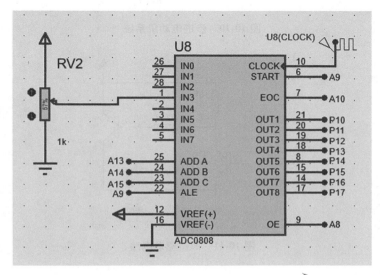

图 10-8 A/D 接口电路

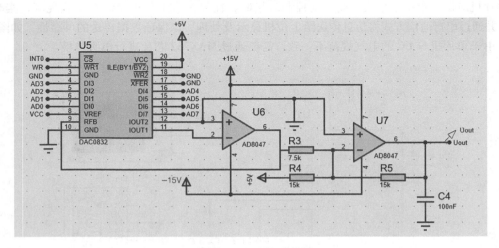

图 10-9 D/A 接口电路

（4）开关量输入/输出接口

开关量输入/输出电路能够实现开关信号的检测和控制，如对光电传感器、霍尔式传感器等输出的开关量信号进行检测，或者对步进电动机（见图 10-10）、PWM 控制的直流电机（即风扇驱动电路，见图 10-11）发送控制信号。

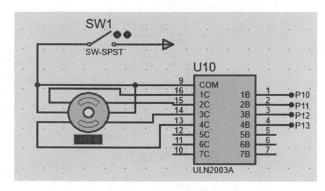

图 10-10　步进电动机系统

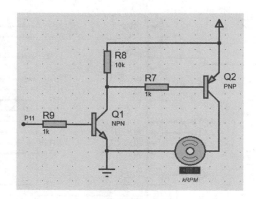

图 10-11　风扇驱动电路

（5）通信接口

单片机应用于数据采集或工业自动控制现场时，往往作为下位机安装在工业现场，实时采集数据，并通过串行通信方式将信息传送给上位机显示及处理，以保证数据传送的可靠性，如图 10-12 所示。由于单片机与 PC 的电气规范不一致，需要通过 MAX232 芯片进行电平转换。

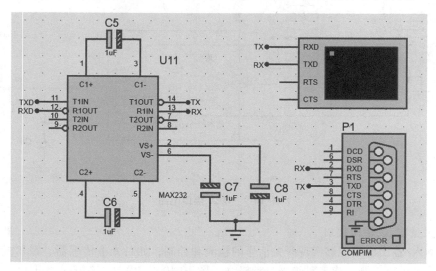

图 10-12　串行通信

10.2.2　风扇智能温度控制电路的设计

1. 设计要求

1）该系统由 STC89C52RC 单片机最小系统、DS18B20 温度传感器、数码管显示、按键、风扇驱动电路组成。

2）按键包括复位键、减键、加键和设置键。设置键可设置温度上下限值，第一次按下设置键设置温度上限值，第二次按下设置键设置温度下限值。温度上、下限设置完成后，可通过加、减键修改温度值。

3）采用 PWM 调速原理实现风扇速度控制：当温度低于温度的下限值时，电动机停止转动；当温度介于上限和下限之间时，电动机转速取决于当前温度值，可通过档位设置改变转速；当温度大于上限值时，电动机全速转动。

4）温度测量结果通过 4 位数码管显示，温度精确到小数点后一位，测量范围为 0~99.9℃。

2. 设计任务

1）设计风扇智能温度控制系统的整体结构，分析智能温度控制系统的工作原理。

2）完成风扇智能温度控制系统的硬件电路设计、元器件选型与参数计算，包括电机驱动控制电路设计、温度采集电路设计、显示电路设计以及按键电路设计。

3）绘制风扇智能温度控制的程序流程图。

4）编制风扇智能温度控制的 C51 程序。

5）利用 Proteus 仿真软件进行系统仿真。

6）完成系统程序调试，实现风扇智能温控系统的功能要求。

3. 系统功能分析

系统整体上主要由 4 大模块组成，分别是按键模块、数码管显示模块、温度感测模块、直流风扇驱动模块。系统整体框图如图 10-13 所示。在本设计中，温度感测模块是整个系统的核心，通过 DS18B20 温度传感器测量当前环境温度，通过单片机将当前温度与系统预设值相比较，进而通过单片机调节风扇的转速；其次是直流风扇驱动模块，该部分通过两个晶体管组成达林顿结构，将单片机发出的 PWM 控制信号进行放大进而控制风扇的转速；通过数码管显示模块动态扫描显示由 DS18B20 温度传感器测量到的实时环境温度。

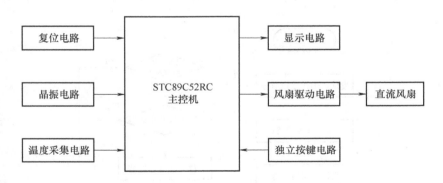

图 10-13　风扇温控系统整体框图

4. 程序设计思路

主程序流程图如图 10-14 所示。首先，完成系统初始化设置，调用 DS18B20 的初始化函数和温度转换函数，将从 DS18B20 读取的数据计算转换成具体温度数值；其次，调用按键扫描函数设定温度上、下限；再次，调用数码管显示函数，显示当前温度值；最后，调用风扇控制函数，以根据温度值决定风扇转速。

温度采集的具体流程图如图 10-15 所示。DS18B20 的每一步操作都要按照它的工作时序执行。DS18B20 工作过程一般遵循以下协议：初始化→ROM 操作命令→存储器操作命令→处理数据。若要读出当前的温度数据，需要执行两次工作周期，第一个周期为复位、跳过 ROM 指令、执行温度转换存储器操作指令、等待 500μs 温度转换时间。紧接着执行第二个周期为复位、跳过 ROM 指令、执行读 RAM 的存储器操作指令、读数据（最多为 9B，中途可停止，只读简单温度值则读前 2 个字节即可）。

温度设置主要通过 3 个按键实现，软件上由按键扫描子程序 KEYSCAN 实现。按一下 S1 键即可进入系统上限温度设置，此时按"加"键 S2，则上限温度+1，同理按"减"键 S3，便使上限温度−1；若要设置下限温度只要再按一下 S1 键即可，同样也可以通过 S2、S3 键进行设置下限的温度值。按键程序的具体流程图如图 10-16 所示。

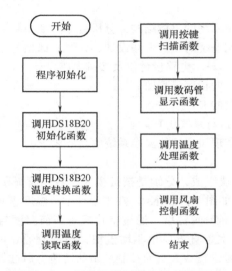

图 10-14　风扇温控系统主程序流程图

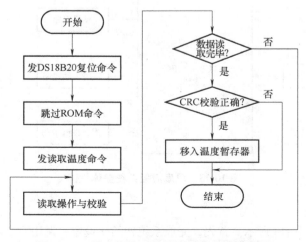

图 10-15　风扇温控系统温度采集程序流程图

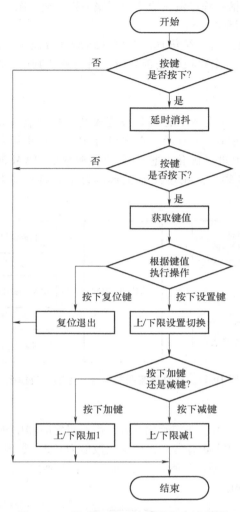

图 10-16 风扇温控系统按键程序流程图

10.2.3 双路脉宽调制信号发生器的设计

1. 设计要求

1）利用 STC89C52RC 单片机设计一款 PWM 波发生装置，要求能够发出两路可控的互补 PWM 信号。

2）要求 PWM 信号的频率上限和占空比可调，占空比调节范围为 0.1~0.9，频率调节范围为 0.5~6.0kHz。其中对于频率上限的要求较低，读者可以自行尝试输出更高频率的 PWM 波。

3）能够通过 4 个按键进行控制，占空比每次 ±0.1，频率每次 ±0.5kHz。

4）通过 6 位 LED 显示占空比和频率，占空比显示精度至 1 位小数，频率采用两位显示。如占空比为 0.5，频率为 3.0kHz，则数码管显示：d0.5F3.0。

2. 设计任务

1）在 Proteus 仿真软件中进行系统原理图设计，并完成连线和调试，其中数码管外围电路设计中需考虑电路驱动能力和 LED 限流问题。

2）对系统运行过程进行分析，确定各功能实现方式，计算定时器的定时周期等参数。

3）绘制程序流程图，包括主程序流程图和中断服务程序流程图。

4）编写 C51 程序并完成调试。

5）利用 Proteus 仿真软件进行系统仿真，对仿真结果进行记录，使用示波器和频率计测量单片机实际产生的 PWM 波的占空比和频率是否与设定值一致。其中，频率精度需控制在 ±0.25kHz 的范围内。

3. 系统功能分析

系统整体上主要由 3 大模块组成，分别是按键模块、数码管显示模块及其驱动电路、仿真测量模块。系统整体框图如图 10-17 所示。在本设计中，硬件电路比较简单，但是软件设计比较复杂，如果不在程序设计上进行优化，想生成较高频率的 PWM 波是不可能完成的任务。此外，输出 PWM 波的占空比和频率的精度也是关键的性能指标，尤其是频率的精度需要控制在 ±0.25kHz 的范围内。

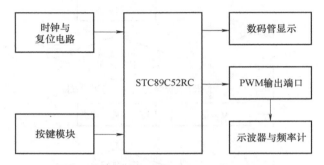

图 10-17 双路脉宽调制信号发生器系统框图

4. 程序设计思路

主程序流程图如图 10-18 所示。在初始化部分，需要对定时器中断进行设定，对所有中间变量的数值进行初始化。建议设定 PWM 波占空比初始化数值为 0.5，频率初始化数值为 2.5kHz。接下来进行主函数循环体程序设计，循环体程序主要包含 3 个主要部分：显示子程序、按键扫描子程序、按键执行和参数调整子程序。

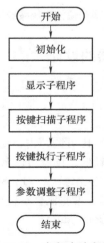

图 10-18 主程序流程图

其中，显示子程序和按键扫描子程序需要考虑程序运行时间，输出 PWM 波为低频时，定时中断执行的时间较短，对显示的影响不大。但输出 PWM 波为高频时，定时中断占用的时间较长，对于主函数循环体运行时间影响较大，需要给予必要的考虑。

按键执行子程序和参数调整子程序可以整合在一起处理，也可以分开处理。这主要是因为有按键按下时，代表 PWM 相关参数发生变化，需要调整相关参数。若无按键按下，则相关参数不需要调整，可以节省程序运行时间。

图 10-19 给出了按键执行与参数修正子程序的流程图。可以在修改相关控制参数的程序模块中根据频率值的大小，选择 T0 或者选择 T1 作为工作定时器。此外，当输出 PWM 波频率较高时，对于按键的响应会比较困难，因此在检测到有按键按下时，应暂停定时器中断的执行，停止发送 PWM 波。待按键执行与参数修正子程序运行结束后，再重新使能中断，重新开始输出 PWM 波。

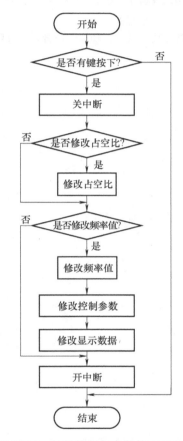

图 10-19　按键执行与参数修正子程序

由于要求 PWM 波的占空比调节范围为 0.1～0.9，每次调整 ±0.1，因此可以设置 10 个定时周期为一个 PWM 周期。若晶振频率为 12MHz，定时器工作在方式 2，则其最大定时周期为 256μs，最小的定时周期要看中断服务函数的执行时间，暂假定为 30μs，故 PWM 波的频率可调范围为 400Hz～3.3kHz。为了获得更高频率的 PWM 波，需要提高单片机时钟频率，可使用 33MHz 的晶振频率。此时，定时器方式 2 的频率调节范围变为 1.2～9.9kHz，而若要获得更低频率的 PWM 波，定时器需要使用工作方式 1。

然而，同一个定时器如果频繁切换工作方式，则在程序设计中实现起来比较复杂。因此，可以采用两个定时器分别在低频和高频的情况下工作。其中一个工作在方式 2，服务于高频 PWM 波的生成；另一个工作在方式 1，尤其是当方式 2 不再适用时，服务于低频 PWM 波的生成。

进一步需要说明的是，为了获得高精度频率控制，定时器的定时周期需要通过仿真调试确定，待全部调试完成后，采用查表法确定不同频率下所需的定时器初值。

思考题及习题 10

1. 单片机应用系统通常包含哪些组成部分？
2. A/D 接口如何处理不同类型的外部模拟量？
3. 单片机应用系统的设计方法或开发流程通常包含哪几个主要阶段？
4. 简述单片机的主要选型原则。
5. 简述独立式按键的检测方法。
6. 多位七段式数码管显示需要采用哪些解决方案？
7. 简述单片机应用系统程序设计的基本思想或流程。
8. 单片机应用程序中，主函数通常需要具有什么功能？或者包含哪些程序模块？

附　录

附录A　51内核单片机汇编指令表

数据传送类指令				
助记符		指令说明	字节数	机器周期
MOV	A，#data	立即数的内容传送到累加器	2	1
MOV	A，Rn	寄存器的内容传送到累加器	1	1
MOV	A，direct	直接地址的内容传送到累加器	2	1
MOV	A，@Ri	间接地址的内容传送到累加器	1	1
MOV	Rn，#data	立即数的内容传送到寄存器	2	1
MOV	Rn，A	累加器的内容传送到寄存器	1	1
MOV	Rn，direct	直接地址的内容传送到寄存器	2	2
MOV	direct，#data	立即数的内容传送到直接地址	3	2
MOV	direct，A	累加器的内容传送到直接地址	2	1
MOV	direct，Rn	寄存器的内容传送到直接地址	2	2
MOV	direct，direct	直接地址的内容传送到直接地址	3	2
MOV	direct，@Ri	间接地址的内容传送到直接地址	2	2
MOV	@Ri，#data	立即数的内容传送到间接地址	2	1
MOV	@Ri，A	累加器的内容传送到间接地址	1	1
MOV	@Ri，direct	直接地址的内容传送到间接地址	2	2
MOV	DPTR，#data16	16位立即数的内容传送到数据指针	3	1
MOVX	A，@Ri	外部间接地址（8位）的内容传送到累加器	1	2
MOVX	A，@DPTR	外部间接地址（16位）的内容传送到累加器	1	2
MOVX	@Ri，A	累加器的内容传送到外部间接地址（8位）	1	2
MOVX	@DPTR，A	累加器的内容传送到外部间接地址（16位）	1	2

（续）

<table>
<tr><td colspan="6" align="center">数据传送类指令</td></tr>
<tr><td colspan="2" align="center">助记符</td><td align="center">指令说明</td><td align="center">字节数</td><td align="center">机器周期</td></tr>
<tr><td>MOVC</td><td>A，@ A+DPTR</td><td>以数据指针为基址的内容传送到累加器</td><td>1</td><td>2</td></tr>
<tr><td>MOVC</td><td>A，@ A+PC</td><td>以程序计数器为基址的内容传送到累加器</td><td>1</td><td>2</td></tr>
<tr><td>PUSH</td><td>direct</td><td>直接地址的内容压入堆栈</td><td>2</td><td>2</td></tr>
<tr><td>POP</td><td>direct</td><td>堆栈弹出的内容传送到直接地址</td><td>2</td><td>2</td></tr>
<tr><td>XCH</td><td>A，Rn</td><td>寄存器和累加器的内容交换</td><td>1</td><td>1</td></tr>
<tr><td>XCH</td><td>A，direct</td><td>直接地址和累加器的内容交换</td><td>2</td><td>1</td></tr>
<tr><td>XCH</td><td>A，@ Ri</td><td>间接地址和累加器的内容交换</td><td>1</td><td>1</td></tr>
<tr><td>XCHD</td><td>A，@ Ri</td><td>间接地址和累加器的低半字节交换</td><td>1</td><td>1</td></tr>
<tr><td>SWAP</td><td>A</td><td>累加器的低半字节、高半字节交换</td><td>1</td><td>1</td></tr>
<tr><td colspan="6" align="center">算术运算类指令</td></tr>
<tr><td colspan="2" align="center">助记符</td><td align="center">指令说明</td><td align="center">字节数</td><td align="center">机器周期</td></tr>
<tr><td>ADD</td><td>A，#data</td><td>立即数与累加器的内容求和</td><td>2</td><td>1</td></tr>
<tr><td>ADD</td><td>A，Rn</td><td>寄存器与累加器的内容求和</td><td>1</td><td>1</td></tr>
<tr><td>ADD</td><td>A，direct</td><td>直接地址与累加器的内容求和</td><td>2</td><td>1</td></tr>
<tr><td>ADD</td><td>A，@ Ri</td><td>间接地址与累加器的内容求和</td><td>1</td><td>1</td></tr>
<tr><td>ADDC</td><td>A，#data</td><td>立即数与累加器的内容求和（带进位）</td><td>2</td><td>1</td></tr>
<tr><td>ADDC</td><td>A，Rn</td><td>寄存器与累加器的内容求和（带进位）</td><td>1</td><td>1</td></tr>
<tr><td>ADDC</td><td>A，direct</td><td>直接地址与累加器的内容求和（带进位）</td><td>2</td><td>1</td></tr>
<tr><td>ADDC</td><td>A，@ Ri</td><td>间接地址与累加器的内容求和（带进位）</td><td>1</td><td>1</td></tr>
<tr><td>INC</td><td>A</td><td>累加器的内容加1</td><td>1</td><td>1</td></tr>
<tr><td>INC</td><td>Rn</td><td>寄存器的内容加1</td><td>1</td><td>1</td></tr>
<tr><td>INC</td><td>DPTR</td><td>数据指针的内容加1</td><td>1</td><td>1</td></tr>
<tr><td>INC</td><td>direct</td><td>直接地址的内容加1</td><td>2</td><td>1</td></tr>
<tr><td>INC</td><td>@ Ri</td><td>间接地址的内容加1</td><td>1</td><td>1</td></tr>
<tr><td>SUBB</td><td>A，#data</td><td>累加器与立即数的内容相减（带借位）</td><td>2</td><td>1</td></tr>
<tr><td>SUBB</td><td>A，Rn</td><td>累加器与寄存器的内容相减（带借位）</td><td>1</td><td>1</td></tr>
<tr><td>SUBB</td><td>A，direct</td><td>累加器与直接地址的内容相减（带借位）</td><td>2</td><td>1</td></tr>
<tr><td>SUBB</td><td>A，@ Ri</td><td>累加器与间接地址的内容相减（带借位）</td><td>1</td><td>1</td></tr>
<tr><td>DEC</td><td>A</td><td>累加器的内容减1</td><td>1</td><td>1</td></tr>
</table>

（续）

算术运算类指令

助记符		指令说明	字节数	机器周期
DEC	Rn	寄存器的内容减1	1	1
DEC	direct	直接地址的内容减1	2	1
DEC	@ Ri	间接地址的内容减1	1	1
MUL	AB	累加器与B寄存器的内容相乘	1	4
DIV	AB	累加器与B寄存器的内容相除	1	4
DA	A	累加器十进制调整	1	1

逻辑运算与移位类指令

助记符		指令说明	字节数	机器周期
ANL	A，#data	立即数的内容"与"到累加器	2	1
ANL	A，Rn	寄存器的内容"与"到累加器	1	1
ANL	A，direct	直接地址的内容"与"到累加器	2	1
ANL	A，@ Ri	间接地址的内容"与"到累加器	1	1
ANL	direct，#data	立即数的内容"与"到直接地址	3	2
ANL	direct，A	累加器的内容"与"到直接地址	2	1
ORL	A，#data	立即数的内容"或"到累加器	2	1
ORL	A，Rn	寄存器的内容"或"到累加器	1	1
ORL	A，direct	直接地址的内容"或"到累加器	2	1
ORL	A，@ Ri	间接地址的内容"或"到累加器	1	1
ORL	direct，#data	立即数的内容"或"到直接地址	3	2
ORL	direct，A	累加器的内容"或"到直接地址	2	1
XRL	A，#data	立即数的内容"异或"到累加器	2	1
XRL	A，Rn	寄存器的内容"异或"到累加器	1	1
XRL	A，direct	直接地址的内容"异或"到累加器	2	1
XRL	A，@ Ri	间接地址的内容"异或"到累加器	1	1
XRL	direct，#data	立即数的内容"异或"到直接地址	3	2
XRL	direct，A	累加器的内容"异或"到直接地址	2	1
CPL	A	累加器的内容求反	1	1
CLR	A	累加器的内容清0	1	1
RL	A	累加器的内容循环左移	1	1

（续）

逻辑运算与移位类指令

	助记符	指令说明	字节数	机器周期
RLC	A	累加器的内容循环左移（带进位）	1	1
RR	A	累加器的内容循环右移	1	1
RRC	A	累加器的内容循环右移（带进位）	1	1

位操作类指令

	助记符	指令说明	字节数	机器周期
MOV	C, bit	直接寻址位传送到进位位	2	1
MOV	bit, C	进位位传送到直接寻址位	2	2
CLR	C	清除进位位	1	1
CLR	bit	清除直接寻址位	2	1
SETB	C	置位进位位	1	1
SETB	bit	置位直接寻址位	2	1
ANL	C, bit	直接寻址位"与"到进位位	2	2
ANL	C, /bit	直接寻址位的反码"与"到进位位	2	2
ORL	C, bit	直接寻址位"或"到进位位	2	2
ORL	C, /bit	直接寻址位的反码"或"到进位位	2	2
CPL	C	取反进位位	1	1
CPL	bit	取反直接寻址位	2	1
JC	rel	如果进位位为 1，则转移	2	2
JNC	rel	如果进位位为 0，则转移	2	2
JB	bit, rel	如果直接寻址位为 1，则转移	3	2
JNB	bit, rel	如果直接寻址位为 0，则转移	3	2
JBC	bit, rel	如果直接寻址位为 1，则转移并清除该位	3	2

控制转移类指令

	助记符	指令说明	字节数	机器周期
AJMP	add11	无条件短转移	2	2
LJMP	add16	无条件长转移	3	2
SJMP	rel	无条件相对转移	2	2
JMP	@A+DPTR	无条件间接转移	1	2
JZ	rel	累加器的内容为 0，则转移	2	2

（续）

控制转移类指令				
助记符		指令说明	字节数	机器周期
JNZ	rel	累加器的内容不为 0，则转移	2	2
CJNE	A，direct，rel	比较直接地址和累加器的内容，不相等则转移	3	2
CJNE	A，#data，rel	比较立即数和累加器的内容，不相等则转移	3	2
CJNE	Rn，#data，rel	比较立即数和寄存器的内容，不相等则转移	3	2
CJNE	@ Ri，#data，rel	比较立即数和间接地址的内容，不相等则转移	3	2
DJNZ	Rn，rel	寄存器的内容减 1 不为 0，则转移	2	2
DJNZ	direct，rel	直接地址的内容减 1 不为 0，则转移	3	2
ACALL	add11	短调用子程序	2	2
LCALL	add16	长调用子程序	3	2
RET		从子程序返回	1	2
RETI		从中断服务程序返回	1	2
NOP		空操作，用于延时	1	1

附录 B　C51 的关键字

表 B-1　ANSI C 标准关键字

序　号	关　键　字	用　途	说　明
1	auto	存储种类说明	说明局部变量为自动变量
2	break	程序语句	退出最内层循环体
3	case	程序语句	switch 语句中的选择项
4	char	数据类型声明	声明字符型数据
5	const	存储类型声明	在程序执行过程中不可更改的常量值
6	continue	程序语句	转向下一次循环
7	default	程序语句	switch 语句中的失败选择项
8	do	程序语句	构成 do...while 循环结构
9	double	数据类型声明	双精度浮点数
10	else	程序语句	构成 if...else 选择结构
11	enum	数据类型声明	枚举

（续）

序　号	关　键　字	用　　途	说　　明
12	extern	存储种类声明	在其他程序模块中声明了的全局变量
13	float	数据类型声明	单精度浮点数
14	for	程序语句	构成 for 循环结构
15	goto	程序语句	构成 goto 转移结构
16	if	程序语句	构成 if…else 选择结构
17	int	数据类型声明	整型数
18	long	数据类型声明	长整型数
19	register	存储种类声明	使用 CPU 内部寄存的变量
20	return	程序语句	函数返回
21	short	数据类型声明	短整型数
22	signed	数据类型声明	有符号数，二进制数据的最高位为符号位
23	sizeof	运算符	计算表达式或数据类型的字节数
24	static	存储种类声明	静态变量
25	struct	数据类型声明	结构类型数据
26	switch	程序语句	构成 switch 选择结构
27	typedef	数据类型声明	重新进行数据类型定义
28	union	数据类型声明	联合类型数据
29	unsigned	数据类型声明	无符号数据
30	void	数据类型声明	无类型数据
31	volatile	数据类型声明	该变量在程序执行中可被隐含地改变
32	while	程序语句	构成 while 和 do…while 循环结构

表 B-2　Keil C51 编译器扩展的关键字

序　号	关　键　字	用　　途	说　　明
1	_at_	地址定位	为变量定义存储空间绝对地址
2	alien	函数特性说明	声明与 PL/M51 兼容的函数
3	bdata	存储器类型声明	可位寻址的片内 RAM
4	bit	数据类型声明	定义位变量或位类型函数
5	code	存储器类型声明	程序存储器空间（ROM）

（续）

序 号	关 键 字	用 途	说 明
6	compact	存储模式	使用片外分页 RAM 的存储模式
7	data	存储器类型声明	直接寻址的片内 RAM
8	idata	存储器类型声明	间接寻址的片内 RAM
9	interrupt	中断函数声明	定义一个中断服务函数
10	large	存储模式	使用片外 RAM 的存储模式
11	pdata	存储器类型声明	分页寻址的片外 RAM
12	_priority_	多任务优先声明	规定 RTX51 或 RTX51 Tiny 的任务优先级
13	reentrant	可重入函数声明	定义一个可重入函数
14	sbit	数据类型声明	定义一个可位寻址的变量
15	sfr	特殊功能寄存器声明	声明一个 8 位的特殊功能寄存器
16	sfr16	特殊功能寄存器声明	声明一个 16 位的特殊功能寄存器
17	small	存储模式	使用片内 RAM 的存储模式
18	_task_	任务声明	定义实时多任务函数
19	using	寄存器组选择	选择工作寄存器组
20	xdata	存储器类型声明	片外 RAM

附录 C　C51 的库函数

表 C-1　本征库函数指令集

序 号	关 键 字	用 途	说 明
1	_crol_	字符循环左移	unsigned char _crol_（unsigned char val，unsigned char n）；
2	_cror_	字符循环右移	unsigned char _cror_（unsigned char val，unsigned char n）；
3	_irol_	整数循环左移	unsigned int _irol_（unsigned int val，unsigned char n）；
4	_iror_	整数循环右移	unsigned int _iror_（unsigned int val，unsigned char n）；
5	_lrol_	长整数循环左移	unsigned int _lrol_（unsigned int val，unsigned char n）；
6	_lror_	长整数循环右移	unsigned int _lror_（unsigned int val，unsigned char n）；
7	_nop_	空操作	相当于 8051 NOP 指令
8	_testbit_	测试并清 0 位	相当于 8051 JBC 指令

表 C-2 数学计算库函数指令集

序 号	函 数 类 型	函 数 功 能
1 2 3 4	int abs (int val); char cabs (char val); float fabs (float val); long labs (long val);	这一组函数相类似，均为计算并返回 val 的绝对值。如 val 为正，则直接返回；如 val 为负，则返回其相反数。这些函数只是变量和返回值的类型不同，其他的功能是一样的
5	float sqrt (float x);	计算并返回浮点数 x 的二次方根
6 7 8	float log (float x); float exp (float x); float log10 (float x);	log 函数计算并返回浮点数 x 的自然对数 exp 函数计算并返回浮点数 x 的指数 log10 函数计算并返回浮点数 x 除以 10 为底的对数
9 10 11 12	float acos (float x); float asin (float x); float atan (float x); float atan2 (float x);	acos 函数计算并返回 x 的反余弦值 asin 函数计算并返回 x 的反正弦值 atan 函数计算并返回 x 的反正切值 atan2 函数计算并返回 y/x 的反正切值
13 14 15	float cos (float x); float sin (float x); float tan (float x);	cos 函数计算并返回 x 的余弦值 sin 函数计算并返回 x 的正弦值 tan 函数计算并返回 x 的正切值
16 17 18	float cosh (float x); float sinh (float x); float tanh (float x);	cos 函数计算并返回 x 的双曲余弦值 sin 函数计算并返回 x 的双曲正弦值 tan 函数计算并返回 x 的双曲正切值
19	float floor (float x);	计算并返回一个不小于 x 的最大整数（作为浮点）
20	float ceil (float x);	计算并返回不小于 x 的最小整数（作为浮点）
21	float modf (float x, float *ip);	将浮点数 x 分成整数和小数两部分，两者都含有与 x 相同的符号，整数部分放入 *ip，小数部分作为返回值
22	float pow (float y, float x);	计算并返回 x 的 y 次方，如果 x 不等于 0 而 y=0，则返回 1。当 x=0 且 y<=0 或 x<0 且 y 不是整数时，则返回 NaN

表 C-3 字符判断转换库函数指令集

序 号	函 数 类 型	函 数 功 能
1	char _tolower (unsigned char c);	将字符参数与常数 0x20 逐位相或，从而将大写字符转换为小写形式
2	char tolower (unsigned char c);	将大写字符转换为小写形式，如果字符参数不在 "A" ~ "Z" 之间，则该函数起不到任何作用
3	char toint (unsigned char c);	将 ASCII 字符 0~9、a~f（大小写无关）转换为十六进制的数字，对于 ASCII 字符的 0~9，返回值为 0H~9H；对于 ASCII 字符的 a~f（大小写无关），返回值为 0AH~0FH
4	bit isxdigit (unsigned char c);	检查参数字符是否为十六进制数字字符，是则返回 1，否则返回 0
5	bit isspace (unsigned char c);	检查参数字符是否为空格、制表符、回车、换行、垂直制表符和送纸（值为 0x90~0x0d，或为 0x20），是则返回 1，否则返回 0

（续）

序　号	函 数 类 型	函 数 功 能
6	bit islower（unsigned char c）;	检查参数字符是否为小写英文字母，是则返回 1，否则返回 0
7	bit isupper（unsigned char c）;	检查参数字符是否为大写英文字母，是则返回 1，否则返回 0
8	bit ispunct（unsigned char c）;	检查字符参数是否为标点、空格或格式符，如果是空格或是 32 个标点和格式字符之一，则返回 1，否则返回 0
9	bit isprint（unsigned char c）;	与 isgraph 函数相似，并且还接受空格符（0x20）
10	bit isgraph（unsigned char c）;	检查字符是否为可打印字符（不包括空格），可打印字符的值域为 0x21~0x7e，是则返回 1，否则返回 0
11	bit isdigit（unsigned char c）;	检查参数值是否为十进制数字 0~9，是则返回 1，否则返回 0
12	bit iscntrl（unsigned char c）;	检查参数值是否为控制字符（值在 0x00~0x1f 之间或者等于 0x7f），是则返回 0，否则返回 0
13	bit isalnum（unsigned char c）;	检查参数字符是否为英文字母或者数字字符
14	bit isalpha（unsigned char c）;	检查参数字符是否为英文字母，是则返回 1，否则返回 0
15	char toupper（unsigned char c）;	将小写字符转换为大写形式，如果字符参数不在 "a" ~ "z" 之间，则该函数不起作用
16	char_toupper（unsigned char c）;	将字符参数与常数 0xdf 逐位相与，从而将小写字符转换为大写形式
17	char toascii（unsigned char c）;	将字符参数值缩小到有效的 ASCII 范围内（即将参数值与 0x7f 相与）

表 C-4　字符串处理库函数指令集

序　号	函 数 类 型	函 数 功 能
1	void *memchr（void *s1, char val, int len）;	顺序搜索字符串 s1 的前 len 个字符，以找出字符 val。成功时返回 s1 中指向 val 的指针；失败时返回 NULL
2	char *memcmp（void *s1, void *s2, int len）;	逐个字符比较串 s1 和串 s2 的前 len 个字符，相等时返回 0，若串 s1 大于或小于串 2，则相应地返回一个正数或一个负数
3	void *memcpy（void *dest, void *src, int len）;	从 src 所指向的内存中复制 len 个字符到 dest 中，返回指向 dest 中最后一个字符的指针。如果 src 与 dest 发生交叠，则结果是不可预测的
4	void *memcpy（void *dest, void *src, char val, int len）;	复制 src 中 len 个元素到 dest 中，如果实际复制了 len 个字符则返回 NULL。复制过程在复制完字符 val 后停止，此时返回指向 dest 中下一个元素的指针
5	void *memmove（void *dest, void *sre, int len）;	工作方式与 memcpy 相同，但复制的区域可以交叠
6	void *memset（void *s, char val, int len）;	用 val 来填充指针 s 中 len 个单元
7	void *strcat（char *s1, char *s2）;	将串 s2 复制到 s1 的尾部。它假定 s1 所定义的地址区域足以接受两个串。返回指向 s1 串中第一个字符的指针

（续）

序　号	函 数 类 型	函 数 功 能
8	char *strncat (char *s1, char *s2, int n);	复制串 s2 中 n 个字符到 s1 的尾部。如果 s2 比 n 短，则只复制 s2（包括串结束符）
9	char *strcmp (char *s1, char *s2);	比较串 s1 和 s2，如果相等则返回 0；如果 s1<s2 则返回一个负数；如果 s1>s2 则返回一个正数
10	char *strncmp (char *s1, char *s2, int n);	比较串 s1 和 s2 中的 n 个字符。返回值与 strcmp 相同
11	char *strcpy (char *s1, char *s2);	将串 s2（包括结束符）复制到 sl 中，返回指向 s1 中第一个字符的指针
12	char *strncpy (char *s1, char *s2, int n);	与 strcpy 相似，但只复制 n 个字符。如果 s2 的长度小于 n，则 s1 串以 0 补齐到长度 n
13	int strlen (char *s1);	返回 s1 中字符个数（不包括结尾的空格符）
14	char *strstr (const char *s1, char *s2);	搜索 s2 第一次出现在 s1 中的位置，并返回一个指向第一次出现位置开始处的指针。如果 s1 中不包括 s2，则返回一个空指针
15	char *strchr (char *s1, char c);	搜索 s1 中第一个出现的字符 c（可以是串结束符）。如果成功则返回指向该字符的指针，否则返回 NULL
16	int strpos (char *s1, char c);	与 strchr 类似，返回的是字符 c 在字符串 s1 中第一次出现的位置值。没有找到则返回-1，s1 串首字符的位置值是 0
17	char *strrchr (char *s1, char c);	搜索 s1 中最后一个出现的字符 c（可以是串结束符）。如果成功则返回指向该字符的指针，否则返回 NULL
18	int strrpos (char *s1, char c);	与 strrchr 类似，但返回的值是字符 c 在字符串 s1 中最后一次出现的位置值。没有找到则返回-1
19	int strspn (char *s1, char, set);	搜索 s1 中第一个不包括在 set 串中的字符。返回值是 s1 中包括在 set 里的字符个数。如果 s1 中所有字符都包括在 set 串中，则返回 s1 的长度（不包括结束符）。如果 set 是空串则返回 0
20	int strcspn (char *s1, char set);	与 strspn 类似，但它搜索的是 s1 中第一个包含在 set 里的字符
21	char *strpbrk (char *s1, char)	与 strspn 类似，但返回搜索到的字符的指针，而不是个数。如果未找到，则返回 NULL
22	char *strrpbrk (char *s1, char set);	与 strpbrk 类似，但它返回 s1 中指向找到的 set 字符集中最后一个字符的指针

表 C-5　输入输出库函数指令集

序　号	函 数 类 型	函 数 功 能
1	char _getkey (void);	等待从单片机串行口读入字符，返回读入的字符。该函数是改变整个输入机制时应做修改的唯一函数
2	char _getchar (void);	利用_getchar 函数从串行口读入字符，并将该读入字符立即传给 putchar 函数输出。其他与_getkey 函数相同

（续）

序　号	函 数 类 型	函 数 功 能
3	char *gets（char *s, int n）;	利用 getchar 从串行口读入一个长度为 n 的字符串，并存入由 s 指向的数组输入时一旦检测到换行符就结束字符输入。输入成功时返回传入的参数指针，失败时返回 NULL
4	char ungetchar（char c）;	将输入字符送入缓冲区，因此下次 gets 或 getchar 就可以用该字符。成功时返回 char 型值 c，失败时返回 EOF。用该函数无法处理多个字符
5	char putchar（char c）;	通过单片机串行口字符。与函数_getkey 类似，该函数是改变整个输出机制时应做修改的唯一函数
6	int printf（constchar *fmtstr [, argument]...）;	以第一个参数字符串指定的格式，通过串行口输出数值和字符串，返回值为实际取得的字符数
7	intsprintf（char *s, const char *fmtstr [; argument]）;	该函数与 printf 函数功能相似，但是数据不是输出到串行口，而是通过指针 s 送入内存缓冲区，以 ASCII 码形式存储
8	int puts int abs（int val）; (const char *s）;	利用 putchar 函数将字符串和换行符写入串行口。错误时返回 EOF，否则返回 0
9	int scant（const char *fmtstr. [, argument] …）;	在格式控制串的控制下，利用 getchar 函数从串行口读入数据，每遇到一个符合控制串 fmtstr 规定的值，就将它按顺序存入由参数指针 argument 指向的存储单元。其中每个参数都是指针，函数返回所发现并转换的输入项数，错误则返回 OFF
10	int sscanf（char *s, const char *fmtstr [, argument]）;	与 scanf 函数相似，只是字符串的输入不是通过串行口，而是通过指针 s 指向的数据缓冲区
11	void vprintf（const char *fmtstr, char *argptr）;	该函数格式化一字符串和数据，利用 putchar 函数写向串行口。该函数与 printf 函数相似，但是它能接受一个指向变量表的指针，而不是变量表
12	void vsprintf（const char *s, char *fmtstr, char *argptr）;	该函数格式化一字符串和数据并储存结果于 s 指向的内存缓冲区。该函数与 sprintf 函数相似，但是它接受一个指向变量表指针，而不是变量表

表 C-6　类型转换及内存分配库函数指令集

序　号	函 数 类 型	函 数 功 能
1	float atof（char *s1）	将字符串 s1 转换成浮点数值并返回，输入串中必须包含与浮点值规定相符的数。该函数在遇到第一个不能构成数字的字符时，停止对输入字符串的读操作
2	long atoll（char *s1）	将字符串 s1 转换成一个长整型数值并返回，输入串中必须包含与长整型数格式相符的字符串。该函数在遇到第一个不能构成数字的字符时，停止对输入字符串的读操作
3	int atoi（char *s1）	将字符串 s1 转换成整型数并返回，输入串中必须包含与整型数格式相符的字符串。该函数在遇到第一个不能构成数字的字符时，停止对输入字符串读操作

（续）

序 号	函 数 类 型	函 数 功 能
4	void *calloc（unsigned int n，unsigned int size）	为 n 个元素的数组分配内存空间，数组中每个元素的大小为 size，所分配的内存区域用 0 初始化，返回值为已分配的内存单元起始地址，如不成功则返回 0
5	void free（void xdata *p）	释放指针 p 所指向的存储器区域。如果 p 为 NULL，则该函数无效，p 必须是以前用 calloc、malloc 或 realloc 函数分配的存储器区域。调用 free 函数后，被释放的存储器区域就可以参加以后的分配了
6	void init_mempool（void xdata *p，unsigned int size）	对可被函数 calloc、free、malloc 或 realloc 管理的存储器区域进行初始化，指针 p 表示存储区的首址，size 表示存储区的大小
7	void *malloc（unsigned int size）	在内存中分配一个 size 字节大小的存储器空间，返回值为一个 size 大小对象所分配的内存指针，如果返回 NULL，则无足够的内存空间可用
8	void *realloc（void xdata *p，unsigned int size）	用于调整先前分配的存储器区域大小。参数 p 指示该存储区域的起始地址，参数 size 表示新分配存储器区域的大小。原存储器区域的内容被复制到新存储器区域中。如果新区域较大，多出的区域将不做初始化。realloc 返回指向新存储区的指针，如果返回 NULL，则无足够大的内存可用，这时将保持原存储区不变
9	int rand（）	返回一个 0~32767 之间的伪随机数，对 rand 的相继调用将产生相同序列的随机数
10	void srand（int n）	用来将随机数发生器初始化成一个已知（或期望）值
11	unsigned long strtod（const char *s，char **ptr）	将字符串 s 转换为一个浮点型数据并返回，字符串前面的空格、/、tab 符被忽略
12	long strtol（const char *s，char **ptr，unsigned char base）	将字符串 s 转换为一个 long 型数据并返回，字符串前面的空格、/、tab 符被忽略
13	long strtoul（const char *s，char **ptr，unsigned char base）	将字符串 s 转换为一个 unsigned long 型数据并返回，溢出时则返回无符号长整型的最大值，字符串前面的空格、/、tab 符被忽略

参 考 文 献

［1］曹玉芹. 单片机原理与应用及 C51 编程技术［M］. 2 版. 北京：机械工业出版社，2017.

［2］张毅刚，赵光权，张京超. 单片机原理及应用：C51 编程+Proteus 仿真［M］. 2 版. 北京：高等教育出版社，2016.

［3］李全利. 单片机原理及接口技术［M］. 2 版. 北京：高等教育出版社，2009.

［4］李全利. 单片机原理及应用：C51 编程［M］. 北京：高等教育出版社，2012.

［5］蒋辉平，周国雄. 基于 Proteus 的单片机系统设计与仿真实例［M］. 北京：机械工业出版社，2009.

［6］谭浩强. C 程序设计［M］. 5 版. 北京：清华大学出版社，2017.

［7］刘海成，张俊谟. 单片机中级教程：原理与应用［M］. 3 版. 北京：北京航空航天大学出版社，2019.

［8］胡宝霞，郭鼎印，韩剑辉. 微型计算机原理及应用［M］. 哈尔滨：黑龙江科学技术出版社，2001.